Faszination High Tech

London, New York, Melbourne, München und Delhi

Projektbetreuung Kate Bradshaw, Julie Ferris, Andrea Mills, Rosie O'Neill
Bildbetreuung Philip Letsu, Joanne Little, Sarah Ponder, Johnny Pau
Lektorat Carey Scott, Fran Jones, Sarah Larter
Bildredaktion Joanne Connor
Cheflektorat Camilla Hallinan
Chefbildlektorat Sophia M Tampakopoulos Turner
DTP Koordination Siu Yin Ho
Grafik Simon Webb
Projektkoordination Andrew Macintyre
Programmleitung Jonathan Metcalf
Bildrecherche Louise Thomas
Herstellung Alison Lenane
Covergestaltung Bob Warner
Illustrationen Kevin Jones, Andrew Kerr, Lee Gibbons
Fachliche Beratung Roger Bridgman, Tom Standage, Ian Graham, Dr Susan Aldridge

Für die deutsche Ausgabe:
Programmleitung Monika Schlitzer
Projektbetreuung Martina Glöde
Herstellungsleitung Dorothee Whittaker
Herstellung Beate Fellner, Gerd Wiechcinski

Bibliografische Information der Deutschen Bibliothek
Die Deutsche Bibliothek verzeichnet diese Publikation in der Deutschen Nationalbibliografie;
detaillierte bibliografische Daten sind im Internet über http://dnb.ddb.de abrufbar

Titel der englischen Originalausgabe:
How cool stuff works

© Dorling Kindersley Limited, London, 2005
Ein Unternehmen der Penguin-Gruppe

© der deutschsprachigen Ausgabe by Dorling Kindersley Verlag GmbH, Starnberg, 2006
Alle deutschsprachigen Rechte vorbehalten

Übersetzung Martin Kliche
Redaktion Uwe Müller

ISBN 10: 3-8310-0902-3
ISBN 13: 978-3-8310-0902-2

Colour reproduction by Icon Reproduction, London, UK
Printed and bound in China by SNP Leefung

Besuchen Sie uns im Internet
www.dk.com

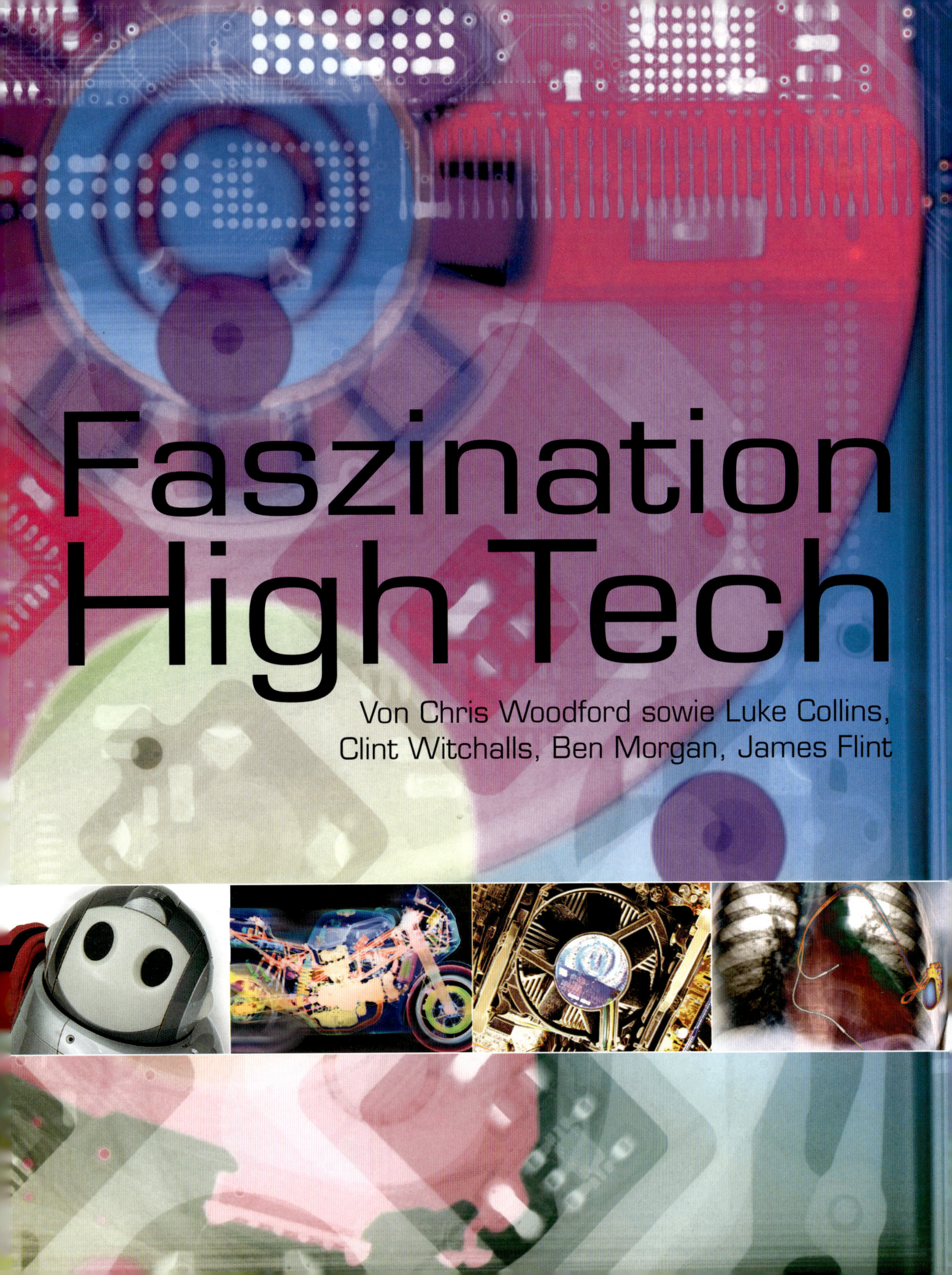

Faszination High Tech

Von Chris Woodford sowie Luke Collins, Clint Witchalls, Ben Morgan, James Flint

INHALT

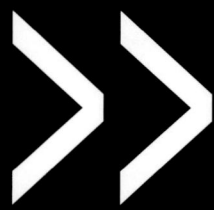

8 Bildgebende Verfahren
10 Weitere bildgebende Verfahren

VERBINDEN
14 Einführung >> 16 Mikrochip
18 Handy >> 20 Glasfaser
22 Digitalradio >> 24 LCD-Fernseher
26 Verspielt >> 28 Spracherkennung
30 Tierdolmetscher >> 32 Iris-Scan
34 Neon >> 36 Vernetzt
38 Internet >> 40 Videozylinder
42 Satellit >> 44 Die Zukunft

FREIZEIT
48 Einführung >>
50 Laufschuhe >> 52 Fußball
54 Tennisschläger >> 56 Snowboard
58 Rennrad >> 60 Flexibel
62 Kamera >> 64 Spielkonsolen
66 E-Gitarre >> 68 CD
70 MP3-Player >> 72 Sportlich
74 Kopfhörer >> 76 DJ-Pult
78 Feuerwerk >> 80 Die Zukunft

ALLTAG
84 Einführung >>
86 Zündholz >> 88 Glühlampe
90 Spiegel >> 92 Armbanduhr
94 Batterie >> 96 Solarzelle
98 Heiß >> 100 Mikrowellenherd
102 Kühlschrank >> 104 Aerogel
106 Zuhause >> 108 Schloss
110 Rasierer >> 112 Aerosol
114 Waschmaschine >> 116 Staubsauger
118 Serviceroboter >> 120 Die Zukunft

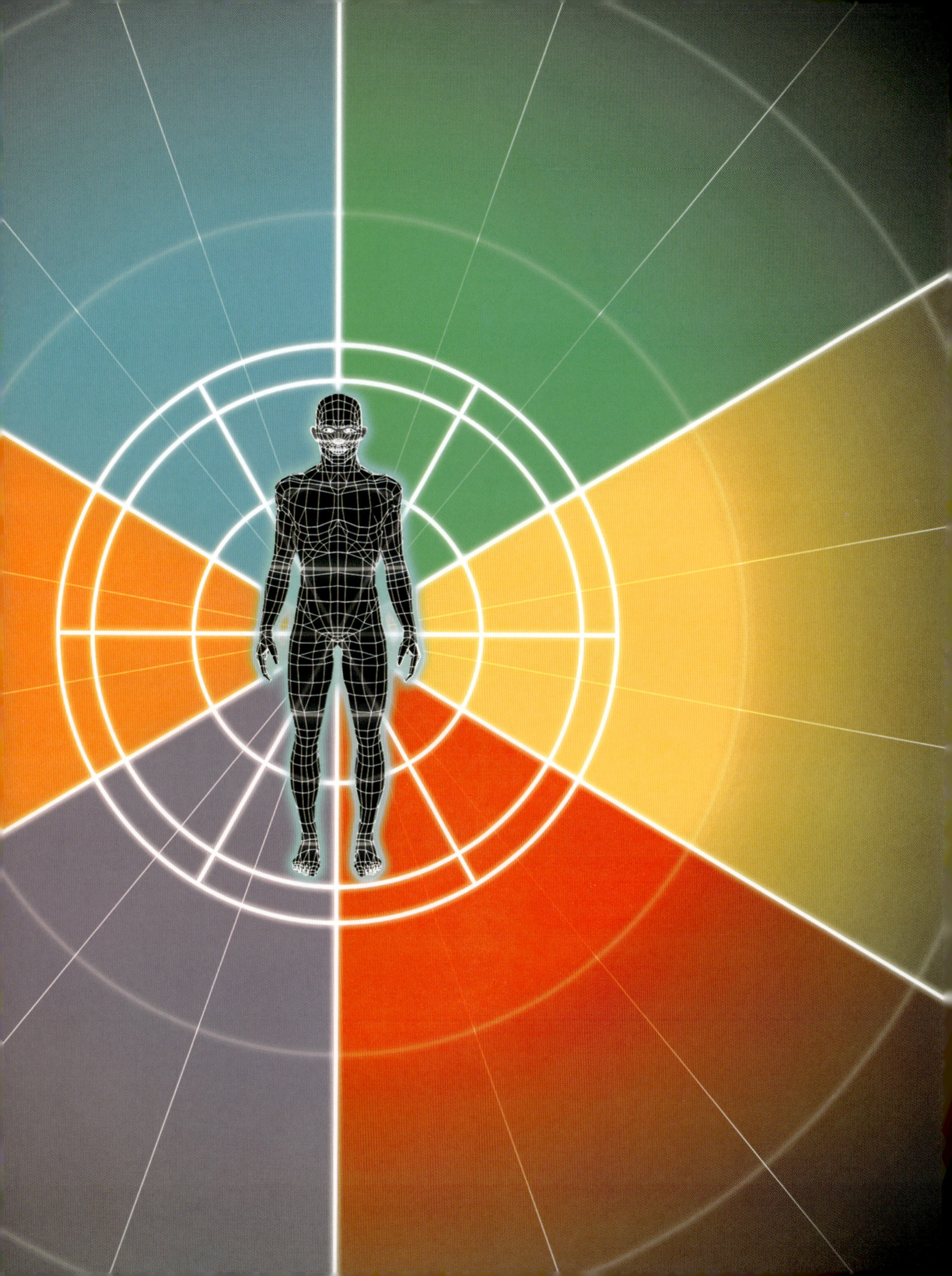

INHALT

MOBIL
- **124** Einführung »
- **126** Motorrad » **128** Brennstoffzelle
- **130** Benzinmotor » **132** Stark
- **134** Crashtest » **136** Autoturm
- **138** Rollstuhl » **140** Lift
- **142** Tauchboot » **144** Osprey
- **146** Düsentriebwerk » **148** Windkanal
- **150** Blackbox » **152** Verbunden
- **154** Navigation » **156** Spaceshuttle
- **158** Raumsonde » **160** Die Zukunft

ARBEIT
- **164** Einführung »
- **166** Digitalstift » **168** Notebook
- **170** Hauptplatine » **172** Flashstick
- **174** Virtuelle Tastatur » **176** Laserdrucker
- **178** Scanner » **180** Sicher
- **182** Chipkarte » **184** Chip-Etikett
- **186** Industrieroboter » **188** Nassschweißen
- **190** Schutzanzug » **192** Haltbar
- **194** Dopplerradar » **196** Die Zukunft

MEDIZIN
- **200** Einführung »
- **202** Durchsichtig » **204** MRT-Aufnahme
- **206** Laserchirurgie » **208** Operationsroboter
- **210** Schrittmacher » **212** Videokapsel
- **214** Prothesen » **216** Hautersatz
- **218** Zellen » **220** Impfung
- **222** Antibiotika » **224** Künstliche Befruchtung
- **226** Biochip » **228** Die Zukunft

ANHANG
- **232** Meilensteine » **236** Durchbrüche
- **240** Glossar » **252** Register
- **256** Dank

>> EINLEITUNG

Bildgebende Verfahren

Im letzten Jahrhundert wurden zahlreiche bildgebende Verfahren entwickelt, die uns völlig neue Ansichten von Objekten unserer Umwelt geben. Mediziner, Ingenieure und Meteorologen können heutzutage Dinge beobachten, die dem bloßen Auge verborgen bleiben. Mikroskope ermöglichen Bilder von einzelnen Atomen, den Bausteinen der Materie. Ein Atom ist übrigens so klein, dass man es 100 Millionen Mal vergrößern muss, um es zu sehen. Am anderen Ende der Größenskala steht das Hubble-Weltraumteleskop, das mit seinem Spiegel beeindruckende Bilder von Sternen aus fernen Galaxien einfängt.

▶ MAKROFOTOGRAFIE
Die Makrofotografie lässt kleine Objekte größer erscheinen, wie diese Aufnahme eines menschlichen Auges auf einer Flüssigkristallanzeige (LCD). Ein Fotograf benutzt dazu ein spezielles Objektiv mit starker Vergrößerung und nimmt das Bild aus wenigen Zentimetern Abstand auf. Die Makrofotografie kann viele Einzelheiten darstellen, die das bloße Auge nur schwer oder gar nicht sieht. Sie wird häufig für Nahaufnahmen von Pflanzen und Insekten eingesetzt. Auch Mikroskope kann man mit diesen Kameras ausrüsten, um Einzelheiten noch besser herauszustellen. Diese Technik nennt man Fotomikrografie.

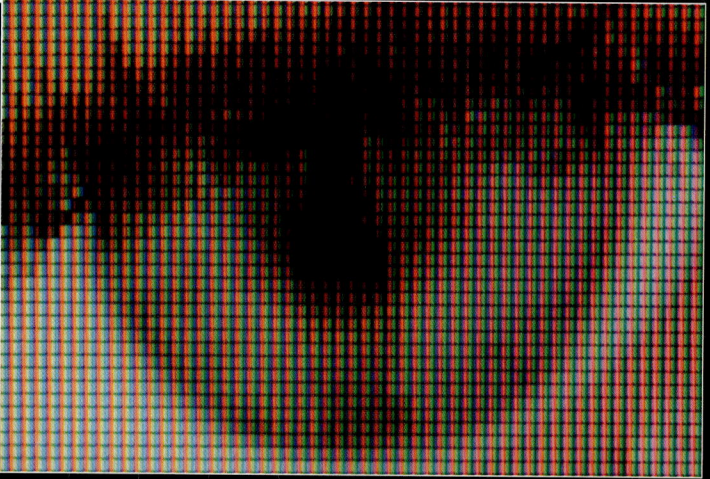

◀ DOPPLERRADAR
Meteorologen verfolgen mit einem Dopplerradar Stürme, Tornados oder wie auf diesem Bild einen Hurrikan. Ein Dopplerradar misst Geschwindigkeit und Richtung eines Objekts. Dazu sendet ein Transmitter Radiowellen in den Himmel. Sie erreichen mit Lichtgeschwindigkeit ihr Ziel – normalerweise die Regentropfen in einer Wolke –, das die Radiowellen reflektiert. Aus der Zeitspanne bis zum Empfang des Echos errechnet ein Computer, wo sich die Wolke befindet. Die Stärke des Echos zeigt auch an, wie viel Wasser eine Wolke enthält. Aus diesen Informationen entsteht ein detailliertes Bild des Wetters.

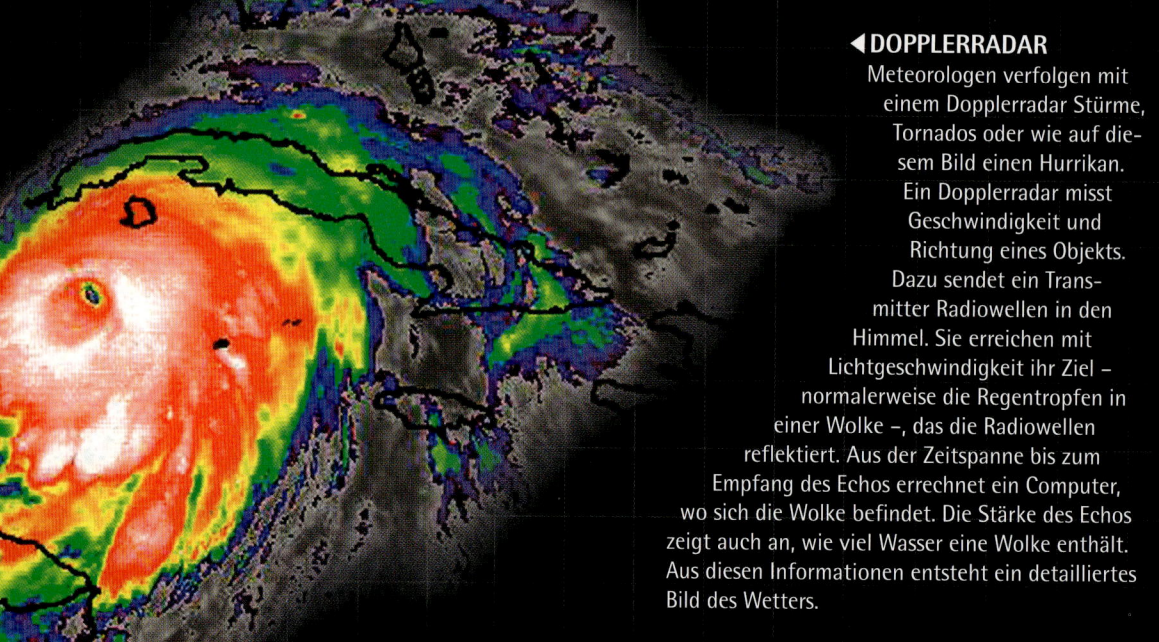

>> BILDGEBENDE VERFAHREN

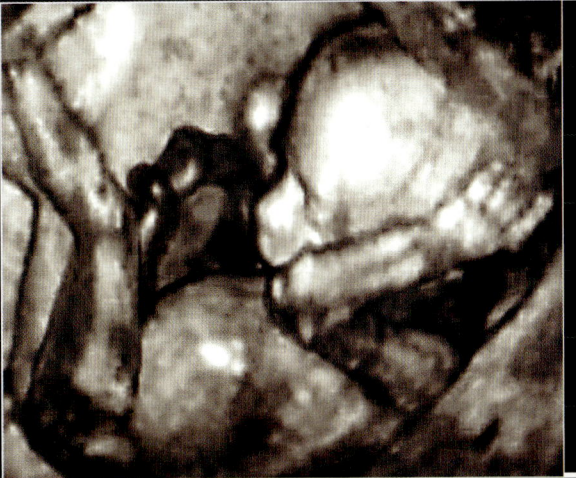

◀ ULTRASCHALL
Ultraschall ist ein bildgebendes Verfahren, das Ärzte häufig benutzen, um die Entwicklung eines Babys während der Schwangerschaft zu überwachen. Eine Sonde sendet pro Sekunde Millionen Impulse mit hochfrequenten Schallwellen aus – sie sind mehr als 100-mal höher als die Töne, die wir hören können. Aus der Zeit, bis das Echo zur Sonde zurückkehrt, berechnet das Gerät ein genaues Bild. Für ein dreidimensionales Bild (3D) wie dieses links muss man mehrere Messungen durchführen, die ein Computer anschließend zusammensetzt.

◀ RÖNTGENGERÄT
Diese Röntgenaufnahme einer Gitarre wurde nachträglich eingefärbt. Solche Bilder nennt man Falschfarbendarstellungen. Röntgengeräte arbeiten wie Kameras. Sie benutzen jedoch statt sichtbarem Licht Röntgenstrahlen, die weiches Material durchdringen und nur hartes zeigen. Knochenbrüche werden häufig mit Röntgenaufnahmen festgestellt. Doch weil Röntgenstrahlen lebendes Gewebe schädigen, darf man sie nicht zu häufig anwenden. Mit dieser Technik prüfen Ingenieure Metallobjekte, untersuchen Astronomen entfernte Sterne und die Sicherheitskontrolle am Flughafen überprüft so das Gepäck.

▲ MAGNETRESONANZ- TOMOGRAFIE
Mit der Magnetresonanztomografie (MRT) können Ärzte Körperstrukturen wie z.B. das neuronale Netzwerk eines Gehirns untersuchen. Der Tomograf legt um den Patienten ein Magnetfeld an und sendet hochfrequente Strahlen, um Atomkerne zum Vibrieren zu bringen. Aus den Vibrationen errechnet dann ein Computer ein genaues, dreidimensionales Bild. Die MRT unterstützt den Arzt bei der Diagnose ernsthafter Erkrankungen. Mit der funktionellen Magnetresonanztomografie kann man Hirnaktivitäten wie z.B. Sprechen messen.

≫ EINLEITUNG

▲ RASTERELEKTRONENMIKROSKOP
Ein Rasterelektronenmikroskop (REM) bildet winzige Organismen und Viren ab, die das bloße Auge nicht sieht. Das REM nimmt auch Bilder von winzigen Objekten wie diesen Barthaaren an einem Elektrorasierer auf. Dazu sendet das Mikroskop einen Elektronenstrahl rasterförmig über das Objekt, das die Elektronen zu einem Detektor reflektiert. Ein Verstärker setzt diese Signale zu Bildern mit hoher Auflösung oder Detailgenauigkeit zusammen. Anschließend entsteht aus dem Bild eine Schwarz-Weiß-Fotografie, die am Computer nachträglich eingefärbt werden kann – zu einer Falschfarbenaufnahme.

▲ INFRAROT-THERMOGRAFIE
Bei der Infrarot-Thermografie macht eine spezielle Kamera die Wärme sichtbar. Alle Objekte, sogar sehr kalte wie z. B. ein Eiswürfel, geben Infrarot- oder Wärmestrahlen ab. In einem Wärmebild (Thermogramm) erscheinen hohe Temperaturen als helle Flächen. So ein Bild ist eigentlich ein Schwarz-Weiß-Foto, das man aber einfärben kann, um mehr Details zu erkennen. Die Thermografie wird in der Medizin zur Diagnose und bei Operationen eingesetzt, oder um die Wärmeabgabe von Gebäuden zu überwachen.

>> BILDGEBENDE VERFAHREN

◀ SCHNITTMODELL
Diese Abbildungstechnik enthüllt die inneren Teile eines Objekts. Häufig erklären dreidimensionale Schnittbilder, wie z.B. die Dämpfungstechnik in diesem High-Tech-Laufschuh funktioniert, oder sie zeigen an, wo sich der Motor in einem Auto befindet. Schnittmodelle wurden ursprünglich mit der Hand auf Papier gezeichnet und waren sehr zeitaufwändig. Heute jedoch entwerfen technische Zeichner diese Modelle am Computer. Mit einem Grafikprogramm und 3D-Elementen setzen sie ein wirklichkeitsgetreues Bild aus mehreren Schichten zusammen, die übereinander gelegt sind. Um Innenteile zu sehen, ist die oberste Schicht durchsichtig.

▶ SCHLIERENVERFAHREN
Das Schlierenverfahren nimmt Luftströmungen auf, die durch ein Objekt wie z.B. ein Flugzeug im Windkanal verursacht werden. Das Bild rechts zeigt Druckwellen, die bei der Explosion eines Feuerwerkskörpers entstehen. Schlieren entstehen durch Objekte, die sich schnell bewegen und dabei die Luft verwirbeln. An einigen Stellen wird die Luft dadurch zusammengepresst, während sie an anderen dünner ist. Diese Stellen brechen das Licht unterschiedlich und erzeugen helle und dunkle Flächen auf einem Bild. Mit verschiedenen Filtern kann man das Bild nachträglich einfärben.

◀ EXPLOSIONSZEICHNUNG
Bei dieser technischen Zeichnung kommen dem Betrachter die Bestandteile eines Objekts, z.B. der Speicher dieser Chipkarte, einzeln entgegen. Von allen Bestandteilen existieren eigene Bilder, die ein Computer in der richtigen Reihenfolge übereinander legt. Dadurch kann man sehen, wie die Teile zusammenpassen und wie sie miteinander verbunden sind. Explosionszeichnungen findet man häufig in Bedienungsanleitungen. Sie zeigen die richtige Reihenfolge, in der die Teile zusammengesetzt werden.

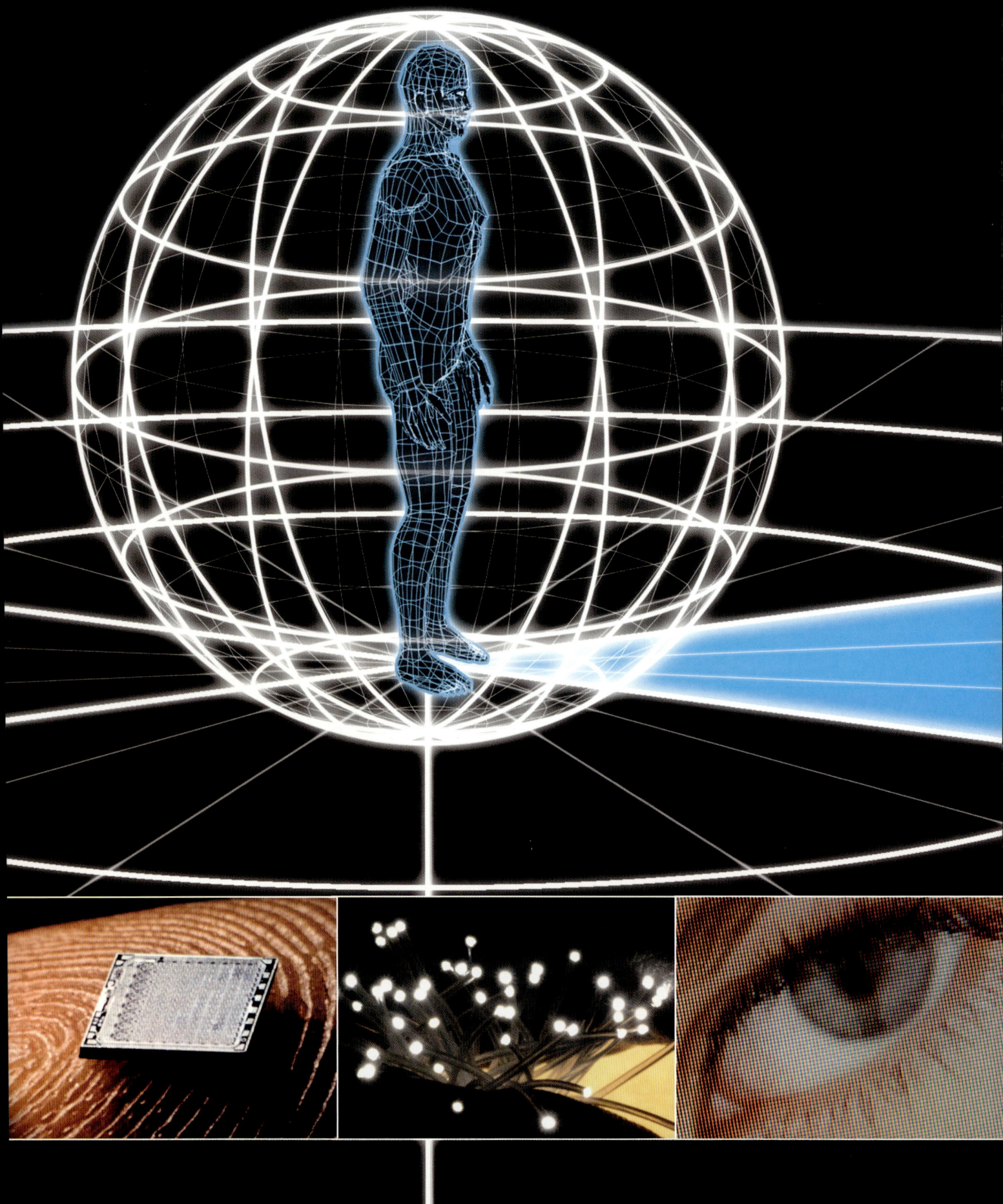

»VERBINDEN

Mikrochip » Handy » Glasfaser » Digitalradio » LCD-Fernseher » Spracherkennung » Tierdolmetscher » Iris-Scan » Neon » Internet » Videozylinder » Satellit

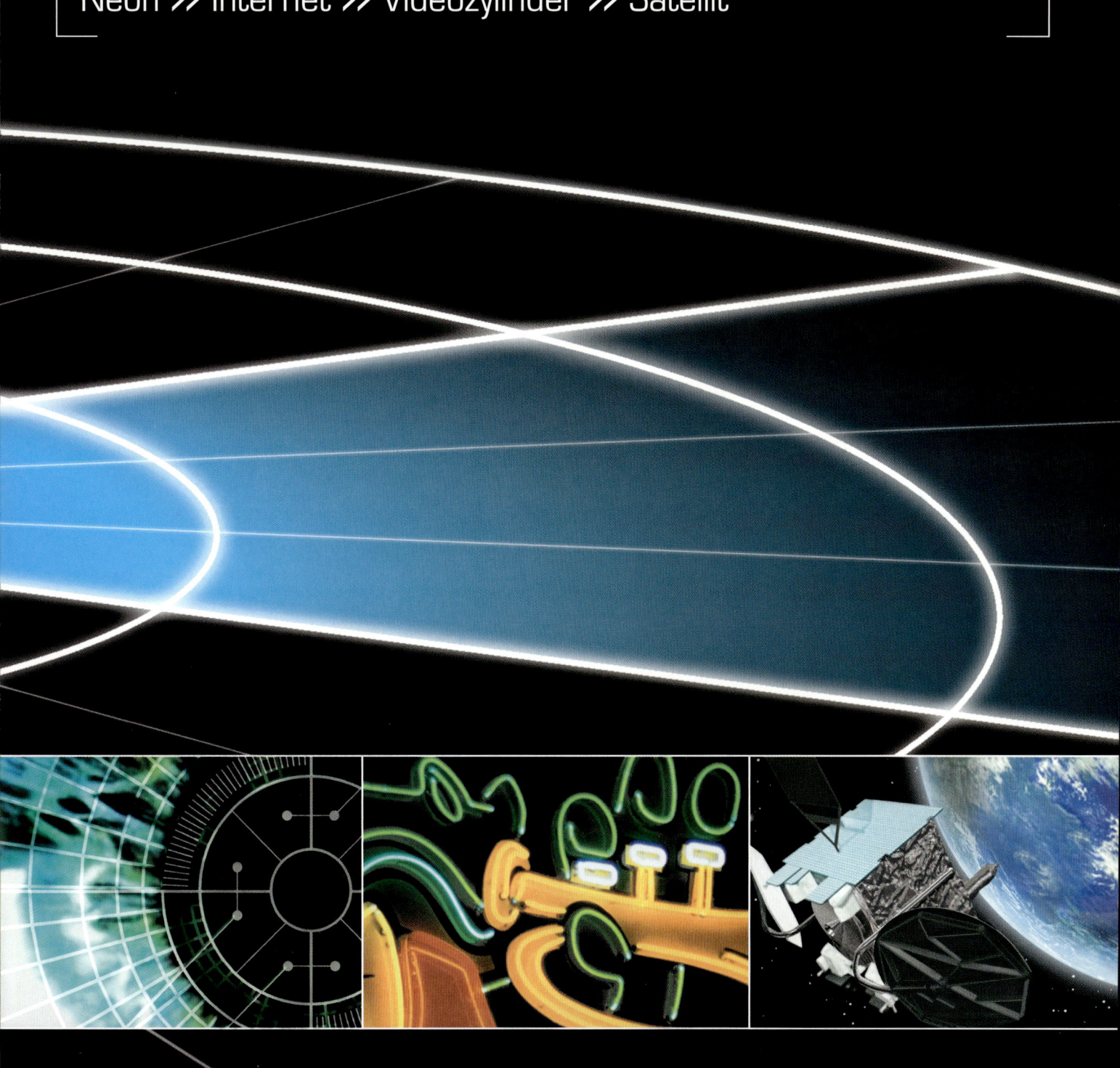

FERNBEDIENUNG

Kommunikationssysteme gibt es seit vielen tausend Jahren. Schon im 6. Jahrhundert v. Chr. gab es im alten Persien (dem heutigen Iran) ein Postsystem mit einer Reiterstaffel. Bis in das 19. Jahrhundert waren Postsendungen die einzige Möglichkeit, Nachrichten über große Entfernungen zu verschicken.

Mitte des 19. Jahrhunderts konnte man mit dem elektrischen Telegrafen Nachrichten, die codiert waren, ohne Verzögerung übermitteln. Nachdem Alexander Bell 1876 das Telefon erfunden hatte, konnten sich Menschen unterhalten, die über hunderte und später auch über tausende Kilometer voneinander entfernt waren.

Heute hat die digitale Technik unsere Kommunikation revolutioniert. Bei dieser Technik werden Informationen – Bilder, Worte, Schall oder auch Text – in lange Reihen aus Einsen und Nullen umgewandelt, die digitale Endgeräte wie z. B. Computer oder Handys lesen können. Erst mit dieser Technik werden Millionen Anrufe, Texte und E-Mails sofort weltweit übermittelt. Ohne Computer und Glasfaserkabel, die jede Sekunde 100 Milliarden Einsen und Nullen mit Lichtgeschwindigkeit weiterleiten, würde die digitale Technik nicht existieren.

Als die ersten Computer kurz nach dem Zweiten Weltkrieg entwickelt wurden, füllten sie komplette Räume und leisteten doch weniger als eine moderne Digitaluhr. Verglichen mit modernen Computern scheint es wenig zu sein, doch immerhin berechnete 1969 ein Computer die Landung der Astronauten auf dem Mond.

Seit dieser Zeit wurden Computer immer kleiner und preiswerter, während sie gleichzeitig leistungsstärker und benutzerfreundlicher wurden. Die Leistungsstärke eines Computers, sein elektronisches Gehirn, sitzt in einem Mikrochip. Dieser besitzt Millionen winziger Schalter oder Transistoren, die auf einen Wafer aus Silizium geätzt werden, das z. B. häufig im Sand vorkommt. Mit ihnen führt ein Computer unvorstellbar viele Rechenvorgänge pro Sekunde aus.

> „Wir können mit Menschen auf der gesamten Welt Informationen teilen, Gedanken austauschen und eine Online-Gemeinde bilden."

Zwei oder mehr Computer kann man zu einem Netzwerk verbinden. Netzwerke gibt es überall, von Baumwurzeln über Spinnennetze bis zu unseren Gehirnen. Diese komplizierten Strukturen bestehen aus vielen einfachen Einheiten, die miteinander verbunden sind. Das Internet verbindet weltweit Millionen Computer, die Zugang zum World Wide Web haben – dem Teil des Internets, der Informationen auf Websites anbietet. Während es 1993 erst 50 Seiten gab, kann man heute dagegen mehr als acht Milliarden Seiten aufrufen. Mit diesem riesigen Netzwerk haben wir sofort Zugang zu einer gewaltigen Wissensmenge. Man kann außerdem E-Mails schreiben, den Urlaub buchen, etwas kaufen oder verkaufen oder Musik herunterladen. Das Internet hat eine einfache Rechenmaschine in ein unübertroffenes Kommunikationsgerät und die Welt in ein globales Dorf verwandelt.

▶ Verbinden

Bild: Makroaufnahme eines Mikrochips auf einer Fingerkuppe

▲ **Ein Mikrochip** ist häufig kleiner als ein Fingernagel. Die kompliziertesten Mikrochips, die Mikroprozessoren, enthalten die gesamte Rechenleistung eines Computers in nur einem einzigen Chip.

MIKROCHIP

▶▶ Die modernsten Mikrochips können über 10000 Millionen Anweisungen pro Sekunde verarbeiten. Seit 1971 stieg die Zahl der Transistoren, die sich auf einem Chip befinden, von über 2000 auf unglaubliche 500 Millionen ▶▶

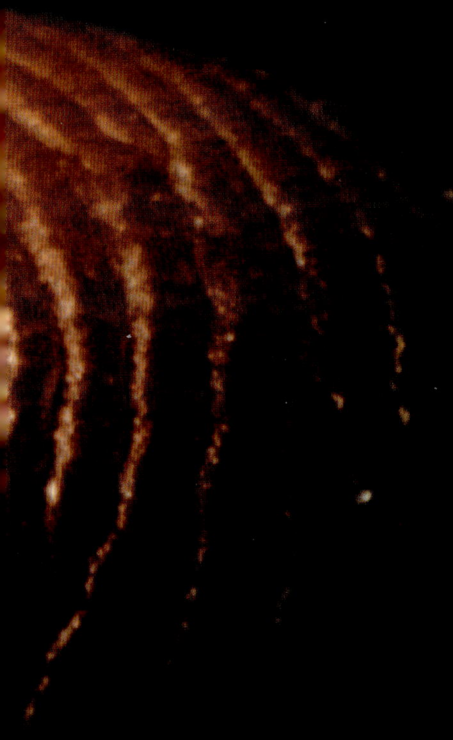

▶ Mikrochip

» MIKROCHIP: MERKMALE

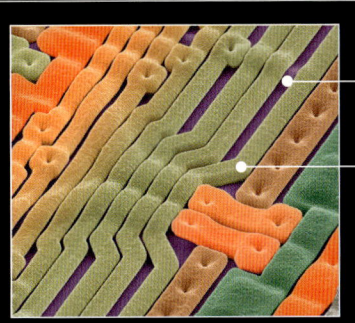

Transistorbett

Schaltkreis

« 1. Eine 1200-fache Vergrößerung zeigt, wie Mikrochips schichtweise aus Transistoren (lila) und metallischen Schaltkreisen aufgebaut sind. Die winzigen Transistoren schalten sich ein und aus, um elektronische Signale zu steuern und so viele tausend Informationen pro Sekunde zu verarbeiten.

» 2. Goldkabel – die hier fast 300-fach vergrößert sind – verbinden winzige elektrische Kontakte am Rand eines Chips mit Metallstiften an seinem Gehäuse. Gold ist zwar sehr teuer, doch es leitet den Strom sehr gut und verhindert, dass sich der Mikrochip überhitzt.

Goldkabel

Lötstelle

Kontaktpunkt

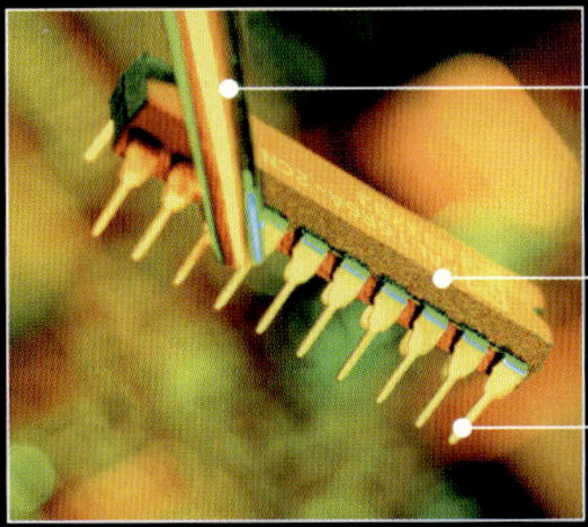

Pinzette

Kunststoffgehäuse

Metallstift

« 3. Ein Mikrochip ist klein und zerbrechlich und wird deshalb durch ein Gehäuse aus Plastik oder Keramik geschützt. Jeder Metallstift, der an einem Kontaktpunkt im Innern des Chips sitzt, kann in einem größeren elektronischen Schaltkreis verlötet werden, um den Chip mit anderen Komponenten zu verbinden.

◀ RÜCKBLICK
Nachdem Jack Kilby 1958 den integrierten Schaltkreis erfand – ein kompletter Schaltkreis auf einem Mikrochip –, wurden Elektrogeräte preiswerter.

Forscher entwickeln ein Mikrochipimplantat für das Auge, das die Zellen der Netzhaut anregt, damit Blinde wieder sehen können.
VORSCHAU ▶

ˇ Herstellung eines Siliziumchips

▶ Mikrochips werden aus dem Element Silizium hergestellt. Aus geschmolzenem Silizium entstehen zylindrische Kristalle, die bis zu 1 m lang sind und einen Durchmesser von 30 cm haben. Jeder Zylinder wird in Scheiben geschnitten, die man Wafer (engl.: Waffel) nennt.

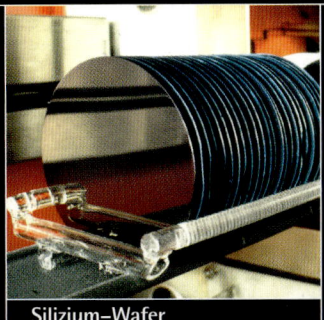
Silizium-Wafer

▶ Die Wafer werden beschichtet, um winzige Schaltkreise und Transistoren auf ihre Oberfläche zu ätzen. Aus einem einzigen Wafer entstehen viele hundert Chips. Anschließend werden die Wafer geprüft und in einzelne Chips geschnitten, die man danach mit einem schützenden Gehäuse umgibt.

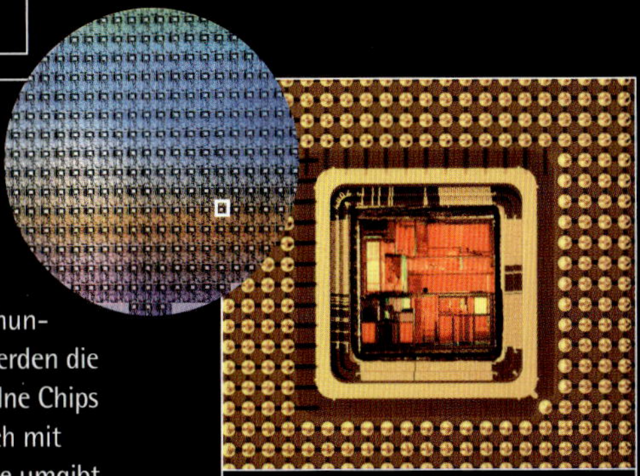

Wafer und einzelner Chip

▶▶ Siehe auch: Chipkarte S. 182, Hauptplatine S. 170, Laufschuhe S. 50, Mikroprozessor S. 246

▶ Verbinden

HANDY

Bild: Großaufnahme des Motorola Moto Razr V3

Der starke Lautsprecher funktioniert als Hör- oder als Sprechmuschel.

▶▶ Mit einem Handy kann man an fast jedem Ort der Erde telefonieren. Ungefähr ein Viertel der Weltbevölkerung telefoniert heute mit einem Handy, von denen es weltweit etwa 800 Millionen gibt. ▶▶

◀ **Auf dem Farbbildschirm** mit einer Auflösung von 176 x 220 Pixel erscheinen die Fotos der integrierten Kamera. Der Grafikchip kann Filme, Musikvideos und Spiele wiedergeben.

▶ **Die dünne Tastatur** ist nur etwa ein Drittel so dick wie eine normale Telefontastatur. Mit der blauen Hintergrundbeleuchtung erkennt man die Tasten auch im Dunkeln.

▶ **Dieses Handy** ist gleichzeitig ein Handheld-Computer mit E-Mail und Webbrowser, der mit modernster Video- und Spieltechnik ausgerüstet ist. Es besitzt eine integrierte Kamera, zwei Farbbildschirme (je einen auf der Innen- und auf der Außenseite) und wiegt nur 95 g.

◀ **RÜCKBLICK**
Das erste Mobilfunknetz, Advanced Mobile Phone System (AMPS), wurde 1978 in Chicago eingerichtet. Es hatte zehn Zellen für 2000 Teilnehmer.

Alle Handys werden eingebaute Multimediaplayer haben, die Musik und Videos aus dem Internet gleichzeitig herunterladen und abspielen.
VORSCHAU ▶▶

Die interne Antenne befindet sich im Scharnier.

▲ **Die Digitalkamera** hat ein Zoomobjektiv mit vierfacher Vergrößerung. Fotos werden im Handy gespeichert und können an andere Handys verschickt werden.

▶ **Die SIM-Karte** (Subscriber Identity Module; engl.: Benutzeridentifizierung) enthält einen Mikrochip, der persönliche Daten speichert.

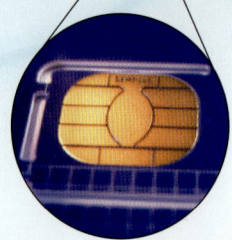

WIRKLICHE GRÖSSE DES HANDYS

▶ Handy

▶▶ Siehe auch: Batterie S. 94, Digitalradio S. 22, Internet S. 38, Spracherkennung S. 28

» WIE EIN HANDY FUNKTIONIERT

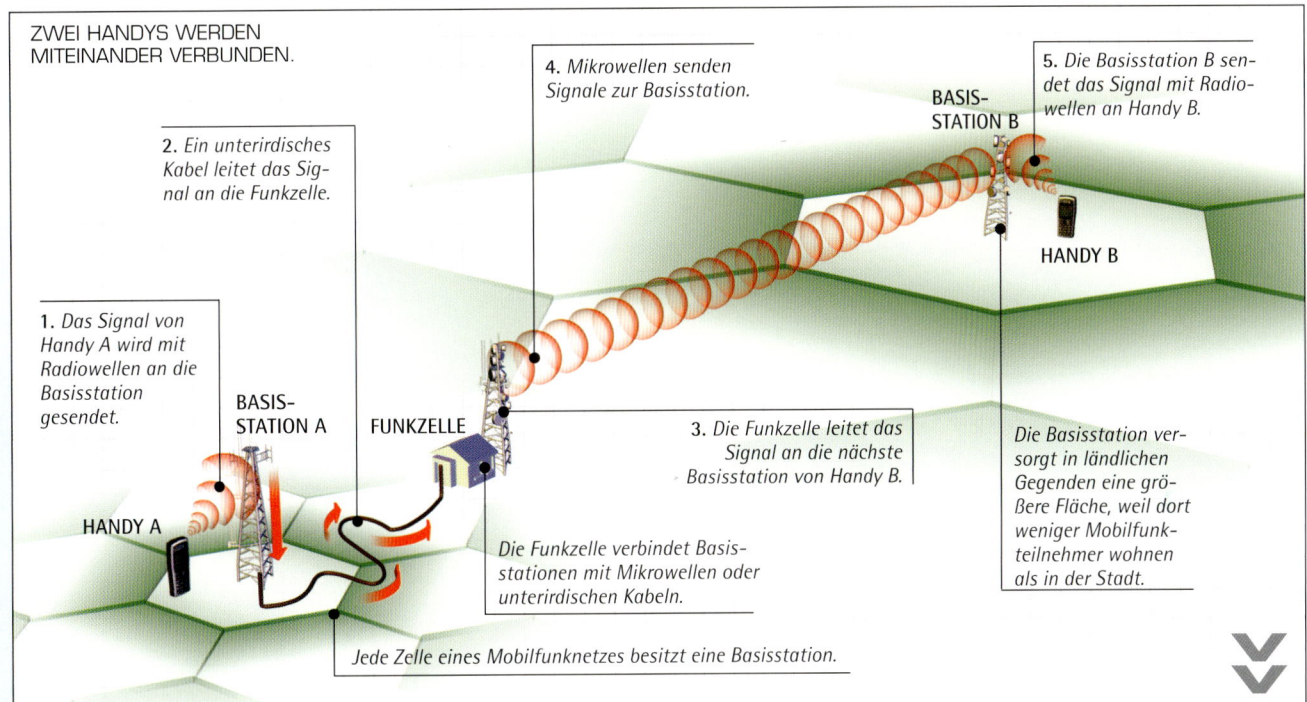

ZWEI HANDYS WERDEN MITEINANDER VERBUNDEN.

1. Das Signal von Handy A wird mit Radiowellen an die Basisstation gesendet.

2. Ein unterirdisches Kabel leitet das Signal an die Funkzelle.

3. Die Funkzelle leitet das Signal an die nächste Basisstation von Handy B.

4. Mikrowellen senden Signale zur Basisstation.

5. Die Basisstation B sendet das Signal mit Radiowellen an Handy B.

Die Funkzelle verbindet Basisstationen mit Mikrowellen oder unterirdischen Kabeln.

Jede Zelle eines Mobilfunknetzes besitzt eine Basisstation.

Die Basisstation versorgt in ländlichen Gegenden eine größere Fläche, weil dort weniger Mobilfunkteilnehmer wohnen als in der Stadt.

Handys funktionieren nur in einem Netzwerk aus Zellen – Flächen, die der Sendemast einer Basisstation versorgt. Die Zellen sind unterschiedlich groß und überlappen sich etwas, damit ein Anruf von einer Zelle zur nächsten ohne Unterbrechung weitergeleitet wird, wenn der Anrufer eine Zelle verlässt. Eine zentrale Funkzelle verbindet alle Zellen miteinander. Sie leitet auch Anrufe in andere Mobilfunknetze (anderer Anbieter) oder in das Festnetz weiter. Handys empfangen und senden Anrufe als digitale Signale, die gegenüber der analogen Technik der meisten Festnetze viele Vorteile besitzen, wie z. B. weniger Störungen oder bessere Sprachqualität. Außerdem können digitale Signale verschlüsselt werden, um Lauschangriffe zu unterbinden. Handys können Stimmen, Faxe, Texte und Internetdaten empfangen und senden. Mobilfunknetze können mehr Anrufe weiterleiten als Festnetze. Einige senden ebenso wie das Internet Signale als Datenpakete (GPRS).

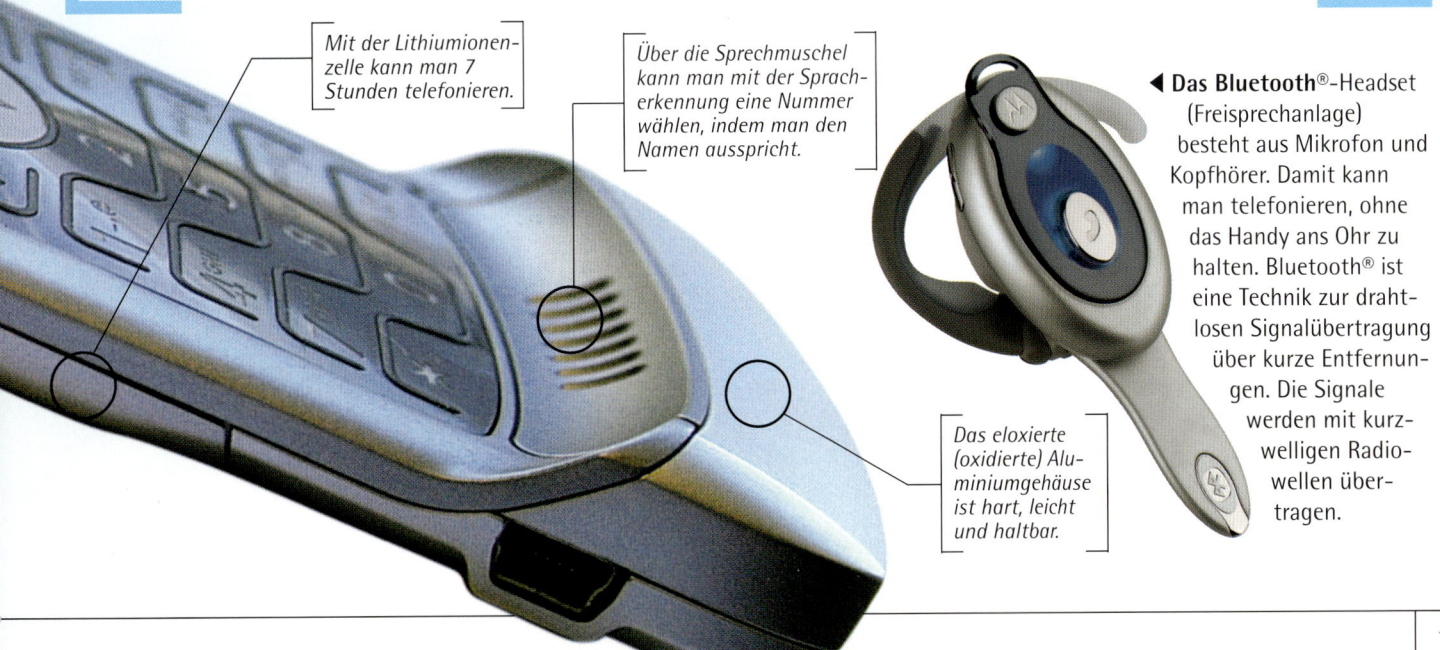

Mit der Lithiumionenzelle kann man 7 Stunden telefonieren.

Über die Sprechmuschel kann man mit der Spracherkennung eine Nummer wählen, indem man den Namen ausspricht.

Das eloxierte (oxidierte) Aluminiumgehäuse ist hart, leicht und haltbar.

◀ **Das Bluetooth®-Headset** (Freisprechanlage) besteht aus Mikrofon und Kopfhörer. Damit kann man telefonieren, ohne das Handy ans Ohr zu halten. Bluetooth® ist eine Technik zur drahtlosen Signalübertragung über kurze Entfernungen. Die Signale werden mit kurzwelligen Radiowellen übertragen.

▶ Verbinden

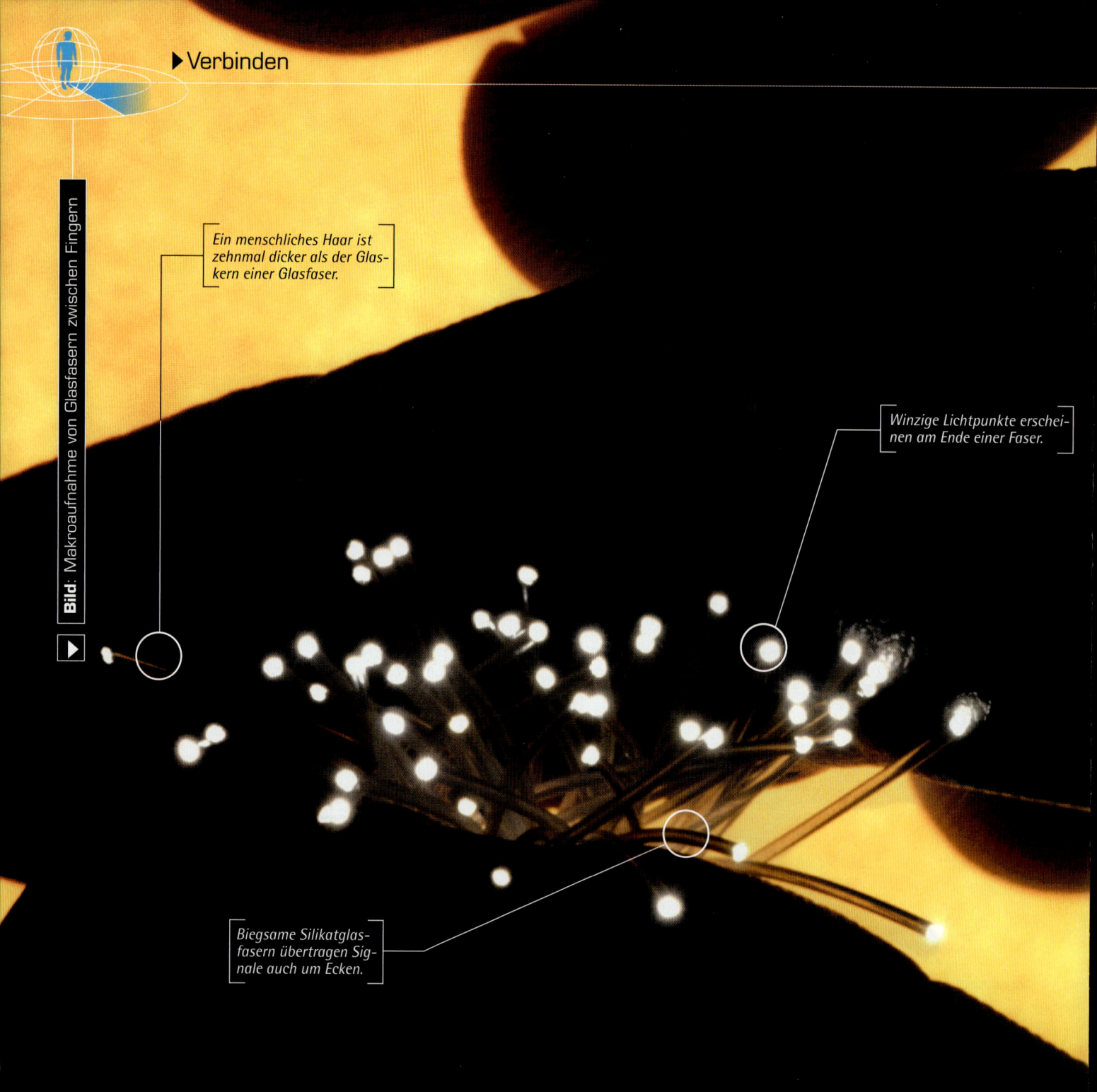

Bild: Makroaufnahme von Glasfasern zwischen Fingern ▶

Ein menschliches Haar ist zehnmal dicker als der Glaskern einer Glasfaser.

Winzige Lichtpunkte erscheinen am Ende einer Faser.

Biegsame Silikatglasfasern übertragen Signale auch um Ecken.

GLASFASER

▶▶ Glasfaserkabel sind die Datenautobahnen der Informationstechnologie. Jede einzelne Glasfaser kann bis zu 10 Millionen Telefongespräche gleichzeitig übertragen, wenn riesige Mengen digitaler Daten vorher in Lichtimpulse umgewandelt werden. ▶▶

» WIE GLASFASERN FUNKTIONIEREN

Informationen, die durch Glasfasern übertragen werden, sind zuerst elektrische Ströme, die digitale Daten enthalten. Eine Lichtquelle, die häufig aus einem Laser besteht, wandelt den Strom in Lichtimpulse um. Am anderen Ende der Glasfaser empfängt eine Fotodiode (ein lichtempfindliches Gerät) die Lichtimpulse und verwandelt sie wieder in elektrischen Strom, der die digitalen Daten erzeugt. Die Lichtimpulse bewegen sich in den Glasfasern auf verschiedenen Wegen fort, die man Moden nennt. Das Licht tritt in den Kern der Faser ein und wird von dem Fasermantel reflektiert. Bei einem Multiplexverfahren werden mehrere Lichtimpulse gleichzeitig eingespeist, die verschiedene Wellenlängen haben. Auf kurzen Strecken wandert Licht auf einem Zick-Zack-Weg durch die Faser, doch für größere Entfernungen nimmt man dünnere Fasern, die Licht auf direktem Weg durch den Kern übertragen.

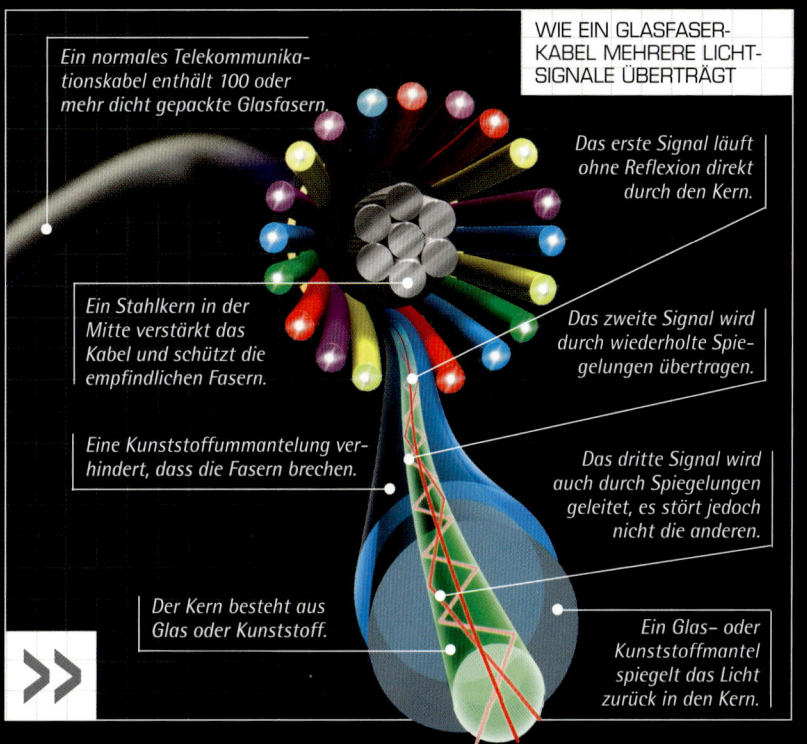

WIE EIN GLASFASERKABEL MEHRERE LICHTSIGNALE ÜBERTRÄGT

Ein normales Telekommunikationskabel enthält 100 oder mehr dicht gepackte Glasfasern.

Ein Stahlkern in der Mitte verstärkt das Kabel und schützt die empfindlichen Fasern.

Eine Kunststoffummantelung verhindert, dass die Fasern brechen.

Der Kern besteht aus Glas oder Kunststoff.

Das erste Signal läuft ohne Reflexion direkt durch den Kern.

Das zweite Signal wird durch wiederholte Spiegelungen übertragen.

Das dritte Signal wird auch durch Spiegelungen geleitet, es stört jedoch nicht die anderen.

Ein Glas- oder Kunststoffmantel spiegelt das Licht zurück in den Kern.

◀ **Glasfasern sind dünne Fasern** aus Glas oder manchmal auch aus Kunststoff, die digitale Informationen mit Lichtgeschwindigkeit übertragen – schnell genug, um sieben Mal pro Sekunde die Erde zu umkreisen. Glasfasern sind preiswerter und übertragen mehr Signale als Kupferkabel, die sie ersetzen. Durch ihren Einsatz kosten internationale Telefongespräche und schnelle Internetverbindungen weniger Gebühren.

˅ Glasfaserherstellung

▶ Der Glaskern einer Glasfaser entsteht aus einer dicken, festen, stabförmigen Vorform. Sie wird aus zwei Gasen, Siliziumdioxid und Germaniumdioxid, gebildet, die in eine Hohlröhre geleitet werden. Ein Brenner bewegt sich entlang der Röhre, die sich langsam auf einer Drehbank dreht, und erhitzt sie, bis sich in der Röhre festes Glas bildet.

Ein Brenner erhitzt die Vorform.

◀ Die Vorform wird bei 1900 °C in einen Turm gesenkt. Sobald das Glas, das senkrecht in dem Turm hängt, schmilzt, dehnt es sich unter seinem Gewicht. Eine Maschine am Boden des Turms zieht und formt das geschmolzene Glas in lange zylindrische Fasern. Ein Laser steuert die Maschine und überprüft die Fasern, damit ihr Durchmesser gleich bleibt.

Ziehen und Formen der dünnen Fasern

▶▶ Siehe auch: Spiegel S. 90, Videokapsel S. 212, Videozylinder S. 40

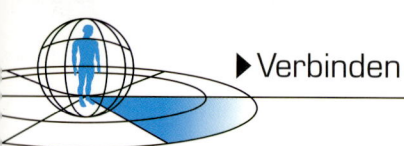

▶ Verbinden

DIGITALRADIO

▶▶ Digitalradios empfangen Sendungen als numerische Codes. Im Gegensatz zu analogen Radios stören Gebäude oder Hindernisse den Empfang nicht, sondern er ist auch in einem fahrenden Auto oder weit entfernt von einem Sender klar. ▶▶

≫ WIE EIN DIGITALRADIO FUNKTIONIERT

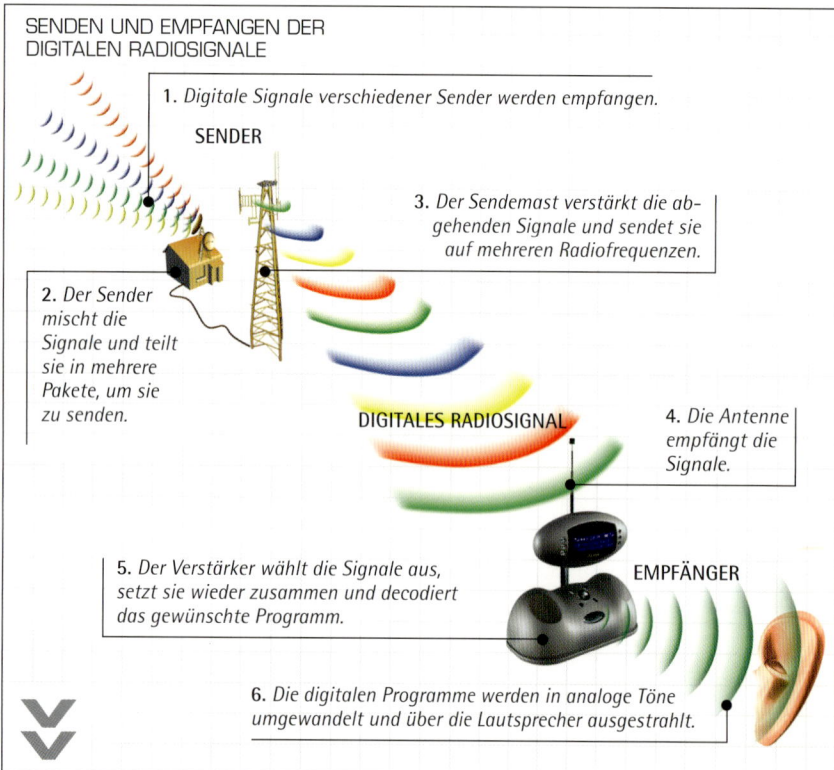

SENDEN UND EMPFANGEN DER DIGITALEN RADIOSIGNALE

1. Digitale Signale verschiedener Sender werden empfangen.

SENDER

2. Der Sender mischt die Signale und teilt sie in mehrere Pakete, um sie zu senden.

3. Der Sendemast verstärkt die abgehenden Signale und sendet sie auf mehreren Radiofrequenzen.

DIGITALES RADIOSIGNAL

4. Die Antenne empfängt die Signale.

5. Der Verstärker wählt die Signale aus, setzt sie wieder zusammen und decodiert das gewünschte Programm.

EMPFÄNGER

6. Die digitalen Programme werden in analoge Töne umgewandelt und über die Lautsprecher ausgestrahlt.

▶ **Dieses Digitalradio,** das man auch Bug (engl.: Wanze) nennt, besitzt einen Speicher, der Programme aufzeichnet. Damit kann man sogar Live-Sendungen anhalten oder zurückspulen. Es zeigt nicht nur den Namen des Radiosenders an, sondern auch Titel und Interpreten des Liedes, das gerade gespielt wird.

Die beiden Lautsprecher ermöglichen Stereoklang.

Eine analoge Radiostation sendet ihre Signale als Radiowellen in einem schmalen Frequenzband. Gebäude, Berge und elektrische Geräte können diese Signale stören. Einige Radiowellen erreichen nie ihr Ziel, sodass der Empfang unterbrochen ist. Andere Radiowellen sind gestört, sodass ein Hörer Knacken und Rauschen oder Überlagerungen mit anderen Sendern empfängt. Digitale Radiosender wandeln dagegen die Signale in Digitalcodes (lange Reihen aus Einsen und Nullen) um, die jeweils einen Sekundenbruchteil eines Musikstücks oder Gespräches enthalten. Die Zahlenreihen werden in kleine Pakete aufgeteilt und über ein breites Frequenzband gesendet. Jedes Paket wird mehr als einmal auf etwas unterschiedlichen Frequenzen gesendet. Selbst wenn einige Pakete nicht ankommen, hat der Empfänger genügend Pakete, um daraus ein klares und vollständiges Programm zusammenzusetzen.

▶ Digitalradio

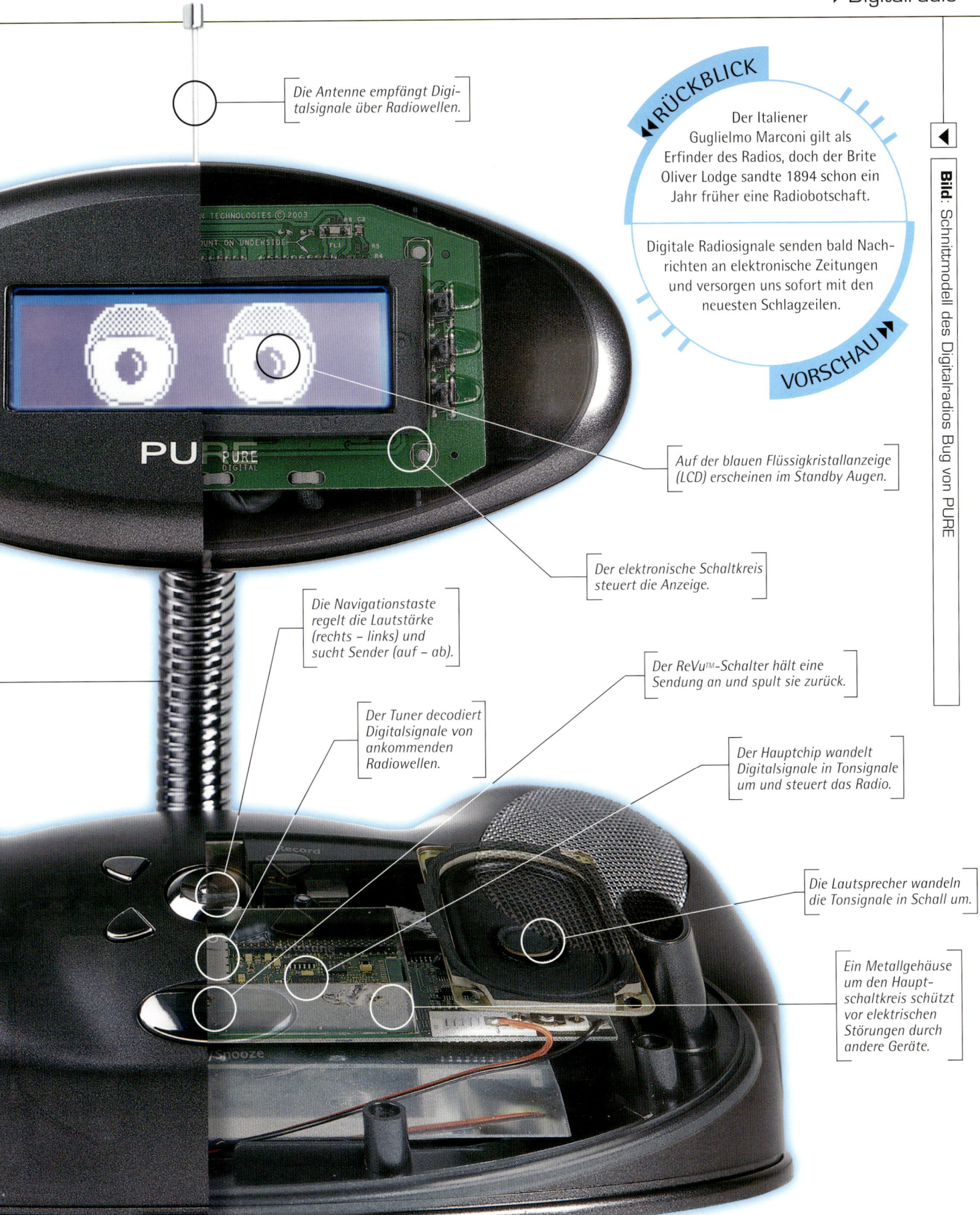

Die Antenne empfängt Digitalsignale über Radiowellen.

RÜCKBLICK Der Italiener Guglielmo Marconi gilt als Erfinder des Radios, doch der Brite Oliver Lodge sandte 1894 schon ein Jahr früher eine Radiobotschaft.

Digitale Radiosignale senden bald Nachrichten an elektronische Zeitungen und versorgen uns sofort mit den neuesten Schlagzeilen. **VORSCHAU**

Auf der blauen Flüssigkristallanzeige (LCD) erscheinen im Standby Augen.

Der elektronische Schaltkreis steuert die Anzeige.

Die Navigationstaste regelt die Lautstärke (rechts – links) und sucht Sender (auf – ab).

Der ReVu™-Schalter hält eine Sendung an und spult sie zurück.

Der Tuner decodiert Digitalsignale von ankommenden Radiowellen.

Der Hauptchip wandelt Digitalsignale in Tonsignale um und steuert das Radio.

Die Lautsprecher wandeln die Tonsignale in Schall um.

Ein Metallgehäuse um den Hauptschaltkreis schützt vor elektrischen Störungen durch andere Geräte.

Bild: Schnittmodell des Digitalradios Bug von PURE

▶▶ Siehe auch: Kopfhörer S. 74, LCD-Fernseher S. 24, MP3-Player S. 70, Radiowellen S. 247

Bild: Makroaufnahme eines LCD-Fernsehschirms

LCD-FERNSEHER

▶▶ Auf der Welt gibt es heute ungefähr 1,5 Milliarden Fernseher – das ist einer für vier Menschen. Die neuen LCD-Fernseher sind flach, leicht, zuverlässig und verbrauchen wenig Energie. ▶▶

▲ **Winzige Farbquadrate,** die man Bildelemente oder Pixel nennt, bauen das Bild auf dem Fernsehschirm auf. Immer mehr Fernseher besitzen einen LCD-Bildschirm (Flüssigkristallanzeige) wie diesen. Aber auch Computerbildschirme, Handys sowie digitale Musik- und Videoplayer sind mit diesen Bildschirmen ausgerüstet.

▶ LCD-Fernseher

▶▶ Siehe auch: Kamera S. 62, Licht S. 246, Notebook S. 168, Spielkonsolen S. 64

❯❯ WIE EIN LCD-FERNSEHER FUNKTIONIERT

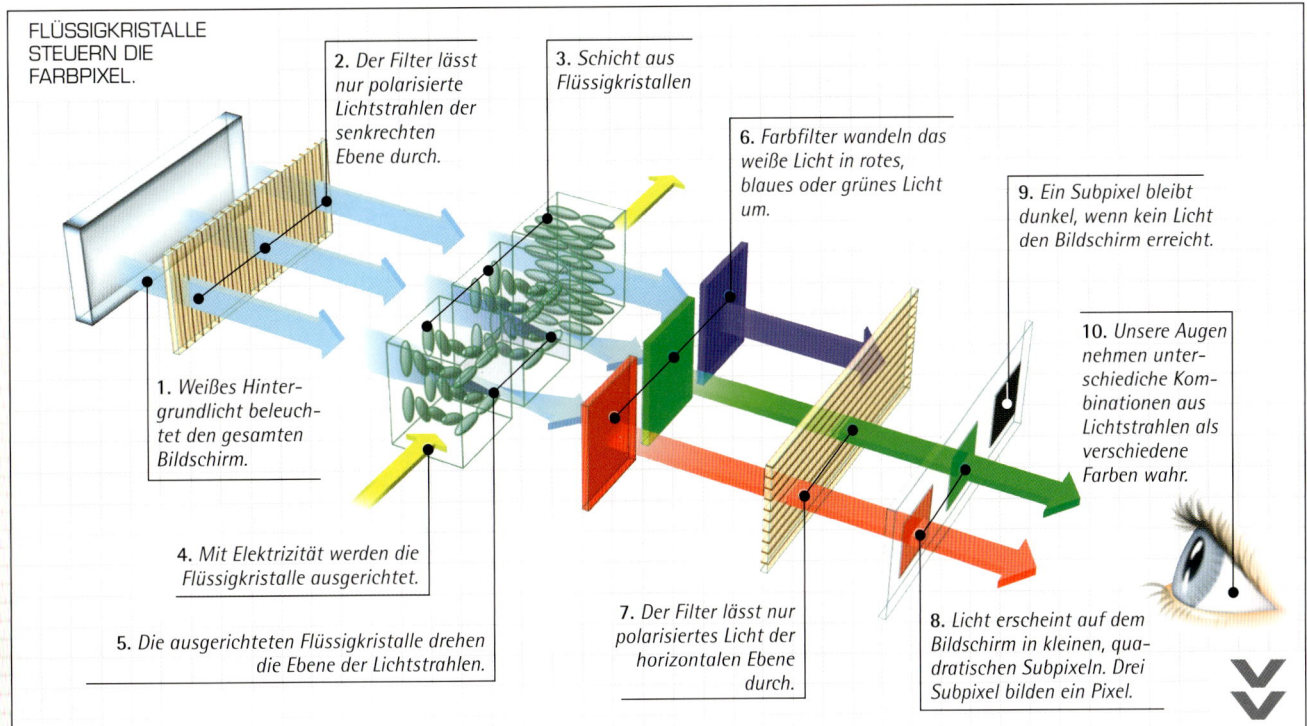

FLÜSSIGKRISTALLE STEUERN DIE FARBPIXEL.

1. Weißes Hintergrundlicht beleuchtet den gesamten Bildschirm.
2. Der Filter lässt nur polarisierte Lichtstrahlen der senkrechten Ebene durch.
3. Schicht aus Flüssigkristallen
4. Mit Elektrizität werden die Flüssigkristalle ausgerichtet.
5. Die ausgerichteten Flüssigkristalle drehen die Ebene der Lichtstrahlen.
6. Farbfilter wandeln das weiße Licht in rotes, blaues oder grünes Licht um.
7. Der Filter lässt nur polarisiertes Licht der horizontalen Ebene durch.
8. Licht erscheint auf dem Bildschirm in kleinen, quadratischen Subpixeln. Drei Subpixel bilden ein Pixel.
9. Ein Subpixel bleibt dunkel, wenn kein Licht den Bildschirm erreicht.
10. Unsere Augen nehmen unterschiedliche Kombinationen aus Lichtstrahlen als verschiedene Farben wahr.

Ein LCD-Bildschirm besteht aus mehreren Millionen winziger Quadrate, den Pixeln, die aus je einem roten, blauen und grünen Subpixel aufgebaut sind. Hinter jedem Subpixel befinden sich mikroskopisch kleine Flüssigkristalle. Elektronische Schaltkreise schalten jedes Pixel ein oder aus, um ein Bild aufzubauen. Sie versorgen die Flüssigkristalle mit Strom, die sich dann ausrichten oder nicht und somit die Subpixel wie winzige Schalter ein- und ausschalten. Kristalle, die sich nicht ausrichten, lassen das senkrecht polarisierte Licht passieren, das danach vom zweiten Filter blockiert wird. Ausgerichtete Kristalle drehen dagegen die Polarisationsebene des Lichts, sodass das nun horizontal polarisierte Licht den zweiten Filter passiert. Die Stromstärke steuert, wie viele Flüssigkristalle eines Subpixels sich ausrichten und die Ebene der Lichtstrahlen verändern. Weil sich alle Pixel einzeln steuern lassen, entstehen verschiedene Farben auf dem Bildschirm.

◀ RÜCKBLICK

1888 entdeckte der Österreicher Friedrich Reinitzer die Flüssigkristalle. LCD-Bildschirme nutzte man ab 1970 zuerst in Armbanduhren und Taschenrechnern.

Flüssigkristalle können bald auf Fensterscheiben aufgetragen werden, um Jalousien oder Vorhänge zu ersetzen. Eingeschaltet verdunkeln sie den Raum.

VORSCHAU ▶

❯ Farbmischung

▶ Jede Farbe besteht aus einer Mischung von blauem, grünem und rotem Licht. Rot und Blau bilden ein helles Violett, das Magenta. Aus Blau und Grün entsteht ein helles Blau, das Cyan. Gelb entsteht, wenn sich Grün und Rot überlappen. Alle drei Farben zusammen ergeben weißes Licht oder Grau (abhängig von der Helligkeit). Schwarz erscheint dagegen, wenn kein Licht scheint.

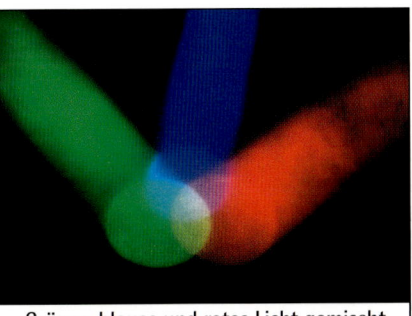

Grünes, blaues und rotes Licht gemischt

25

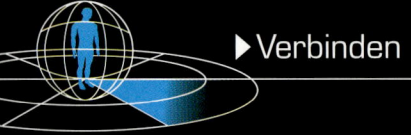

▶Verbinden

VERSPIELT

Elektronisches Spielzeug soll unser Leben einfacher und lustiger gestalten. Menschen können sich unterwegs unterhalten, Videokonferenzen über das Internet schalten oder sich Fernsehsendungen anschauen, wann und wo sie wollen.

◀◀ Webcam
Eine Kamera, die so groß wie ein Golfball ist, macht aus einem Computer ein Videogerät. Eine Webcam ist eine digitale Kamera, die an einem Computer angeschlossen ist. Sie nimmt etwa 30 Standbilder pro Sekunde auf und sendet sie über das Internet an andere Computer, die sie als Video abspielen. Zwei Computernutzer mit Webcams können sich beim Chatten gegenseitig sehen.

▶▶ WLAN-Karte
Drahtlose, lokale Netzwerke oder WLAN (engl.: Wireless Local Area Network) verbinden Computer über Radiowellen mit dem Internet. Ein Notebook mit einer WLAN-Karte kann sich an Hotspots ins Internet einwählen – Orte, an denen Computer Verbindungen aufbauen können.

▶Verspielt

Digitalfernseher
Digitalfernseher verdrängen nach und nach ältere Analoggeräte, weil sie interaktive Eigenschaften und mehr Kanäle anbieten. Einige besitzen eine Festplatte, um Sendungen aufzunehmen, zu speichern und wiederzugeben. Sie zeigen Livesendungen zeitversetzt, ohne dass eine Sekunde fehlt.

PDA
Diesen handgroßen Computer nennt man persönlichen digitalen Assistenten, PDA (engl.: Personal Digital Assistent). Er ist mit einem Satellitennavigationssystem ausgerüstet, das seinen Standort mithilfe von Satelliten bestimmt. Sein Bildschirm zeigt eine Karte der Umgebung und gibt auch die Richtung an. Mit einem Stift kannst du einzelne Menüs auf der Anzeige wählen und Notizen eingeben, die der PDA speichert.

MP4-Player
Viele Menschen besitzen ein handgroßes digitales Abspielgerät, das Lieder im Dateiformat MP3 speichert und abspielt. Doch MP4-Player sind noch moderner – auf ihnen kann man sogar Videos anschauen. Dieser MP4-Player speichert fast 16 Stunden Videos auf seiner 20-GB-Festplatte und spielt sie auf einem kristallklaren 9-cm-LCD-Bildschirm ab.

▶▶ Siehe auch: LCD-Fernseher S. 24, MP3-Player S. 70, Navigation S. 154, Notebook S. 168

▶ Verbinden

SPRACHERKENNUNG

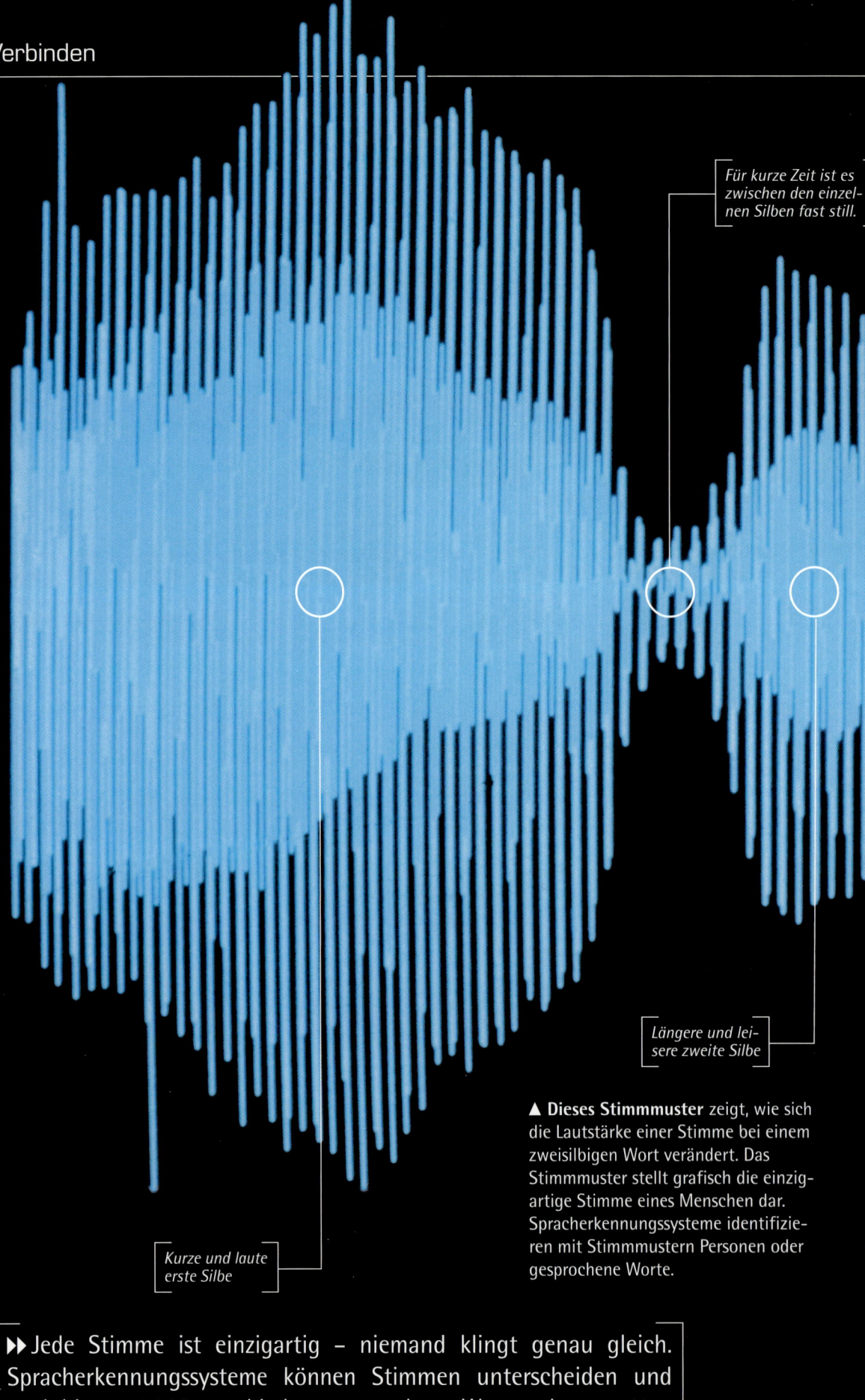

Für kurze Zeit ist es zwischen den einzelnen Silben fast still.

Längere und leisere zweite Silbe

Kurze und laute erste Silbe

▲ **Dieses Stimmmuster** zeigt, wie sich die Lautstärke einer Stimme bei einem zweisilbigen Wort verändert. Das Stimmmuster stellt grafisch die einzigartige Stimme eines Menschen dar. Spracherkennungssysteme identifizieren mit Stimmmustern Personen oder gesprochene Worte.

▶▶ Jede Stimme ist einzigartig – niemand klingt genau gleich. Spracherkennungssysteme können Stimmen unterscheiden und auch bis zu 50 000 verschiedene gesprochene Worte erkennen. ▶▶

⌄ Die menschliche Stimme

▶ Unsere Stimme entsteht durch die Stimmbänder, zwei Falten aus elastischem Gewebe, die sich über den Kehlkopf spannen. Sobald Luft aus den Lungen herausströmt, spannen oder dehnen Muskeln die Bänder, um hohe oder tiefe Töne zu erzeugen. Frauen haben kurze, feste Stimmbänder, sodass ihre Stimmen häufig höher sind.

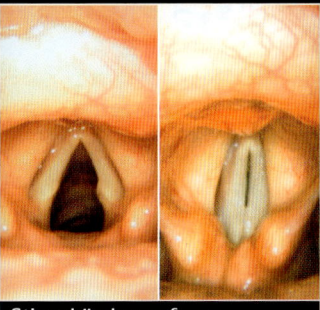
Stimmbänder: auf – zu

▶ Die Töne, die durch die Stimmbänder entstehen, werden vom Kehlkopf verstärkt (lauter). Opernsängerinnen können ihr Stimmvolumen und ihre Stimmhöhe sehr genau steuern. Wenn sie eine Note in der richtigen Tonhöhe lange genug halten, versetzen sie sogar Glas in Schwingungen, bis es zerspringt.

Durch die Stimme zerspringt Glas.

Bild: Computererzeugtes Stimmmuster eines zweisilbigen Wortes

Die Stimme geht in Ruhe über, wenn das Sprechen beendet ist.

❯❯ WIE SPRACHERKENNUNG FUNKTIONIERT

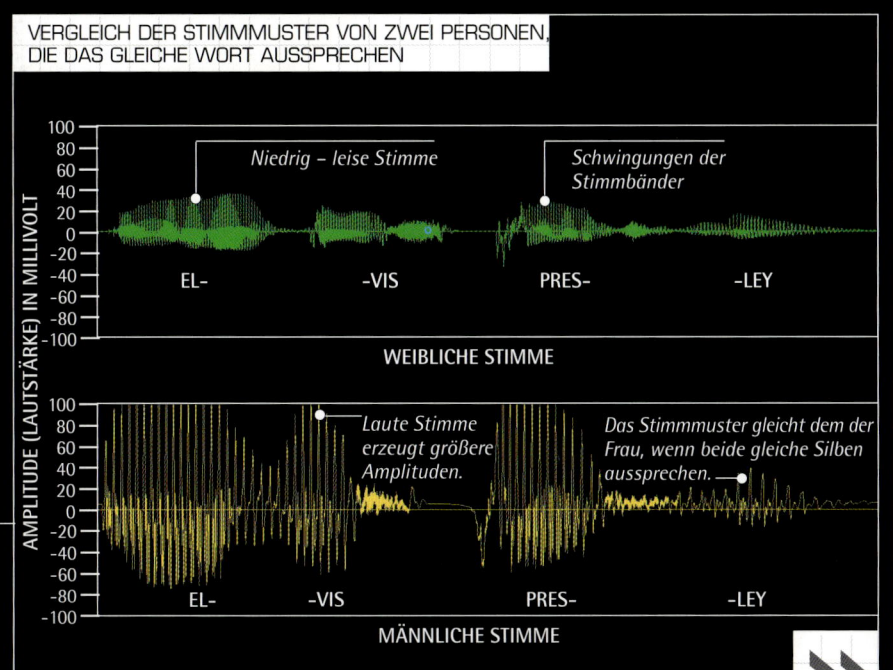

VERGLEICH DER STIMMMUSTER VON ZWEI PERSONEN, DIE DAS GLEICHE WORT AUSSPRECHEN

Niedrig – leise Stimme
Schwingungen der Stimmbänder
EL-   -VIS   PRES-   -LEY
WEIBLICHE STIMME

Laute Stimme erzeugt größere Amplituden.
Das Stimmmuster gleicht dem der Frau, wenn beide gleiche Silben aussprechen.
EL-   -VIS   PRES-   -LEY
MÄNNLICHE STIMME

AMPLITUDE (LAUTSTÄRKE) IN MILLIVOLT

Obwohl jede Stimme anders klingt, erzeugen sie bei gleichen Worten ein ähnliches Muster der Schallenergie. Diese einfachen Grafiken zeigen, wie sich die Amplituden der Stimmen einer weiblichen und einer männlichen Person in wenigen Sekunden ändern, wenn sie zwei Worte sagen. Diese Muster nutzen Spracherkennungssysteme, bei denen man einen Text über ein Mikrofon und nicht über die Tastatur in den Computer eingibt. Bevor jedoch dieses System ein Wort erkennt, müssen es viele hundert Personen an verschiedene Worte gewöhnen. Wenn eine unbekannte Stimme eines dieser Worte ausspricht, vergleicht das System dieses Schallmuster mit den abgespeicherten Stimmmustern. So erkennt das System, was die Person gesagt hat.

▶▶ Siehe auch: MP3–Player S. 70, Schallwellen S. 249, Tierdolmetscher S. 30

TIERDOLMETSCHER

▶ Verbinden

Bild: Nahaufnahme von Takaras handgroßem Meowlingual-Tierdolmetscher

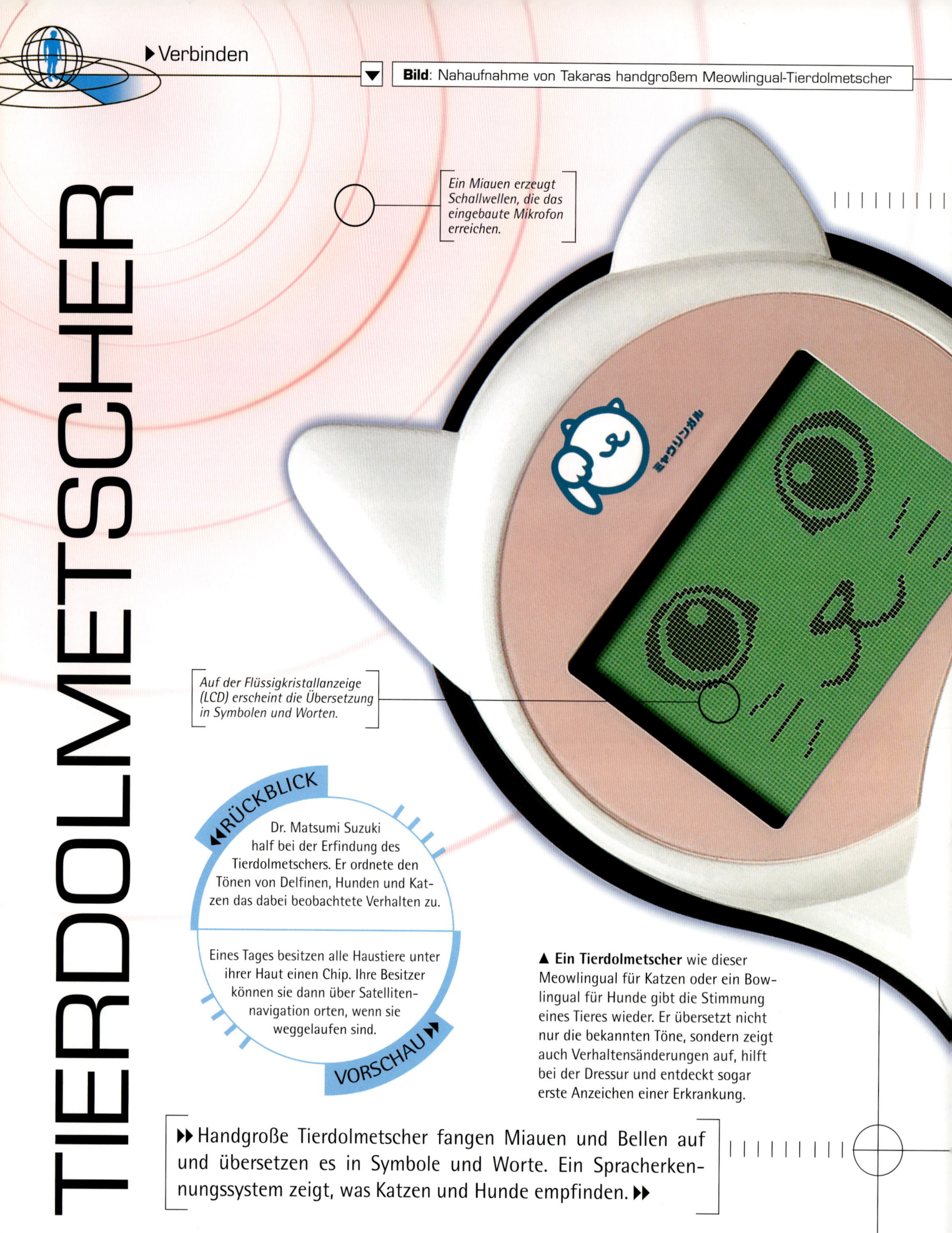

Ein Miauen erzeugt Schallwellen, die das eingebaute Mikrofon erreichen.

Auf der Flüssigkristallanzeige (LCD) erscheint die Übersetzung in Symbolen und Worten.

◀ **RÜCKBLICK**

Dr. Matsumi Suzuki half bei der Erfindung des Tierdolmetschers. Er ordnete den Tönen von Delfinen, Hunden und Katzen das dabei beobachtete Verhalten zu.

Eines Tages besitzen alle Haustiere unter ihrer Haut einen Chip. Ihre Besitzer können sie dann über Satellitennavigation orten, wenn sie weggelaufen sind.

VORSCHAU ▶

▲ **Ein Tierdolmetscher** wie dieser Meowlingual für Katzen oder ein Bowlingual für Hunde gibt die Stimmung eines Tieres wieder. Er übersetzt nicht nur die bekannten Töne, sondern zeigt auch Verhaltensänderungen auf, hilft bei der Dressur und entdeckt sogar erste Anzeichen einer Erkrankung.

▶▶ Handgroße Tierdolmetscher fangen Miauen und Bellen auf und übersetzen es in Symbole und Worte. Ein Spracherkennungssystem zeigt, was Katzen und Hunde empfinden. ▶▶

▶ Tierdolmetscher

⌄ Neuronale Netzwerke

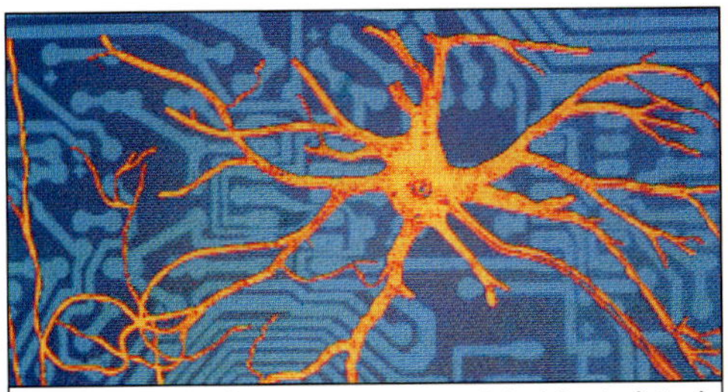

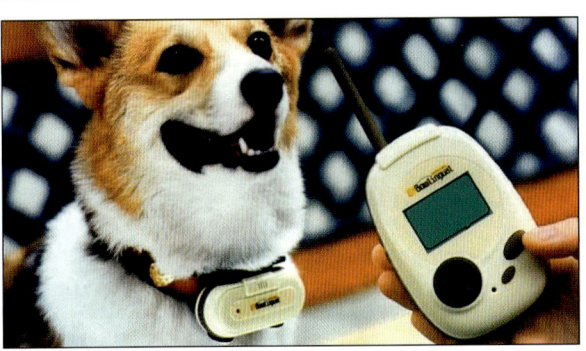

Gehirnzelle (rot) und elektrischer Schaltkreis (blau)

▲ Wir erkennen fremde Stimmen, weil unsere Gehirnzellen (Neuronen) große neuronale Netzwerke bilden. In einem Tierdolmetscher arbeitet ein Computerprogramm auf ähnliche Weise. Nachdem das Programm verschiedene Töne der Tiere und ihre Bedeutung erlernt hat, kann es unbekannte Töne entschlüsseln.

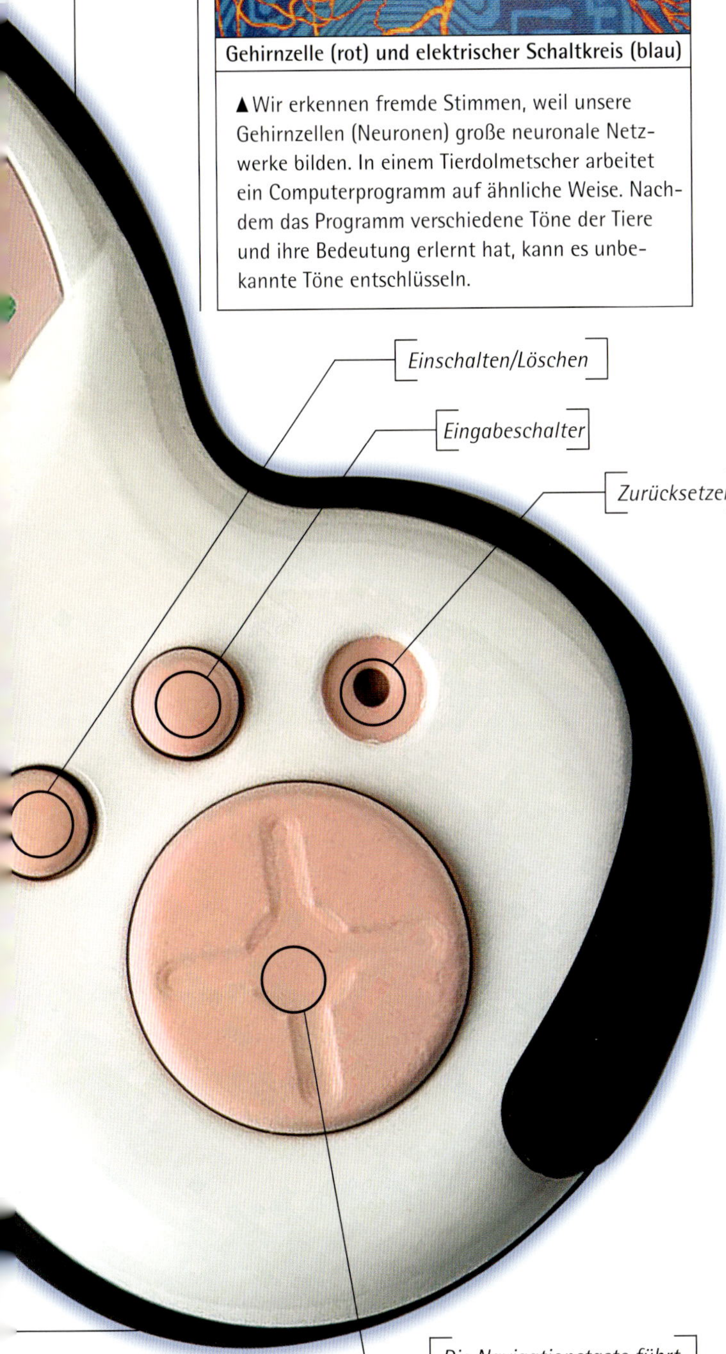

Einschalten/Löschen

Eingabeschalter

Zurücksetzen

Die Navigationstaste führt durch das Menu auf der Anzeige.

›› TIERDOLMETSCHER

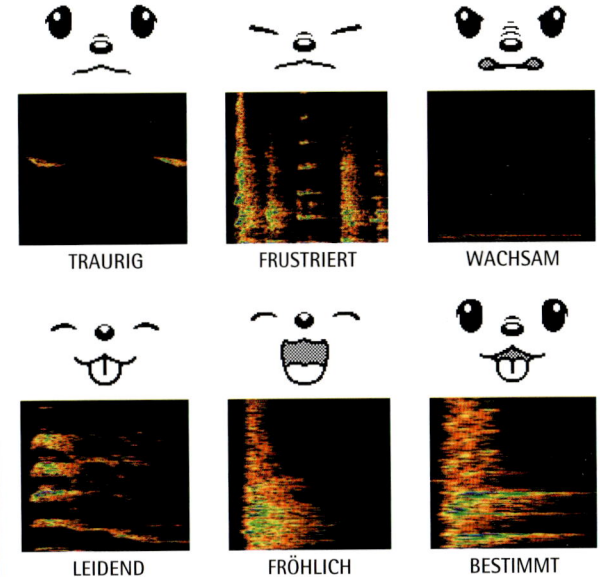

▲ **Halsband und Handgerät** von Bowlingual erfassen und übertragen das Bellen eines Hundes. Ein Mikrofon im Halsband nimmt das Gebell auf, wandelt es in digitale Signale um und sendet es mit Radiowellen an das Handgerät. Das Handgerät vergleicht verschiedene Merkmale des digitalen Bellens mit gespeicherten Mustern.

TRAURIG   FRUSTRIERT   WACHSAM

LEIDEND   FRÖHLICH   BESTIMMT

▲ **Hunde bellen** auf unterschiedliche Arten und erzeugen Töne, die sich im Stimmmuster deutlich unterscheiden. Das Gerät hat 200 Merkmale des Bellens als verschiedene Stimmmuster gespeichert. Obwohl verschiedene Rassen unterschiedliche Laute von sich geben, ordnet der Dolmetscher normalerweise ein Gebell einer von sechs Stimmungen zu. Ein trauriges Bellen äußert sich in kurzen hohen Lauten, während ein verärgertes (wachsames) Bellen fast fünf Mal länger dauert und aus tiefen, knurrenden Tönen besteht. Nach der Zuordnung erscheinen auf der Anzeige ein Symbol und eine Übersetzung des Gebells.

▶▶ Siehe auch: Digitalradio S. 22, LCD–Fernseher S. 24, Spracherkennung S. 28

▶ Verbinden

IRIS-SCAN

▶▶ Das Iriserkennungssystem ist die bisher schnellste und zuverlässigste Methode, um eine Person zu identifizieren. ▶▶

›› WIE EIN IRIS-SCAN FUNKTIONIERT

AUFNAHME DER IRIS – VON DER KAMERA BIS ZUM DIGITALEN CODE

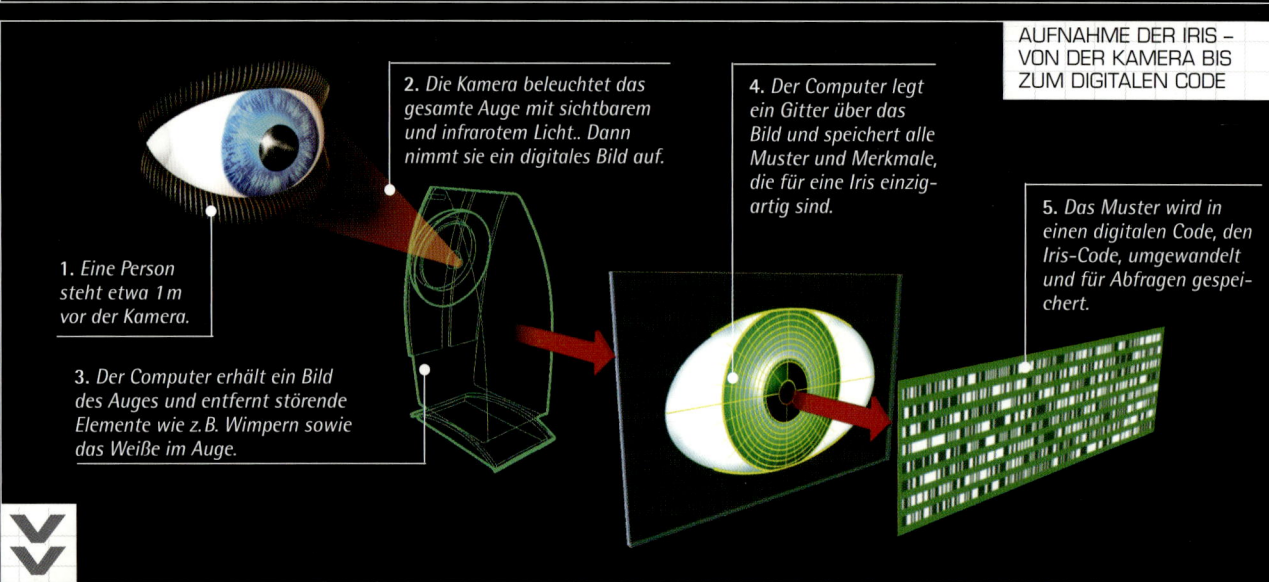

1. *Eine Person steht etwa 1 m vor der Kamera.*

2. *Die Kamera beleuchtet das gesamte Auge mit sichtbarem und infrarotem Licht.. Dann nimmt sie ein digitales Bild auf.*

3. *Der Computer erhält ein Bild des Auges und entfernt störende Elemente wie z. B. Wimpern sowie das Weiße im Auge.*

4. *Der Computer legt ein Gitter über das Bild und speichert alle Muster und Merkmale, die für eine Iris einzigartig sind.*

5. *Das Muster wird in einen digitalen Code, den Iris-Code, umgewandelt und für Abfragen gespeichert.*

Das Pigment Melanin ist für die Farbe der Iris und der Haut verantwortlich. Viele Pigmente färben die Iris braun, weniger färben sie blau, grau oder grün.

Durch das strahlenförmige, farbige Muster der Iris (Regenbogenhaut) sind alle Augen einzigartig – sogar eineiige Zwillinge besitzen unterschiedliche Muster. Ein computergesteuertes System, das Menschen am Muster ihrer Iris erkennt, ist die neueste und genauste Methode der biometrischen Identifizierung – der Wissenschaft von der Identifizierung der Menschen durch ihre einzigartigen biologischen Merkmale. Iriserkennungssysteme werden z. B. schon in Sicherheitsbereichen von Flughäfen eingesetzt. Die Ersterfassung eines Menschen dauert etwa zwei Minuten, in denen eine Kamera die Augen aufnimmt und das Bild digital speichert. Beim nächsten Mal wird die Iris erneut gescannt und mit den gespeicherten Daten verglichen. Dann dauert es nur zwei Sekunden und die Person ist identifiziert.

⌄ Fingerabdruck-Identifizierung

▶ In diesem Bild wurde der zentrale Bereich eines Fingerabdrucks vom Computer grün umrandet und die wichtigsten Hautleisten mit roten Punkten markiert. Der Computer vermisst die Punkte und Winkel der Hautleisten und erzeugt so aus dem Fingerabdruck einen digitalen Code, den er mit anderen Codes vergleicht. Obwohl sich Fingerabdrücke sehr gut zur Identifizierung eignen, ist der Iris-Scan 1000-fach genauer.

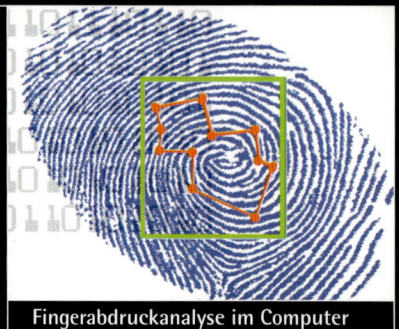

Fingerabdruckanalyse im Computer

◀◀ RÜCKBLICK
Der britische Computerspezialist John Daugman entwickelte 1994 die mathematischen Grundlagen, um Irismuster in Digitalcodes umzuwandeln.

Der Iris–Scan ist so zuverlässig, dass er den Reisepass sowie die PIN-Eingabe der Kreditkarte an Geldautomaten in Zukunft ersetzen könnte.
VORSCHAU ▶▶

▶▶ Siehe auch: Chipkarte S. 182, Kamera S. 62, Laserchirurgie S. 206, Sicher S. 180

Bild: Computergestützter, biometrischer Iris-Scan

Die Iris enthält Ringmuskeln, um die Pupille zu öffnen oder zu schließen.

Die Pupille erscheint schwarz, doch sie ist eine Öffnung, in die das Licht einfällt.

Das strahlenförmige Gitter bestimmt die Positionen von Merkmalen der Iris.

▲ **Iriserkennungssysteme** legen ein Koordinatengitter über das Bild einer Iris, ähnlich den Breiten- und Längengraden auf Landkarten. Einzigartige Irismerkmale wie z.B. Farbe, Schatten und Markierungen werden dann mit ihren Koordinaten gespeichert.

33

▶Verbinden

NEON

▶▶ Leuchtende Neonreklame füllt unsere Städte mit Farben. Würde man alle Neonleuchten von Las Vegas aneinander reihen, wären sie 25000 km lang – mehr als der halbe Erdumfang. ▶▶

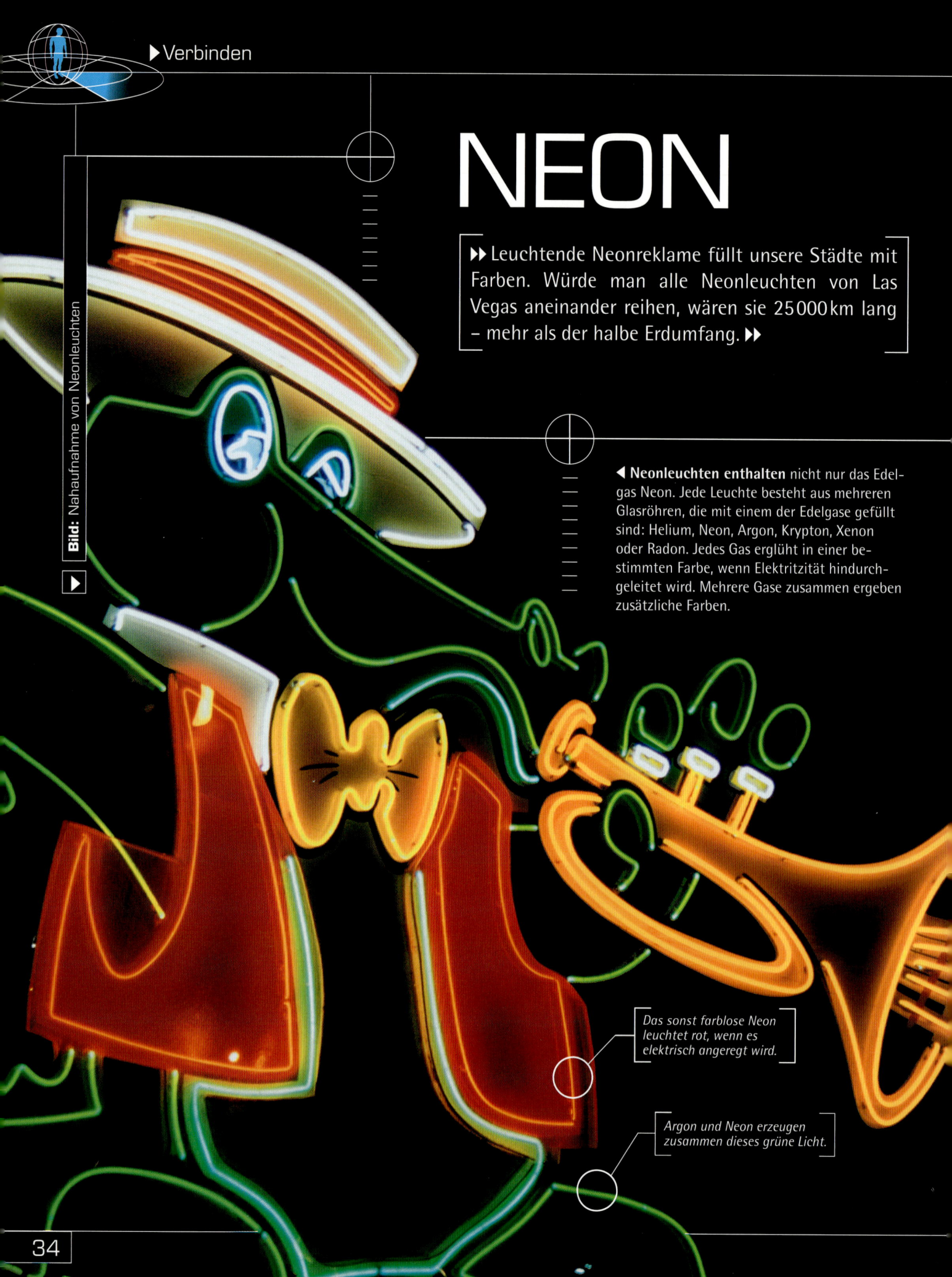

Bild: Nahaufnahme von Neonleuchten

◀ **Neonleuchten enthalten** nicht nur das Edelgas Neon. Jede Leuchte besteht aus mehreren Glasröhren, die mit einem der Edelgase gefüllt sind: Helium, Neon, Argon, Krypton, Xenon oder Radon. Jedes Gas erglüht in einer bestimmten Farbe, wenn Elektrizität hindurchgeleitet wird. Mehrere Gase zusammen ergeben zusätzliche Farben.

Das sonst farblose Neon leuchtet rot, wenn es elektrisch angeregt wird.

Argon und Neon erzeugen zusammen dieses grüne Licht.

▶▶ Siehe auch: Edelgase S. 241, Feuerwerk S. 78, Glühlampe S. 88

≫ WIE EINE NEONLEUCHTE FUNKTIONIERT

DURCH KOLLISIONEN ENTSTEHT IN EINER NEONRÖHRE ROTES LICHT.

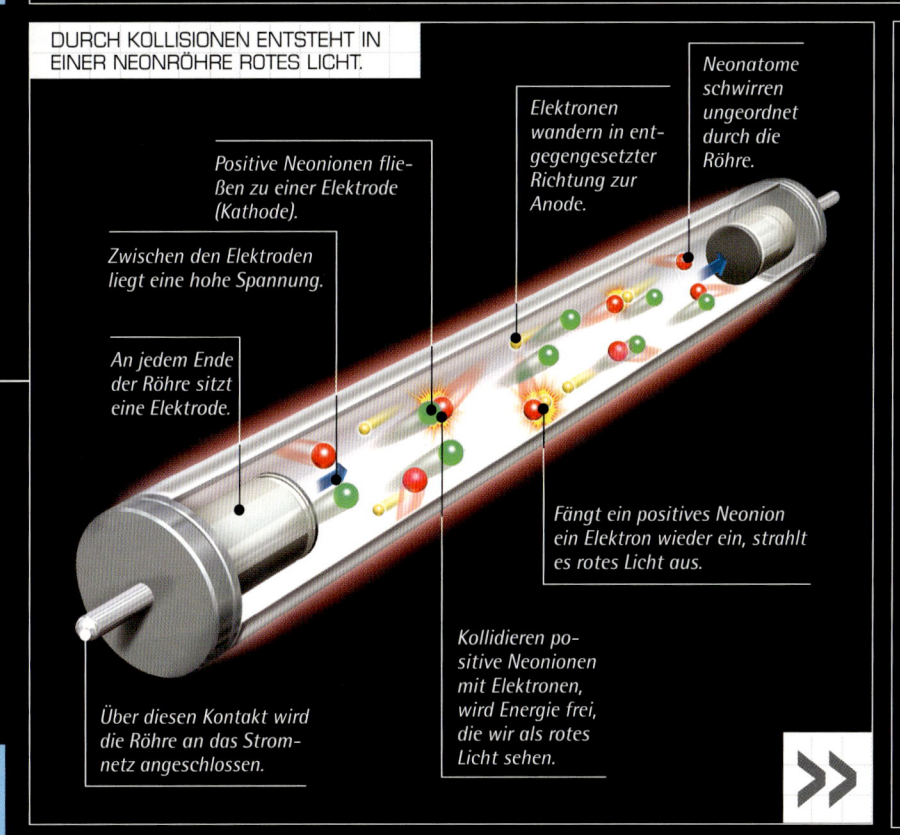

Neonatome schwirren ungeordnet durch die Röhre.

Elektronen wandern in entgegengesetzter Richtung zur Anode.

Positive Neonionen fließen zu einer Elektrode (Kathode).

Zwischen den Elektroden liegt eine hohe Spannung.

An jedem Ende der Röhre sitzt eine Elektrode.

Fängt ein positives Neonion ein Elektron wieder ein, strahlt es rotes Licht aus.

Kollidieren positive Neonionen mit Elektronen, wird Energie frei, die wir als rotes Licht sehen.

Über diesen Kontakt wird die Röhre an das Stromnetz angeschlossen.

Eine Neonleuchte ist eine versiegelte Röhre, die Neongas mit niedrigem Druck enthält. Das Gas besteht aus Millionen Neonatomen, die ziellos durch die Röhre schwirren. Legt man über die Elektroden an den Röhrenenden eine hohe Spannung (bis zu 15 000 Volt) an, wird das Gas ionisiert. Einige Neonatome verlieren Elektronen und werden zu positiven Neonionen. Atome, Ionen und Elektronen bewegen sich in verschiedene Richtungen. Bei einer Kollision zwischen einem positiven Neonion und einem Elektron wird die Ionisierung aufgehoben und das Neonatom erreicht wieder seinen stabilen Ausgangszustand. Die überschüssige Energie, die es mit der Ionisierung aufgenommen hat, gibt das Neonatom als Lichtteilchen (Photonen) wieder ab. Neon strahlt rotes Licht aus. Andere Edelgase geben mehr oder weniger Photonen ab und leuchten deshalb in anderen Farben. Etwa 1 % der Luft, die wir einatmen, besteht aus Edelgasen.

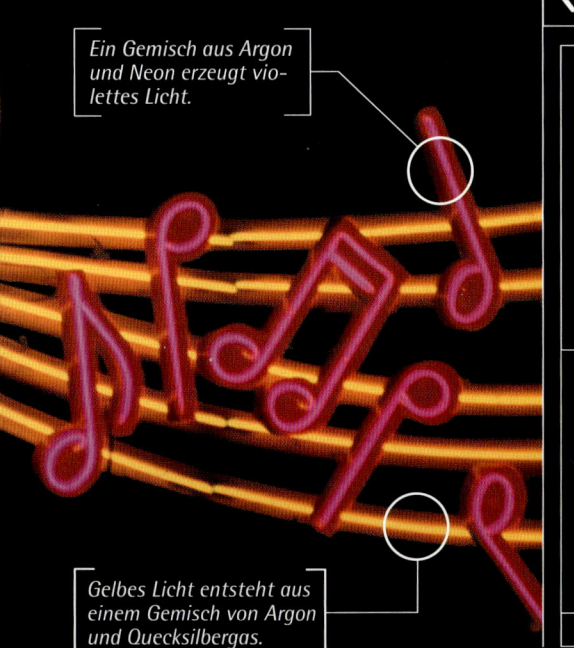

⌄ Biolumineszenz

▶ Einige Lebewesen können Licht erzeugen. Diesen Vorgang nennt man Biolumineszenz. Dieses Glühwürmchen erzeugt in seinem Schwanz gelbes Licht. Bei dieser chemischen Reaktion reagiert das Protein (Eiweiß) Luciferin mit Luftsauerstoff. Dabei entsteht Energie, die als Licht ausgestrahlt wird. Glühwürmchen leuchten zur Paarungszeit oder um Angreifer abzuwehren.

Nachtflug eines Glühwürmchens

Ein Gemisch aus Argon und Neon erzeugt violettes Licht.

Gelbes Licht entsteht aus einem Gemisch von Argon und Quecksilbergas.

Warnblitz einer Qualle

◀ Quallen erzeugen Licht aus verschiedenen Gründen. Manche erschrecken Jäger mit hellen Warnblitzen. Andere setzen tausende von leuchtenden Teilchen frei, die ihre Angreifer verwirren. Wiederum andere sondern einen leuchtenden Schleim ab, um ihre Verfolger für andere Angreifer zu markieren. In den dunkelsten Tiefen der Ozeane erzeugen über 90 % der Lebewesen Licht.

▶ Verbinden

VERNETZT

Komplizierte Kommunikationsnetzwerke entwickeln sich und werden ständig erweitert. Diese Netzwerke verbinden Menschen miteinander auf viele verschiedene Arten schneller als jemals zuvor.

⋀ Fernsehnetze
Jeder Fernsehsender besitzt einen Regieraum. Dort laufen alle Signale von Live-Sendungen und Aufzeichnungen zusammen, um ein kontinuierliches Programm zu gewährleisten. Die Signale werden durch Kabel oder mit Radiowellen an unsere Fernseher übermittelt.

≫ Computernetzwerke
Diese Grafik zeigt das Computernetzwerk der amerikanischen National Science Foundation. Es verbindet die Computer der Forscher in den USA, doch das ist nur eines von vielen Netzwerken, die ein Computer nutzen kann. Zu den Computernetzwerken zählen interne Verbindungen innerhalb einer Firma, öffentliche Systeme im ganzen Land oder das weltweite Internet.

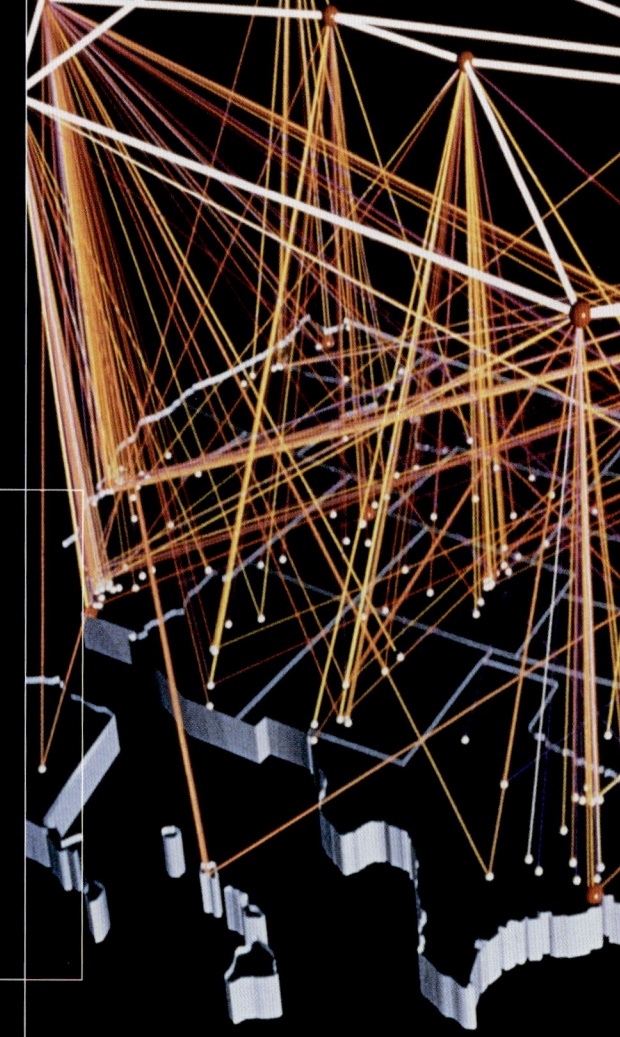

▶ Vernetzt

▶▶ Siehe auch: Handy S. 18, Internet S. 38, Satellit S. 42

▶▶ Satelliten
Aus Umlaufbahnen hoch über der Erde senden Kommunikationssatelliten Fernseh- und Radiosignale an alle Empfänger auf der Erde. Mit Satellitentelefonen können auch Menschen in Gebieten, die kein Festnetz oder keine Mobilfunkzellen haben, mit Menschen auf der anderen Seite der Erde Kontakt aufnehmen.

▼ Telefonkabel
Wenn man den Hörer abhebt oder den Anrufknopf drückt, geht ein elektrisches Signal vom Telefon an eine örtliche Vermittlungsstelle. Dort werden über Schaltkreise und Kabel wie in dem Bild unten Anrufe an ihr Ziel geleitet und Teilnehmer miteinander verbunden. Telefonsignale werden durch Kupferkabel, Glasfasern oder mit Radiowellen übertragen. Auch Satelliten leiten Telefonate weiter.

▶▶ Sendemast
Diese hohen Masten mit ihren zahlreichen Sende- und Empfangsschüsseln dienen als Relaisstationen. Sie empfangen Signale, die als Mikrowellen (eine Art der Radiowellen) gesendet werden, und leiten sie an die nächste Relaisstation weiter. Fernseh- und Radiosignale, Telefonate, Bilder und Faxe werden als Mikrowellen durch die Luft gesendet.

▶ Verbinden

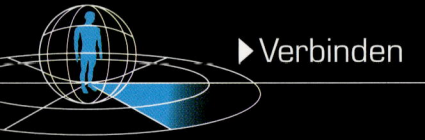

INTERNET

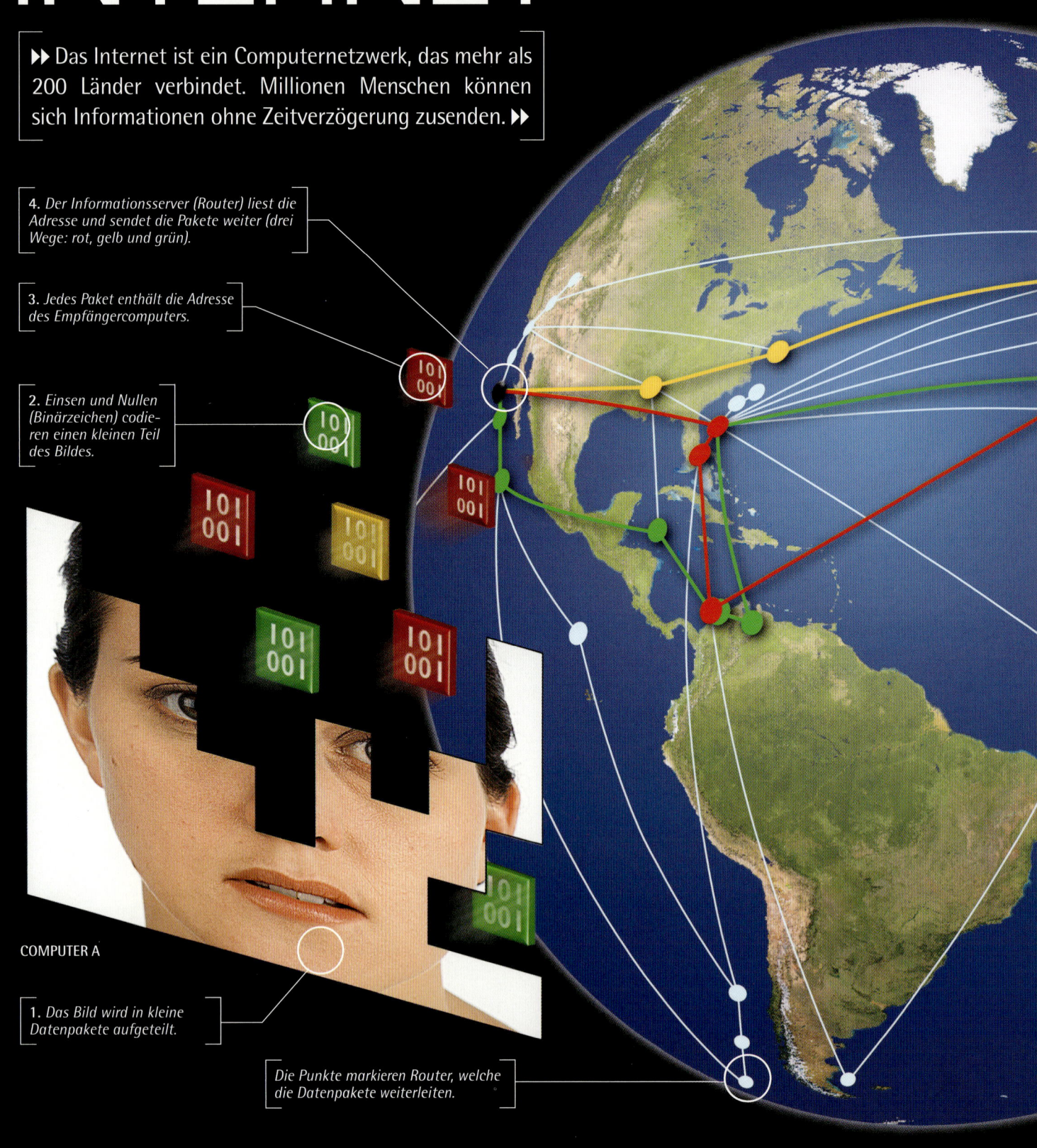

▶▶ Das Internet ist ein Computernetzwerk, das mehr als 200 Länder verbindet. Millionen Menschen können sich Informationen ohne Zeitverzögerung zusenden. ▶▶

4. Der Informationsserver (Router) liest die Adresse und sendet die Pakete weiter (drei Wege: rot, gelb und grün).

3. Jedes Paket enthält die Adresse des Empfängercomputers.

2. Einsen und Nullen (Binärzeichen) codieren einen kleinen Teil des Bildes.

COMPUTER A

1. Das Bild wird in kleine Datenpakete aufgeteilt.

Die Punkte markieren Router, welche die Datenpakete weiterleiten.

▶▶ Siehe auch: Datenpaket S. 241, Notebook S. 168, Vernetzt S. 36, Verspielt S. 26

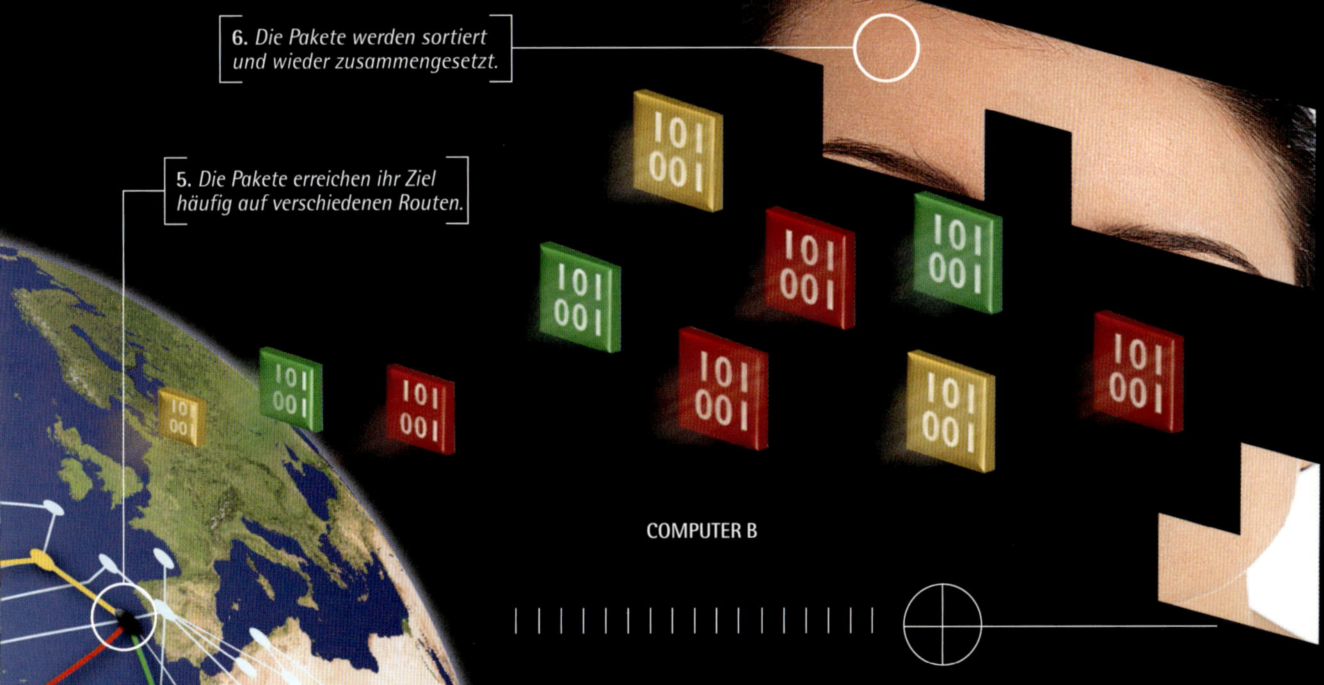

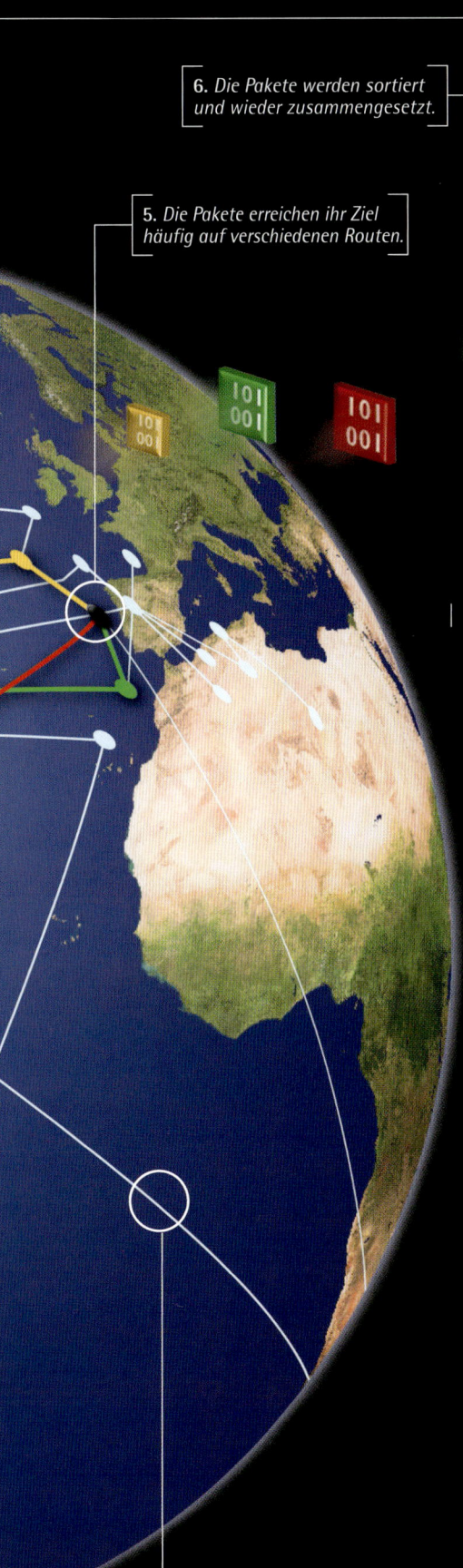

▶ Internet

6. *Die Pakete werden sortiert und wieder zusammengesetzt.*

5. *Die Pakete erreichen ihr Ziel häufig auf verschiedenen Routen.*

COMPUTER B

Bild: Computergrafik der Übertragungswege im Internet

◀ **Anfang der 60er Jahre** des letzten Jahrhunderts vernetzten Forschergruppen an vier großen amerikanischen Universitäten ihre Computer. Daraus entstand 1973 das Internet als weltweites Netzwerk, das Millionen Computer zu Hause, in Firmen oder Behörden miteinander verbindet. Die meisten Menschen verschicken E-Mails über das Internet, das jedoch auch Musik, Videos, Radioprogramme und Telefonate übermittelt. Alle Daten werden in kleinen Paketen versendet, die so genannte Paketvermittlung. Das World Wide Web (WWW) entstand 1989 als ein benutzerfreundliches Programm, um Seiten mit Texten oder Bildern anzuzeigen. Wir können mit Menschen, die tausende Kilometer entfernt sind, Informationen teilen, Gedanken austauschen und eine Online-Gemeinde bilden, weil das Internet die Welt in ein globales Dorf verwandelt hat.

Die Linien zeigen die Informationswege im Internet an.

❖ Natürliche Netzwerke

◀ Ein Spinnennetz ist ein dichtes Netzwerk aus Seidenfäden, die an vielen Punkten verbunden sind. Das World Wide Web ist ebenfalls stark vernetzt. Seine Seiten besitzen Verknüpfungen zu anderen Seiten, die man Links nennt. Mit diesen Verknüpfungen kann man die Seiten im WWW nach seinen Wünschen durchsuchen.

Fäden eines Spinnennetzes

▶ Das unterirdische Gangsystem eines Maulwurfs besitzt mehrere Eingänge und Ausgänge sowie ein kompliziertes System aus vielen Gängen. Wenn ein Teil des Systems zusammenbricht, kann der Maulwurf andere Wege nutzen. Das Internet überbrückt Fehler auf ähnliche Weise. Diese nicht benötigten Wege (oder Informationen) nennt man redundant.

Querschnitt durch einen Maulwurfshügel

▶ Verbinden

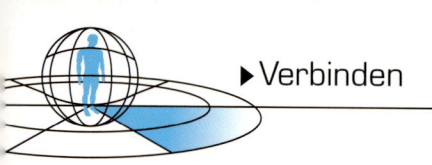

VIDEOZYLINDER

▶▶ Mit dem riesigen Videozylinder Tholos können sich Menschen in Paris oder Brüssel von Angesicht zu Angesicht mit Menschen in Moskau oder Rom unterhalten. Die Videozylinder versenden lebensgroße Bilder in weniger als einer halben Sekunde. ▶▶

▶▶ WIE DER VIDEOZYLINDER THOLOS FUNKTIONIERT

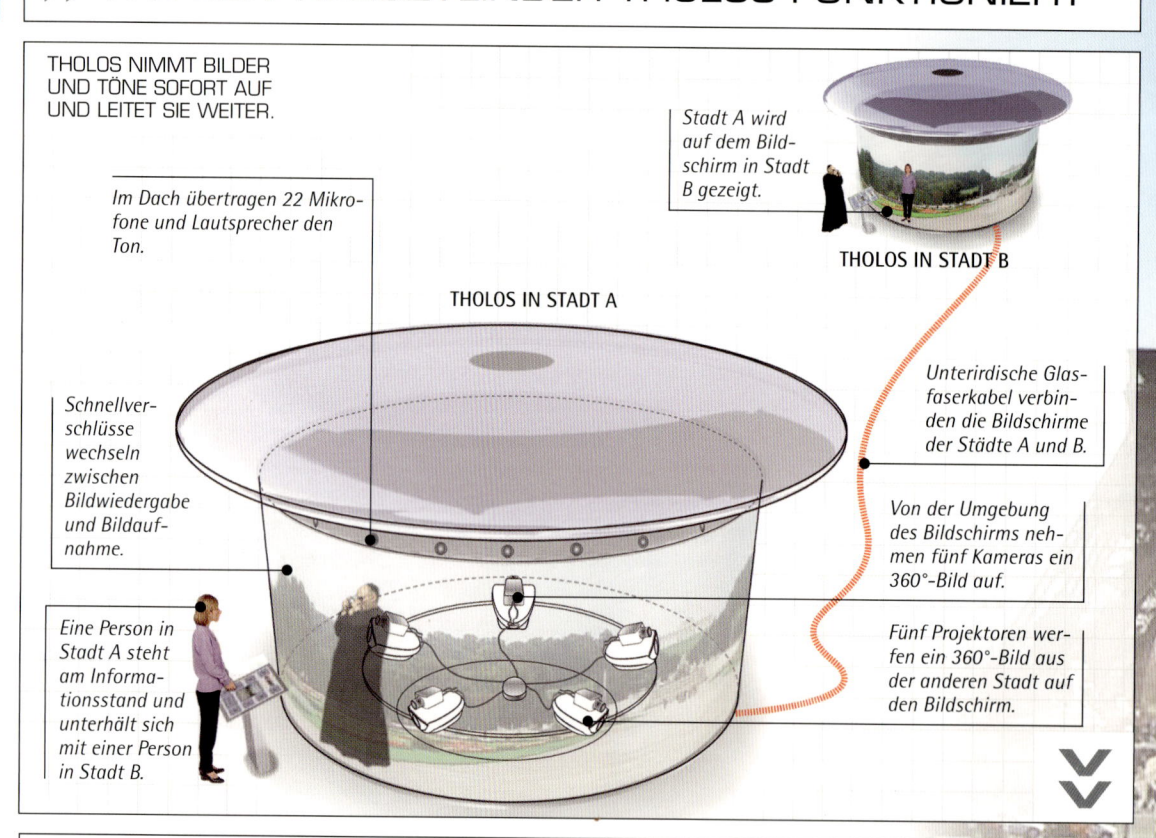

THOLOS NIMMT BILDER UND TÖNE SOFORT AUF UND LEITET SIE WEITER.

Im Dach übertragen 22 Mikrofone und Lautsprecher den Ton.

Stadt A wird auf dem Bildschirm in Stadt B gezeigt.

THOLOS IN STADT B

THOLOS IN STADT A

Schnellverschlüsse wechseln zwischen Bildwiedergabe und Bildaufnahme.

Unterirdische Glasfaserkabel verbinden die Bildschirme der Städte A und B.

Von der Umgebung des Bildschirms nehmen fünf Kameras ein 360°-Bild auf.

Eine Person in Stadt A steht am Informationsstand und unterhält sich mit einer Person in Stadt B.

Fünf Projektoren werfen ein 360°-Bild aus der anderen Stadt auf den Bildschirm.

Die meisten Menschen unterhalten sich mit Freunden oder Kollegen in anderen Ländern über Telefon, Fax oder E-Mail, ohne dass sie sich sehen. Doch mit dieser Erfindung, dem Videozylinder Tholos, wird sich das ändern. Die riesigen Videozylinder übertragen Bild und Ton zwischen zwei Städten, damit sich Menschen auch über große Entfernungen unterhalten und gleichzeitig sehen können. Das System wandelt bewegte Bilder und Töne in digitale Signale um, die mit Glasfaserkabeln von einem Tholos an einen anderen gesendet werden.

Vor mehr als 2000 Jahren überbrachten bei den alten Griechen Tauben und Marathonläufer Botschaften, während die Römer das erste Postsystem mit Reitern einführten. Im Mittelalter konnten sich Menschen über große Entfernungen nur durch den Transport schriftlicher Mitteilungen verständigen. Im 19. Jahrhundert wurden der Telegraf und kurze Zeit später das Telefon erfunden. Mit Tholos bricht ein neues Zeitalter an: Menschen, die weit voneinander entfernt sind, können sich unterhalten, als würden sie nebeneinander stehen.

▶▶ Siehe auch: Digitaltechnik S. 243, Glasfaser S. 20, Handy S. 18, Vernetzt S. 36, Verspielt S. 26

▶ **Die riesigen Videozylinder** sollen bald in vielen europäischen Städten stehen. In diesem Bild ist Paris mit der italienischen Stadt Pisa verbunden. Der große Bildschirm zeigt Werbung sowie Bild- und Textbotschaften. Eine Zentrale überwacht und steuert das Netzwerk der Videozylinder.

Das Sicherheitsglas ist bruchfest und gegen Graffiti geschützt.

Der Bildschirm ist 3 m hoch und misst 7 m im Durchmesser.

Bild: Coputergrafik des Tholos in Paris

RÜCKBLICK
Tholos ist ein Rundbau der griechischen Antike. Als Vorbild diente der antike Tempel von Apollo, dessen Ruine im Parnassosgebirge steht.

Weil die Videotechnik weiter verbessert wird, können sich in Zukunft immer mehr Menschen mit ihren Handys gleichzeitig unterhalten und sehen.

VORSCHAU

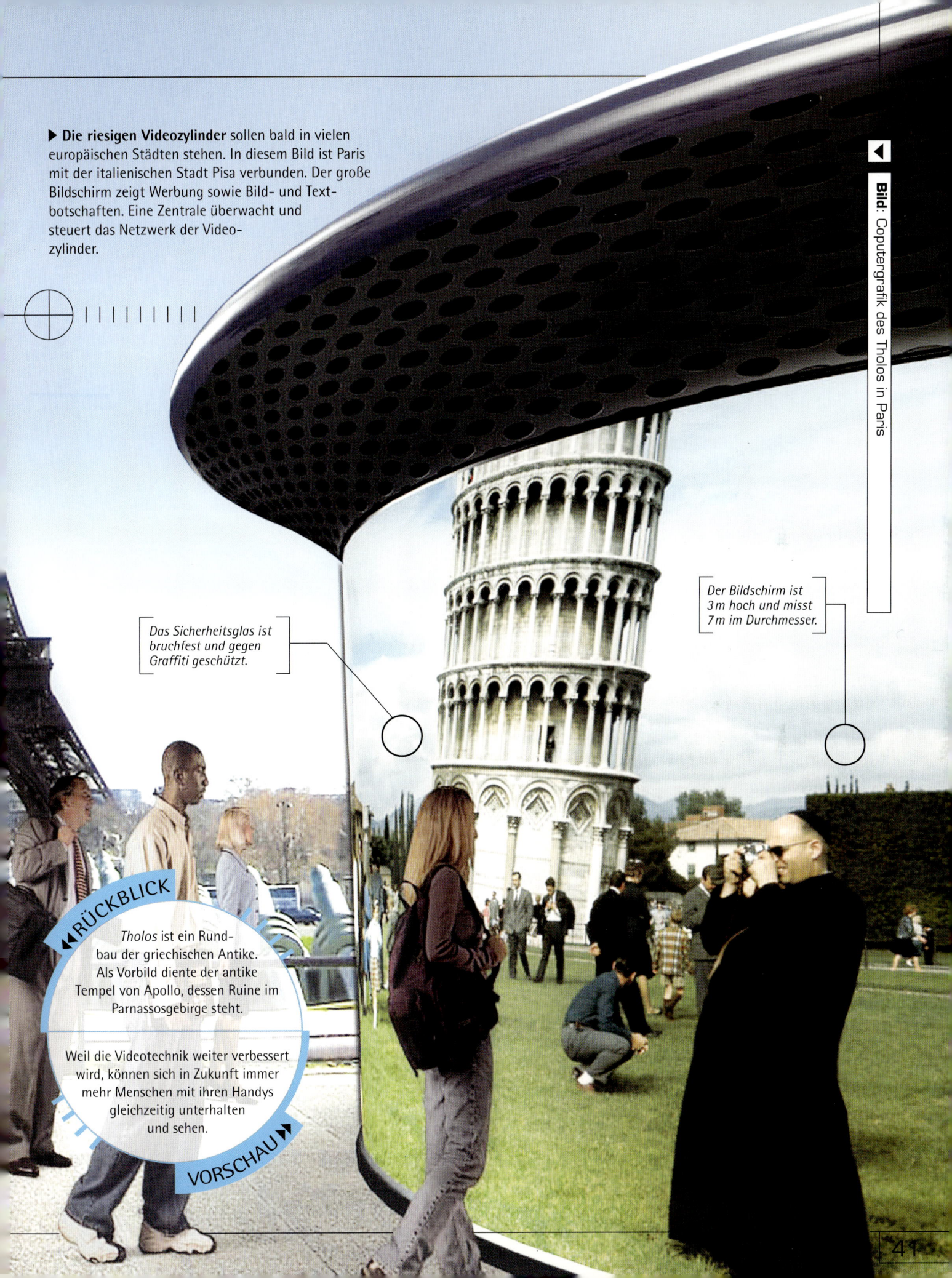

▶ Verbinden

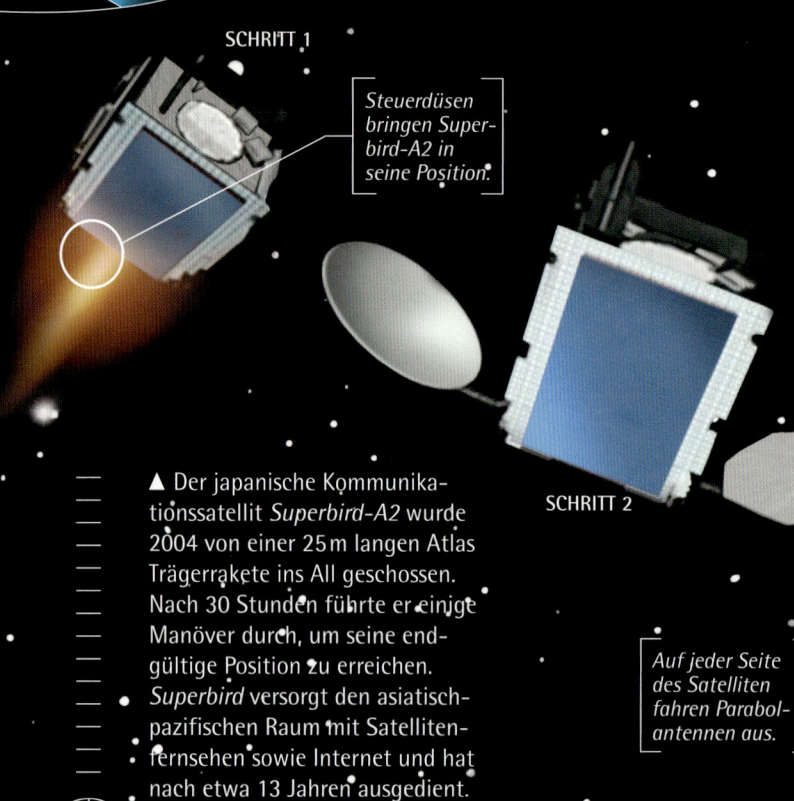

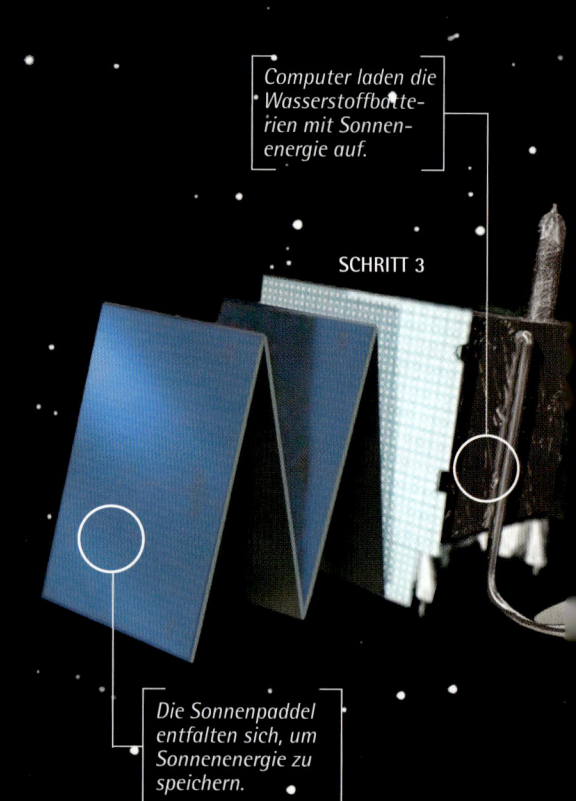

SCHRITT 1

Steuerdüsen bringen Superbird-A2 in seine Position.

Computer laden die Wasserstoffbatterien mit Sonnenenergie auf.

SCHRITT 3

SCHRITT 2

▲ Der japanische Kommunikationssatellit *Superbird-A2* wurde 2004 von einer 25 m langen Atlas Trägerrakete ins All geschossen. Nach 30 Stunden führte er einige Manöver durch, um seine endgültige Position zu erreichen. *Superbird* versorgt den asiatisch-pazifischen Raum mit Satellitenfernsehen sowie Internet und hat nach etwa 13 Jahren ausgedient.

Auf jeder Seite des Satelliten fahren Parabolantennen aus.

Die Sonnenpaddel entfalten sich, um Sonnenenergie zu speichern.

SATELLIT

▶▶ In 36 000 km Höhe über der Erde leiten Kommunikationssatelliten innerhalb einer viertel Sekunde Radiosignale von einer Seite unseres Planeten auf die andere. ▶▶

⌄ Start eines Satelliten

▶ Die meisten Satelliten starten mithilfe von Trägerraketen, doch einige werden auch vom Spaceshuttle freigesetzt. Große Sonden hebt ein langer Roboterarm in ihre Position. Kleinere Satelliten starten aus der Ladebucht (rechts) von einem Plattenteller, der sich dreht. Dadurch erhält der Satellit seine Eigendrehung (die gyroskopische Stabilität), die ihn auf seiner Bahn stabilisiert. Nachdem er freigesetzt wurde, bringen ihn seine Triebwerke auf seine Umlaufgeschwindigkeit.

Start im Weltall

◀◀ RÜCKBLICK

Der Schriftsteller Arthur C. Clarke schrieb bereits 1945 über Kommunikationssatelliten. Der erste dieser Satelliten, Echo I, startete 13 Jahre später.

Ausgediente Satelliten und Weltraummüll können mit Trägerraketen oder Weltraumstationen zusammenstoßen, was katastrophale Folgen hätte.

VORSCHAU ▶▶

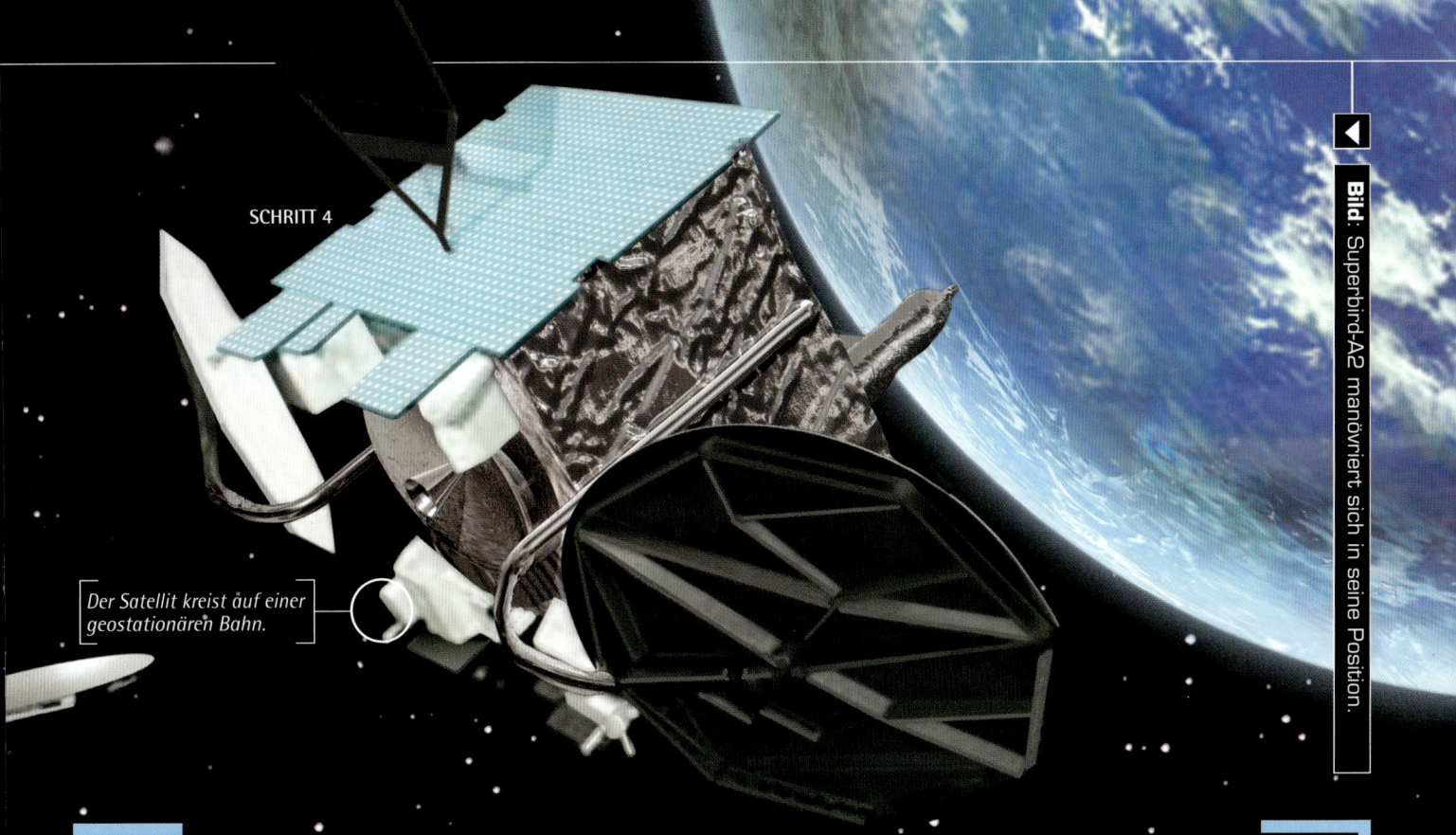

SCHRITT 4

Der Satellit kreist auf einer geostationären Bahn.

Bild: Superbird-A2 manövriert sich in seine Position.

›› WIE EIN KOMMUNIKATIONSSATELLIT FUNKTIONIERT

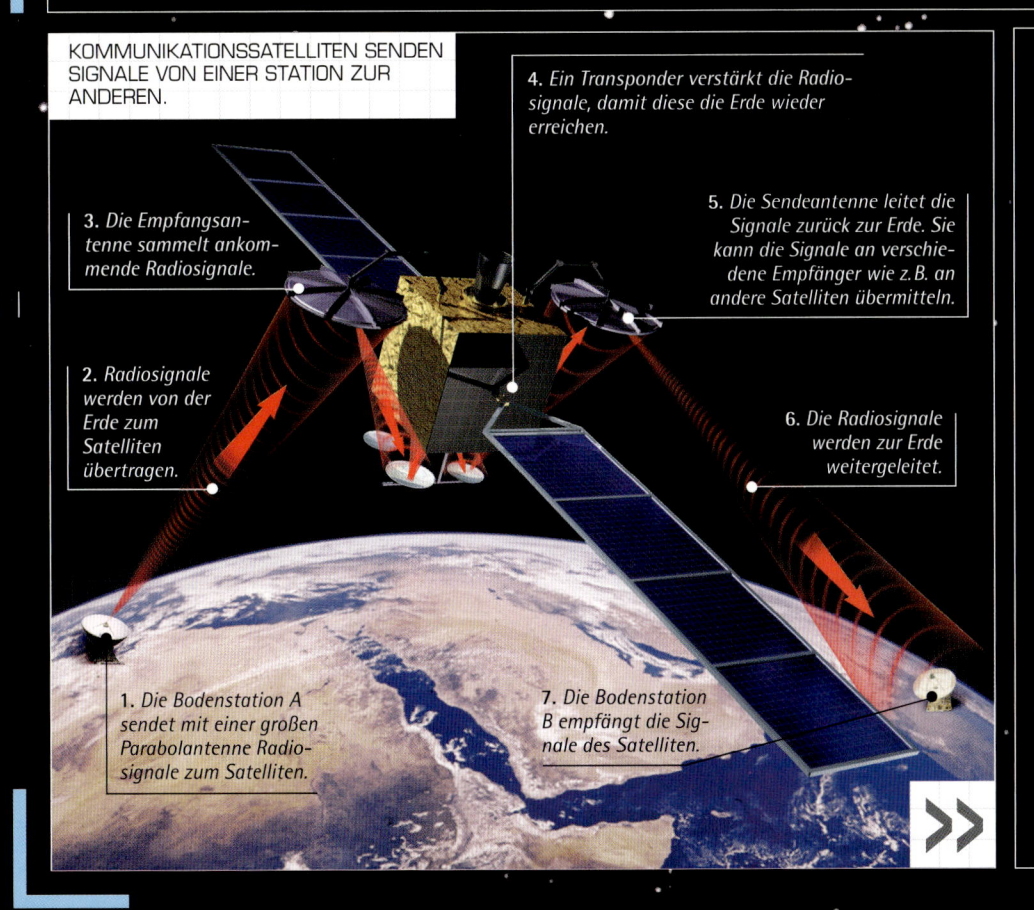

KOMMUNIKATIONSSATELLITEN SENDEN SIGNALE VON EINER STATION ZUR ANDEREN.

3. *Die Empfangsantenne sammelt ankommende Radiosignale.*

2. *Radiosignale werden von der Erde zum Satelliten übertragen.*

4. *Ein Transponder verstärkt die Radiosignale, damit diese die Erde wieder erreichen.*

5. *Die Sendeantenne leitet die Signale zurück zur Erde. Sie kann die Signale an verschiedene Empfänger wie z.B. an andere Satelliten übermitteln.*

6. *Die Radiosignale werden zur Erde weitergeleitet.*

1. *Die Bodenstation A sendet mit einer großen Parabolantenne Radiosignale zum Satelliten.*

7. *Die Bodenstation B empfängt die Signale des Satelliten.*

Ein Kommunikationssatellit empfängt und sendet (als Relaisstation) gleichzeitig viele tausend Telefonate und Fernsehprogramme. Dazu fängt er hochenergetische Radiowellen, die Mikrowellen, von einer Bodenstation auf und leitet sie weiter. Die Signale bewegen sich in gebündelten Strahlen mit Lichtgeschwindigkeit durch das All.

Die meisten Kommunikationssatelliten kreisen mit der gleichen Geschwindigkeit um die Erde, mit der sie sich selbst dreht. Sie befinden sich immer über demselben Ort auf der Erde und erscheinen daher als stationär. Auf solchen geostationären Umlaufbahnen kreisen mehrere hundert Kommunikationssatelliten.

›› Siehe auch: Handy S. 18, Radiowellen S. 247, Spaceshuttle S. 156, Vernetzt S. 36

Moderne Computer und Kommunikationsgeräte sind inzwischen so leicht, dass wir sie überallhin mitnehmen können. Doch die nächste Generation wird noch kleiner. Die langfristige Entwicklung von Quanten- und DNS-Computern führt zu Geräten, die milliardenfach schneller arbeiten als Computer mit Siliziumchips.

Die meisten elektronischen Geräte verfügen im nächsten Jahrzehnt über einen Anschluss an das World Wide Web mit Breitbandkabel. Wenn man unterwegs ist, können Computer in der Kleidung über Satellitennavigationssysteme genau mitteilen, wo man gerade ist und dann kann man Informationen über seinen Standort herunterladen.

> „Wenn Computer die unvorstellbare Speicherkapazität der menschlichen DNS nutzen, arbeiten sie mit unglaublicher Geschwindigkeit."

Unsichtbare Sensoren an öffentlichen Plätzen oder in Räumen wie z. B. Museen registrieren die Anwesenheit von Personen. Diese Flächen, die man „intelligente Umgebung" nennt, können speziellen Wünschen und Bedürfnissen entsprechende Informationen liefern. Sie zeigen z. B. den Weg zum Parkhaus oder führen zu einem Gemälde, das einen besonders interessiert. Diese Technik verkauft auch Produkte: Sobald man an einer digitalen Werbetafel vorbeigeht, erscheinen auf der Anzeige Sachen, die dem persönlichen Lebensstil entsprechen.

Sensoren spielen eine wichtige Rolle in der Entwicklung des „gefühlsbetonten Computers". Mit dieser Technologie erkennen Computer Stimmungen und reagieren darauf. Autos erkennen z. B., wenn man gestresst oder wütend ist und werden automatisch langsamer, um das Unfallrisiko zu mindern. Stühle bemerken, wenn man gelangweilt, müde oder frustriert ist und verändern die Sitzposition, damit man sich entspannt und munter wird. Telefone registrieren, ob man während eines Anrufs glücklich oder traurig ist und teilen dem Gesprächspartner die eigenen Gefühle mit.

Die Computer der Zukunft brauchen keine Siliziumchips. Sie nutzen eines Tages die unglaubliche Speicherkapazität der menschlichen DNS, die in unseren Genen enthalten ist, und arbeiten mit Geschwindigkeiten, die heute noch undenkbar sind. Quantencomputer nutzen Moleküle und Atome, um ungeheure Datenmengen gleichzeitig zu verarbeiten.

Die Kommunikationstechnologie beschert uns viele Vorteile und überwindet Hindernisse der Vergangenheit. Wenn man z. B. ein Telefonat mit einem Kollegen in Tokio führt, übersetzt ein digitaler Simultandolmetscher die deutschen Sätze sofort ins Japanische. Doch wenn Handys und Computer ständig mit anderen Geräten verbunden sind und von Satelliten im All und von Sensoren auf der Erde überwacht werden, gefährden sie unsere Privatsphäre. Manche Menschen befürchten, dass dieses Problem schwerer wiegt als die Vorteile, die bessere Kommunikationsmöglichkeiten mit sich bringen. Aber wir leben im Informationszeitalter, das die Welt kleiner erscheinen lässt und in dem jeder Gedanken und Informationen frei austauschen kann.

GLASFASER

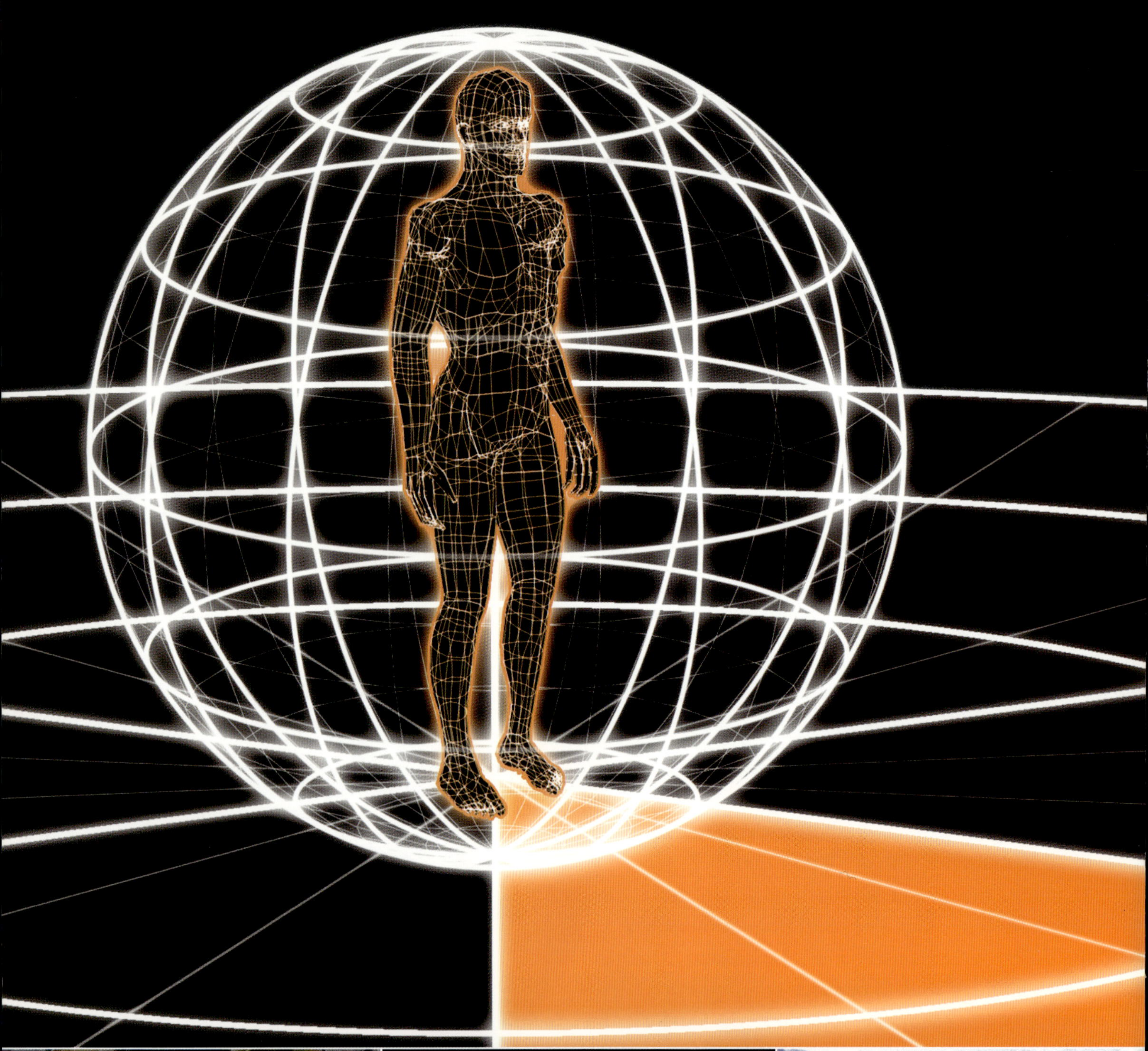

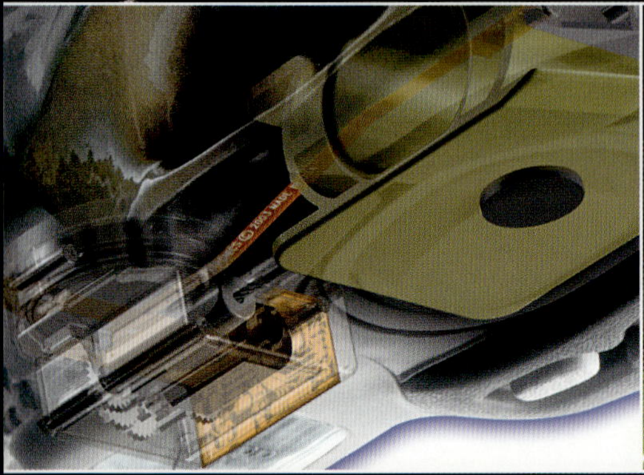

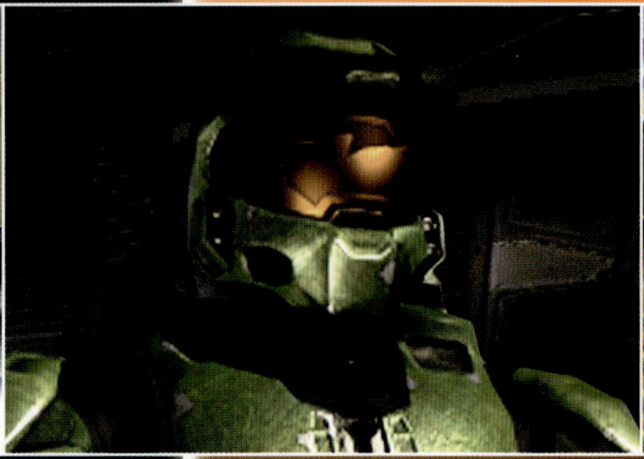

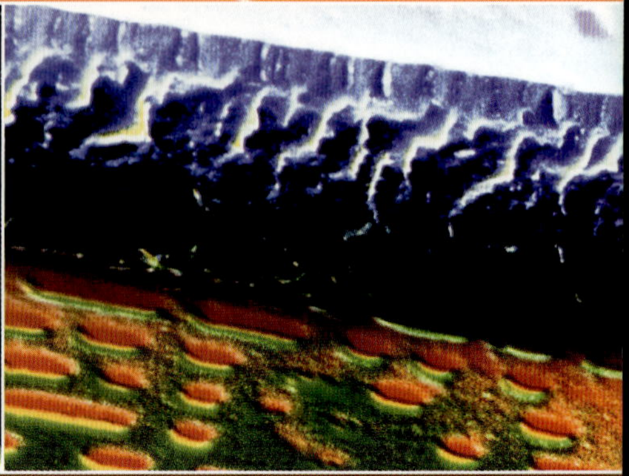

≫FREIZEIT

[Laufschuhe ≫ Fußball ≫ Tennisschläger ≫ Snowboard ≫
Rennrad ≫ Kamera ≫ Spielkonsolen ≫ E–Gitarre ≫ CD ≫
MP3–Player ≫ Kopfhörer ≫ DJ–Pult ≫ Feuerwerk]

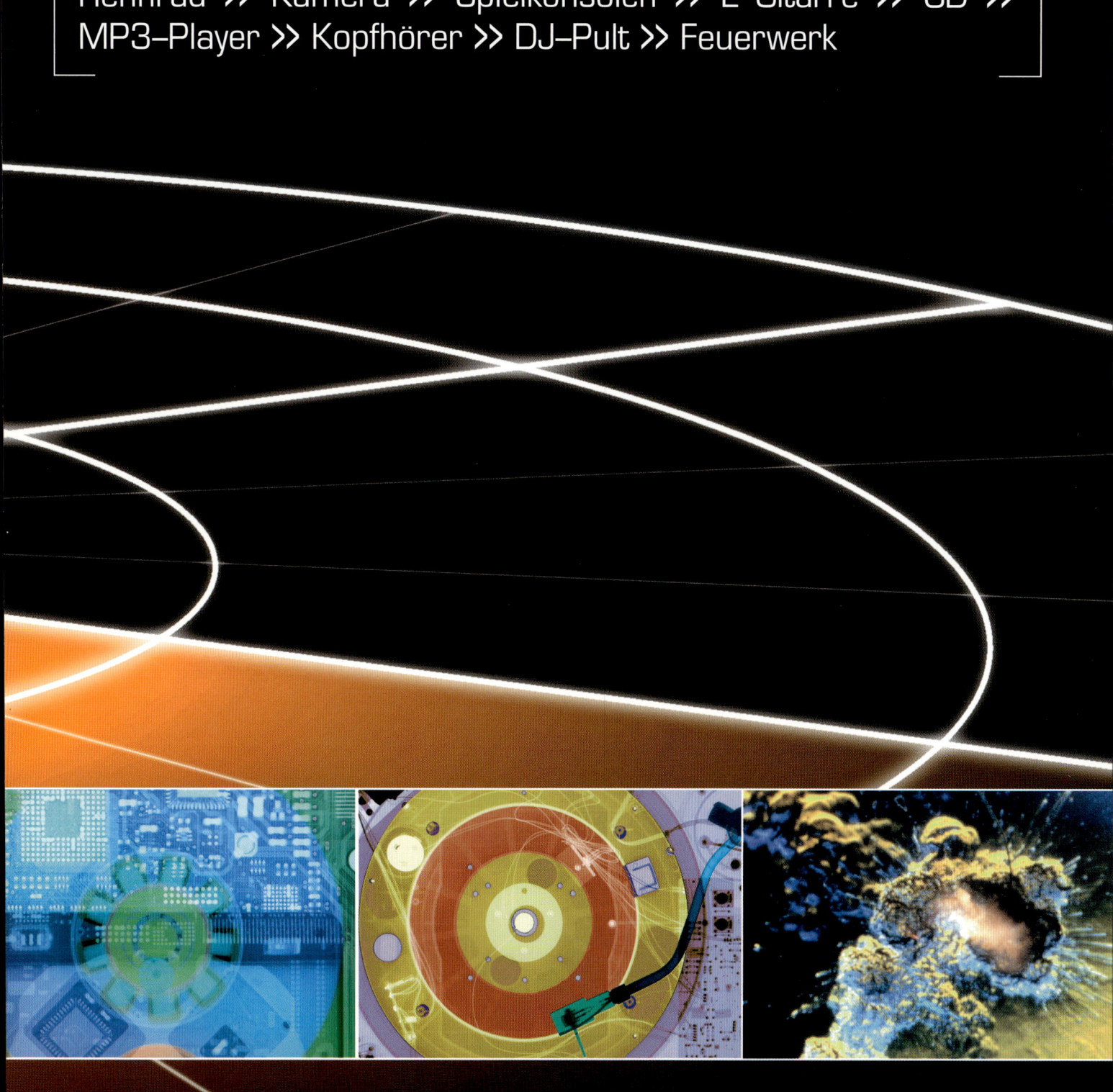

Im Laufe der Geschichte haben Menschen tausende verschiedener Aktivitäten entwickelt, von antiken Brettspielen wie z.B. Schach bis zur Leichtathletik und zu Extremsportarten wie Freeclimbing. Wettkämpfe und Sport sind gut geeignet, um das Spielen besser zu organisieren. Seit einigen Jahren bietet uns die digitale Technologie weitere Möglichkeiten, um unsere Freizeit zu gestalten.

In unserer Welt, die den Leistungssport zu immer höheren Rekorden treibt, unterscheidet häufig nur die eingesetzte Technologie, ob jemand gewinnt oder verliert. Formen und Funktionen der Ausrüstungen vieler Sportarten werden ständig mithilfe von Computern verbessert. Tennisschläger erhalten eine härtere Bespannung, Fußbälle werden leichter und effektiver und Laufschuhe bieten bessere Unterstützung und Dämpfung.

Die Fortschritte in der Textiltechnologie führten zur Entwicklung leistungsfähiger Sportbekleidung. Schwimmanzüge sind besonders stromlinienförmig, um Sekundenbruchteile herauszuholen. Die Belüftungssysteme atmungsaktiver Gewebe halten den Sportler kühl und trocken. Leichte, extrem gute Isolierjacken speichern die Körperwärme von Bergsteigern und Skifahrern.

REM EINER GITARRENSAITE

Sport ist jedoch nicht die einzige Möglichkeit, unsere Freizeit zu gestalten. Computerspiele sind weltweit bei vielen Millionen Menschen sehr beliebt. Das erste Videospiel wurde 1958 erfunden. Es hieß „Tennis für zwei" und wurde auf einem Oszilloskop gespielt – einem Elektrogerät, das elektrische Schwingungen misst. Das erste Videospiel für einen Bildschirm hieß „Pong" und wurde 1975 eingeführt. Bei diesem Spiel schlugen zwei Spieler einen „Ball" über den Bildschirm – ein weiteres Tennisspiel! Moderne Spielkonsolen besitzen ein eleganteres Design und anspruchsvollere Spiele. Diese Spiele sind inzwischen so kompliziert geworden, dass die Herstellung mehr kosten kann als ein Kinofilm.

> Die Olympischen Spiele 2004 in Athen verfolgten über vier Milliarden Fernsehzuschauer – zwei Drittel der Weltbevölkerung.

Die digitale Technologie hat eine Welt der kreativen Möglichkeiten eröffnet. Ohne digitale Videokameras und einfache Filmbearbeitungsprogramme war die Filmproduktion eine Arbeit für Spezialisten. Heutzutage jedoch ist diese Technologie weit verbreitet, sodass nahezu jeder einen Film herstellen kann. Das gilt auch für die Musik. So, wie die Erfindung der E-Gitarre ab 1950 die Popmusik revolutionierte, wirkt die digitale Technologie. Man braucht keine besondere Ausbildung, um Musikstücke zu komponieren – computergestütze Kompositionsprogramme besitzen die meisten der notwendigen Fähigkeiten.

Auch zu Hause können wir heute zwischen mehreren Möglichkeiten der elektronischen Unterhaltung wählen. Die meisten Menschen besitzen neben dem Fernseher auch Videorekorder, DVD-Player und Stereoanlagen. Heute kann man sogar alle Geräte in einem haben. Der Personalcomputer wird durch drahtlose Übertragung und schnellen Internetzugang zum digitalen Zentrum oder Knotenpunkt für alle Formen der elektronischen Unterhaltung.

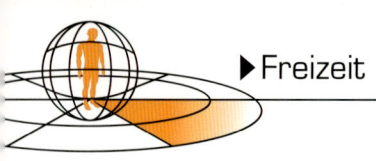

▶Freizeit

LAUFSCHUHE

▶▶ Moderne Laufschuhe nutzen neueste Mikrochip-Technologien zur Leistungssteigerung und sind dazu auch noch modisch gestaltet. ▶▶

◀◀ RÜCKBLICK

Die ersten Sportschuhe wurden aus normalen Schuhen hergestellt. Man tauschte ihre Ledersohlen einfach gegen Gummisohlen aus.

Durch Fortschritte der Materialtechnologie werden Laufschuhe bald so leicht und angenehm zu tragen sein, dass man sie kaum an den Füßen spürt.

VORSCHAU ▶▶

Bild: Dämpfungssystem der Mittelsohle

Kabel

Dämpfungselement

Motor

Mikrochip

Laufsohle

50

▶ Laufschuhe

◀ **Dieser High-Tech-Laufschuh** besitzt ein automatisches Dämpfungssystem in der Mittelsohle. Das System passt den Laufschuh während des Laufens an unterschiedliche Oberflächen und Laufstile an, um eine optimale Leistung zu erzielen.

Mittelsohle

» WIE DER SENSOR FUNKTIONIERT

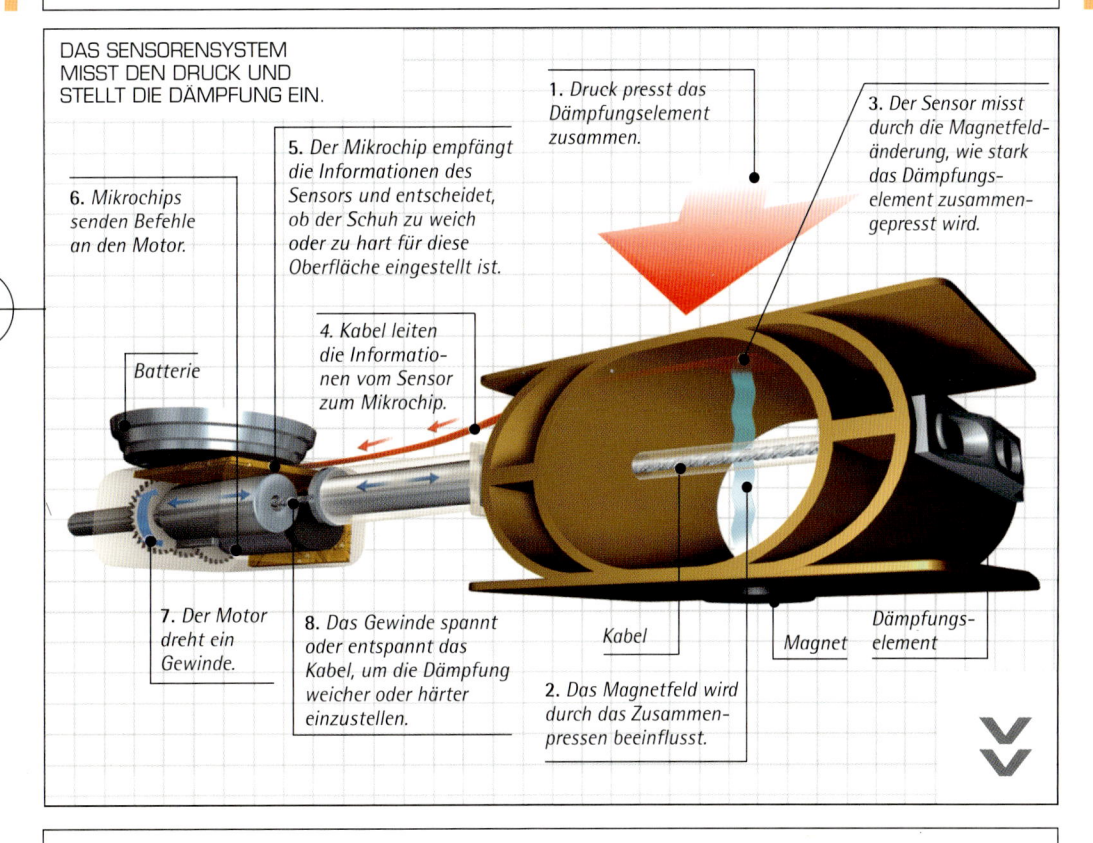

DAS SENSORENSYSTEM MISST DEN DRUCK UND STELLT DIE DÄMPFUNG EIN.

1. Druck presst das Dämpfungselement zusammen.

3. Der Sensor misst durch die Magnetfeldänderung, wie stark das Dämpfungselement zusammengepresst wird.

5. Der Mikrochip empfängt die Informationen des Sensors und entscheidet, ob der Schuh zu weich oder zu hart für diese Oberfläche eingestellt ist.

6. Mikrochips senden Befehle an den Motor.

4. Kabel leiten die Informationen vom Sensor zum Mikrochip.

Batterie

7. Der Motor dreht ein Gewinde.

8. Das Gewinde spannt oder entspannt das Kabel, um die Dämpfung weicher oder härter einzustellen.

Kabel

Magnet

Dämpfungselement

2. Das Magnetfeld wird durch das Zusammenpressen beeinflusst.

Jeder Läufer hat einen eigenen Laufstil und sein besonderes Körpergewicht. Doch die Laufbedingungen ändern sich ständig – weicher Rasen, Kies und harter Asphalt sind unterschiedliche Oberflächen, auf denen ein Läufer unterwegs ist. Dieser bemerkenswerte Laufschuh hat in seiner Mittelsohle einen Mikrochip und ein einstellbares Dämpfungselement, damit jeder Läufer auf jedem Untergrund seine beste Leistung erbringen kann. Schon kurz nach Beginn des Laufens ermittelt ein Sensor jede Sekunde tausend Messwerte. Mit den Informationen, die er empfängt, passt er die Dämpfung des Schuhs ständig den veränderten Bedingungen an. Die Änderungen sind so fein abgestimmt, dass der Läufer nur den angenehmen Laufkomfort bemerkt.

⌄ Dämpfung

▶ Beim Laufen fängt der menschliche Körper mit jedem Schritt sein vierfaches Körpergewicht auf. Diese Falschfarbendarstellung zeigt verschiedene Druckpunkte: von Rot (größter Druck) über Gelb und Grün bis zu Blau. Laufschuhe dämpfen den Druck, um die Füße zu schonen.

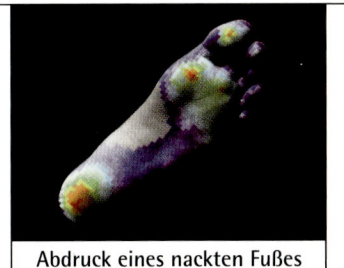

Abdruck eines nackten Fußes

▶ In Laufschuhen dämpft die Mittelsohle Stöße und stabilisiert den Fuß. Die Laufsohle an der Unterseite sorgt für die Bodenhaftung oder Haftreibung. Die Lauffläche ist so gestaltet, dass sie die Bodenhaftung auf verschiedenen Untergründen verstärkt.

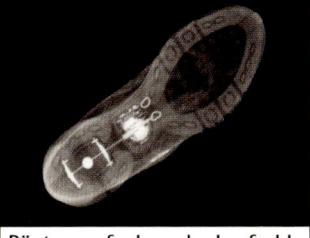

Röntgenaufnahme der Laufsohle

▶▶ Siehe auch: Flexibel S. 60, Sensoren S. 249

▶ Freizeit

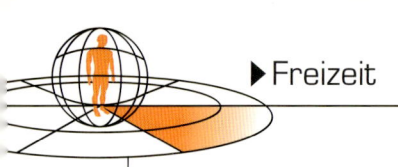

▶▶ Siehe auch: Laufschuhe S. 50, Sportlich S. 72, Tennisschläger S. 54

FUSSBALL

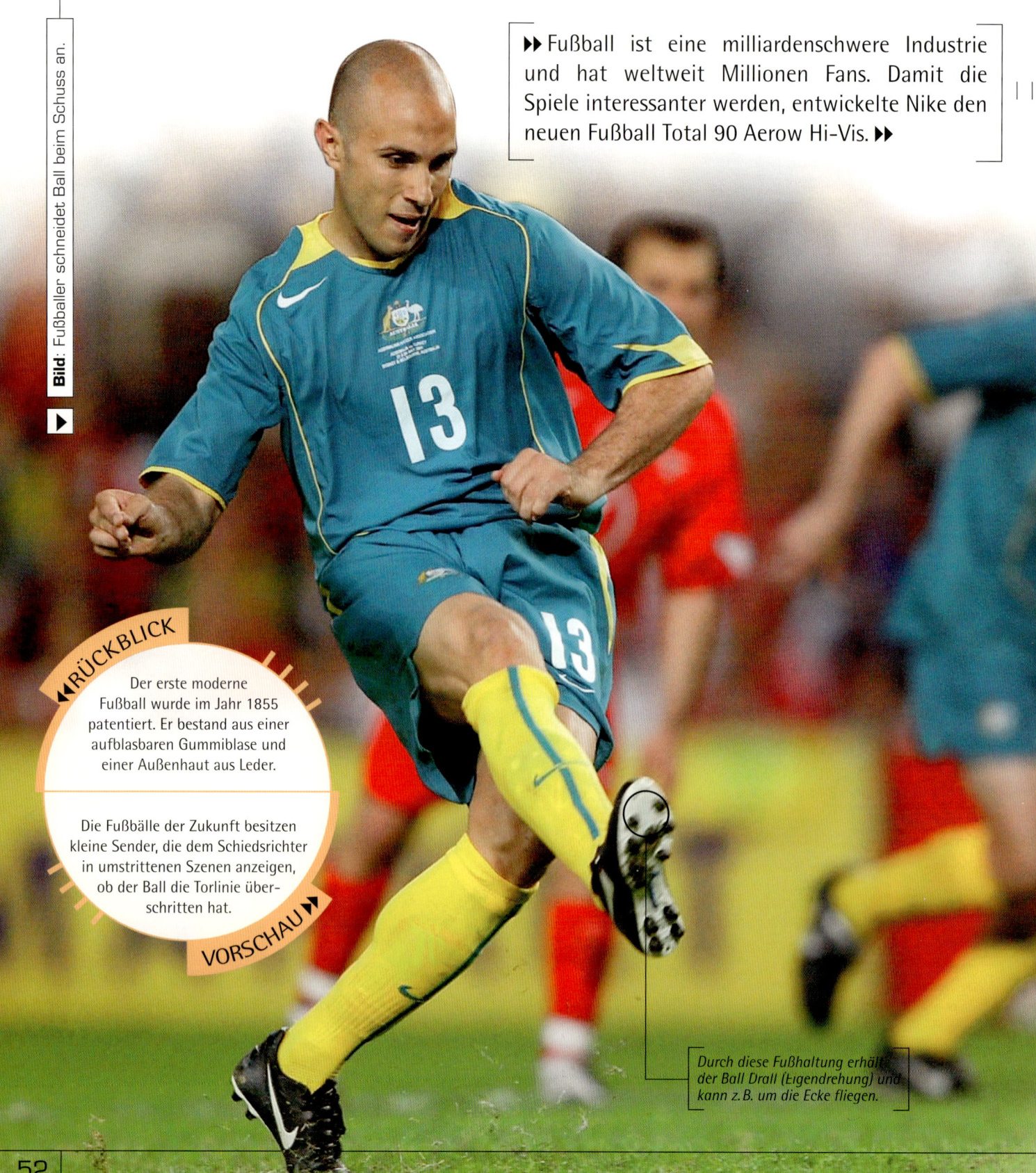

▶▶ Fußball ist eine milliardenschwere Industrie und hat weltweit Millionen Fans. Damit die Spiele interessanter werden, entwickelte Nike den neuen Fußball Total 90 Aerow Hi-Vis. ▶▶

Bild: Fußballer schneidet Ball beim Schuss an.

◀◀ **RÜCKBLICK**
Der erste moderne Fußball wurde im Jahr 1855 patentiert. Er bestand aus einer aufblasbaren Gummiblase und einer Außenhaut aus Leder.

Die Fußbälle der Zukunft besitzen kleine Sender, die dem Schiedsrichter in umstrittenen Szenen anzeigen, ob der Ball die Torlinie überschritten hat.
VORSCHAU ▶▶

Durch diese Fußhaltung erhält der Ball Drall (Eigendrehung) und kann z. B. um die Ecke fliegen.

52

▶ Fußball

» WIE EIN BALL ANGESCHNITTEN WIRD

DIE AERODYNAMIK BEEINFLUSST DIE FLUGBAHN EINES ANGESCHNITTENEN BALLS IN DER LUFT.

1. Der Ball wird auf der rechten Seite getroffen, um ihm Effet (Drall) zu geben.

2. Der Drall und die raue Oberfläche erzeugen Luftwirbel um den Ball, solange er durch die Luft fliegt.

3. Auf dieser Seite fließen die Luftwirbel gegen den Luftstrom – der Widerstand bremst die Luftwirbel.

4. Auf dieser Seite strömen Luftwirbel und Luftstrom in die gleiche Richtung – die Luftwirbel werden beschleunigt.

5. Wenn sich die Geschwindigkeit eines Luftstroms erhöht, sinkt gleichzeitig der Luftdruck.

6. Auf dieser Seite herrscht im Gegensatz zu der anderen ein niedrigerer Luftdruck, sodass der Ball „um die Kurve" fliegt.

Einige Spitzenfußballer können nach vielen hundert Stunden Training den Ball buchstäblich „um die Ecke" schießen. Bei einem Freistoß z.B. fliegt der Ball um die Mauer herum und dreht sich auf das Tor zurück. Leichtere und raffiniertere Bälle erleichtern einem Spieler, den Ball mit Effet oder Drall zu schießen. Die ursprünglichen Lederbälle waren schwerer und nicht so einfach zu schießen. Auf nassem Rasen sogen sie zudem Wasser auf und wurden dadurch noch schwerer.

Moderne Fußbälle besitzen sorgsam gestaltete Oberflächen, damit sie weiter fliegen. Man verbesserte nicht nur Fußbälle, sondern auch Fußballplätze, für die künstlicher Rasen entwickelt wurde. Sie bewähren sich besonders im Winter, wenn natürlicher Rasen zu nass ist. Auf den ersten Kunstrasenflächen sprang der Ball unnatürlich ab und war nur schwer zu kontrollieren, doch die Eigenschaften der neuesten Kunstrasen gleichen denen des natürlichen Rasens immer mehr.

◀ **Fußballer Marco Bresciano** schießt den Total 90 Aerow Hi-Vis. Der Ball wurde so gestaltet, dass er schneller und genauer fliegt als alle anderen Fußbälle. Durch seine Außenhaut, die aus sechs Lagen besteht, ist er haltbarer und reagiert besser auf Schüsse. Außerdem besitzt er ein spezielles Muster sowie eine besondere Beschichtung, damit lange Pässe genauer werden.

⌄ Deformation

▶ Ein Fußball wird bei einem Schuss deformiert, weil er nicht starr ist. Die Deformation kann man jedoch in diesem Augenblick nicht sehen. Das Bild zeigt, wie der Ball an der linken unteren Seite durch den Fuß eingedrückt wird. Dabei wird die Luft zusammengepresst, die anschließend wie eine Feder wirkt. Der Ball und die Luft in ihm nehmen einen Teil der Schussenergie auf und geben sie wieder ab, wenn der Ball vom Boden abspringt.

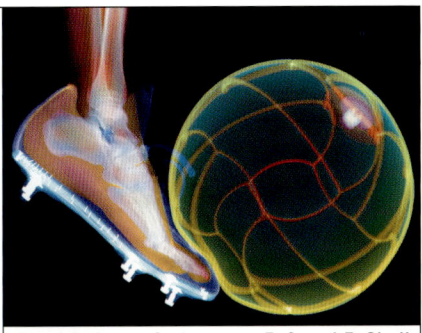

Falschfarbenaufnahme von Fuß und Fußball

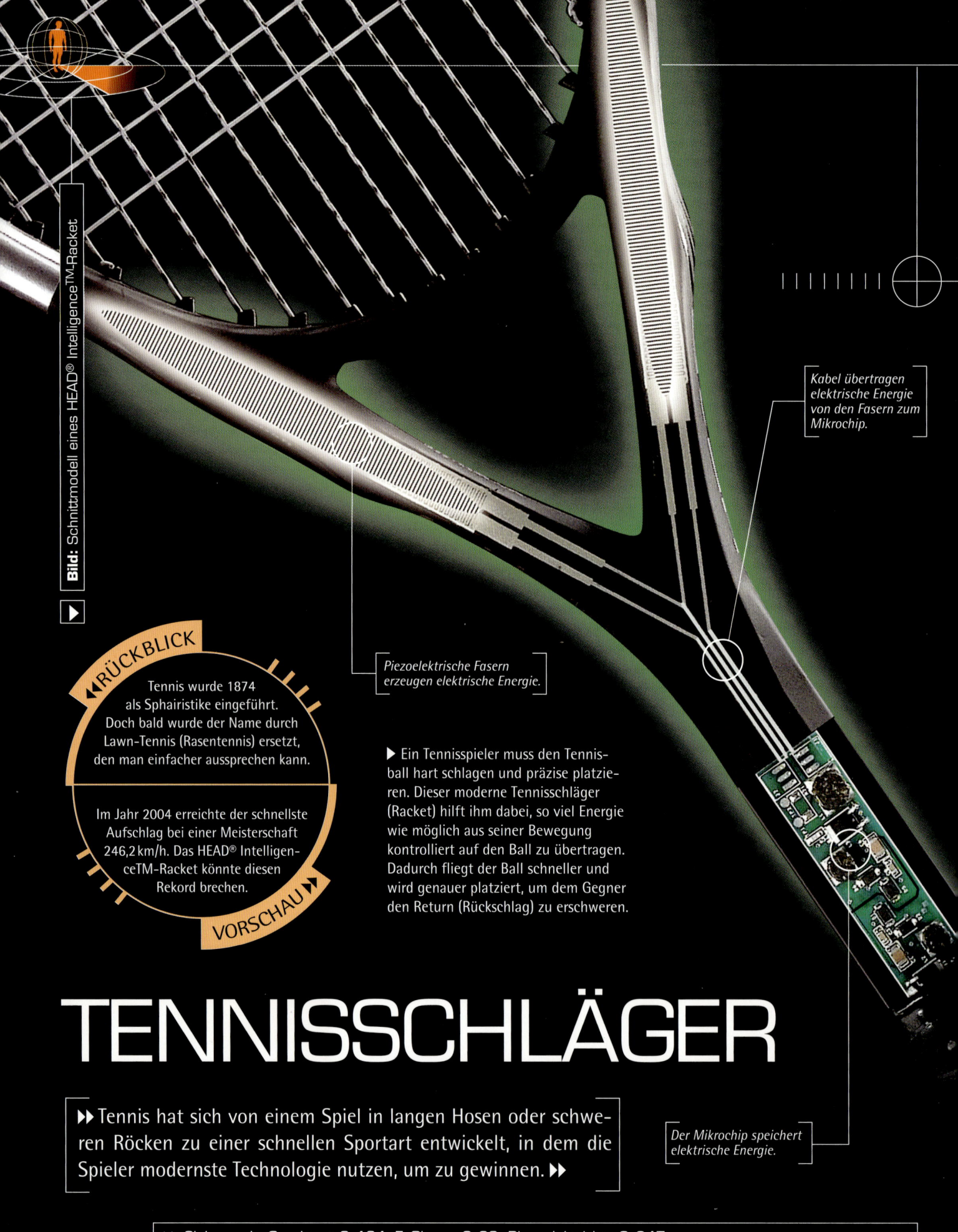

Bild: Schnittmodell eines HEAD® Intelligence™-Racket

Kabel übertragen elektrische Energie von den Fasern zum Mikrochip.

Piezoelektrische Fasern erzeugen elektrische Energie.

RÜCKBLICK
Tennis wurde 1874 als Sphairistike eingeführt. Doch bald wurde der Name durch Lawn-Tennis (Rasentennis) ersetzt, den man einfacher aussprechen kann.

Im Jahr 2004 erreichte der schnellste Aufschlag bei einer Meisterschaft 246,2 km/h. Das HEAD® IntelligenceTM-Racket könnte diesen Rekord brechen.

VORSCHAU

▶ Ein Tennisspieler muss den Tennisball hart schlagen und präzise platzieren. Dieser moderne Tennisschläger (Racket) hilft ihm dabei, so viel Energie wie möglich aus seiner Bewegung kontrolliert auf den Ball zu übertragen. Dadurch fliegt der Ball schneller und wird genauer platziert, um dem Gegner den Return (Rückschlag) zu erschweren.

TENNISSCHLÄGER

▶▶ Tennis hat sich von einem Spiel in langen Hosen oder schweren Röcken zu einer schnellen Sportart entwickelt, in dem die Spieler modernste Technologie nutzen, um zu gewinnen. ▶▶

Der Mikrochip speichert elektrische Energie.

▶▶ Siehe auch: Crashtest S. 134, E-Gitarre S. 66, Piezoelektrizität S. 247

›› WIE DER TENNISSCHLÄGER FUNKTIONIERT

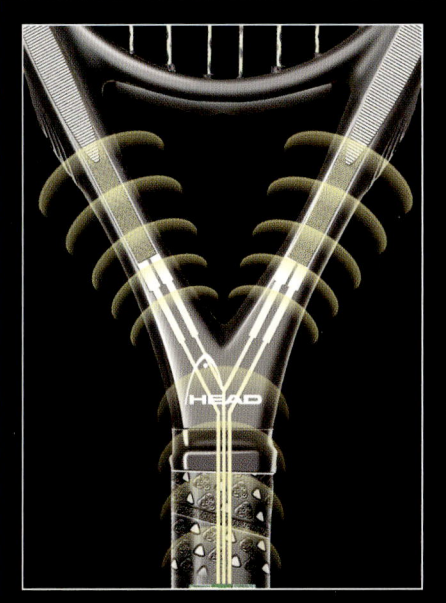

∨ 2. Die Schwingungen dehnen in der Schaftgabel piezoelektrische Fasern (unten), durch die mechanische in elektrische Energie umgewandelt wird. Diese fließt als elektrischer Strom zu einem Mikrochip im Griff, der sie speichert und an die Fasern zurücksendet. Dadurch verhärten sich die Fasern und unterdrücken die Schwingungen, sodass die gesamte mechanische Energie auf den Ball übertragen wird.

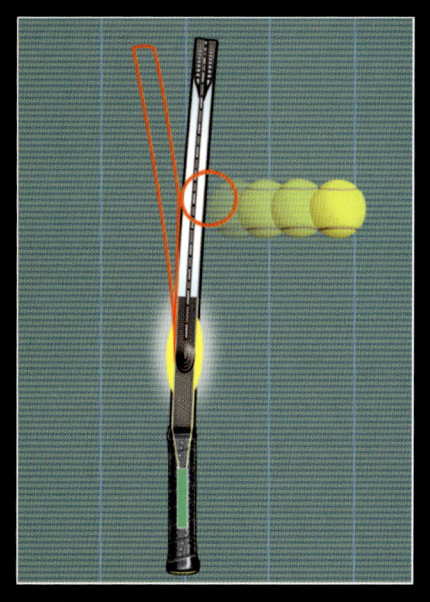

∧ 1. Sobald ein Tennisschläger einen Ball trifft, biegt er sich und nimmt einen Teil der Energie auf. Im Idealfall gibt er diese Energie wieder an den Ball ab, sobald er wieder in seine Ausgangsposition gelangt. Doch bei einem normalen Tennisschläger geht diese Energie durch Schwingungen im Schläger verloren. Dieses intelligente Racket nutzt die Energie der Schwingungen und führt sie in den Griff ab.

∧ 3. Wird der Tennisschläger durch die piezoelektrischen Fasern steif, prallt der Ball schneller von ihm ab. Ein normales Racket – das hier rot eingezeichnet ist – ist noch nach hinten gebogen, während sich das andere bereits wieder aufrichtet. Durch den schnellen Rückschlag besitzt ein Spieler größere Vorteile, weil sich sein Gegner schneller bewegen muss, um den Ball zu erreichen.

⋁ Was ist der piezoelektrische Effekt?

◀ Wenn man ein piezoelektrisches Material wie z. B. Quarz zusammenpresst, versprüht es Funken. Die Fasern dieses Rackets erzeugen Elektrizität, wenn sie durch Schwingungen gedehnt werden. Der piezoelektrische Effekt wirkt auch umgekehrt. Überträgt man auf ein piezoelektrisches Material Elektrizität, verändert es seine Form. Die Fasern dieses Rackets versteifen den Schläger, sobald sie vom Mikrochip mit Elektrizität versorgt werden.

Nahaufnahme von Quarzkristallen

▶ Freizeit

Bild: Ein Snowboarder führt einen Sprung aus.

◀◀ RÜCKBLICK
Die ersten Snowboards nannte man Snurfer (aus „snow" und „surfen"). Sie besaßen Steuerseile und sahen wie eine Mischung aus Schlitten und Skiern aus.

Studien sagen voraus, dass im Jahr 2015 mehr Menschen Snowboard als Ski fahren werden.
VORSCHAU ▶▶

▲ **Ein Snowboarder** führt einen beeindruckenden Sprung aus. Snowboards sind für jedes Gelände und jeden Stil unterschiedlich gestaltet. Snowboarder messen ihre Stärken, Fähigkeiten, Ausdauer und Geschwindigkeit bei verschiedenen Wettkämpfen.

Tail

SNOWBOARD

▶▶ Die Wintersportart, die heute am schnellsten wächst, begann als Alternative zu Ski- und Rodelrennen. Snowboarder führen ihre Wettkämpfe an Berghängen oder auf Schneeanlagen aus. ▶▶

▶▶ Siehe auch: Rennrad S. 58, Sportlich S. 72

▶ Snowboard

» WIE EIN SNOWBOARD FUNKTIONIERT

Freestyle
Mit der kurzen, breiten, symmetrischen Form eines Freestyleboards können Snowboarder viele Tricks ausführen sowie vorwärts oder rückwärts fahren.

Freeride
Anfänger wählen häufig diese Boards, die für die meisten Bedingungen geeignet sind. Mit Übung kann man sie auch für Sprünge und Tricks einsetzen.

Freecarving
Diese langen und schmalen Boards, die man auch Alpin- oder Raceboards nennt, eignen sich für schnelle Kurven auf Slalomkursen.

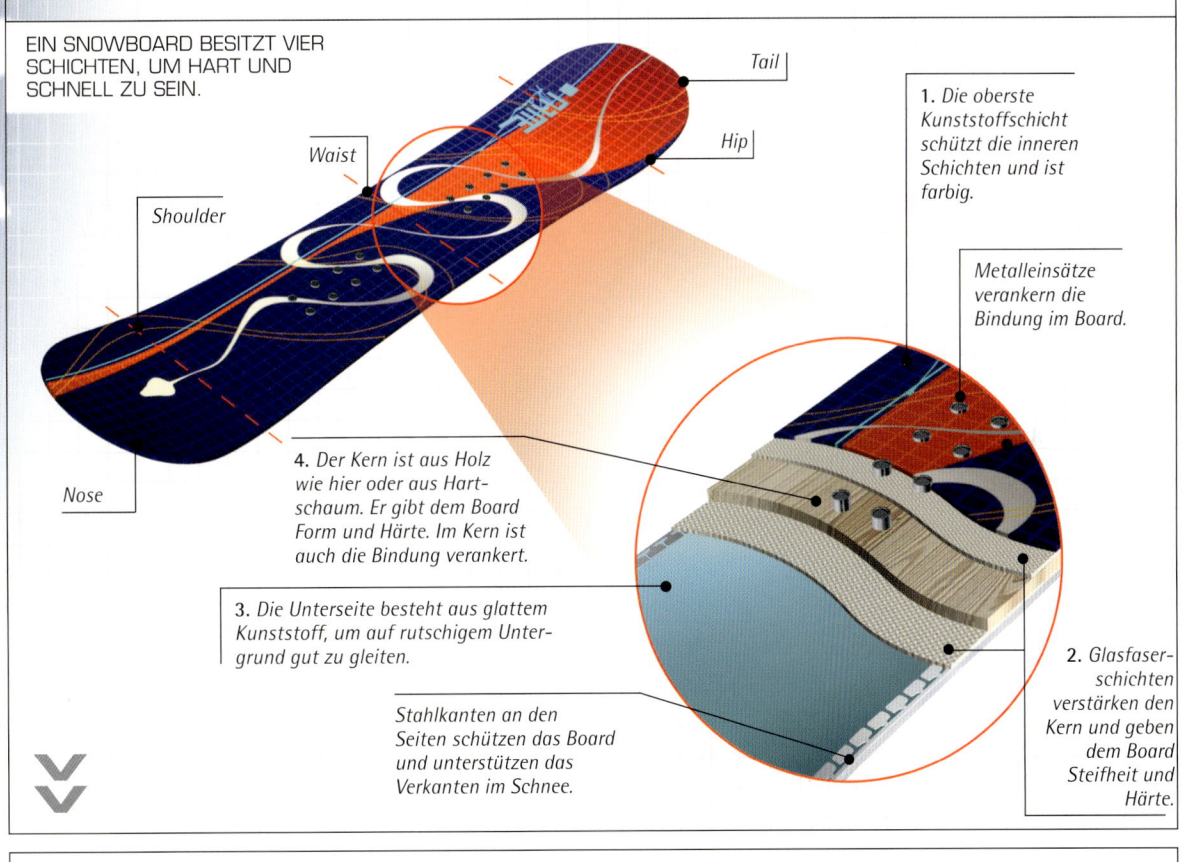

EIN SNOWBOARD BESITZT VIER SCHICHTEN, UM HART UND SCHNELL ZU SEIN.

Nose

Tail

Waist

Hip

Shoulder

Nose

1. Die oberste Kunststoffschicht schützt die inneren Schichten und ist farbig.

Metalleinsätze verankern die Bindung im Board.

4. Der Kern ist aus Holz wie hier oder aus Hartschaum. Er gibt dem Board Form und Härte. Im Kern ist auch die Bindung verankert.

3. Die Unterseite besteht aus glattem Kunststoff, um auf rutschigem Untergrund gut zu gleiten.

Stahlkanten an den Seiten schützen das Board und unterstützen das Verkanten im Schnee.

2. Glasfaserschichten verstärken den Kern und geben dem Board Steifheit und Härte.

Zuerst lösten Surfbretter eine Begeisterung für das Wellenreiten aus, dann folgten Skateboards, um Boards auch in Städten zu nutzen. Danach fuhr man mit Snowboards auf Schnee. Die bekanntesten Wettkampfarten sind der Freeride, bei dem die Snowboarder so schnell und so elegant wie möglich bergab fahren, und der Freestyle, bei dem sie über eine Schanze springen, sich in der Luft drehen und viele Tricks zeigen.

Snowboarder tragen weiche Schuhe, die mit Kunststoffschnallen diagonal auf dem Board befestigt sind. Um das Board zu steuern, verlagern die Fahrer ihr Körpergewicht zwischen Ferse und Zehen oder von einem Fuß auf den anderen. Dadurch schneiden die Kanten in den Schnee und verursachen eine Richtungsänderung. Wenn die Fahrer ihre Fersen oder Zehen stark nach unten drücken, dreht sich das Board abrupt und stoppt.

57

▶ Freizeit

RENN-RAD

▶▶ Bahnräder sind leichter und aerodynamischer als normale Rennräder. Häufig besitzen sie keine Bremsen und nur eine Übersetzung. ▶▶

Bild: Test eines Bahnrads im Windkanal

Der spitz zulaufende Helm vermindert den Luftwiderstand.

Atmungsaktive Bekleidung aus Lycra® verhindert schnelle Muskelermüdung.

Luftkanäle in den Armstützen kühlen die Arme des Fahrers.

Die Gabel besteht aus hartem, kohlefaserverstärktem Kunststoff.

Das Vorderrad besitzt eine flache Scheibe anstelle der Speichen.

58

▶ Rennrad

▶▶ Siehe auch: Luftwiderstand S. 246, Motorrad S. 126, Stark S. 132, Windkanal S. 148

Der Luftstrom wird durch den Fahrer stark verwirbelt.

≫ BAHNRAD: MERKMALE

◀ **Die Vorderseite** eines Objektes, das sich bewegt, erzeugt normalerweise den größten Luftwiderstand. Auf einem Straßenrad sind die Arme durch den großen Lenker ausgebreitet und verursachen einen hohen Luftwiderstand. Ein Bahnrad besitzt dagegen Armstützen und einen besonderen Lenker. Durch die schmale Anordnung in der Mitte des Rads verringert sich der Luftwiderstand, während das Rad geradeaus fährt. Die äußeren Griffe dienen zum Steuern und Bremsen.

◀ **Der Test in** einem Windkanal soll die Aerodynamik verbessern, um den Luftwiderstand zu mindern. Ein Fahrer ist breiter als das Rad und erzeugt fast doppelt so viel Luftwiderstand. Die Fahrer tragen deshalb eine spezielle Kleidung und beugen sich nach vorne, um mit dem Rad eine aerodynamische Einheit zu bilden.

▶▶ **Der Rahmen** muss großen Belastungen standhalten, wie z. B. dem Gewicht des Fahrers und auch Verwindungskräften in Kurven. Ein Bahnradrahmen besteht aus einem einzigen Stück hartem, kohlefaserverstärktem Kunststoff, der die Kräfte auf die gesamte Konstruktion verteilt. Bestimmte Stellen sind mit superhartem Titan verstärkt. Die Rahmenrohre sind wie Flugzeugflügel geformt, sodass Luft an ihnen vorbeiströmt und sie den Luftwiderstand mindern.

◀ **Die Laufräder** sind bewegliche Teile und erzeugen viel Luftwiderstand. Das vordere Laufrad besitzt flache, aerodynamische Blätter, um das Rad im Luftstrom leichter zu steuern. Weil diese Laufräder nicht so stabil wie Speichenräder sind, besitzen sie eine stärkere Felge. Das hintere Laufrad, mit dem man nicht steuert, ist ein aerodynamisches Scheibenrad. Bahnräder besitzen meistens keine Bremsen. Nach dem Rennen tritt der Fahrer immer langsamer, um das Rad abzubremsen.

Die glatte Kohlefaserschicht verdeckt eine harte Wabenstruktur, die nur wenig wiegt.

Das hintere Laufrad beschleunigt das Rad auf bis zu 56 km/h.

⌄ Computergesteuertes Design

▶ Neben dem Windkanal nutzen Ingenieure Laser, um die Formen des Rads sowie des Fahrers zu erfassen und ein dreidimensionales (3D) Computermodell zu erstellen. Damit testen sie verschiedene aerodynamische Räder und Helme, um die Form mit dem geringsten Luftwiderstand zu finden. Dieser Helm wurde am Computer entwickelt.

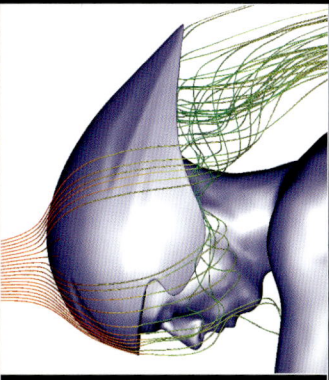

3D-Computermodell eines Helms

▶ Freizeit

FLEXIBEL

Durch neue Technologien entstanden Textilien, die im Winter wärmen, im Sommer kühlen, den Schweiß aufsaugen und verhindern, dass uns Regen durchnässt. Hier werden einige dieser Gewebe vorgestellt.

60

∧∧ Wasserverdrängung

Schwimmer erzeugen im Wasser durch ihre Bewegungen Widerstand. Sie müssen zusätzliche Energie aufwenden, um ihn zu überwinden. Schwimmanzüge liegen eng am Körper an, damit er stromlinienförmiger wird. Durch die horizontalen Streifen wird Wasser um den Körper herumgeleitet und so der Widerstand verringert.

≫ Atmungsaktives Gewebe

Regenbekleidung besteht häufig aus diesem Gewebe. Zwischen mehreren Nylonschichten (pinkfarben) liegt eine innere, poröse Schicht (gelb), die winzige Öffnungen enthält – kleiner als Regentropfen, doch größer als Wassermoleküle. Diese Schicht gibt Schweiß ab und schützt vor Nässe von außen. Die äußerste Schicht ist luftdicht und hält warm.

▶ Flexibel

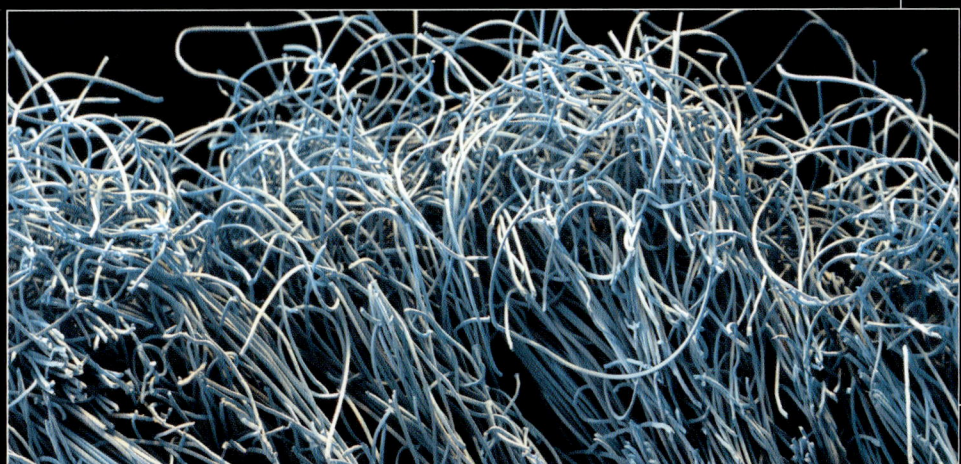

▶▶ Siehe auch: Rennrad S. 58, Stark S. 132

◀◀ Fleece
Dieses flauschige Material wiegt wenig und hält hervorragend warm. Es wird hauptsächlich für Outdoorkleidung benutzt. Fleece besteht aus langen, filzartigen Fasern, die eng verwoben sind. Luft, die sich zwischen den Fasern befindet, wird durch den Körper erwärmt.

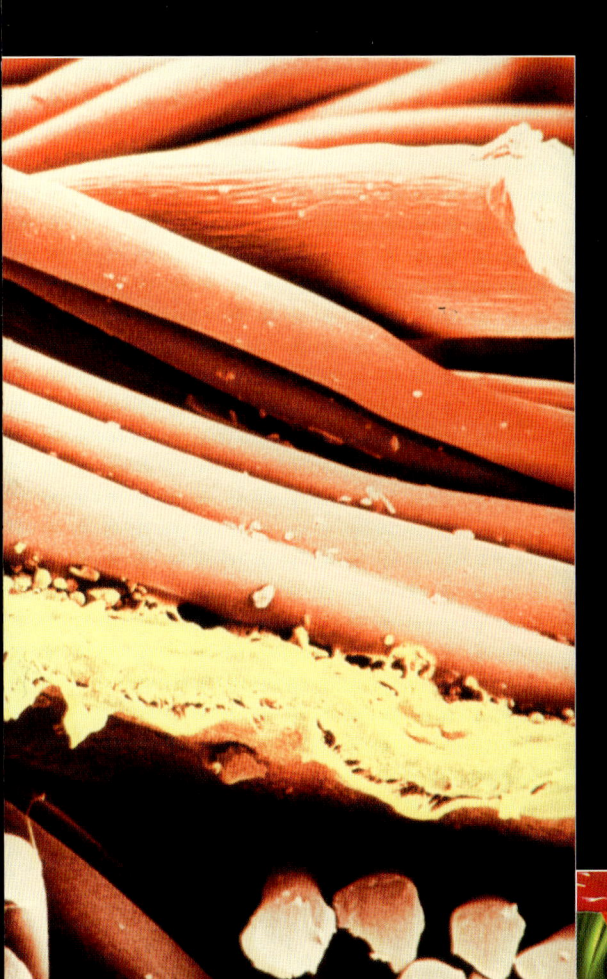

▶▶ Schweiß aufsaugende Textilien
Gewebe, das Schweiß aufsaugt, lässt sich angenehmer tragen. Die Fasern sind mit zwei verschiedenen Substanzen beschichtet, sodass die Kleidung nicht nass wird. Eine Substanz nimmt den Schweiß auf und die andere gibt ihn nach außen ab.

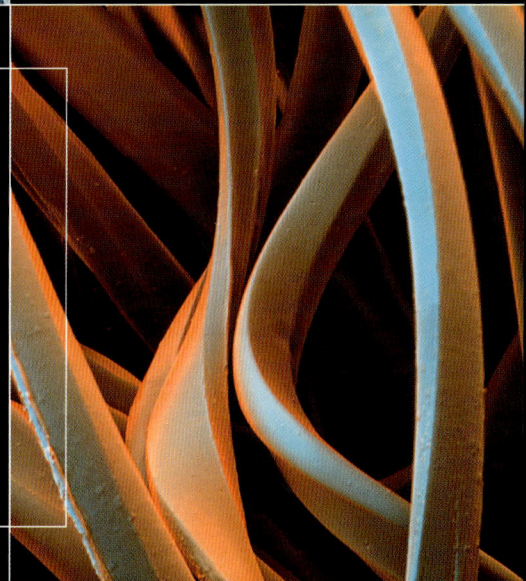

▽ Lycra®
Lycra® ist eine starke und sehr elastische Faser, aus der eng anliegende, aber flexible Kleidung wie z.B. Sportbekleidung hergestellt wird. Diese Vergrößerung zeigt eine Fahrradhose aus Lycra und Nylon: die dünnen, sich kreuzenden roten und gelben Fasern sind aus Lycra®, die anderen Schichten bestehen aus Nylon.

61

▶ Freizeit

KAMERA

▶▶ Bei einer Digitalkamera kann man die Bilder sofort nach der Aufnahme betrachten, sie einfach speichern, weiterleiten und ausdrucken. ▶▶

Bild: Explosionszeichnung der Fuji S5000

6. Der Bildschirm zeigt sofort Fotos.

7. Die austauschbare Karte speichert Bilder.

5. Der Schaltkreis verarbeitet die Bilder digital, sodass man sie ansehen, löschen oder speichern kann.

4. Ein Sensor hat Millionen Pixel. Jedes misst Helligkeit und Farbe eines winzigen Bildausschnitts.

▶ **Digitale Aufnahmen** speichern die Bildinformationen als Zahlen und nicht durch chemische Reaktionen auf einem Film. Diese Aufnahmen brauchst du deshalb nicht zu entwickeln und du kannst sie dir sofort ansehen oder löschen, wenn sie dir nicht gefallen. Im Gegensatz zu einem Film verfallen digitale Aufnahmen nicht, sodass du sie auch viele Jahre später noch ausdrucken kannst.

▶▶ Siehe auch: Digitaltechnik S. 243, Iris–Scan S. 32, LCD–Fernseher S. 24, Mikrochip S. 16

62

▶ Kamera

❯❯ WIE EIN SENSOR FUNKTIONIERT

Digitalkameras bündeln Licht auf einem elektronischen Sensor anstelle eines Filmstreifens. Bei einer Aufnahme wandelt der Sensor das einfallende Licht in elektrische Ladung um. Ein Schaltkreis in der Kamera misst die Ladung und weist ihr einen digitalen Wert zu. Computerchips verarbeiten alle Daten und erzeugen daraus ein Bild, das sie auf der Speicherkarte speichern.

Von den Bildern auf der Speicherkarte kann ein Labor Abzüge herstellen oder man lädt sie sich auf den Computer. Dazu braucht man entweder ein Kabel oder ein Kartenlesegerät. Man kann die Bilder ausdrucken, per E-Mail verschicken, sie mit einem Grafikprogramm bearbeiten oder auf eine Homepage in das Internet hochladen. Die Schnelligkeit, mit der man die Bilder erhält, und die kreativen Möglichkeiten, sie nachher zu bearbeiten, haben die Fotografie revolutioniert.

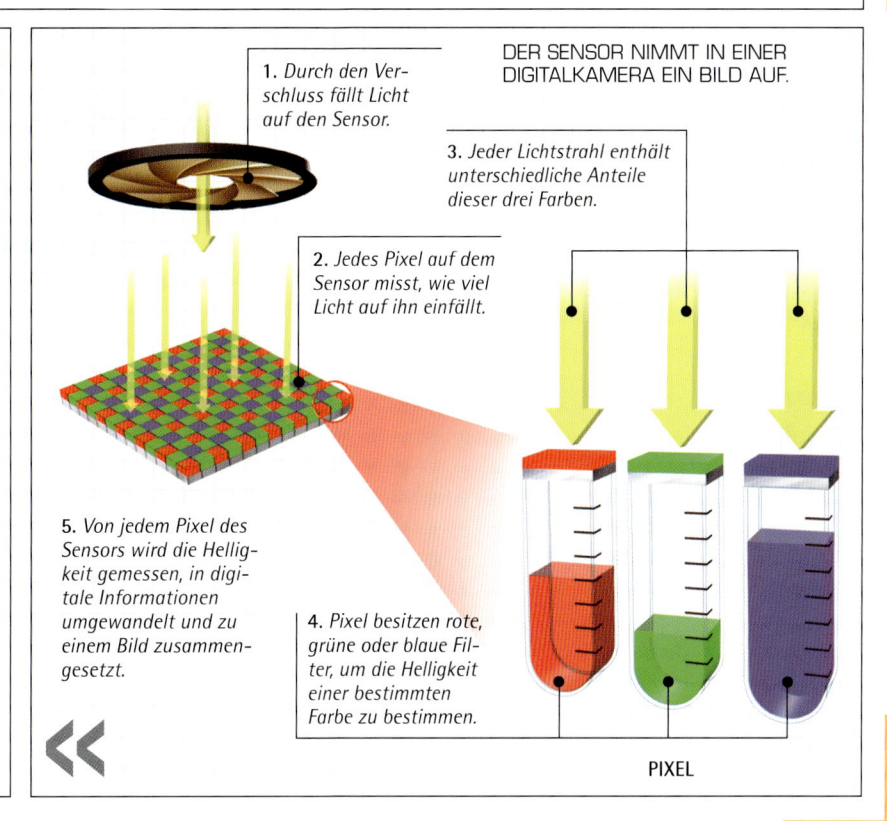

DER SENSOR NIMMT IN EINER DIGITALKAMERA EIN BILD AUF.

1. Durch den Verschluss fällt Licht auf den Sensor.

2. Jedes Pixel auf dem Sensor misst, wie viel Licht auf ihn einfällt.

3. Jeder Lichtstrahl enthält unterschiedliche Anteile dieser drei Farben.

4. Pixel besitzen rote, grüne oder blaue Filter, um die Helligkeit einer bestimmten Farbe zu bestimmen.

5. Von jedem Pixel des Sensors wird die Helligkeit gemessen, in digitale Informationen umgewandelt und zu einem Bild zusammengesetzt.

PIXEL

3. Der Autofokus sorgt für scharfe Bilder.

2. Filter verbessern das Bild und schützen die Linsen.

1. Licht fällt durch die Linse in die Kamera.

◀ **RÜCKBLICK**
1976 entwickelte Kodak die erste Digitalkamera, doch ein Modell für die private Nutzung – die Apple Quick-Take 100 – erschien erst 1994.

Die Linsen von Digitalkameras werden aus einer Flüssigkeit bestehen, sodass sie unglaublich klein, biegsam und bruchsicher werden.

VORSCHAU ▶

63

▶ Freizeit

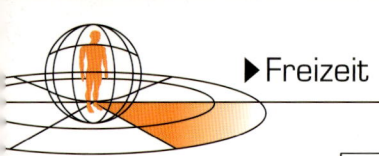

⌄ Leistungsstarke Prozessoren

▶ Moderne Computerspiele sind gegenüber früheren viel anspruchsvoller. Die Spielkonsolen sind leistungsstarke Computer mit Mikroprozessorchips und 3D-Grafikkarten, die man für diese Spiele braucht. Der Mikroprozessor verarbeitet die Bewegung der Figuren und steuert die Grafikkarte. Der Chip in der Grafikkarte berechnet, wie die Figuren auf dem Bildschirm aussehen. Beide Chips führen jede Sekunde Milliarden Berechnungen durch, um ein möglichst real wirkendes Spiel darzustellen.

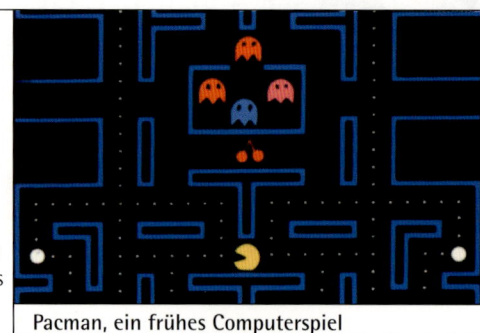

Pacman, ein frühes Computerspiel

SPIELKONSOLEN

Einzelheiten wie z.B. die Schulter bestehen aus vielen Dreiecken.

◀ **1. Die Spielfiguren** sind 3D-Modelle, die sich auf dem Bildschirm bewegen. Vom 3D-Modell entsteht zunächst ein Umriss, der in viele kleine Dreiecke und Rechtecke aufgeteilt wird. Mit kleinen, ebenen Flächen kann der Computer schneller arbeiten als mit großen, kurvigen Flächen.

Der Schatten entsteht mit Strahlverfolgung.

▲ **2. Damit das** 3D-Modell wirklichkeitsgetreu aussieht, werden die Flächen des Gittermodells einheitlich gefüllt. Mit der Strahlverfolgung werden Licht und Schatten hinzugefügt, um die Spiegelung des Lichts aus verschiedenen Winkeln nachzuahmen.

▶▶ Eine Spielkonsole macht einen zum Rallyefahrer, setzt einen in das Cockpit eines Jumbojets oder entführt einen als fantastische Figur in geheimnisvolle Welten. ▶▶

▶ **4. Nachdem das** Modell die letzten farbigen Einzelheiten erhalten hat, wird es in seine Umgebung versetzt. Während sich das Modell bewegt, wird jede Änderung der Position und der Hintergrundansicht einzeln berechnet.

Die Visierfarbe erhält durch mehrere Farbschichten Tiefe.

◀ **Bild**: Hintergrund und Figur aus Halo 2

Das Bein erhält ein Detail.

◀ **RÜCKBLICK**
Die erste Videokonsole, Magnavox Odyssey, wurde 1971 hergestellt. Über den Bildschirm legte man Kunststofffolien, um den Hintergrund darzustellen.

Sony, Toshiba und IBM haben einen neuen Chip entwickelt, den sie Cell nennen. Mit diesem Chip sollen Spielkonsolen zehnmal schneller laufen.
VORSCHAU ▶

▲ **3. Die Oberfläche** erhält die letzten Einzelheiten. Der Computer hat hier die Lichtspiegelungen auf der Metallrüstung berechnet und hinzugefügt.

▶▶ Siehe auch: Mikrochip S. 16, Mikroprozessor S. 246, Sportlich S. 72, Verspielt S. 26

▶ Freizeit

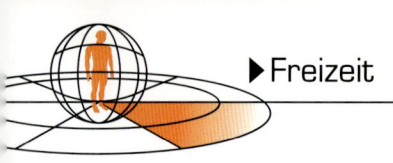

E-GITARRE

▶▶ Die E-Gitarre sollte ursprünglich nur die Lautstärke einer normalen Gitarre verstärken, doch sie setzte sich als eigenständiges Instrument durch. ▶▶

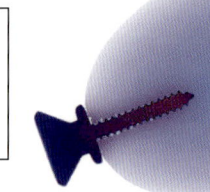

▶▶ WIE EINE E-GITARRE FUNKTIONIERT

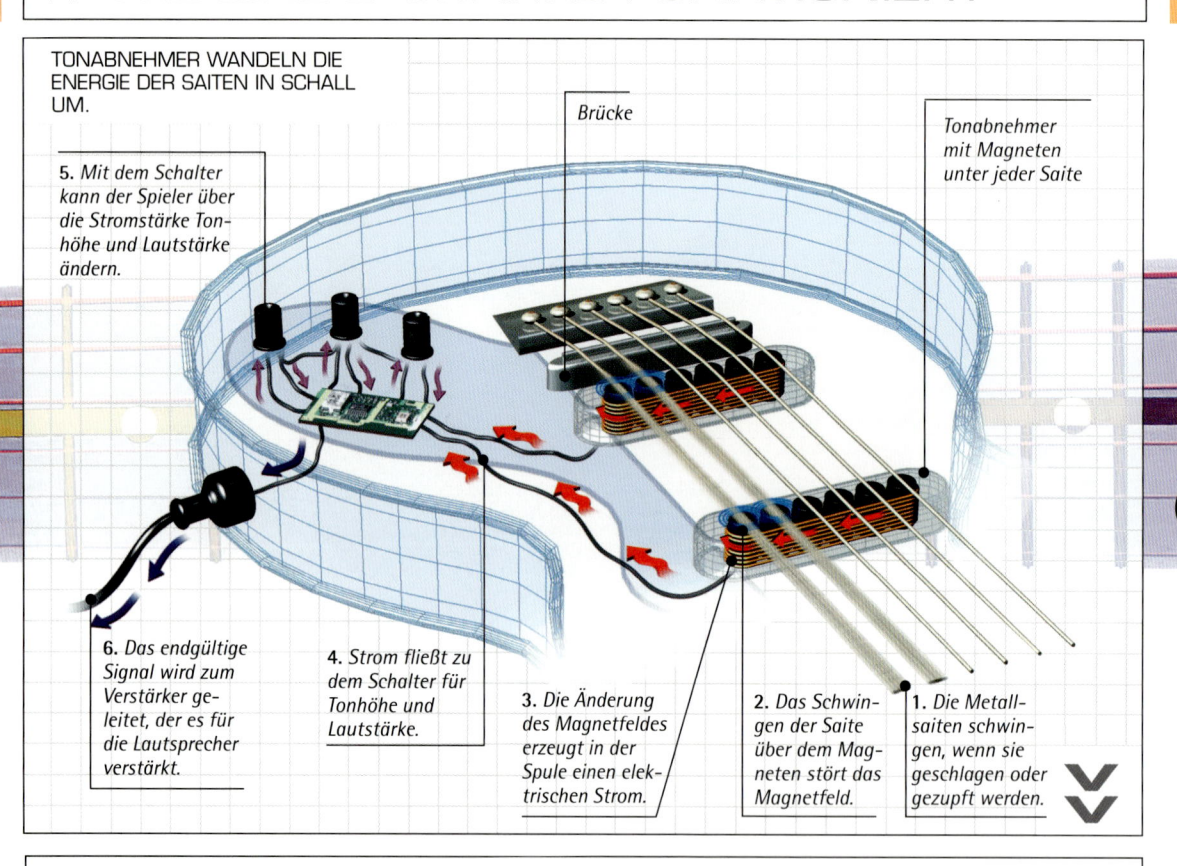

TONABNEHMER WANDELN DIE ENERGIE DER SAITEN IN SCHALL UM.

Brücke

Tonabnehmer mit Magneten unter jeder Saite

5. Mit dem Schalter kann der Spieler über die Stromstärke Tonhöhe und Lautstärke ändern.

6. Das endgültige Signal wird zum Verstärker geleitet, der es für die Lautsprecher verstärkt.

4. Strom fließt zu dem Schalter für Tonhöhe und Lautstärke.

3. Die Änderung des Magnetfeldes erzeugt in der Spule einen elektrischen Strom.

2. Das Schwingen der Saite über dem Magneten stört das Magnetfeld.

1. Die Metallsaiten schwingen, wenn sie geschlagen oder gezupft werden.

[*Bund*]

Die meisten Gitarren besitzen sechs Saiten, die unterschiedlich dick und gespannt sind. Wenn man sie gleichzeitig schlägt, erzeugen sie eine Reihe von Tönen, die man Akkord nennt. Die Saiten sind nicht sehr laut, sodass sie verstärkt werden. Bei einer Akustikgitarre übertragen die Saiten ihre Schwingungen auf die Luft im Gitarrenkörper, der die Töne verstärkt. Bei einer E-Gitarre wird der Schall dagegen auf andere Art verstärkt. Die Schwingungen der Saiten wandelt ein Tonabnehmer in elektrische Signale um.

Lautsprecher wandeln die elektrischen Signale wieder in Töne zurück. Die erste E-Gitarre, die Vivi-Tone, wurde schon 1933 erfunden, doch sie war kein großer Erfolg. Erst ab 1950, als die Popmusik aufkam, wurden E-Gitarren viel häufiger benutzt. Seit dieser Zeit wurden die Gibson® Les Paul und die Fender Stratocaster® zu Verkaufsschlagern, weil jede einen besonderen Klang besitzt. Einige moderne E-Gitarren sind an einen Synthesizer angeschlossen, sodass Musiker völlig neuartige Klänge erzeugen können.

▶▶ Siehe auch: Kopfhörer S. 74, Schallwellen S. 249, Schwingung S. 249

▶ E-Gitarre

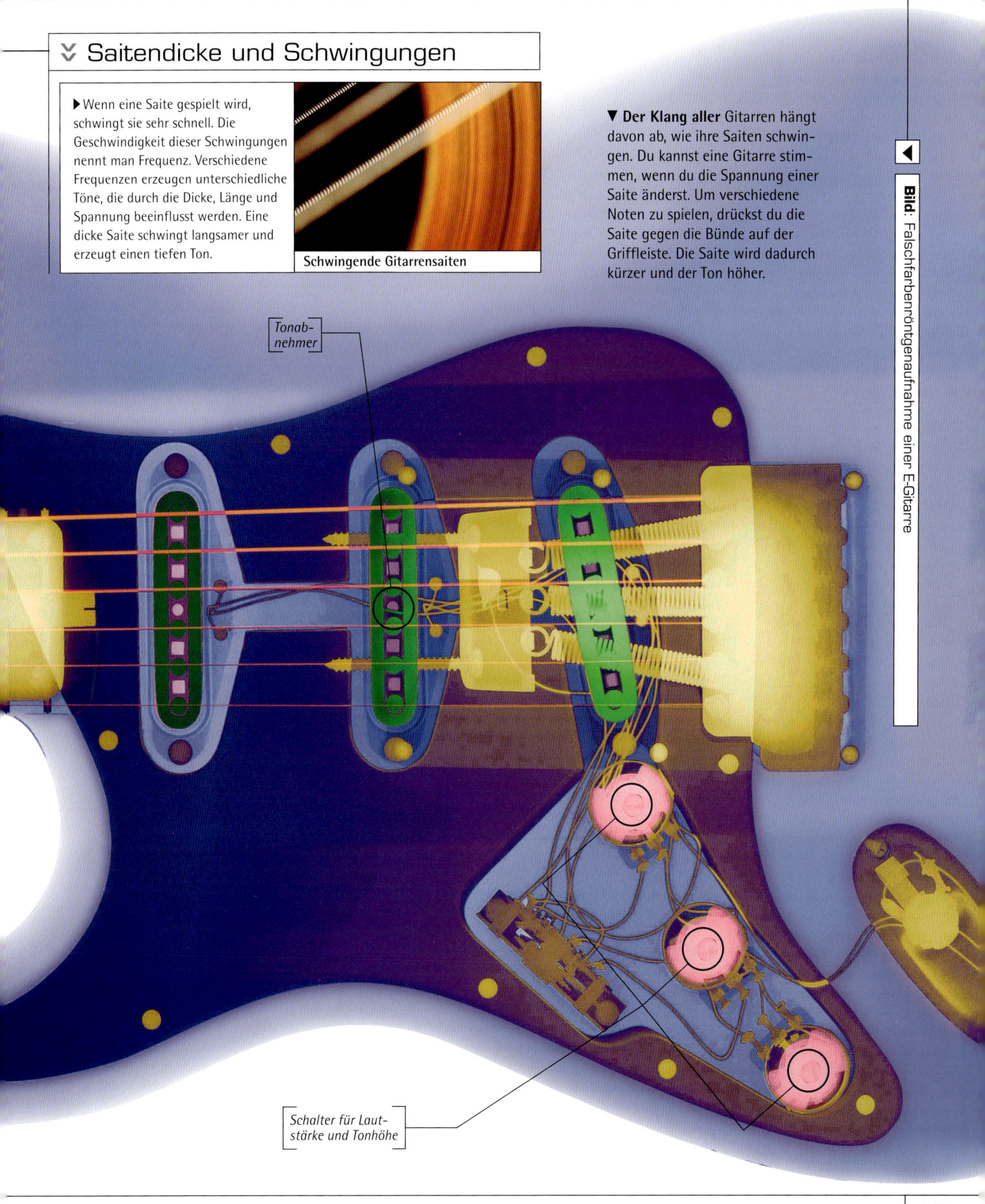

⌄ Saitendicke und Schwingungen

▶ Wenn eine Saite gespielt wird, schwingt sie sehr schnell. Die Geschwindigkeit dieser Schwingungen nennt man Frequenz. Verschiedene Frequenzen erzeugen unterschiedliche Töne, die durch die Dicke, Länge und Spannung beeinflusst werden. Eine dicke Saite schwingt langsamer und erzeugt einen tiefen Ton.

Schwingende Gitarrensaiten

▼ **Der Klang aller** Gitarren hängt davon ab, wie ihre Saiten schwingen. Du kannst eine Gitarre stimmen, wenn du die Spannung einer Saite änderst. Um verschiedene Noten zu spielen, drückst du die Saite gegen die Bünde auf der Griffleiste. Die Saite wird dadurch kürzer und der Ton höher.

Bild: Falschfarbenröntgenaufnahme einer E-Gitarre

Tonabnehmer

Schalter für Lautstärke und Tonhöhe

67

▶ Freizeit

CD

▶▶ Eine CD dreht sich viele hundert Mal pro Minute, während ein heller Laserstrahl ihre Daten liest. Die spiralförmige Spur, die alle Informationen enthält, ist fast 5 km lang. ▶▶

Eine Kunststoff-schicht schützt die Datenschicht.

Bild: Falschfarbenaufnahme (REM) der Oberfläche einer CD

Die Vertiefungen (Pits) sind reflektierend.

Die Erhebungen verlaufen spiralförmig von innen nach außen.

▶▶ Siehe auch: Binär S. 241, Digitalradio S. 22, DJ–Pult S. 76, Laser S. 245

▶ CD

›› WIE EINE CD GELESEN WIRD

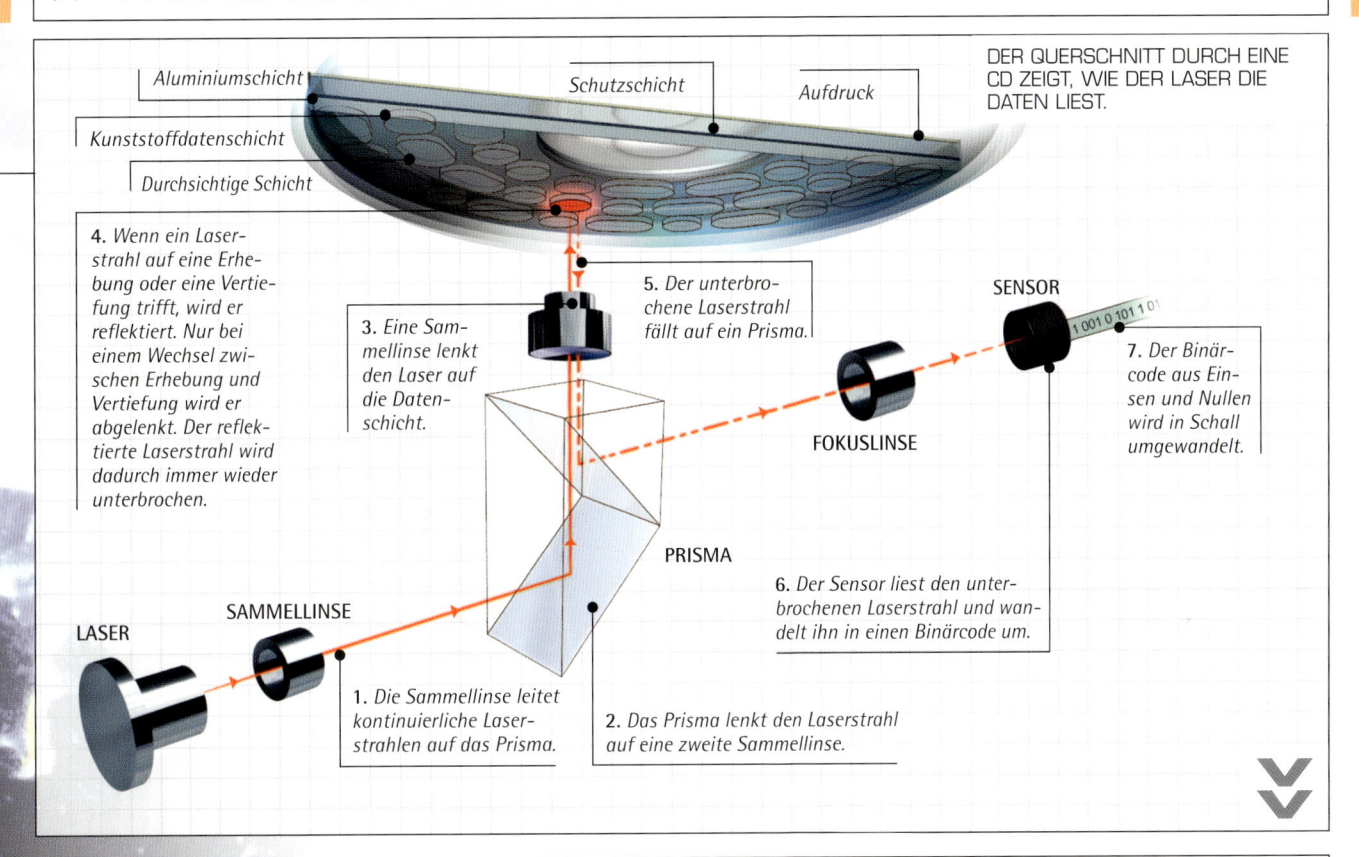

Aluminiumschicht
Kunststoffdatenschicht
Durchsichtige Schicht
Schutzschicht
Aufdruck

DER QUERSCHNITT DURCH EINE CD ZEIGT, WIE DER LASER DIE DATEN LIEST.

4. Wenn ein Laserstrahl auf eine Erhebung oder eine Vertiefung trifft, wird er reflektiert. Nur bei einem Wechsel zwischen Erhebung und Vertiefung wird er abgelenkt. Der reflektierte Laserstrahl wird dadurch immer wieder unterbrochen.

3. Eine Sammellinse lenkt den Laser auf die Datenschicht.

5. Der unterbrochene Laserstrahl fällt auf ein Prisma.

SENSOR

7. Der Binärcode aus Einsen und Nullen wird in Schall umgewandelt.

FOKUSLINSE

PRISMA

6. Der Sensor liest den unterbrochenen Laserstrahl und wandelt ihn in einen Binärcode um.

LASER   SAMMELLINSE

1. Die Sammellinse leitet kontinuierliche Laserstrahlen auf das Prisma.

2. Das Prisma lenkt den Laserstrahl auf eine zweite Sammellinse.

Bei einer digitalen Aufnahme wird die Musik in lange Reihen aus Einsen und Nullen umgewandelt – den Binärcode. Diesen Code stellen die Erhebungen und Vertiefungen in einer schmalen spiralförmigen Spur unter der Oberfläche einer CD dar. Die untere Schicht ist durchsichtig und trägt die Datenschicht, die die Informationen speichert. Über der Datenschicht liegt eine Schicht aus glänzendem Aluminium und darüber eine Kunststoffschicht, welche die CD schützt und den Aufdruck trägt. Ein Laserstrahl liest die Informationen durch die durchsichtige Schicht aus der spiralförmigen Spur. Der Laserstrahl wird an Erhebungen und Vertiefungen reflektiert, bei einem Wechsel zwischen ihnen wird er abgelenkt und die Reflexion unterbrochen. Ein Sensor bildet aus dem unterbrochenen Laserstrahl den Binärcode, der in Musik umgewandelt wird.

◀ **Diese winzigen Erhebungen** in der REM-Aufnahme der Oberfläche einer CD, die man Land nennt, sind keine 500 nm breit – nm ist die Einheit Nanometer, ein milliardstel Meter. Jede CD enthält viele Millionen Erhebungen. Auf diesen Erhebungen speichert eine CD ihre Informationen – Einsen und Nullen –, die ein CD-Player in Musik zurückwandelt.

˅ Master-CD

▶ CDs entstehen kostengünstig aus Gießformen. Die Mastergießform besteht aus Metall, damit sie äußerst genau und haltbar ist. Sie bildet das Muster der CD seitenverkehrt ab, sodass aus Vertiefungen Erhebungen werden. Aus einer sehr teuren Mastergießform kann man tausende preiswertere Kunststoffkopien herstellen.

Herstellung einer Master-CD

▶ Freizeit

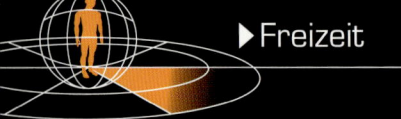

MP3-PLAYER

▶▶ MP3-Player sind tragbare Musikgeräte, die tausende Musikstücke speichern und abspielen. Einige Geräte sind so klein, dass sie in Handys oder sogar in Sonnenbrillen eingebaut werden können. ▶▶

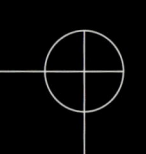

▶ **Dieser MP3-Player** ist so groß wie ein Kartenspiel. Er besteht aus den drei Hauptelementen Festplatte, Schaltkreis und Batterien. Die Festplatte speichert tausende Musikstücke als digitale Daten, die ein Schaltkreis in Töne umwandelt. Die Batterien versorgen das Gerät mit Strom.

›› WIE DIE MP3-KOMPRESSION FUNKTIONIERT

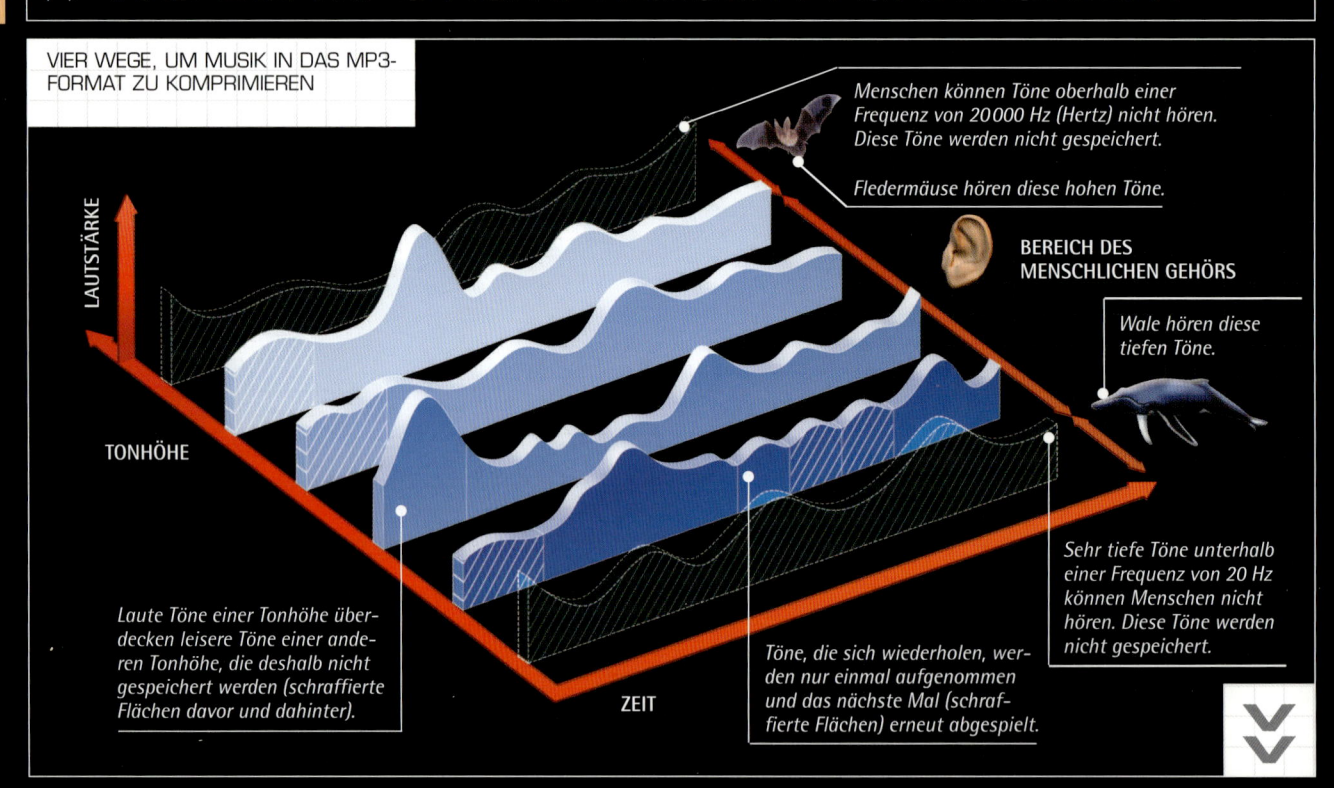

VIER WEGE, UM MUSIK IN DAS MP3-FORMAT ZU KOMPRIMIEREN

Menschen können Töne oberhalb einer Frequenz von 20 000 Hz (Hertz) nicht hören. Diese Töne werden nicht gespeichert.

Fledermäuse hören diese hohen Töne.

BEREICH DES MENSCHLICHEN GEHÖRS

Wale hören diese tiefen Töne.

LAUTSTÄRKE

TONHÖHE

ZEIT

Laute Töne einer Tonhöhe überdecken leisere Töne einer anderen Tonhöhe, die deshalb nicht gespeichert werden (schraffierte Flächen davor und dahinter).

Töne, die sich wiederholen, werden nur einmal aufgenommen und das nächste Mal (schraffierte Flächen) erneut abgespielt.

Sehr tiefe Töne unterhalb einer Frequenz von 20 Hz können Menschen nicht hören. Diese Töne werden nicht gespeichert.

Die Seitenzahl eines Buches hängt davon ab, wie viele Worte es enthält. Auch elektronische Dateien werden größer, wenn sie mehr Informationen enthalten. MP3-Player können sehr viele Musikstücke abspielen, weil ihre Software nur bestimmte Töne speichert und solche unterdrückt, die wir nicht hören können (siehe oben). Sie speichert außerdem den rechten und linken Kanal nur dann getrennt, wenn sich beide Kanäle tatsächlich unterscheiden. Das spart Speicherplatz.

Dieses Verfahren mindert die Informationsmenge eines Musikstückes auf ein Zehntel oder Zwölftel des ursprünglichen Wertes. Fast alle digitalen Medien nutzen ähnliche Verfahren zur Datenkompression. Sie komprimieren z. B. in internationalen Telefonleitungen Telefonate, um mehrere Gespräche gleichzeitig zu vermitteln, oder verringern die Größe eines digitalen Bildes (JPEG-Format). Digitales Fernsehen und Radio wären ohne Kompression nicht möglich, weil sie ihre Informationen in einem sehr engen Frequenzbereich der Funkwellen übertragen.

▶▶ Siehe auch: CD S. 68, DJ-Pult S. 76, Frequenz S. 242, Kopfhörer S. 74, Verspielt S. 26

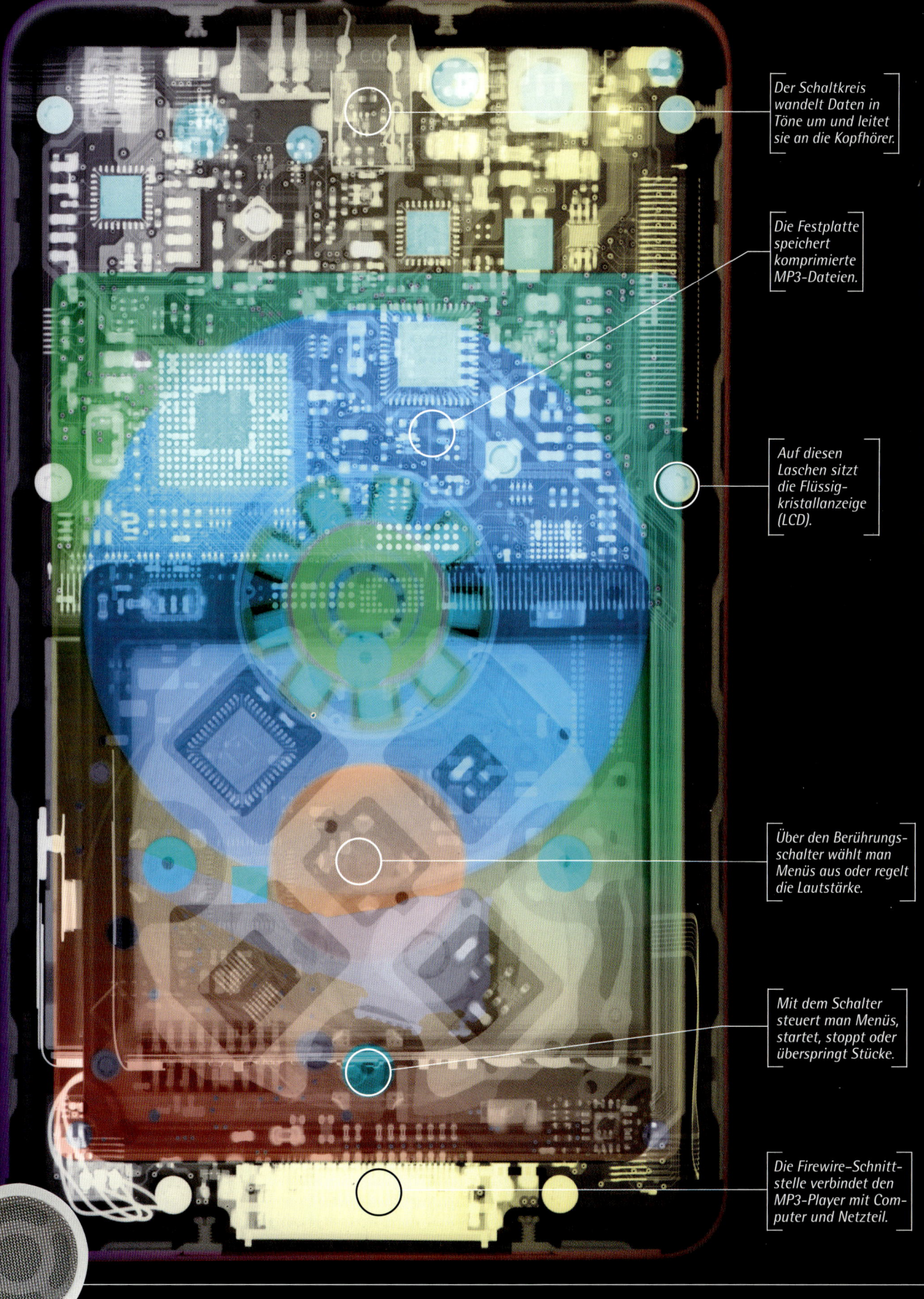

Der Schaltkreis wandelt Daten in Töne um und leitet sie an die Kopfhörer.

Die Festplatte speichert komprimierte MP3-Dateien.

Auf diesen Laschen sitzt die Flüssigkristallanzeige (LCD).

Über den Berührungsschalter wählt man Menüs aus oder regelt die Lautstärke.

Mit dem Schalter steuert man Menüs, startet, stoppt oder überspringt Stücke.

Die Firewire-Schnittstelle verbindet den MP3-Player mit Computer und Netzteil.

Bild: Falschfarbenröntgenaufnahme eines iPod

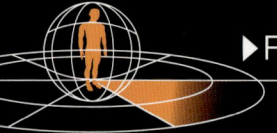

▶ Freizeit

SPORTLICH

In künstlichen Anlagen können Kletterer, Surfer, Radfahrer und andere Sportler das ganze Jahr über trainieren. Es werden z. B. Schnee und Wellen produziert, die hier auf natürliche Weise nie vorkommen würden.

« Wellensimulator

Surfer warten manchmal Stunden auf eine perfekte Welle. In einem Wellenbad können sie trainieren, ohne warten zu müssen. Bestimmte Wellenbäder können alle Wellenarten erzeugen, die an den verschiedenen Stränden der Welt vorkommen.

» Künstliches Grün

Golfplätze verbrauchen sehr viel Land und sind in bebauten Gebieten sehr teuer. Doch ein Grün, auf dem der Spieler einen Putt (den Ball in das Loch schlagen) übt, ist nicht sehr groß. Dieses Grün befindet sich auf dem Dach eines Hochhauses, sodass Golfspieler in einer Großstadt ihren Putt trainieren können.

▶Sportlich

◀◀ Kletterwand

An einer Kletterwand in einer Halle können Kletterer ihre Ausdauer, Stärke und Fähigkeiten bei jedem Wetter verbessern. Im Sommer, wenn die Klettersaison beginnt, sind sie ausreichend trainiert, um im Freien zu klettern. Kletterwände bestehen aus Beton, in den natürliche Felsen und künstliche Haltepunkte eingelassen sind. Kletterer sichern sich mit Gurten an einem Seil und können gewagte Schritte üben, ohne dass sie riskieren sich zu verletzen.

▼ Velodrom

Wie kann man eine Langstreckensportart wie z. B. Radrennen für Zuschauer interessanter gestalten? Man verkürzt die Langstrecke zu einer ovalen Rundstrecke und verlegt sie in eine Halle. Ein Velodrom (von „velociped", dem alten französischen Namen für Fahrrad) besitzt Steilwandkurven und gestaffelte Startpositionen, sodass jeder Fahrer die gleiche Strecke zurücklegt. Die Fahrer nutzen die Steilwandkurven, um z. B. ihre Gegner anzugreifen.

◀◀ Schneehallen

Skifahren und Snowboarden kann man auch im Sommer üben. Schneehallen besitzen unterschiedliche Hänge, sodass Anfänger einen Grundkurs belegen und erfahrene Abfahrer ihre Fähigkeiten verbessern können, bevor sie im Winter in die Berge fahren. Schneehallen sind sehr kalt und erzeugen ihren eigenen Schnee, um sogar im Hochsommer alpines Flair zu bieten.

▶▶ Siehe auch: Rennrad S. 58, Snowboard S. 56

▶ Freizeit

KOPFHÖRER

▶▶ Mit Kopfhörern kann man Musik genießen, ohne jemanden zu stören. Einige Kopfhörer besitzen Bügel, während die Ohrhörer keine haben. ▶▶

⌄ Schallwellen und Gehör

▶ Durch den Gehörgang leitet das Außenohr Schallwellen zum Trommelfell, die es in Schwingungen versetzen. Die Gehörknöchelchen im Mittelohr übertragen die Schwingungen an eine Flüssigkeit in der Schnecke (Cochlea) im Innenohr. In diese Flüssigkeit ragen winzige Härchen. Sie wandeln die Schwingungen in elektrische Signale um, die zum Gehirn geleitet werden.

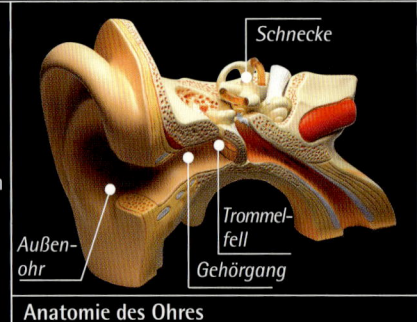

Schnecke
Trommelfell
Außenohr
Gehörgang

Anatomie des Ohres

◀ RÜCKBLICK

Die amerikanische Firma Koss brachte 1958 die ersten Stereokopfhörer heraus. Sie wurden an einen Plattenspieler angeschlossen.

Einige Firmen entwickeln drahtlose Kopfhörer für tragbare Musikgeräte, sodass man Musik ohne „Kabelsalat" hören kann.

VORSCHAU ▶

≫ WIE KOPFHÖRER FUNKTIONIEREN

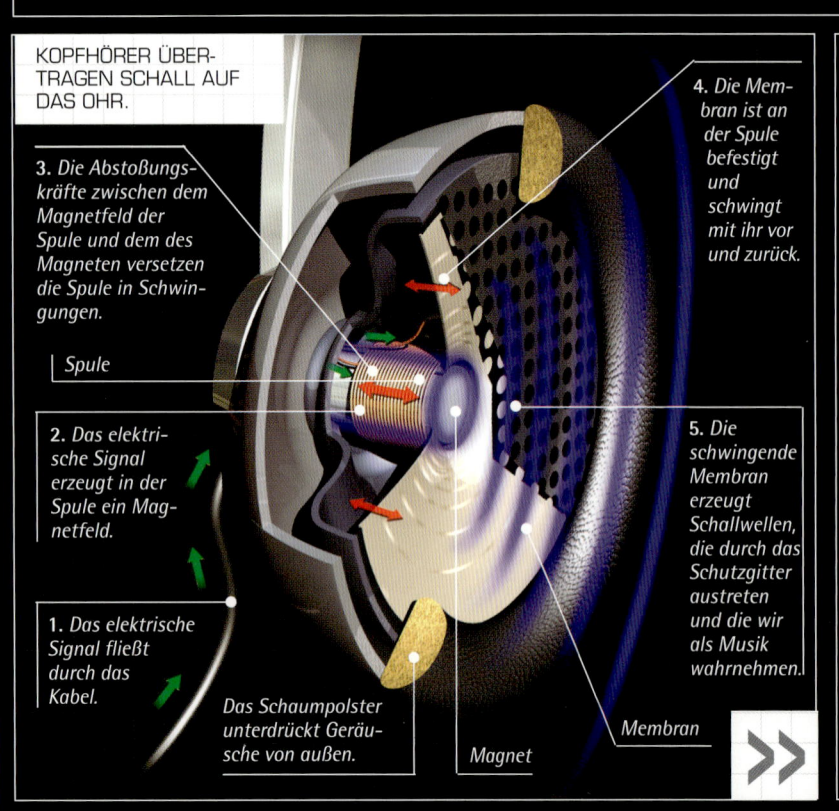

KOPFHÖRER ÜBERTRAGEN SCHALL AUF DAS OHR.

3. Die Abstoßungskräfte zwischen dem Magnetfeld der Spule und dem des Magneten versetzen die Spule in Schwingungen.

Spule

2. Das elektrische Signal erzeugt in der Spule ein Magnetfeld.

1. Das elektrische Signal fließt durch das Kabel.

Das Schaumpolster unterdrückt Geräusche von außen.

Magnet

4. Die Membran ist an der Spule befestigt und schwingt mit ihr vor und zurück.

5. Die schwingende Membran erzeugt Schallwellen, die durch das Schutzgitter austreten und die wir als Musik wahrnehmen.

Membran

Kopfhörer leiten über zwei Hörmuscheln, die mit eigenem Kabel an einen Verstärker angeschlossen sind, Schall an die Ohren. Ein Signal erreicht über das Kabel die Spule, die einen Magneten umschließt. Sobald ein Signal an der Spule ankommt, erzeugt es ein elektromagnetisches Feld. Dieses Feld wird vom Magnetfeld des Magneten abgestoßen, sodass die Spule vor und zurückschwingt. Diese Schwingungen werden auf eine Membran übertragen. Die Membran presst die Luft zusammen und erzeugt dadurch Schallwellen.

Piloten müssen trotz des Lärms in Flugzeugen oder Hubschraubern Informationen und Anweisungen hören können. Dazu wurden Kopfhörer entwickelt, die viele Fremdgeräusche ausblenden und nur die Töne zulassen, die über Kabel die Kopfhörer erreichen.

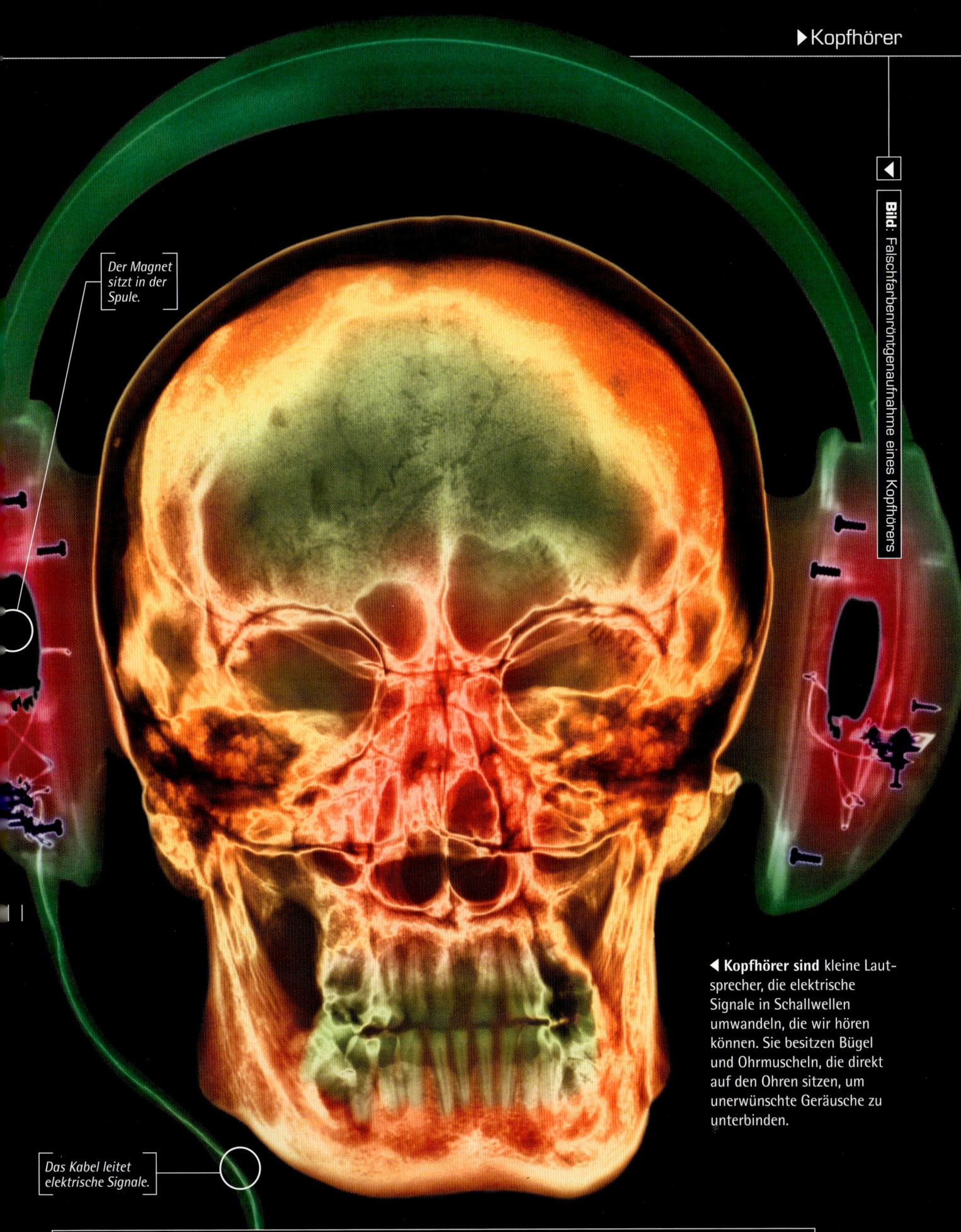

▶ Kopfhörer

Bild: Falschfarbenröntgenaufnahme eines Kopfhörers

Der Magnet sitzt in der Spule.

◀ **Kopfhörer sind** kleine Lautsprecher, die elektrische Signale in Schallwellen umwandeln, die wir hören können. Sie besitzen Bügel und Ohrmuscheln, die direkt auf den Ohren sitzen, um unerwünschte Geräusche zu unterbinden.

Das Kabel leitet elektrische Signale.

▶▶ Siehe auch: CD S. 68, DJ–Pult S. 76, Elektromagnet S. 242, MP3–Player S. 70, Schallwellen S. 249

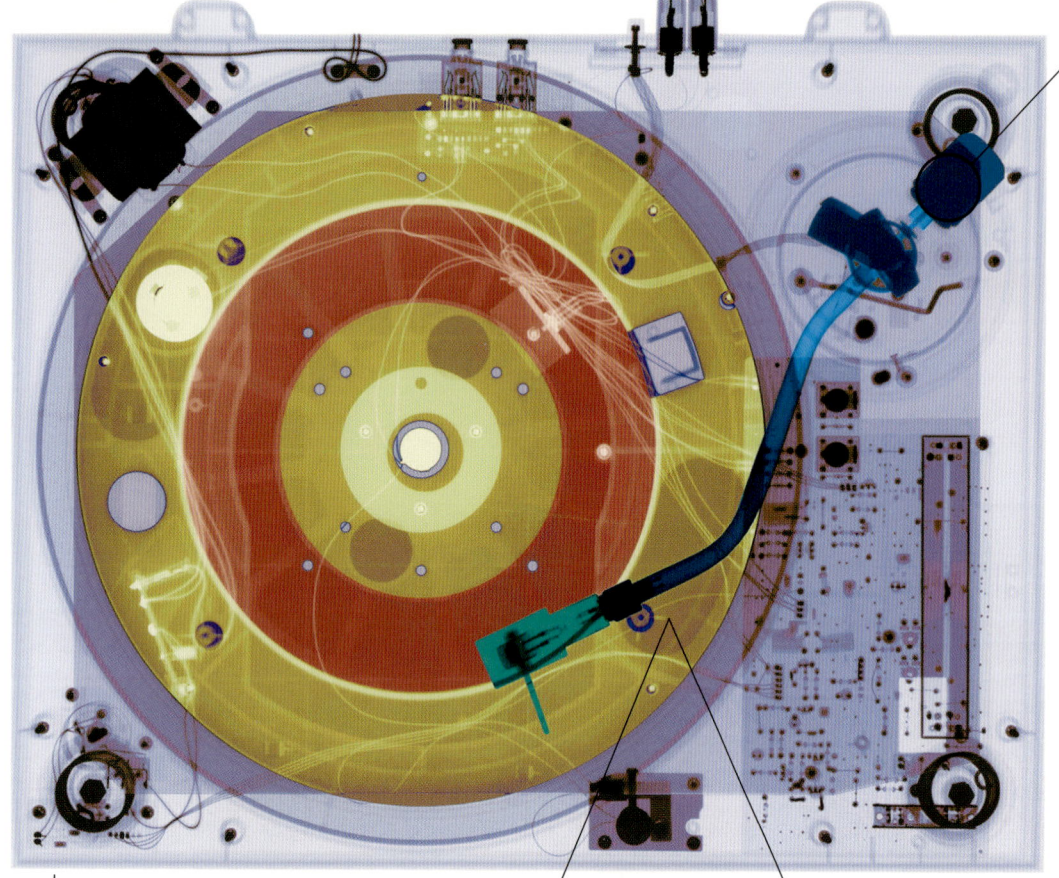

▶ Freizeit

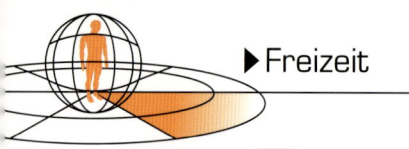

Ein Gegengewicht am Ende des Tonarms regelt den Druck des Saphirs.

Die Kabel übertragen die Stereosignale des linken Plattenspielers.

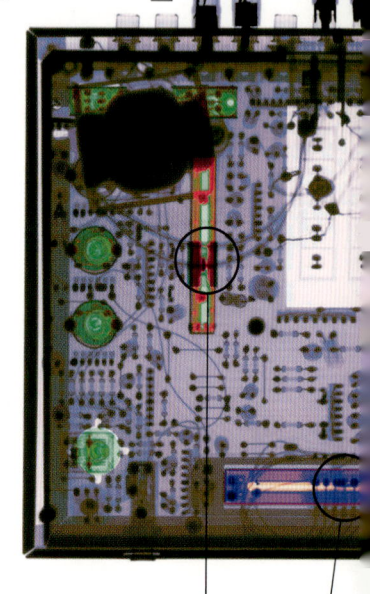

Linker Lautstärkeregler

Überblendregler

LINKER PLATTENSPIELER

▼ **DJs spielen** Schallplatten mit zwei Plattenspielern und einem Mischpult ab. Sie können ohne Unterbrechung zwischen zwei Aufnahmen wechseln oder sie mit ihren Fingern stoppen, zurückgehen und eine Stelle erneut abspielen. Mit dem Mischpult kombinieren sie die Klänge von zwei verschiedenen Aufnahmen und schaffen damit ihre eigene Musik aus zwei verschiedenen Musikstücken.

◀ **Eine Schallplatte besitzt** eine spiralförmige Rille, in der die Informationen gespeichert sind. Um die Platte abzuspielen, wird sie auf den Plattenteller gelegt. Der Tonabnehmer, der mit einem Saphir die Rille abtastet, sitzt an einem beweglichen Tonarm, um der spiralförmigen Rille bis zur Mitte der Schallplatte zu folgen.

DJ-PULT

▶▶ Ein DJ (Discjockey) benutzt zwei Plattenspieler und ein Mischpult, um zwischen zwei Musikstücken zu wechseln. Vor wenigen Jahren entwickelten einige DJs mit dieser Technik ihren eigenen Musikstil. ▶▶

▶ DJ-Pult

Bild: Falschfarbenröntgenaufnahme eines DJ-Pults

Ein Elektromotor treibt den Teller an.

MISCHPULT

RECHTER PLATTENSPIELER

Vier Federungen verhindern, dass der Saphir aus der Rille springt, wenn jemand an den Plattenspieler stößt.

▲ **Das Mischpult** ist das Herz der Anlage und der Überblender sein wichtigster Regler. DJs mischen mit ihm die Klänge von einer Schallplatte mit denen einer zweiten, wie z.B. das Violinsolo einer Klassikaufnahme mit Schlagzeug und Bass einer Popaufnahme. Andere Regler steuern Bässe und Höhen oder die Lautstärke für jeden Plattenspieler wie bei einem Studiomischpult (oben).

◀ RÜCKBLICK

DJ Kool Herc aus Jamaika schaltete als Erster zwei Plattenspieler zusammen. Er gilt als großes Vorbild in der Hip-Hop-Szene.

Computer mischen auch verschiedene Aufnahmen und passen ihre Klänge und Geschwindigkeiten an, doch sie können nicht das manuelle Mischen eines DJs nachahmen.

VORSCHAU ▶

▲ **Diese REM-Falschfarbenaufnahme** zeigt den Saphir in der v-förmigen Rille einer Schallplatte. Während sie sich dreht, schwingt der Saphir und nimmt die Signale auf, die als Vertiefungen oder seitliche Ausbuchtungen (Stereo) in die Schallplatte gepresst wurden. Der Saphir überträgt die Schwingungen auf den Tonarm, der sie in elektrische Signale umwandelt.

▶▶ Siehe auch: CD S. 68, Kopfhörer S. 74

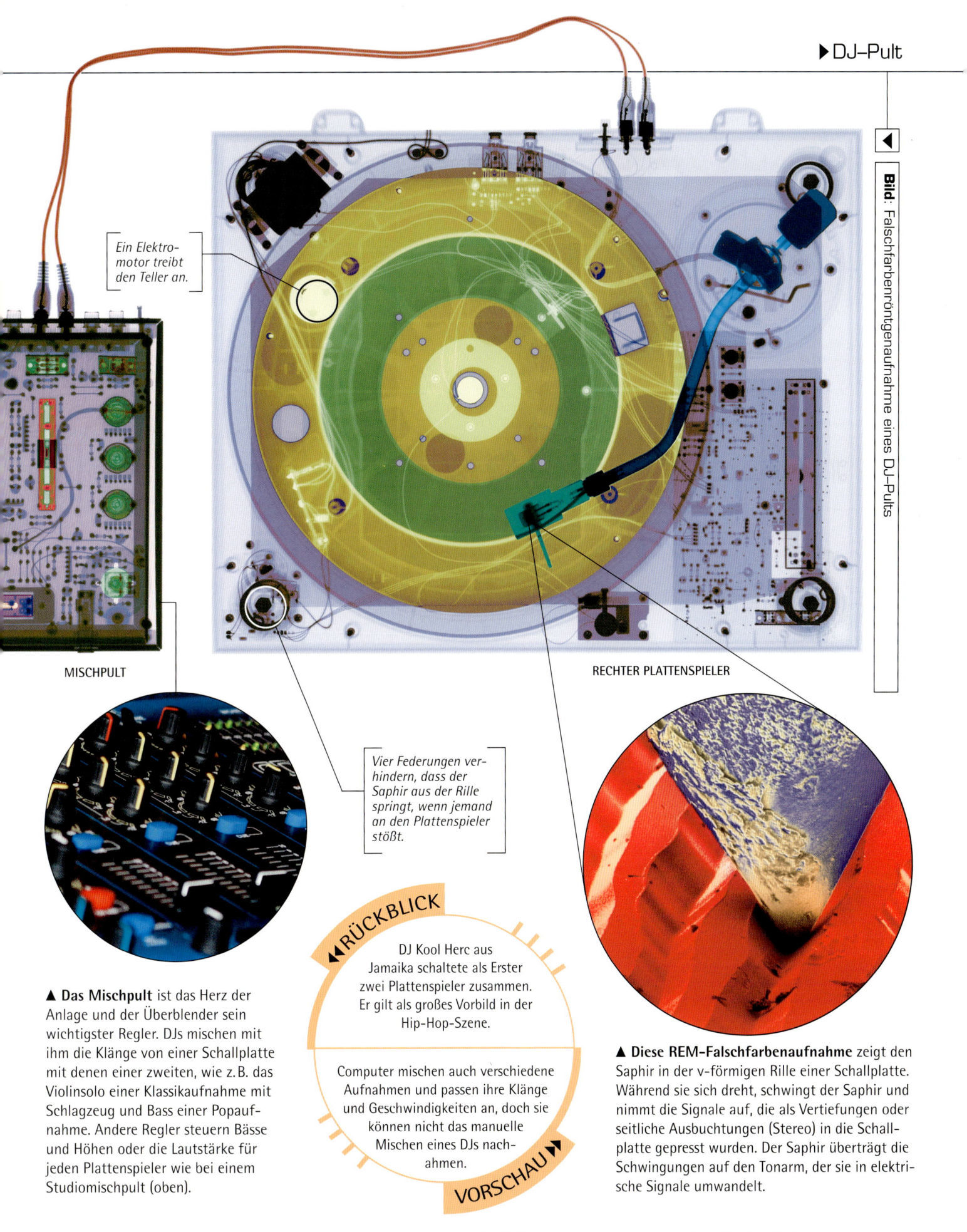

77

▶Freizeit

FEUERWERK

» WIE EIN FEUERWERK EXPLODIERT

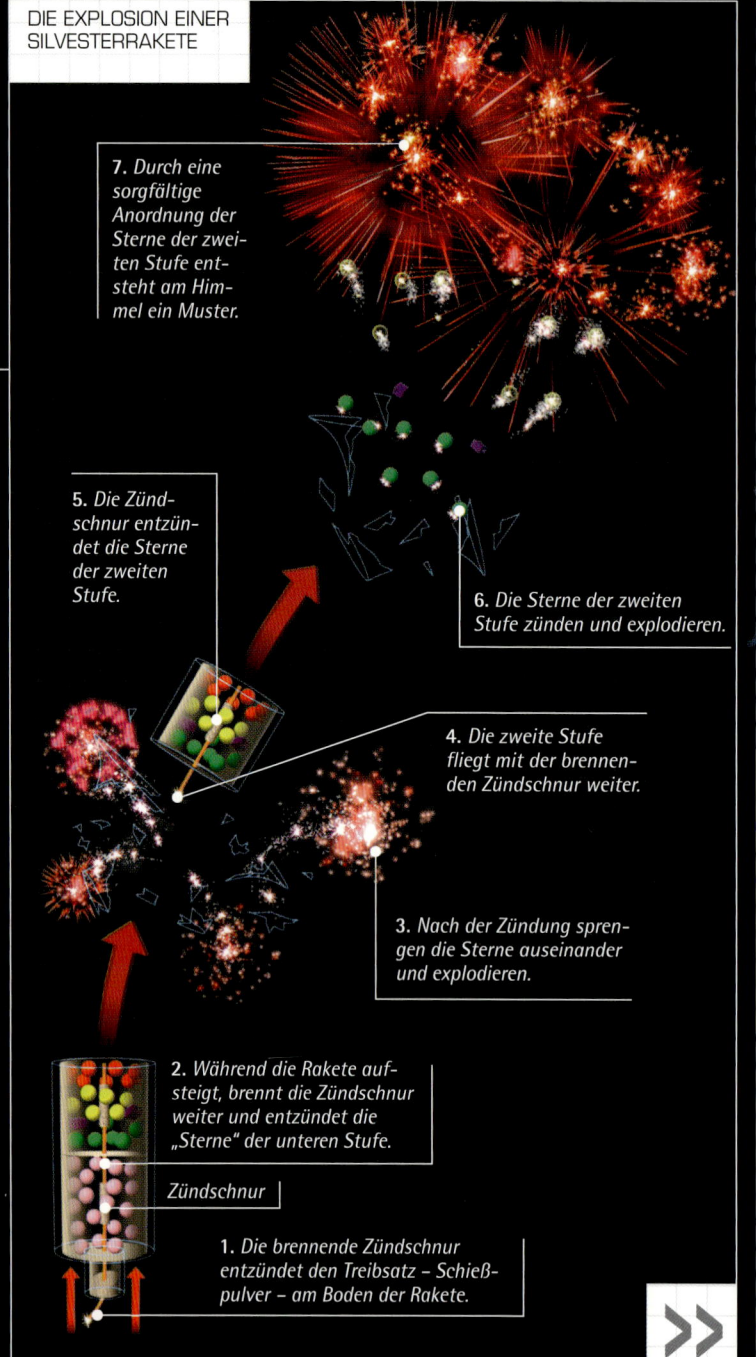

DIE EXPLOSION EINER SILVESTERRAKETE

7. Durch eine sorgfältige Anordnung der Sterne der zweiten Stufe entsteht am Himmel ein Muster.

5. Die Zündschnur entzündet die Sterne der zweiten Stufe.

6. Die Sterne der zweiten Stufe zünden und explodieren.

4. Die zweite Stufe fliegt mit der brennenden Zündschnur weiter.

3. Nach der Zündung sprengen die Sterne auseinander und explodieren.

2. Während die Rakete aufsteigt, brennt die Zündschnur weiter und entzündet die „Sterne" der unteren Stufe.

Zündschnur

1. Die brennende Zündschnur entzündet den Treibsatz – Schießpulver – am Boden der Rakete.

Das Feuerwerk wurde im 2. Jahrhundert v.Chr. in China für religiöse Feiern entwickelt. Nach diesem friedlichen Beginn wurde es zu einer Kriegswaffe. Im Mittelalter setzten Raketen feindliche Lager in Brand. Später führten die Raketen Sprengstoff mit sich, der beim Aufprall explodierte. Guy Fawkes versuchte mit einer Gruppe Verschwörer 1605 das Parlamentsgebäude in London zu sprengen. In Großbritannien wird sein Scheitern jedes Jahr mit einem Feuerwerk gefeiert. Modernes Feuerwerk nutzt eine aufwändige Mischung aus explosiven und farbigen Chemikalien, um eine Kaskade aus Farben und Geräuschen zu erzeugen. Sie werden durch automatische Zündvorrichtungen gesteuert.

Die leuchtenden Farben entstehen durch verschiedene Chemikalien. Magnesium und Aluminium verbrennen zu weißem Licht, Natriumsalze zu gelbem Licht, Strontiumnitrat oder -karbonat ergeben Rot und Bariumnitrat verbrennt grün. Kupfersalze erzeugen blaues Licht und Kohlenstoffverbindungen wie z.B. Holzkohle liefern Orange.

▶▶ Bei einem Feuerwerk explodieren Schießpulver und andere Chemikalien, um Farben, Funken, Geräusche und Rauch freizusetzen. Ein Feuerwerk kann den Himmel im Takt einer Musik in Farben hüllen. ▶▶

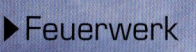

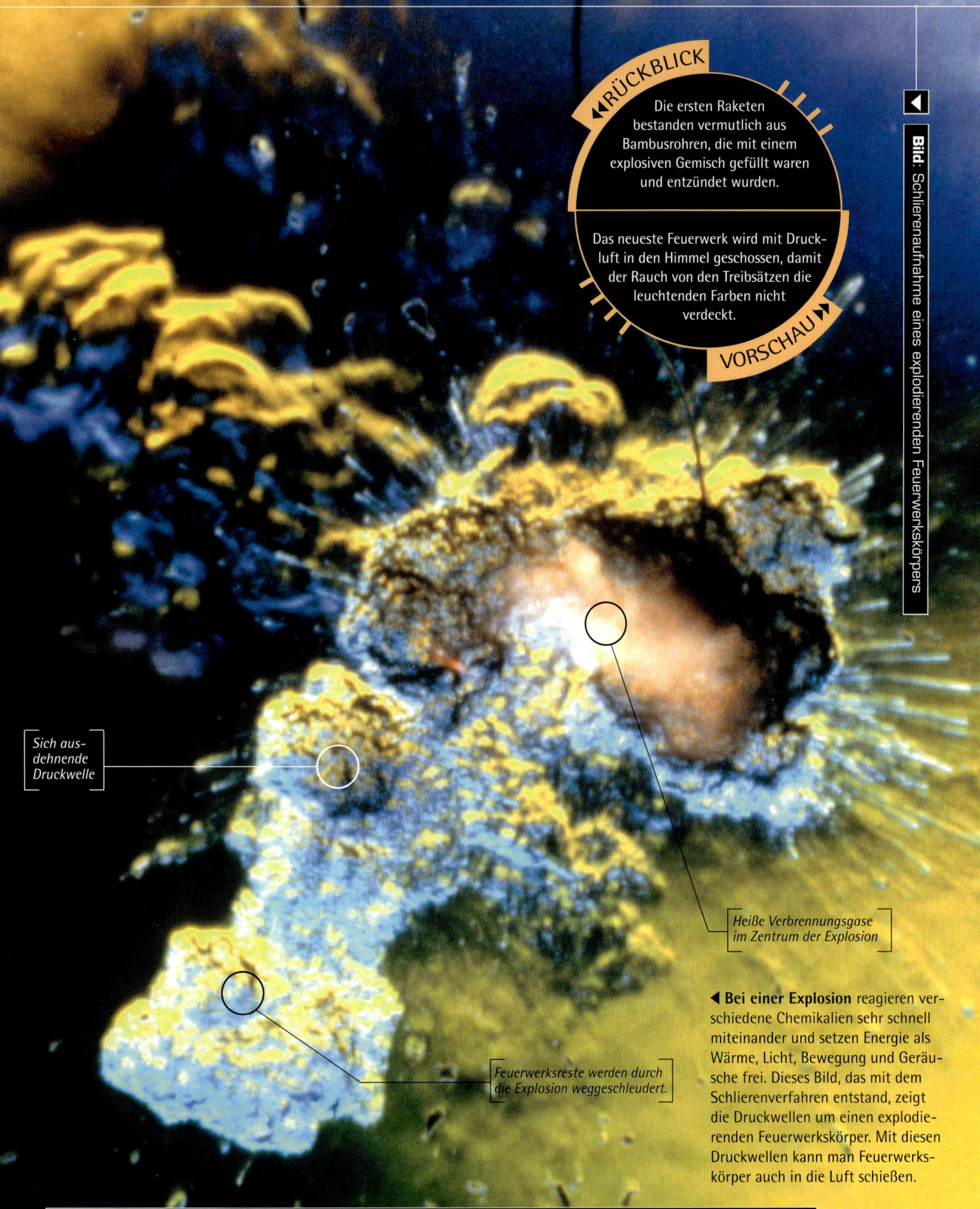

▶ Feuerwerk

Bild: Schlierenaufnahme eines explodierenden Feuerwerkskörpers

◀◀ **RÜCKBLICK**
Die ersten Raketen bestanden vermutlich aus Bambusrohren, die mit einem explosiven Gemisch gefüllt waren und entzündet wurden.

Das neueste Feuerwerk wird mit Druckluft in den Himmel geschossen, damit der Rauch von den Treibsätzen die leuchtenden Farben nicht verdeckt.
VORSCHAU ▶▶

Sich ausdehnende Druckwelle

Heiße Verbrennungsgase im Zentrum der Explosion

Feuerwerksreste werden durch die Explosion weggeschleudert.

◀ **Bei einer Explosion** reagieren verschiedene Chemikalien sehr schnell miteinander und setzen Energie als Wärme, Licht, Bewegung und Geräusche frei. Dieses Bild, das mit dem Schlierenverfahren entstand, zeigt die Druckwellen um einen explodierenden Feuerwerkskörper. Mit diesen Druckwellen kann man Feuerwerkskörper auch in die Luft schießen.

▶▶ Siehe auch: Chemische Reaktion S. 241, Düsentriebwerk S. 146, Verbrennung S. 250, Zündholz S. 86

Die meisten Computerspiele der Zukunft werden für mehrere Mitspieler entwickelt, die mit drahtloser Übertragung und schnellen Verbindungen in einem Netzwerk spielen. Zukünftige Gegner befinden sich irgendwo auf diesem Planeten und man spielt nicht mehr alleine gegen den Computer. Auch die Steuerung und Aktionen dieser Spiele ändern sich entscheidend. Steuerungstasten und Joysticks werden durch Sensoren und Kameras ersetzt, die Körperbewegungen und Gesichtsausdrücke erkennen. Eine verbesserte Spracherkennung reagiert sofort, nachdem man seine Befehle ausgesprochen hat.

„Mit einem Datenhelm kann man Bilder und Geräusche, die mit einem Computer erstellt wurden, in die wirkliche Welt einspielen."

Die rasante Verbesserung der Computerleistung führt dazu, dass man um 2010 ein digitales Bild kaum noch von der Wirklichkeit unterscheiden kann. Moderne Bildschirme werden diese Lücke noch weiter schließen. In den 90er-Jahren des letzten Jahrhunderts eröffnete die virtuelle Realität den Menschen die Möglichkeit, sich mit einer Datenbrille, die virtuelle Bilder zeigte, in eine virtuelle Welt zu versetzen. Im nächsten Schritt wird wahrscheinlich ein Datenhelm die Bilder direkt auf der Netzhaut abbilden. Eine verbesserte Computerrealität wird die Grenzen noch mehr verwischen, wenn man die wirkliche Welt durch einen Datenhelm sieht und sie mit virtuellen Bildern, Geräuschen und Gerüchen ergänzt.

Während einige dieser Welten ausschließlich Fantasiewelten bleiben, werden andere einen in wirklichkeitsgetreue Rollen versetzen. Mit epistemischen Spielen (Epistemologie = Erkenntnistheorie) übernimmt man die Aufgaben z.B. eines Chirurgen,

Architekten, Piloten oder Soldaten. Diese Spiele bilden bereits heute einen Teil der Ausbildung in diesen Berufen und sie werden in Zukunft noch genauer und wirklichkeitsgetreuer.

Auch in der wirklichen Welt können Zuschauer bei Sportveranstaltungen wie z.B. Leichtathletik oder Fußball bald besser am Geschehen teilnehmen. Drahtlose Kleincomputer, die Handhelds, zeigen dem Zuschauer Wiederholungen von verschiedenen Kameras, die rund um das Spielfeld aufgestellt sind. Sie erhalten auch jede Information über komplizierte Regeln, einzelne Spieler oder die gesamte Mannschaft.

Wenn Raumflüge für alle möglich werden, träumen Menschen davon, oberhalb der Erdatmosphäre Sport in der Schwerelosigkeit des Weltraums zu treiben. Der Astronaut Alan Shephard war der erste Sportler im Weltraum: 1971 spielte er auf dem Mond Golf. In den kommenden Jahren werden Raumfähren wahrscheinlich Sonnensegel besitzen. Mit den riesigen Segeln gewinnen Raumfähren ihre Energie aus Sonnenlicht. Die Raumfähren fliegen schneller, weil sie keinen Treibstoff transportieren müssen. Vielleicht wird der Himmel dann nicht länger eine unüberwindbare Grenze sein.

WASSERDICHTES GEWEBE

»ALLTAG

Zündholz » Glühlampe » Spiegel » Armbanduhr » Batterie » Solarzelle » Mikrowellenherd » Kühlschrank » Aerogel » Schloss » Rasierer » Aerosol » Waschmaschine » Staubsauger » Serviceroboter

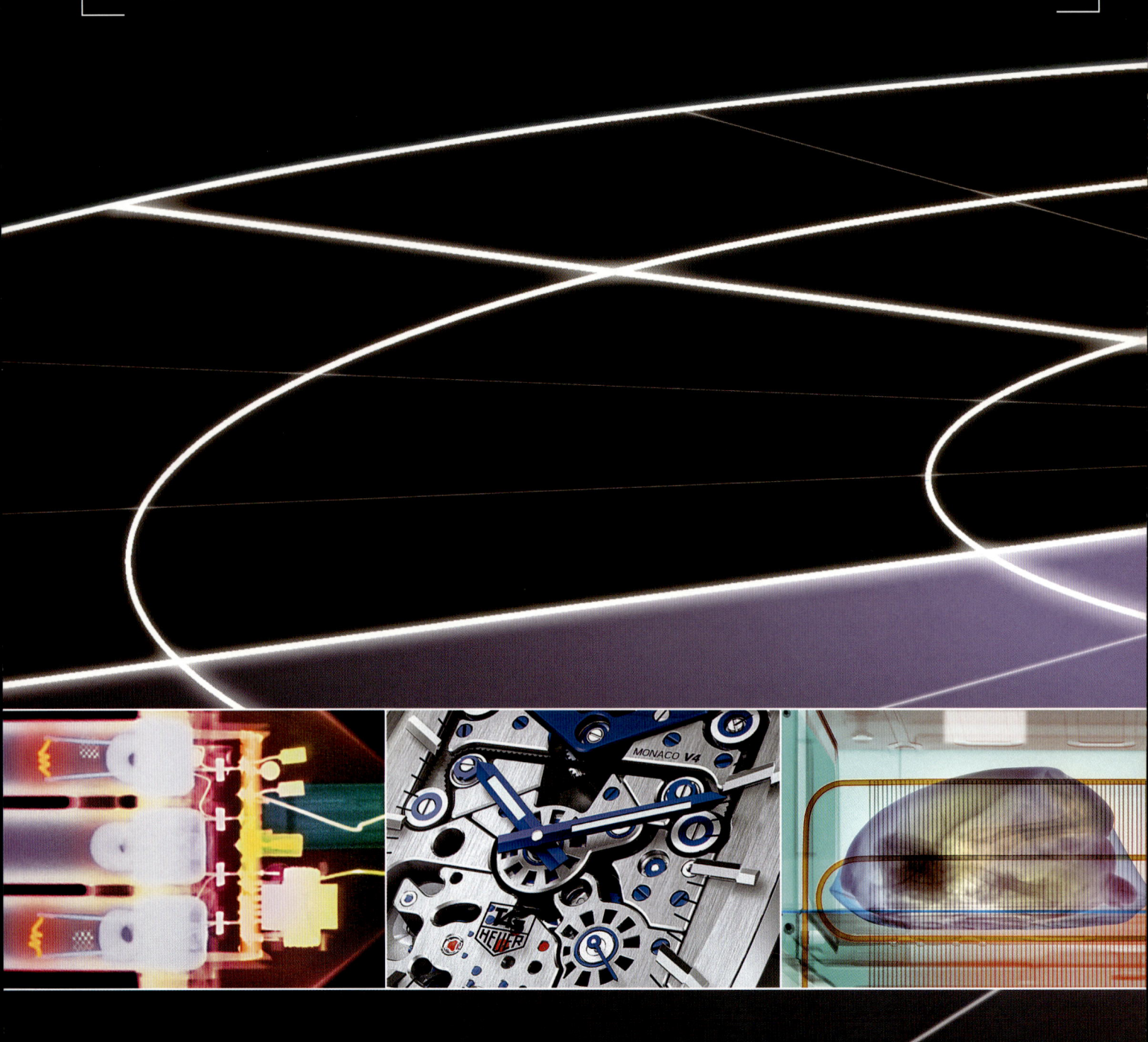

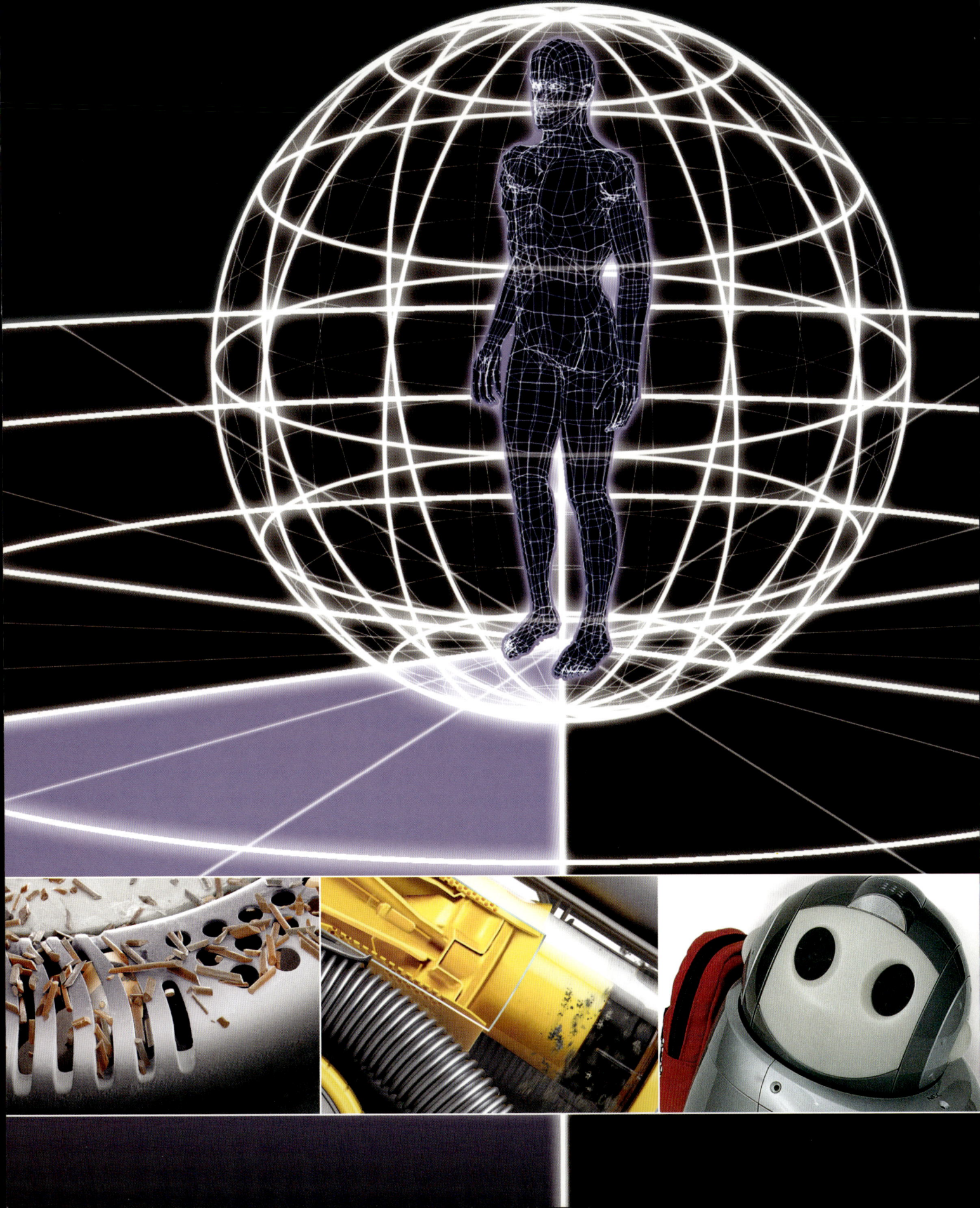

Die meisten Menschen in den Industrieländern können sich heute in wenigen Minuten eine Mahlzeit in der Mikrowelle aufwärmen oder sie programmieren die Waschmaschine und starten die Geschirrspülmaschine, während sie nicht zu Hause sind. Noch vor 150 Jahren halfen nur wenige Geräte, Arbeit und Zeit zu sparen.

Ohne Gas und Strom mussten früher viele Arbeiten mühsam von Hand erledigt werden. Um z. B. die Kleidung zu waschen, mussten die Menschen erst Holz hacken, ein Feuer anfachen, um das Wasser zu erwärmen, und die Kleidungsstücke mit der Hand waschen und auswringen. Jeder Wochentag war für eine andere Aufgabe reserviert wie z. B. Waschen, Bügeln, Brotbacken oder die Hausreinigung. Die meiste Arbeit war körperlich anstrengend und ließ nur wenig Zeit für andere Aktivitäten.

Nachdem auch Privathaushalte im späten 19. und frühen 20. Jahrhundert an die Stromversorgung angeschlossen wurden, entstanden viele neue Haushaltsgeräte wie z. B. der Elektrorasierer oder der elektrische Toaster, die das Leben erleichterten. Kleine, schnelle Elektromotoren förderten die Entwicklung von Waschmaschinen, Kühlschränken und leichten Staubsaugern. Die Hausarbeit verlor viel von ihrem Schrecken und die Wohnungen verwandelten sich in eine saubere und gesündere Umgebung.

NAHAUFNAHME EINER LÜFTUNG

In der zweiten Hälfte des 20. Jahrhunderts eroberten viele neue Technologien den Haushalt. Die Magnetfeldröhre, eine Vakuumröhre in Radarsystemen, führte zur Entwicklung des Mikrowellenherds. Gegen Ende des Jahrhunderts besaßen bereits viele Haushaltsgeräte, wie z. B. Herde oder Waschmaschinen, Zeitschaltuhren und Mikrochips, um sie zu programmieren. Das Essen konnte schnell und leicht zubereitet werden. Viele Aufgaben wurden automatisch und gleichzeitig ausgeführt – man brauchte nur einen oder zwei Schalter zu betätigen.

Neue Haushaltsgeräte veränderten unsere Lebensgewohnheiten. Die notwendigen Hausarbeiten nahmen immer weniger Zeit in Anspruch, während die Freizeit zunahm. Doch der Fortschritt hat seinen Preis. Das Kühlmittel älterer Kühlschränke, der Fluorchlorkohlenwasserstoff (FCKW), zerstört die Ozonschicht, die unseren Planeten vor den gefährlichen UV-Strahlen der Sonne schützt. Der größte Teil des Stroms in den Haushalten stammt aus Kraftwerken, die Energie aus fossilen Brennstoffen wie Kohle, Gas oder Erdöl gewinnen. Die Verbrennung setzt Gase in die Atmosphäre frei, die das Klima verändern – die größte Bedrohung, der unser Planet im 21. Jahrhundert gegenübersteht.

> „Arbeiten, die früher Zeit raubend und körperlich anstrengend waren, kann man heute bequem per Knopfdruck erledigen."

Eine Möglichkeit den Stromverbrauch zu senken, sind Energie sparende Häuser und Haushaltsgeräte. Waschmaschinen, die weniger Wasser verbrauchen, und Häuser, die eine wirksame Wärmedämmung besitzen, benötigen weniger Energie. Neue Technologien wie z. B. Solarzellen oder Windräder, die alternative Energiequellen nutzen, müssen weiterentwickelt werden. Die Kopplung von Energie sparenden Geräten und sauberem Strom ist für die Zukunft unseres Planeten entscheidend.

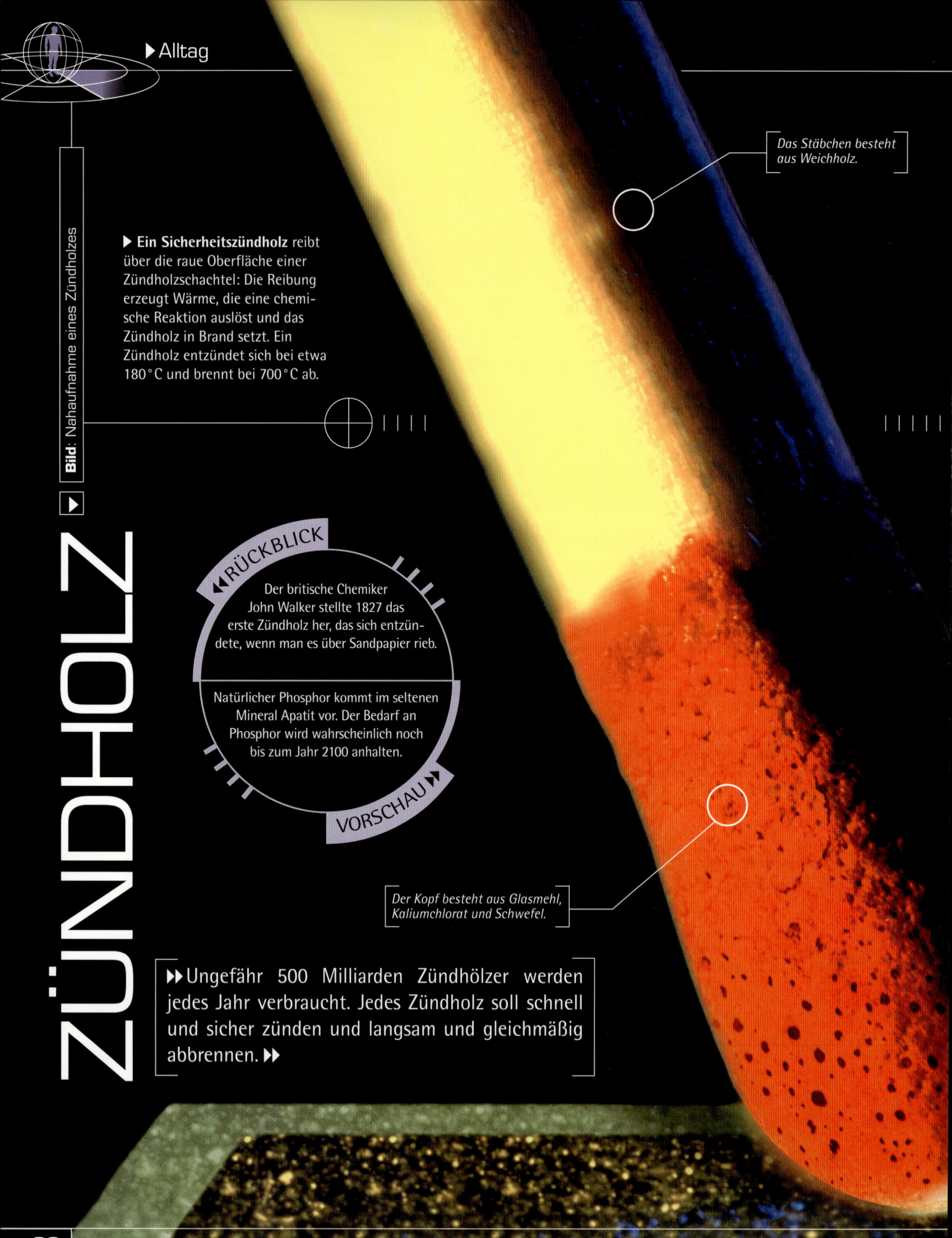

▶ Alltag

Das Stäbchen besteht aus Weichholz.

Bild: Nahaufnahme eines Zündholzes

▶ **Ein Sicherheitszündholz** reibt über die raue Oberfläche einer Zündholzschachtel: Die Reibung erzeugt Wärme, die eine chemische Reaktion auslöst und das Zündholz in Brand setzt. Ein Zündholz entzündet sich bei etwa 180 °C und brennt bei 700 °C ab.

ZÜNDHOLZ

◀ RÜCKBLICK

Der britische Chemiker John Walker stellte 1827 das erste Zündholz her, das sich entzündete, wenn man es über Sandpapier rieb.

Natürlicher Phosphor kommt im seltenen Mineral Apatit vor. Der Bedarf an Phosphor wird wahrscheinlich noch bis zum Jahr 2100 anhalten.

VORSCHAU ▶

Der Kopf besteht aus Glasmehl, Kaliumchlorat und Schwefel.

▶▶ Ungefähr 500 Milliarden Zündhölzer werden jedes Jahr verbraucht. Jedes Zündholz soll schnell und sicher zünden und langsam und gleichmäßig abbrennen. ▶▶

▶ Zündholz

▶▶ Siehe auch: Reibung S. 248, Schutzanzug S. 190, Verbrennung S. 250

❯❯ WIE EIN ZÜNDHOLZ FUNKTIONIERT

Die Reibung zwischen dem Glasmehl in dem Zündholzkopf und der Reibfläche erzeugt Wärme. Dadurch entsteht aus dem roten Phosphor der Reibfläche weißes Phosphorgas, das sich an der Luft entzündet und eine chemische Reaktion zwischen Kaliumchlorat und Schwefel in dem Zündholzkopf auslöst. Die Reaktion läuft bei einer Temperatur ab, die hoch genug ist, um Holz in Brand zu setzen.

VORHER

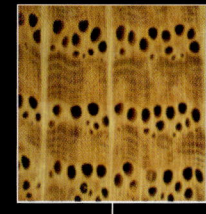

Holz ist ein natürliches Material, das aus Kohlenstoff, Wasserstoff und Sauerstoff besteht.

NACHHER

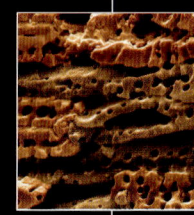

Kohlenstoff brennt sehr schlecht. Sein Rückstand ist brüchig und färbt das Holz schwarz.

VORHER

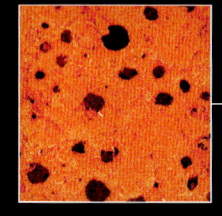

Der Zündholzkopf enthält Kaliumchlorat und Schwefel.

NACHHER

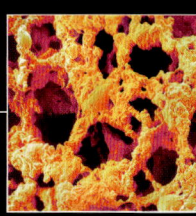

Der größte Teil des leicht brennbaren Materials ist verbrannt.

Weißer Phosphor entzündet sich an der Luft.

❯ Entstehung von Feuer

Ein natürlicher Waldbrand

▲ Ein Feuer braucht Brennstoff, Wärme und Sauerstoff. Wenn ein Brennstoff wie z. B. Holz bis zu einer bestimmten Temperatur erhitzt wird, läuft eine chemische Reaktion ab – er fängt Feuer. Kohlenstoffmoleküle im Holz reagieren mit Sauerstoff aus der Luft. Diese Reaktion erzeugt Flammen und hinterlässt verkohltes Holz und Rauch. Das Feuer brennt so lange, bis es gelöscht wird oder der Brennstoff aufgebraucht ist.

▶ Alltag

GLÜHLAMPE

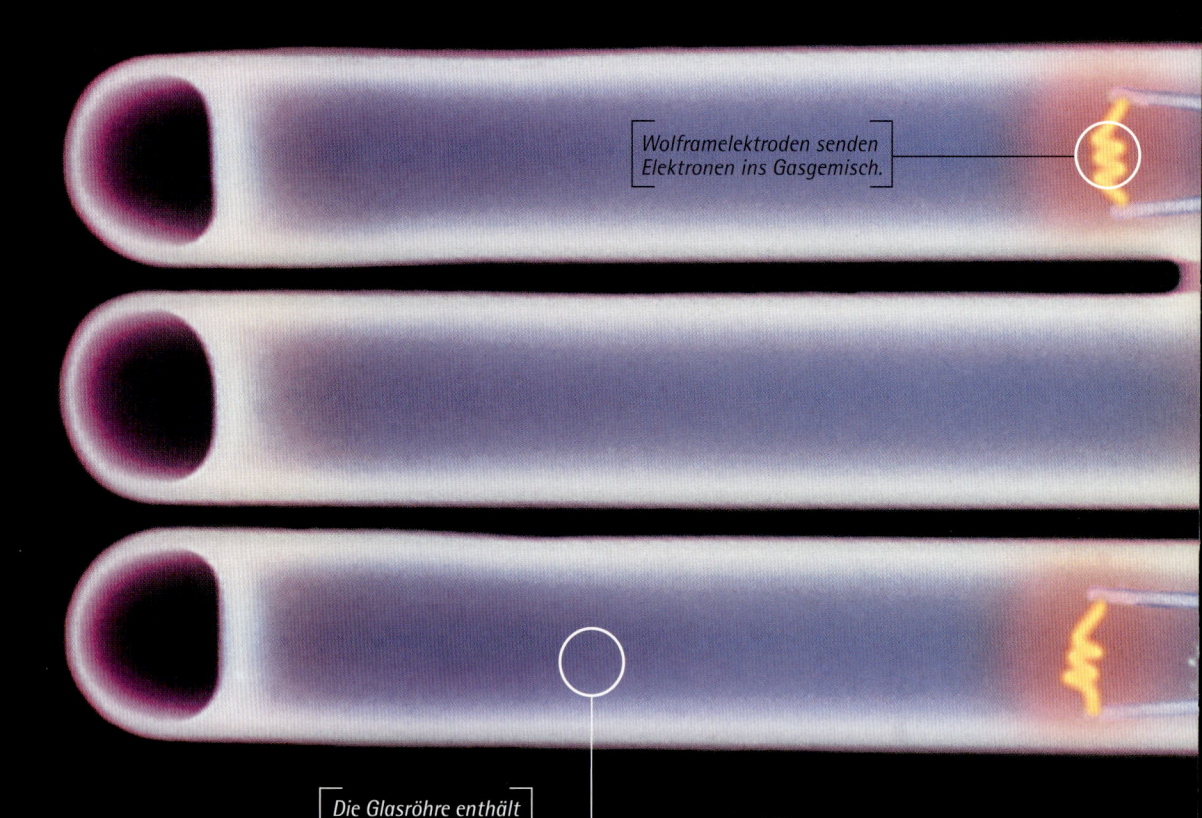

Wolframelektroden senden Elektronen ins Gasgemisch.

Die Glasröhre enthält die Gase Argon und Quecksilber.

▶▶ Sobald man auf einen Lichtschalter drückt, wird das Gas in einer Leuchtstoffröhre erhitzt und strahlt helles Licht aus. ▶▶

▲ **Bei einer** Energiesparlampe fließt Elektrizität durch eine Glasröhre, die mit Gas gefüllt ist. Sie gibt im Gegensatz zu einer normalen Glühlampe nur wenig Energie als Wärme ab. Leuchtstoffröhren wie z. B. Energiesparlampen sind deshalb viel sparsamer als normale Glühlampen.

⌄ Glühlampe und Leuchtstoffröhre

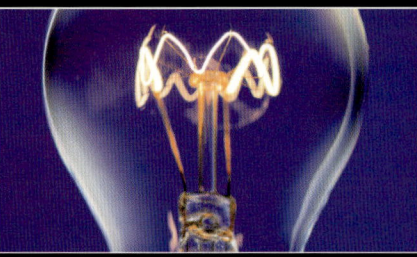

◀Eine normale Glühlampe arbeitet mit Weißglut, um Licht aus Wärme zu erzeugen. Strom erhitzt eine kleine Drahtwendel, den Glühfaden, auf etwa 2500°C. Die Drahtwendel glüht weißlich und gibt Licht ab. Ungefähr 90% der Energie, die sie ausstrahlt, geht als Wärme verloren.

Nahaufnahme eines Glühfadens

▶Energiesparlampen nutzen Leuchtstoffe, um Licht zu erzeugen. Sie arbeiten ohne Wärme bei geringerer Temperatur als eine Glühlampe. Glühwürmchen, Leuchtziffern und Leuchtstäbe nutzen ebenfalls Leuchtstoffe: Sie glühen, wenn Substanzen Energie aufnehmen und als Licht wieder abgeben.

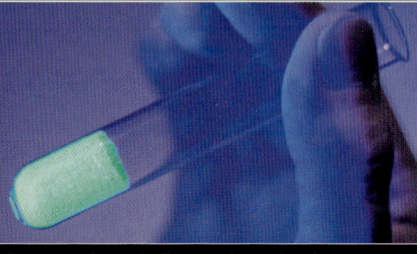

Reagenzglas mit fluoreszierender Substanz

◀RÜCKBLICK
Die moderne Leuchtstoffröhre wurde 1936 von George E. Inman patentiert. Das meistverkaufte Modell war 122 cm lang und wurde für die Industrie hergestellt.

Die Lampen der Zukunft arbeiten mit Licht emittierenden Dioden (LED) wie z.B. bei Elektrogeräten. Sie halten fast fünfmal länger als Leuchtstoffröhren.
VORSCHAU▶▶

▶▶ Siehe auch: Fluoreszenz S. 242, Heiß S. 98, Neon S. 34, Weißglut S. 251

▶Glühlampe

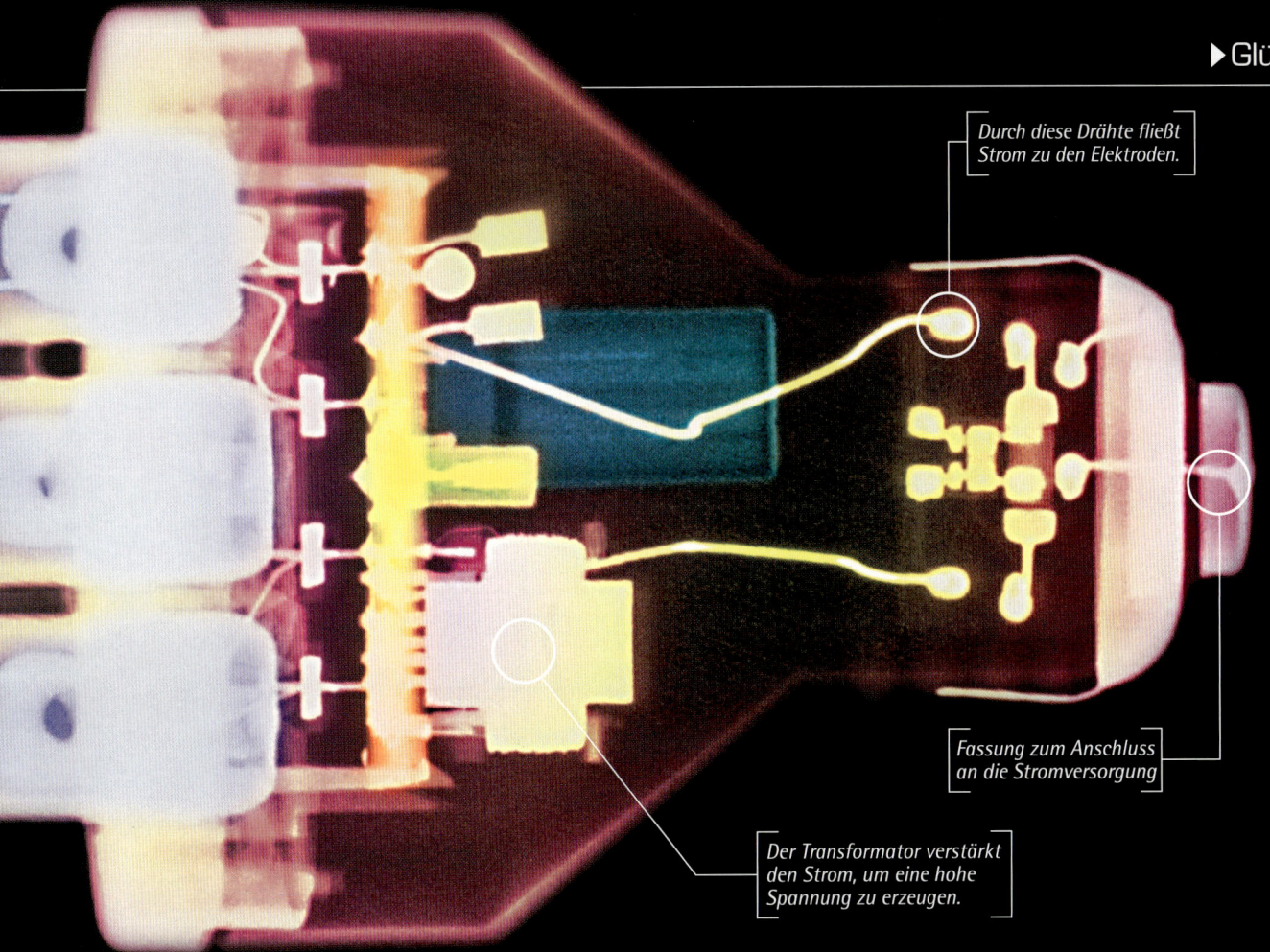

Durch diese Drähte fließt Strom zu den Elektroden.

Fassung zum Anschluss an die Stromversorgung

Der Transformator verstärkt den Strom, um eine hohe Spannung zu erzeugen.

Bild: Falschfarbenröntgenaufnahme einer Energiesparlampe

» WIE EINE ENERGIESPARLAMPE FUNKTIONIERT

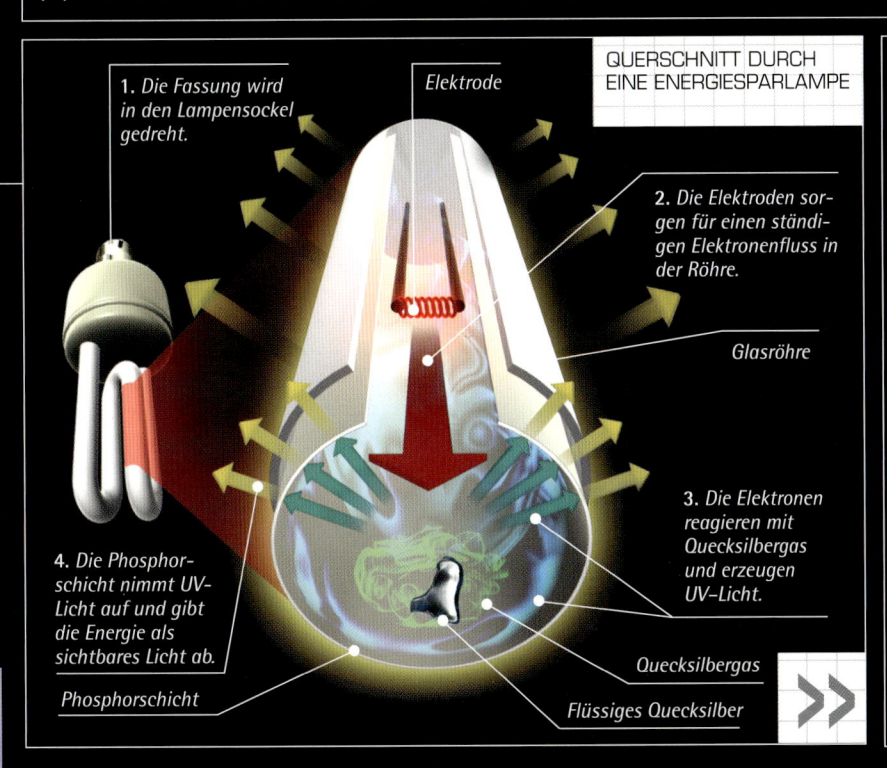

1. Die Fassung wird in den Lampensockel gedreht.

Elektrode

QUERSCHNITT DURCH EINE ENERGIESPARLAMPE

2. Die Elektroden sorgen für einen ständigen Elektronenfluss in der Röhre.

Glasröhre

3. Die Elektronen reagieren mit Quecksilbergas und erzeugen UV-Licht.

Quecksilbergas

Flüssiges Quecksilber

4. Die Phosphorschicht nimmt UV-Licht auf und gibt die Energie als sichtbares Licht ab.

Phosphorschicht

Moderne Energiesparlampen sind gegenüber normalen Glühlampen ein großer Fortschritt. Glühlampen besitzen einen Glühfaden, der weißlich heiß glüht und Licht abstrahlt. Sie verlieren jedoch den größten Teil ihrer Energie durch Wärmeabgabe. Bei Energiesparlampen fließt der Strom durch ein Gas, das UV-Licht ausstrahlt und damit die Leuchtstoffe ohne Wärmeverlust anregt. Energiesparlampen sind gegenüber den normalen Leuchtstoffröhren kleiner. Sie besitzen einen Transformator, der den Strom auf eine höhere Spannung als in Leuchtstoffröhren bringt und die Lichtausbeute erhöht. Kleine Energiesparlampen flackern auch weniger als Leuchtstoffröhren, weil durch ihre Konstruktion der Strom schneller vom Lampensockel zu den Elektroden fließt.

89

▶ Alltag

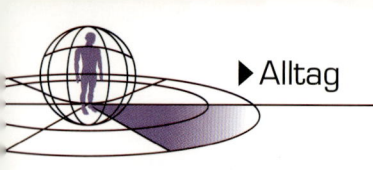

SPIEGEL

▶▶ Atome in einem Spiegel absorbieren Licht und reflektieren es. Eine normale Glasscheibe reflektiert nur etwa 5% des Lichts, das auf sie fällt. Ein Spiegel reflektiert dagegen bis zu 95% des einfallenden Lichts. ▶▶

» WIE EIN SPIEGEL FUNKTIONIERT

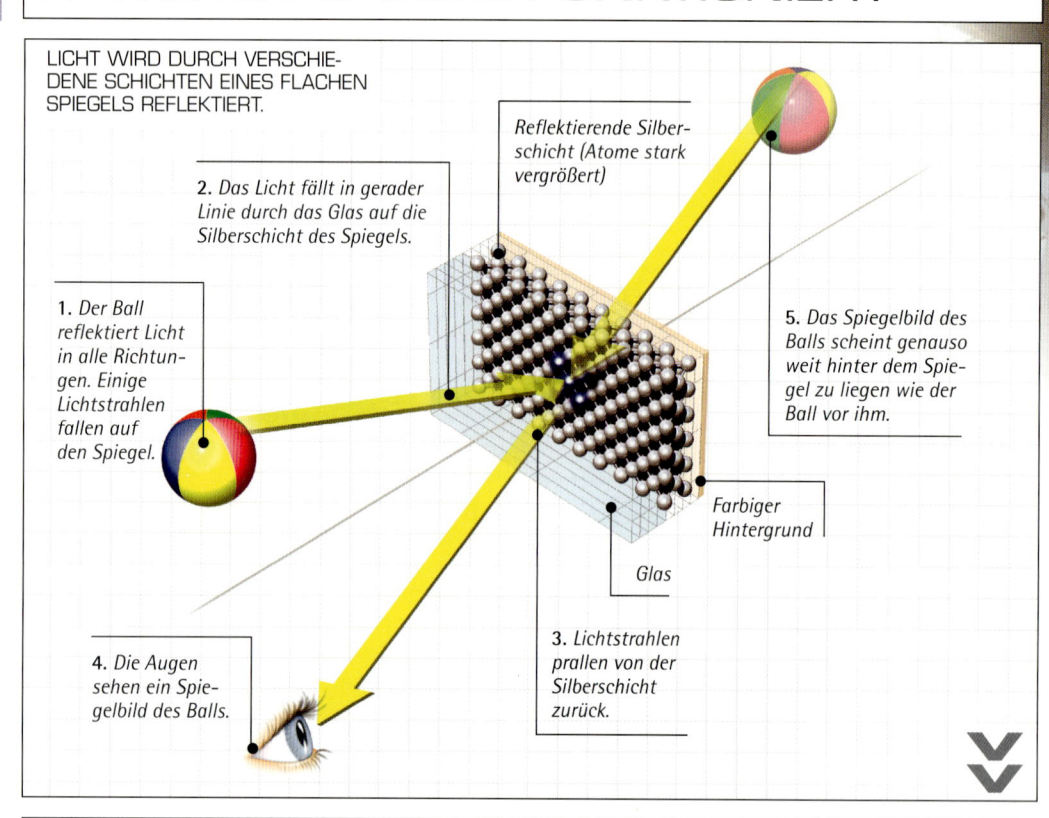

LICHT WIRD DURCH VERSCHIEDENE SCHICHTEN EINES FLACHEN SPIEGELS REFLEKTIERT.

Reflektierende Silberschicht (Atome stark vergrößert)

2. Das Licht fällt in gerader Linie durch das Glas auf die Silberschicht des Spiegels.

1. Der Ball reflektiert Licht in alle Richtungen. Einige Lichtstrahlen fallen auf den Spiegel.

5. Das Spiegelbild des Balls scheint genauso weit hinter dem Spiegel zu liegen wie der Ball vor ihm.

Farbiger Hintergrund

Glas

4. Die Augen sehen ein Spiegelbild des Balls.

3. Lichtstrahlen prallen von der Silberschicht zurück.

Der Mond, ein Ball, die Worte auf dieser Seite – sie sind sichtbar, weil sie Licht zu unseren Augen reflektieren. Wenn man ein Objekt vor einen Spiegel hält, wird ein Teil der Lichtstrahlen, die auf das Objekt fallen, auf den Spiegel zurückgeworfen. Lichtstrahlen bestehen aus kleinen Energiepaketen, den Photonen. Photonen, die den Spiegel erreichen, werden von Atomen der Silberschicht absorbiert. Die Atome werden dadurch instabil und wollen in ihren ursprünglichen, stabilen Zustand zurückkehren. Dabei geben sie neue Photonen ab, die vom Spiegel abstrahlen und ein Spiegelbild erzeugen. Spiegel sind für verschiedene Zwecke flach oder gewölbt. Konvexe (nach außen gewölbte) Spiegel verkleinern Objekte, sie zeigen jedoch einen größeren Ausschnitt. Sie werden in Außenspiegeln von Autos und zur Überwachung in Geschäften eingesetzt. Konkave (nach innen gewölbte) Spiegel vergrößern Objekte und lassen sie näher erscheinen. Rasier- und Kosmetikspiegel sind häufig konkav, um Einzelheiten besser zu erkennen.

▶ **Gewölbte Spiegel** erzeugen überraschende Spiegelbilder. Diese ungewöhnliche Spiegelung entstand durch eine riesige Skulptur aus Edelstahl in Chicago, das Cloud Gate (engl.: Wolkentor). Menschen, die unter ihr entlanggehen, sehen auf der polierten Oberfläche ihr verzerrtes Spiegelbild.

▶▶ Siehe auch: CD S. 68, Laserdrucker S. 176, Reflexion S. 248

Bild: Fläche unterhalb der Cloud-Gate-Skulptur in Chicago (USA)

◀ RÜCKBLICK

Die ersten Spiegel wurden von den alten Chinesen benutzt. Sie überprüften ihr Spiegelbild in Tontöpfen, die mit Wasser gefüllt waren.

Spiegel sind Hauptbestandteile großer Teleskope. Bei seiner Vollendung im Jahr 2018 wird das OWL-Teleskop einen 100 m breiten Spiegel besitzen.

VORSCHAU ▶

⌄ Warum Silber?

▶ Silber eignet sich am besten, um Spiegel herzustellen. Seine Oberfläche kann man hochglänzend polieren, um Lichtstrahlen aller Farben zu reflektieren. Diese Silberkristalle, die 800-fach vergrößert sind, besitzen ebene Seiten, die wie winzige Spiegel wirken und einfallendes Licht zurückwerfen. Silber wird an der Luft stumpf, sodass alle Spiegel eine Glasscheibe als Schutz besitzen.

Vergrößerte Silberkristalle

▶ Alltag

ARMBANDUHR

▶▶ Während die Zeiger dieser Armbanduhr über das Zifferblatt streichen, bewegen sich Riemen und Räder im Gehäuse. Die beweglichen Teile schwingen exakt 18 000-mal in einer Stunde, um die genaue Zeit anzuzeigen. ▶▶

Bild: Schnittmodell einer TAG Heuer Monaco V4

Edelstahlgehäuse

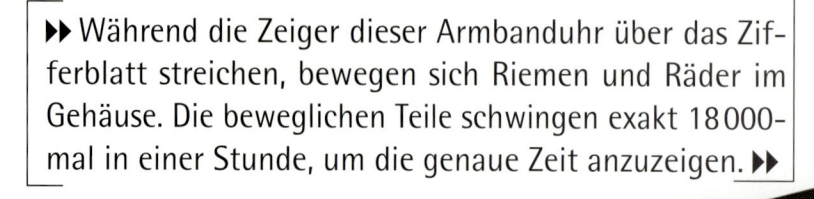

Riemen übertragen die Energie zwischen den Zahnrädern.

Die Reibung zwischen den Zahnrädern verringern 39 winzige Kugellager.

▶ Armbanduhr

⌄ Energiespeicher

◀ Im Gegensatz zu anderen Uhren braucht die Armbanduhr TAG Heuer Monaco V4 keine Batterie und wird nicht über ein Rändelrädchen aufgezogen. Sie besitzt stattdessen einen schweren Platinblock, der oszilliert – er schwingt vor und zurück. Jedes Mal, wenn der Besitzer seinen Arm bewegt, gewinnt dieser Block Energie, um die Zeiger anzutreiben.

▶ Mechanische Objekte können für kurze Zeit Energie speichern. Dieses Kugelstoßpendel besteht aus schweren Kugeln, die an einem Gerüst hängen. Wenn die Kugeln schwingen, wird Energie von einer Kugel auf die nächste übertragen. Das Pendel kann Energie für wenige Minuten speichern. In der TAG Heuer Armbanduhr überträgt der rutschende Metallblock die Energie auf vier Schwungräder. Im Gegensatz zu dem Pendel kann die Uhr Energie für mehrere Stunden speichern.

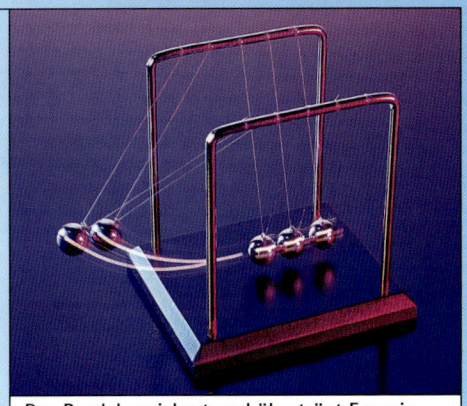

Das Pendel speichert und überträgt Energie.

» WIE DIESE ARMBANDUHR FUNKTIONIERT

Feder
Platinblock
Schwungrad
RÜCKSEITE

« **Die Energie**, die der Metallblock gewinnt, wird in vier Schwungrädern gespeichert. Jedes Rad besitzt eine straffe, spiralförmige Feder. Wenn sich das Rad in eine Richtung dreht, spannt sich die Feder und speichert Energie. Wenn sich das Rad in entgegengesetzter Richtung dreht, entspannt sich die Feder und gibt Energie ab. Die vier Räder ersetzen die Batterien, die andere Uhren antreiben.

» **Der oszillierende Platinblock** ist der Motor, der die Uhr antreibt. Er wiegt etwa 4,5 g und ist der schwerste Bestandteil der Uhr. Auf der Unterseite sitzen Zahnreihen, um die Energie aus den Schwingungen auf den Antrieb weiterzugeben. Der Antrieb besteht aus mehreren Zahnrädern, welche die Energie auf die Schwungräder übertragen.

Block
Antrieb
Schwungrad
RÜCKSEITE, INNEN

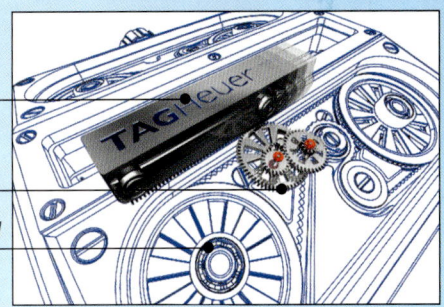

Riemenmechanismus
Rad, vom Riemen angetrieben
VORDERSEITE, INNEN

« **Die vier Räder** übertragen die Energie auf Riemen, welche die Uhrzeiger mit verschiedenen Geschwindigkeiten antreiben. Bei anderen Uhren übernehmen kleine Zahnräder, die ineinander greifen, diese Aufgabe. Riemen besitzen den Vorteil, weniger Energie durch Reibung zu verbrauchen. Diese Uhr besitzt 13 einzelne Riemen. Jeder Riemen hat winzige Kerben, die verhindern, dass der Riemen verrutscht.

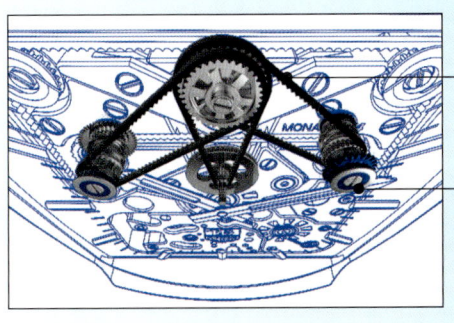

⏵⏵ Siehe auch: Energie S. 242, Getriebe S. 243, Navigation S. 154

93

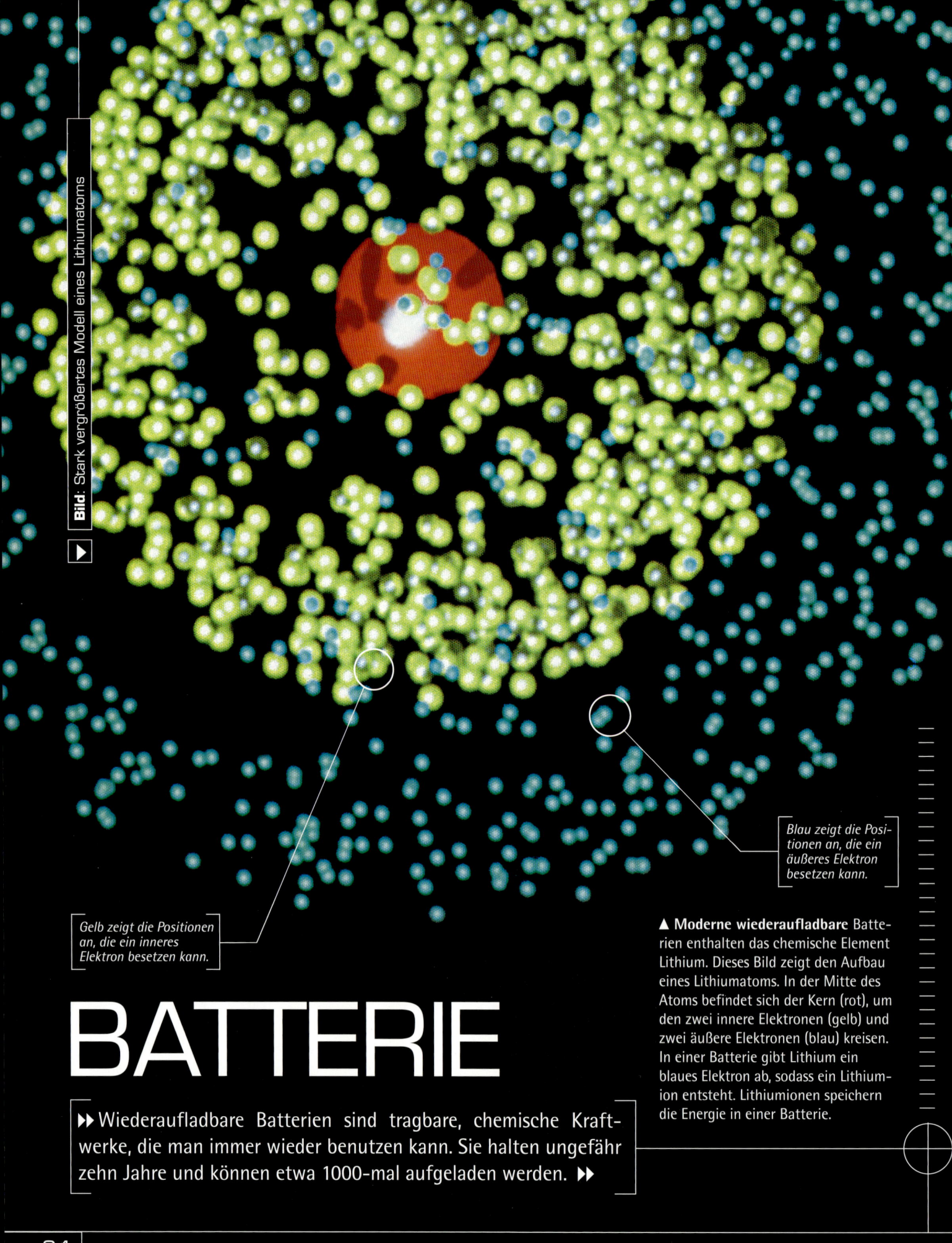

Bild: Stark vergrößertes Modell eines Lithiumatoms ▶

Blau zeigt die Positionen an, die ein äußeres Elektron besetzen kann.

Gelb zeigt die Positionen an, die ein inneres Elektron besetzen kann.

▲ **Moderne wiederaufladbare** Batterien enthalten das chemische Element Lithium. Dieses Bild zeigt den Aufbau eines Lithiumatoms. In der Mitte des Atoms befindet sich der Kern (rot), um den zwei innere Elektronen (gelb) und zwei äußere Elektronen (blau) kreisen. In einer Batterie gibt Lithium ein blaues Elektron ab, sodass ein Lithiumion entsteht. Lithiumionen speichern die Energie in einer Batterie.

BATTERIE

▸▸ Wiederaufladbare Batterien sind tragbare, chemische Kraftwerke, die man immer wieder benutzen kann. Sie halten ungefähr zehn Jahre und können etwa 1000-mal aufgeladen werden. ▸▸

>> WIE EINE AUFLADBARE BATTERIE FUNKTIONIERT

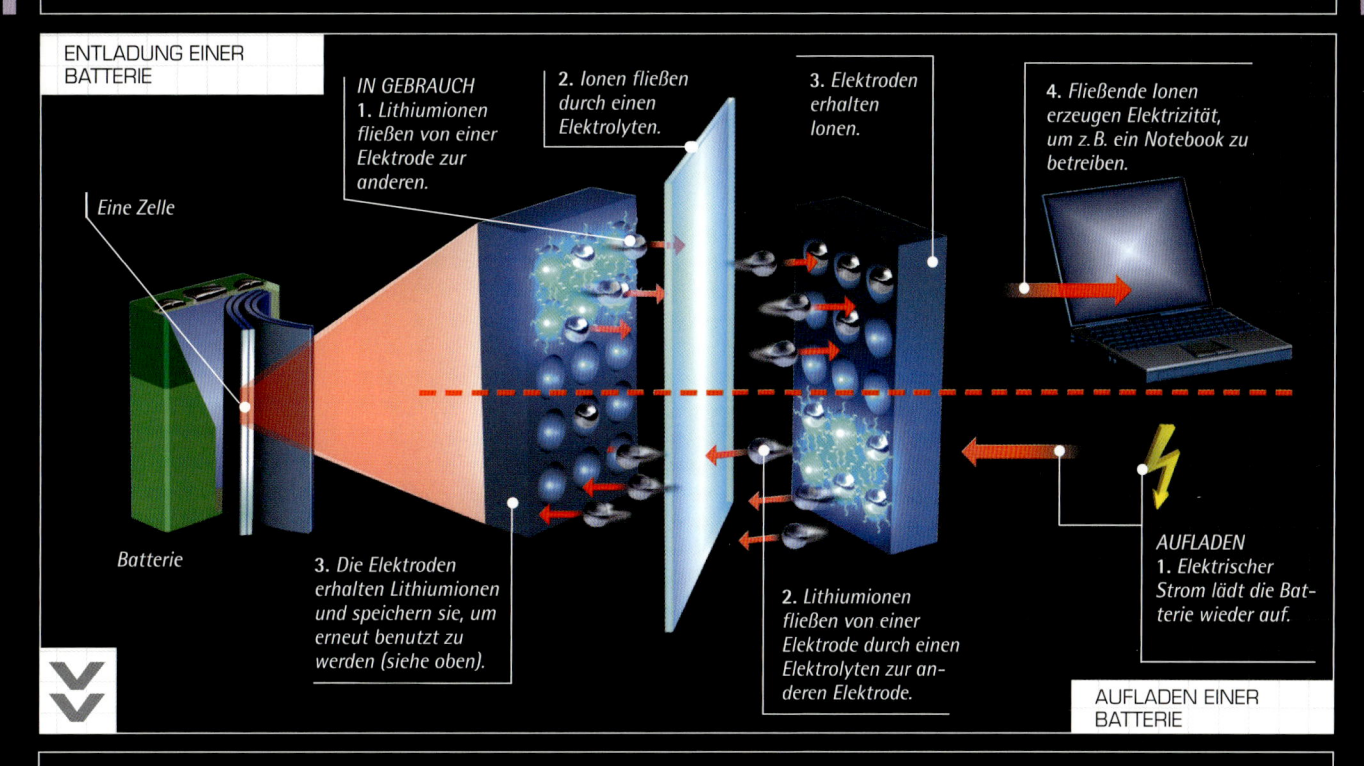

ENTLADUNG EINER BATTERIE

Eine Zelle

Batterie

IN GEBRAUCH
1. Lithiumionen fließen von einer Elektrode zur anderen.

2. Ionen fließen durch einen Elektrolyten.

3. Elektroden erhalten Ionen.

4. Fließende Ionen erzeugen Elektrizität, um z. B. ein Notebook zu betreiben.

3. Die Elektroden erhalten Lithiumionen und speichern sie, um erneut benutzt zu werden (siehe oben).

2. Lithiumionen fließen von einer Elektrode durch einen Elektrolyten zur anderen Elektrode.

AUFLADEN
1. Elektrischer Strom lädt die Batterie wieder auf.

AUFLADEN EINER BATTERIE

Die Batterie in einem Notebook enthält eine oder mehrere Zellen. Jede Zelle besitzt zwei Elektroden, die durch einen Elektrolyten getrennt sind. Während des Aufladens wandern Lithiumionen von einer Elektrode zur anderen, die sie speichert. Wenn die Batterie benutzt wird – sobald das Notebook eingeschaltet wird –, fließen die Ionen zurück zur ersten Elektrode. Diesen Ionenfluss nennt man Elektrizität. Während die Ionen in den Zellen fließen, verliert die Batterie nach und nach Leistung. Bei Batterien, die man nicht wieder aufladen kann, geschieht dieser Vorgang nur einmal. Sobald alle Ionen von einer Elektrode zur anderen gewandert sind, ist eine Batterie entladen. Wiederaufladbare Batterien können immer wieder entladen und aufgeladen werden. Nachdem alle Ionen von einer Elektrode zur anderen geflossen sind, wird die Batterie aufgeladen, damit die Ionen wieder zur ersten Elektrode fließen und Energie speichern.

◀ RÜCKBLICK

Die erste Batterie war die Voltasche Säule von 1800. Sie bestand aus Metallplatten und mehreren Lagen Papier, die mit Salzwasser gesättigt waren.

VORSCHAU ▶

Batterien können durch umweltfreundliche Brennstoffzellen ersetzt werden, die Wasserstoff und Sauerstoff in Wasser umwandeln und so Energie gewinnen.

⌄ Batterieentsorgung

◀ Mehr als 5 Millionen Einwegbatterien werden jährlich weggeworfen. Einige enthalten sehr giftige Chemikalien wie z. B. Quecksilber und Kadmium, die auf Mülldeponien auslaufen und Boden und Grundwasser verunreinigen. Doch wiederaufladbare Batterien, auch wenn sie gefährliche Substanzen enthalten, halten viel länger und es werden weniger weggeworfen.

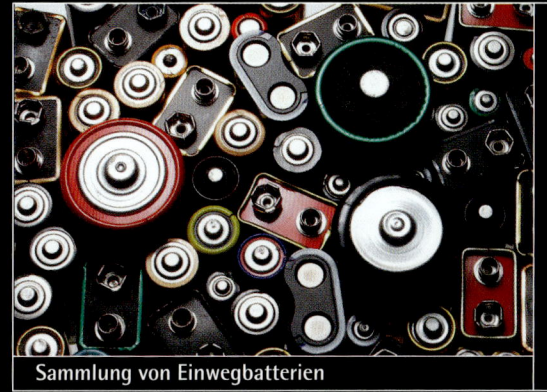

Sammlung von Einwegbatterien

▶▶ Siehe auch: Brennstoffzelle S. 128, Elektrode S. 242, Ionen S. 244, Solarzelle S. 96

▶ Alltag

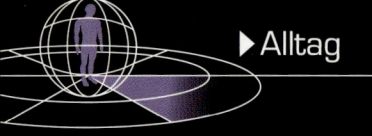

▶▶ Siehe auch: Brennstoffzelle S. 128, Zuhause S. 106

SOLARZELLE

▶▶ Mit der Energie der Sonne, die sie in nur einer Sekunde abgibt, könnte man die gesamte Welt tausend Jahre versorgen. Solarzellen fangen diese Energie ein, um Strom und Wärme zu gewinnen. ▶▶

» WIE EINE SOLARZELLE FUNKTIONIERT

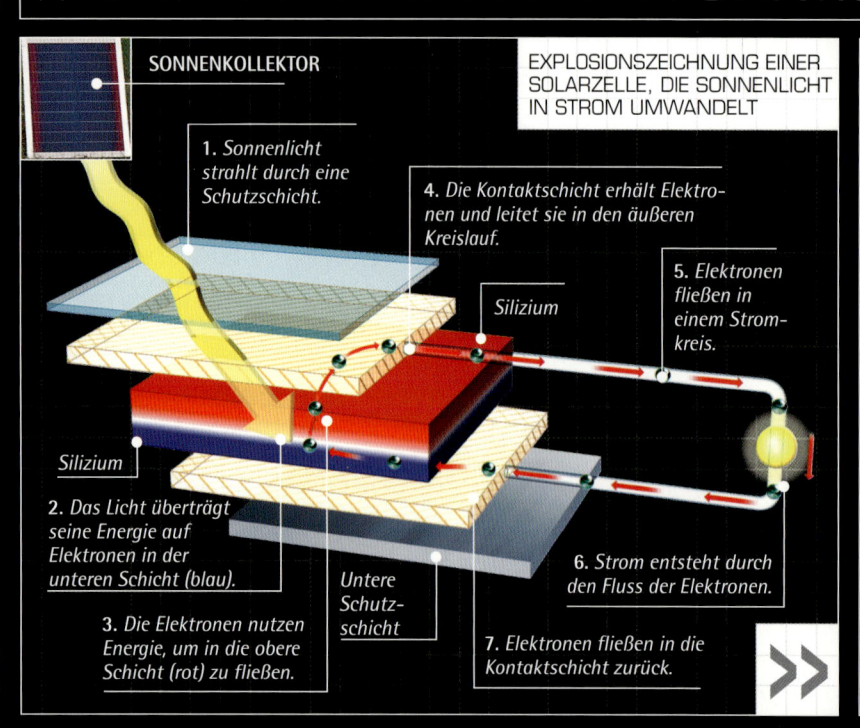

SONNENKOLLEKTOR

EXPLOSIONSZEICHNUNG EINER SOLARZELLE, DIE SONNENLICHT IN STROM UMWANDELT

1. *Sonnenlicht strahlt durch eine Schutzschicht.*

2. *Das Licht überträgt seine Energie auf Elektronen in der unteren Schicht (blau).*

3. *Die Elektronen nutzen Energie, um in die obere Schicht (rot) zu fließen.*

4. *Die Kontaktschicht erhält Elektronen und leitet sie in den äußeren Kreislauf.*

5. *Elektronen fließen in einem Stromkreis.*

6. *Strom entsteht durch den Fluss der Elektronen.*

7. *Elektronen fließen in die Kontaktschicht zurück.*

Silizium

Silizium

Untere Schutzschicht

Sonnenenergie kann man auf zwei Arten nutzen. Solarthermische Kollektoren erwärmen mit Sonnenlicht Wasser, das durch die Kollektoren fließt, um ein Haus zu beheizen. Eine Photovoltaikanlage dagegen wandelt Sonnenlicht mit Solarzellen in Elektrizität um. Die Solarzellen enthalten zwei Schichten aus Silizium, einem chemischen Element, das aus Sand gewonnen wird. Die untere Schicht (blau) besitzt weniger Elektronen, während die obere Schicht (rot) etwas mehr Elektronen besitzt. Wenn Licht auf die Solarzelle fällt, überträgt es seine Energie auf die Elektronen der unteren Schicht. Die angeregten Elektronen fließen in die obere Schicht und weiter durch Leitungen, bis sie zur unteren Schicht zurückkehren. Dieser Elektronenfluss erzeugt einen Stromkreis.

⌄ Wo Photovoltaik genutzt wird

▶ Eine winzige Solarzelle liefert ausreichend Strom für einen Taschenrechner. Sonnenkollektoren können dagegen ein gesamtes Haus mit Strom versorgen. Photovoltaikanlagen wie diese sind blau gefärbt, um so viel Sonnenlicht wie möglich zu absorbieren. Sie speisen ihre Energie in wiederaufladbare Batterien, die sich tagsüber aufladen und nachts entladen.

Photovoltaikanlage auf einem Dach

▶ **Eine Solarzelle** enthält eine Siliziumverbindung, die Sonnenlicht in Elektrizität umwandelt. Sonnenkollektoren bestehen aus vielen kreisrunden Solarzellen, die so groß wie CDs sind. Ein normaler Sonnenkollektor auf einem Hausdach enthält zwischen 30 und 100 Solarzellen.

Sonnenlicht fällt auf eine Solarzelle und wird in Strom umgewandelt.

Silberstreifen leiten den Strom von den Zellen in die Batterie.

Bild: Nahaufnahme einer Siliziumzelle im Querschnitt

▶Alltag

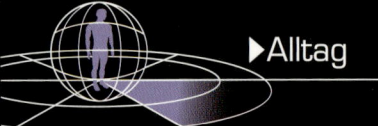

HEISS

Wärme ist für unser Wohlbefinden wichtig. Die Bilder dieser Seite zeigen, wie Haushaltsgeräte und ein Haus Wärme erhalten, abgeben und weiterleiten.

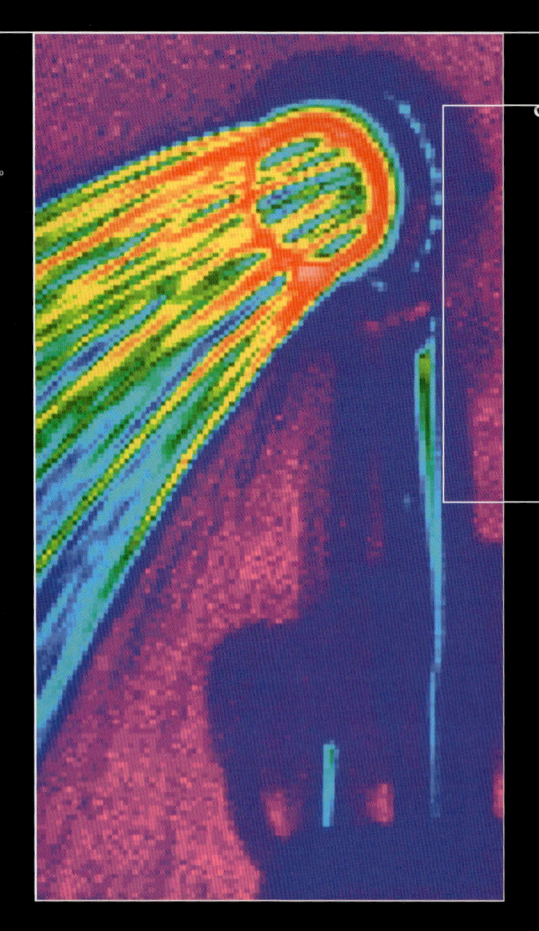

◀◀ Thermogramm

Ein Wärmebild oder Thermogramm nimmt die Infrarotstrahlen auf, die ein Objekt als Wärme abgibt. Dieses Thermogramm zeigt den Heißwasserstrahl einer Dusche, der von Rot (sehr heiß) über Gelb und Grün bis zu Blau (sehr kalt) die Luft erwärmt.

▼▼ Erhitzen

Dieses Bild zeigt, wie unterschiedliche Materialien Wärme übertragen. Die heiße Gasflamme (weiß) erwärmt den Metalltopf und die Suppe, bis beide die gleiche Temperatur erreichen. Doch am Anfang sind beide kalt (blau). Der Holzlöffel bleibt kalt.

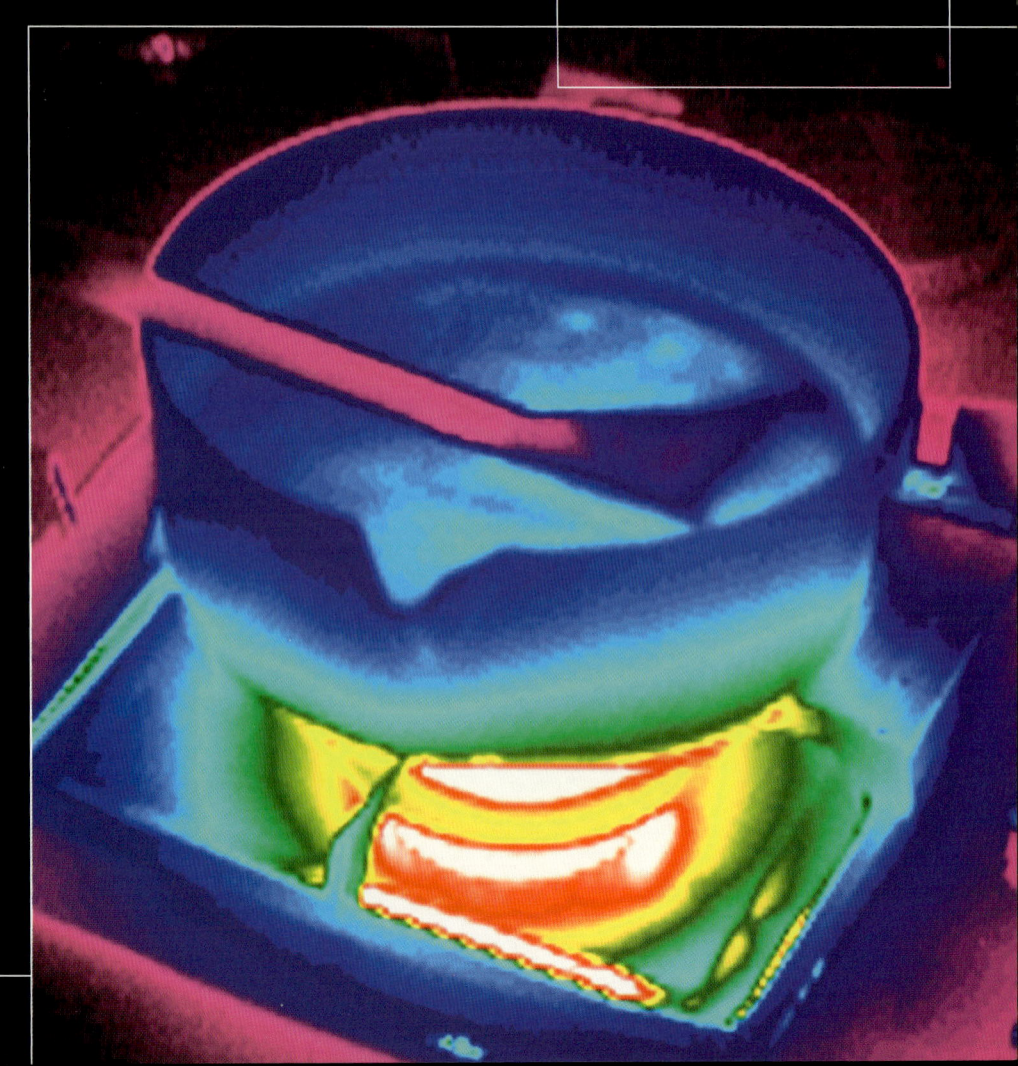

▶ Heiß

❯❯ Elektrizität in Wärme umwandeln

Der Toaster in dieser Röntgenaufnahme wandelt elektrische Energie in Wärmeenergie um. Dabei werden dünne Metalldrähte durch Strom erhitzt, bis sie orangefarben glühen. Nachdem die gewählte Zeit für das Rösten der Brotscheibe abgelaufen ist, stellt ein Schaltelement den Strom ab und löst eine Feder, damit die Scheibe herausspringt.

❮❮ Wärmeverlust

Dieses Thermogramm zeigt, wie ein normales Haus Wärme verliert. Das Dach und die Fenster (gelb) sind schlecht isoliert und geben die meiste Wärme ab. Die festen Hauswände (rot, lila und grün) sind am besten isoliert und geben die wenigste Wärme ab. Bei einem normalen Haus gehen etwa 25% der Wärme verloren, mit der das Haus beheizt wird.

❯❯ Fön

Diese Falschfarbenröntgenaufnahme zeigt das Heizelement in einem Fön. Ein elektrischer Ventilator im hinteren Teil des Föns bläst die heiße Luft durch die Düse nach außen. Das Heizelement besteht aus einer Legierung der Elemente Nickel und Chrom, die hohen Temperaturen standhalten.

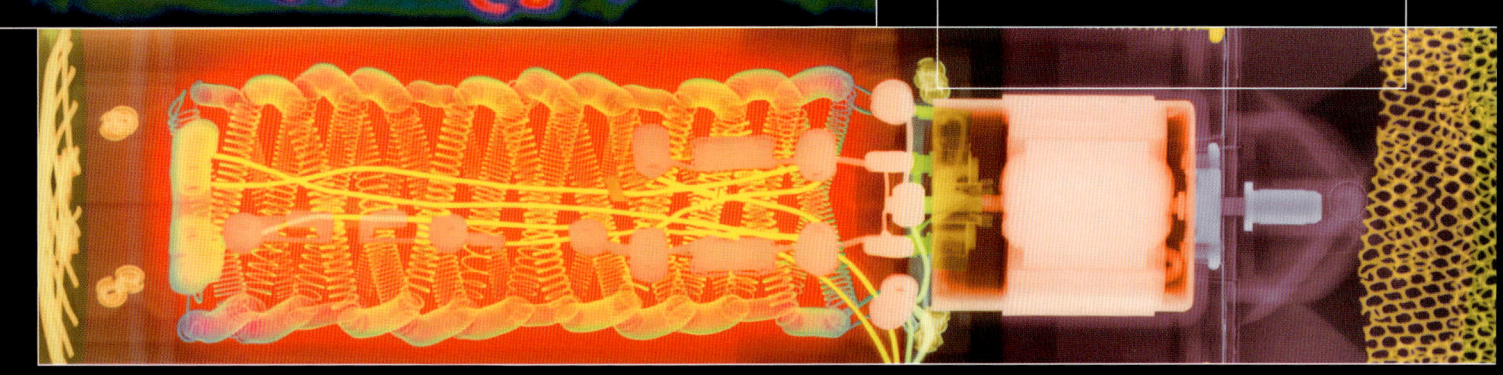

▶▶ Siehe auch: Glühlampe S. 88, Kühlschrank S. 102, Wärmeleitung S. 251

▶ Alltag

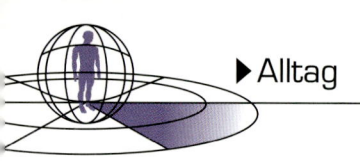

MIKROWELLENHERD

▶▶ Unsichtbare Mikrowellen übertragen Energie, um ein Essen innerhalb kurzer Zeit zu erhitzen. Ein Mikrowellenherd gart ein Stück Fleisch sechsmal schneller als ein normaler Herd. ▶▶

▼ **Ein Mikrowellenherd** kocht viel schneller als ein normaler Herd, doch er ist dabei auch viel lauter. Das Summen des Mikrowellenherds ist das Geräusch eines Transformators, der schwingt, während er Energie umwandelt. Das Surren verursacht ein Ventilator, der die elektronischen Bauteile kühlt.

Mit einem Bratschlauch wird das Hähnchen braun und knusprig.

Kein Mikrowellenaustritt dank Türgitter und Dichtung

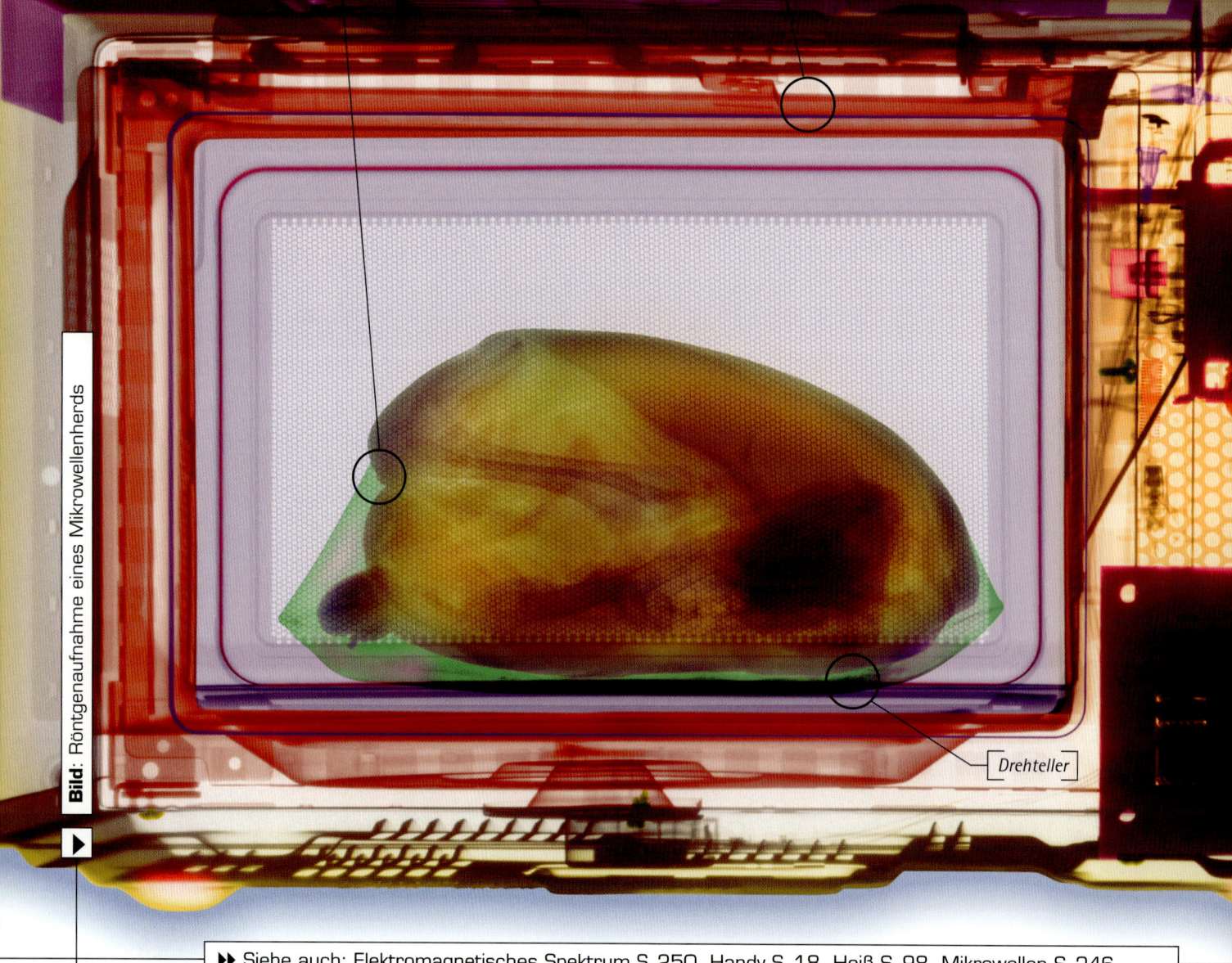

Drehteller

Bild: Röntgenaufnahme eines Mikrowellenherds

▶▶ Siehe auch: Elektromagnetisches Spektrum S. 250, Handy S. 18, Heiß S. 98, Mikrowellen S. 246

▶ Mikrowellenherd

» WIE EIN MIKROWELLENHERD FUNKTIONIERT

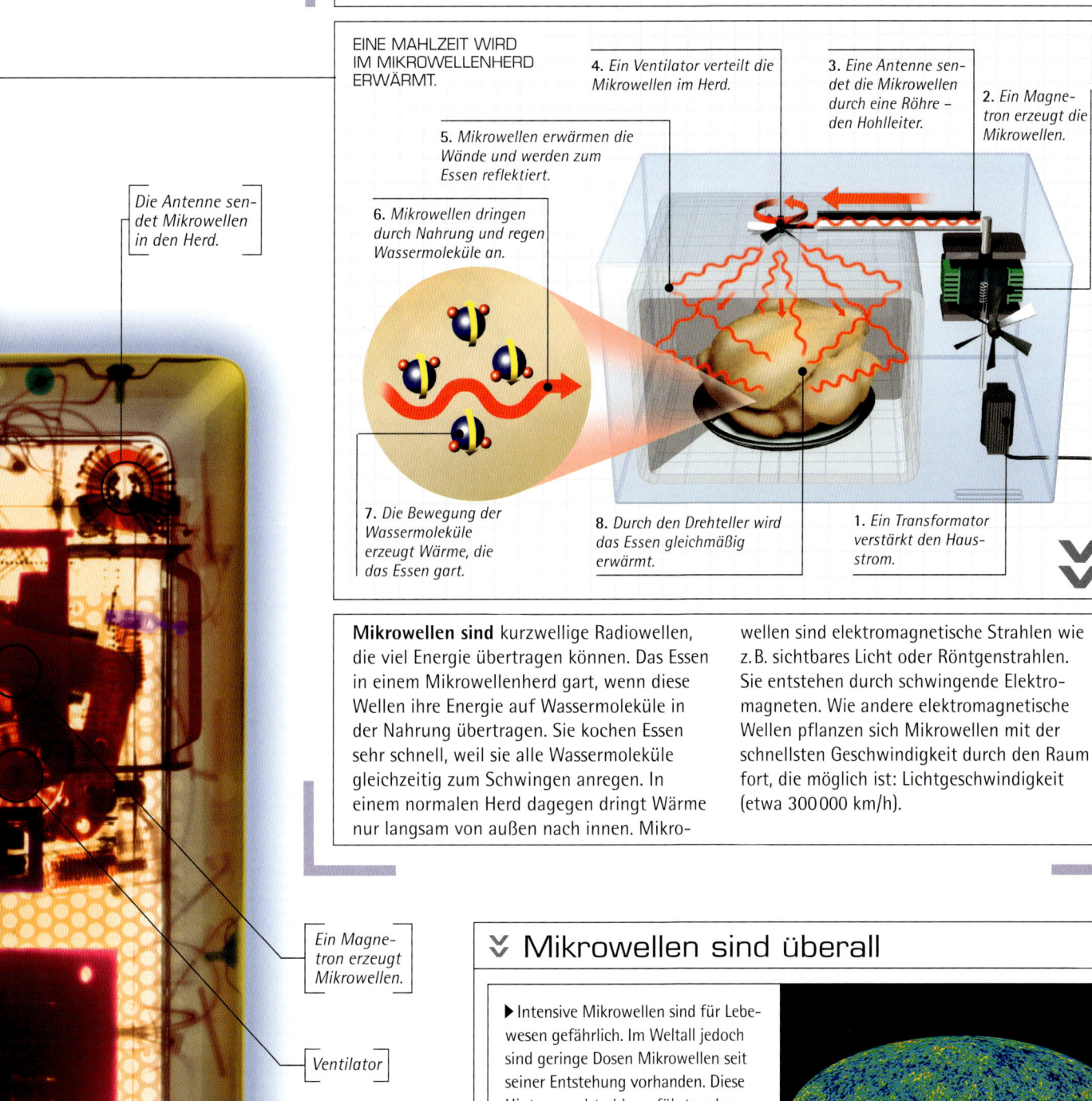

EINE MAHLZEIT WIRD IM MIKROWELLENHERD ERWÄRMT.

Die Antenne sendet Mikrowellen in den Herd.

4. Ein Ventilator verteilt die Mikrowellen im Herd.

3. Eine Antenne sendet die Mikrowellen durch eine Röhre – den Hohlleiter.

2. Ein Magnetron erzeugt die Mikrowellen.

5. Mikrowellen erwärmen die Wände und werden zum Essen reflektiert.

6. Mikrowellen dringen durch Nahrung und regen Wassermoleküle an.

7. Die Bewegung der Wassermoleküle erzeugt Wärme, die das Essen gart.

8. Durch den Drehteller wird das Essen gleichmäßig erwärmt.

1. Ein Transformator verstärkt den Hausstrom.

Mikrowellen sind kurzwellige Radiowellen, die viel Energie übertragen können. Das Essen in einem Mikrowellenherd gart, wenn diese Wellen ihre Energie auf Wassermoleküle in der Nahrung übertragen. Sie kochen Essen sehr schnell, weil sie alle Wassermoleküle gleichzeitig zum Schwingen anregen. In einem normalen Herd dagegen dringt Wärme nur langsam von außen nach innen. Mikrowellen sind elektromagnetische Strahlen wie z.B. sichtbares Licht oder Röntgenstrahlen. Sie entstehen durch schwingende Elektromagneten. Wie andere elektromagnetische Wellen pflanzen sich Mikrowellen mit der schnellsten Geschwindigkeit durch den Raum fort, die möglich ist: Lichtgeschwindigkeit (etwa 300 000 km/h).

Ein Magnetron erzeugt Mikrowellen.

Ventilator

Ein Transformator verstärkt den Strom.

⌄ Mikrowellen sind überall

▶ Intensive Mikrowellen sind für Lebewesen gefährlich. Im Weltall jedoch sind geringe Dosen Mikrowellen seit seiner Entstehung vorhanden. Diese Hintergrundstrahlung führte schon zu vielen wichtigen Entdeckungen. Die Mikrowellenkarte zeigt das Weltall vor 13,7 Milliarden Jahren, kurz nachdem es entstand. Rote und gelbe Flächen sind sehr heiß und zeigen Materie, die sich zu Galaxien und Sternen zusammenlagert.

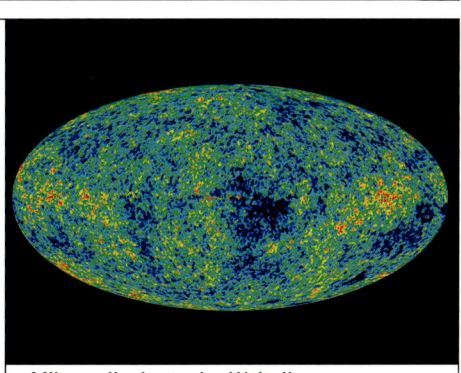

Mikrowellenkarte des Weltalls

101

▶ Alltag

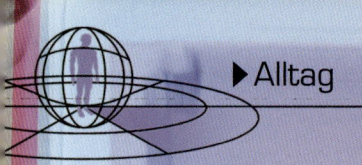

KÜHLSCHRANK

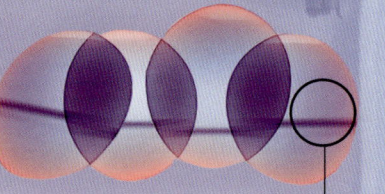

▶▶ Ein Kühlschrank entzieht seinem Innenraum Wärme, um Lebensmittel frisch zu halten. Die neuesten Geräte bestellen Lebensmittel über das Internet nach. ▶▶

Die Eier lagern in der Tür.

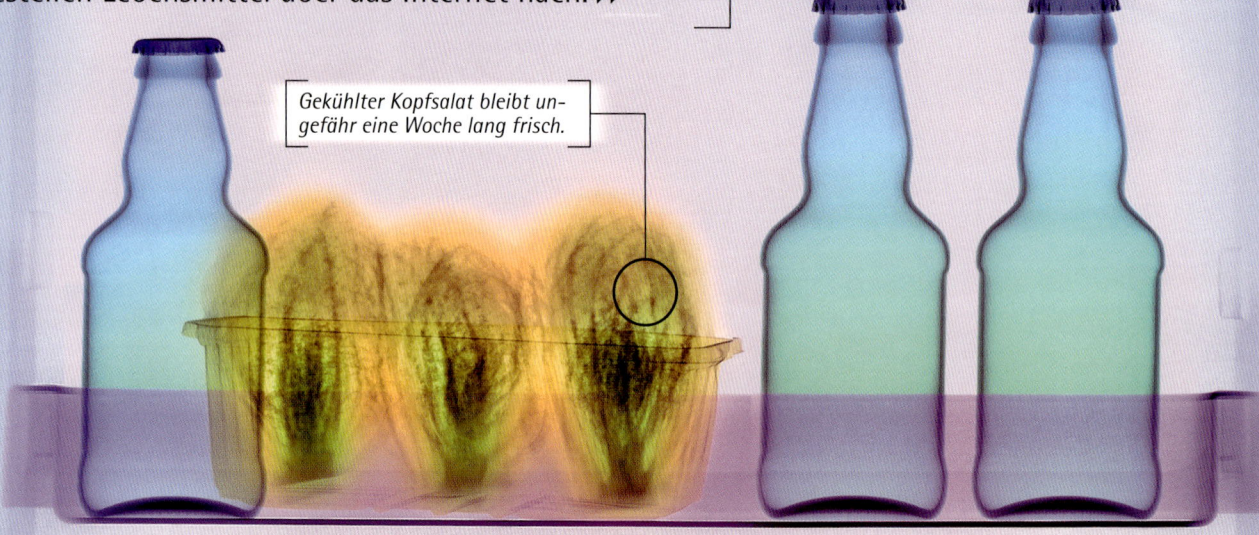

Gekühlter Kopfsalat bleibt ungefähr eine Woche lang frisch.

❯❯ WIE EIN KÜHLSCHRANK FUNKTIONIERT

Auf der Rückseite des Kühlschranks befindet sich ein etwas dickerer Abschnitt des Kühlrohrs, das Entspannungsventil. Das Kühlmittel – eine chemische Substanz, die durch die Kühlrohre zirkuliert – tritt als Flüssigkeit mit hohem Druck in die enge Eingangsöffnung des Entspannungsventils ein. Das Ventil wird zum Ausgang immer breiter, sodass der Druck des Kühlmittels abnimmt. Dadurch verdampft das Kühlmittel und wird zu einem kalten Gas mit niedrigem Druck, das in den Verdampfer strömt. Dort nimmt das Gas Wärme aus dem Innenraum auf und erwärmt sich dadurch, während der Innenraum gleichzeitig abkühlt. Das warme Gas strömt zum Kondensator oder Verflüssiger an der Rückseite des Kühlschranks, wo es die Wärme an die Raumluft abgibt.

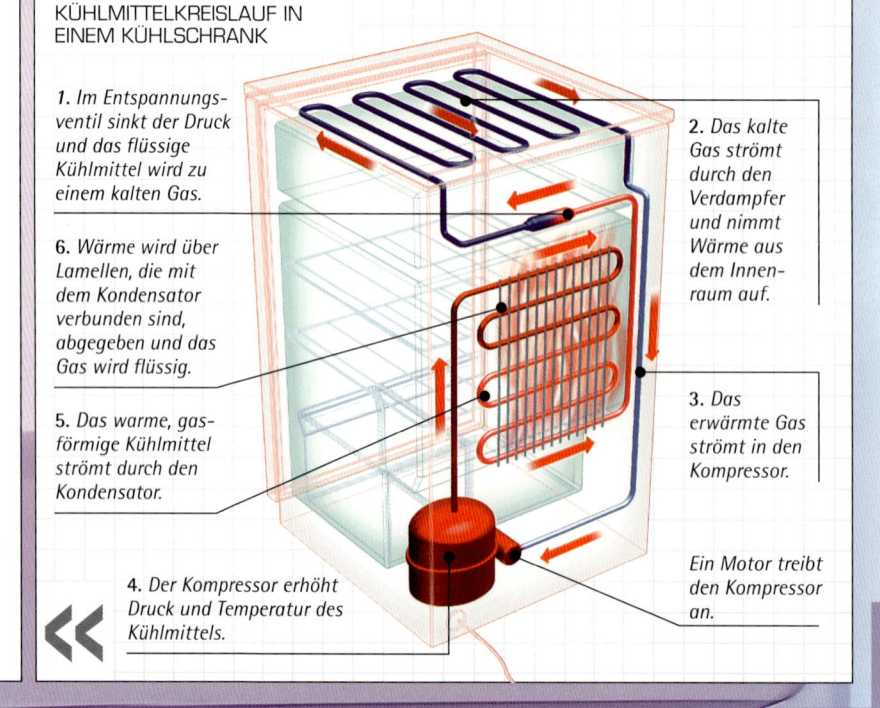

KÜHLMITTELKREISLAUF IN EINEM KÜHLSCHRANK

1. Im Entspannungsventil sinkt der Druck und das flüssige Kühlmittel wird zu einem kalten Gas.

2. Das kalte Gas strömt durch den Verdampfer und nimmt Wärme aus dem Innenraum auf.

6. Wärme wird über Lamellen, die mit dem Kondensator verbunden sind, abgegeben und das Gas wird flüssig.

5. Das warme, gasförmige Kühlmittel strömt durch den Kondensator.

3. Das erwärmte Gas strömt in den Kompressor.

4. Der Kompressor erhöht Druck und Temperatur des Kühlmittels.

Ein Motor treibt den Kompressor an.

▶▶ Siehe auch: Internet S. 38, Wärme S. 251, Zuhause S. 106

Verdampfer

Metalllamellen

Einstellbarer Temperaturregler

Bild: Falschfarbenröntgenaufnahme eines Kühlschranks mit Inhalt

Kompressor

Kondensator

Steuerelektronik

▶ **Ein Kühlschrank** führt mit einem Kühlmittel ständig Wärme von den Lebensmitteln in seinem Innenraum an die Außenluft ab. Das Kühlmittel älterer Kühlschränke (FCKW) zerstört die Ozonschicht, während moderne Geräte dagegen natürliche Gase wie z. B. Butan benutzen.

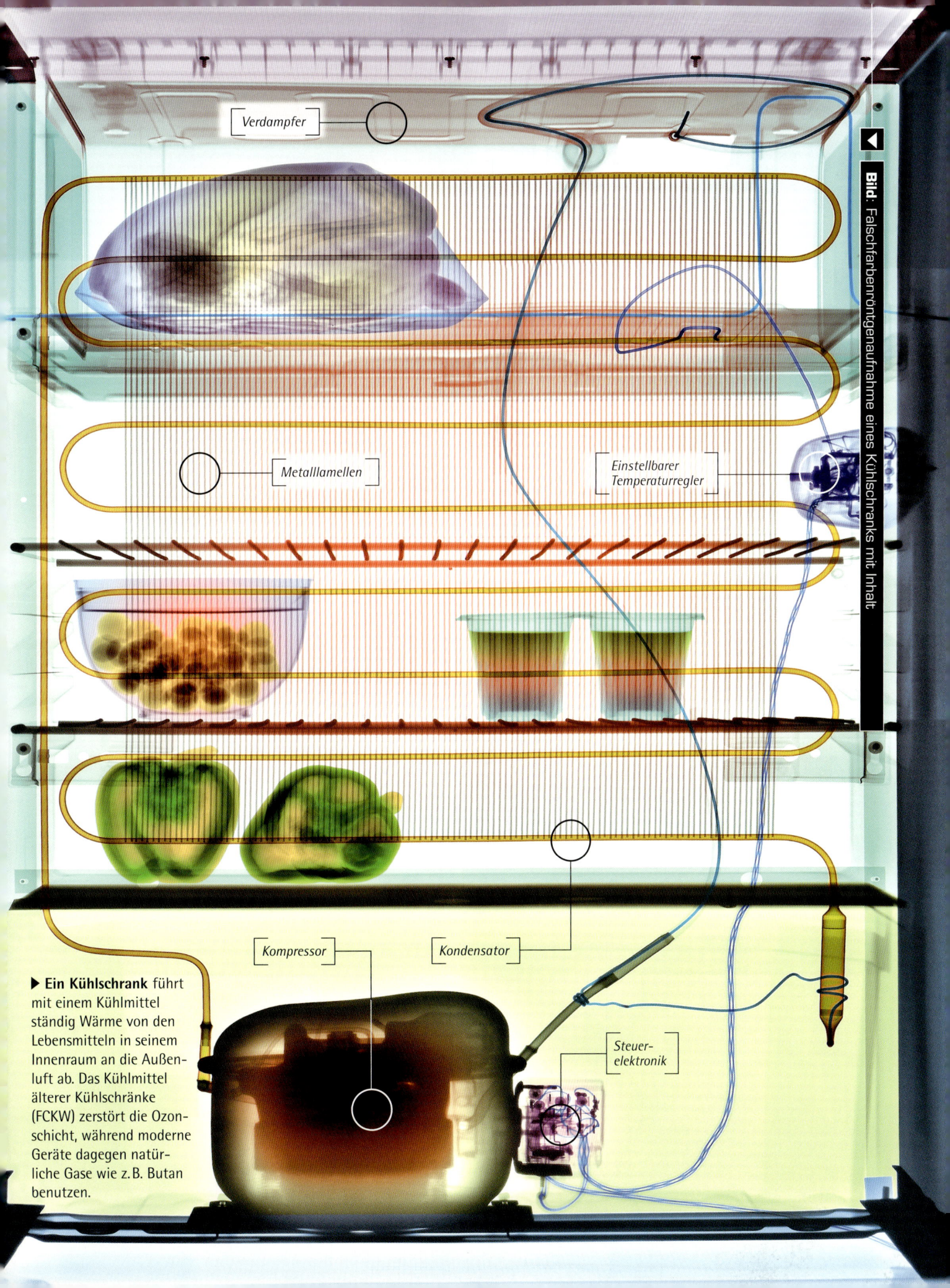

▶ Alltag

AEROGEL

▶▶ Aerogele sind die leichtesten bekannten Festkörper, die gleichzeitig auch sehr hart sind. Ein Aerogel, das so groß wie ein Mensch ist, wiegt nur 1 kg, es kann jedoch das Gewicht eines Autos tragen. ▶▶

❯❯ GEBRAUCH UND ANWENDUNGEN

❮❮ **Die Raumsonde Stardust** (engl.: Sternenstaub) sammelt kosmischen Staub mit einem runden Teller aus Aerogel. Der Staub prallt mit hoher Geschwindigkeit auf das Aerogel und hinterlässt eine Spur, die zeigt, woher der Staub kommt. Durch Untersuchungen des Staubs wollen Forscher herausfinden, wie unser Sonnensystem entstand.

❯❯ **Öl wird von** Ölplattformen auf dem Meer durch lange Pipelines zu den Raffinerien an Land gepumpt. Das Rohöl aus dem Meeresboden ist warm und flüssig. Doch durch tiefe Wassertemperaturen wie z. B. in der Nordsee wird es dickflüssig und fließt schlechter. Inzwischen werden die Pipelines mit Aerogelen isoliert, sodass das Rohöl warm und dünnflüssig bleibt.

∧ **Für Flugzeuge,** die für lange Strecken viel Kerosin getankt haben, besteht erhöhte Brandgefahr. Um das Übergreifen eines Feuers auf die Passagierkabinen zu verhindern, werden diese mit hitzebeständigem Aerogel ausgestattet. Auch die Triebwerke werden mit Aerogelen isoliert, sodass sie weniger Wärme abgeben und außerdem noch leiser sind.

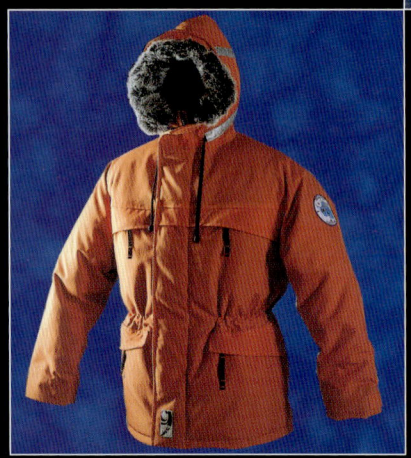

❮❮ **Kleidung mit Aerogelen** hält ausgezeichnet warm. Diese Jacke besteht aus dem Gewebe Spaceloft™, in das eine Schicht aus Aerogel eingelassen ist. Eine Jacke, die nur 3 mm dick ist, schützt Menschen bei Temperaturen bis zu -50 °C.

Aerogele sind durchsichtig und leiten kaum Wärme. Sie eignen sich sehr gut für Fensterscheiben. Weil sie jedoch zerbrechlich sind, werden sie zwischen zwei normalen Glasscheiben eingebaut. ❯❯

▶▶ Siehe auch: Flexibel S. 60, Isoliermittel S. 244, Raumsonde S. 158, Schutzanzug S. 190

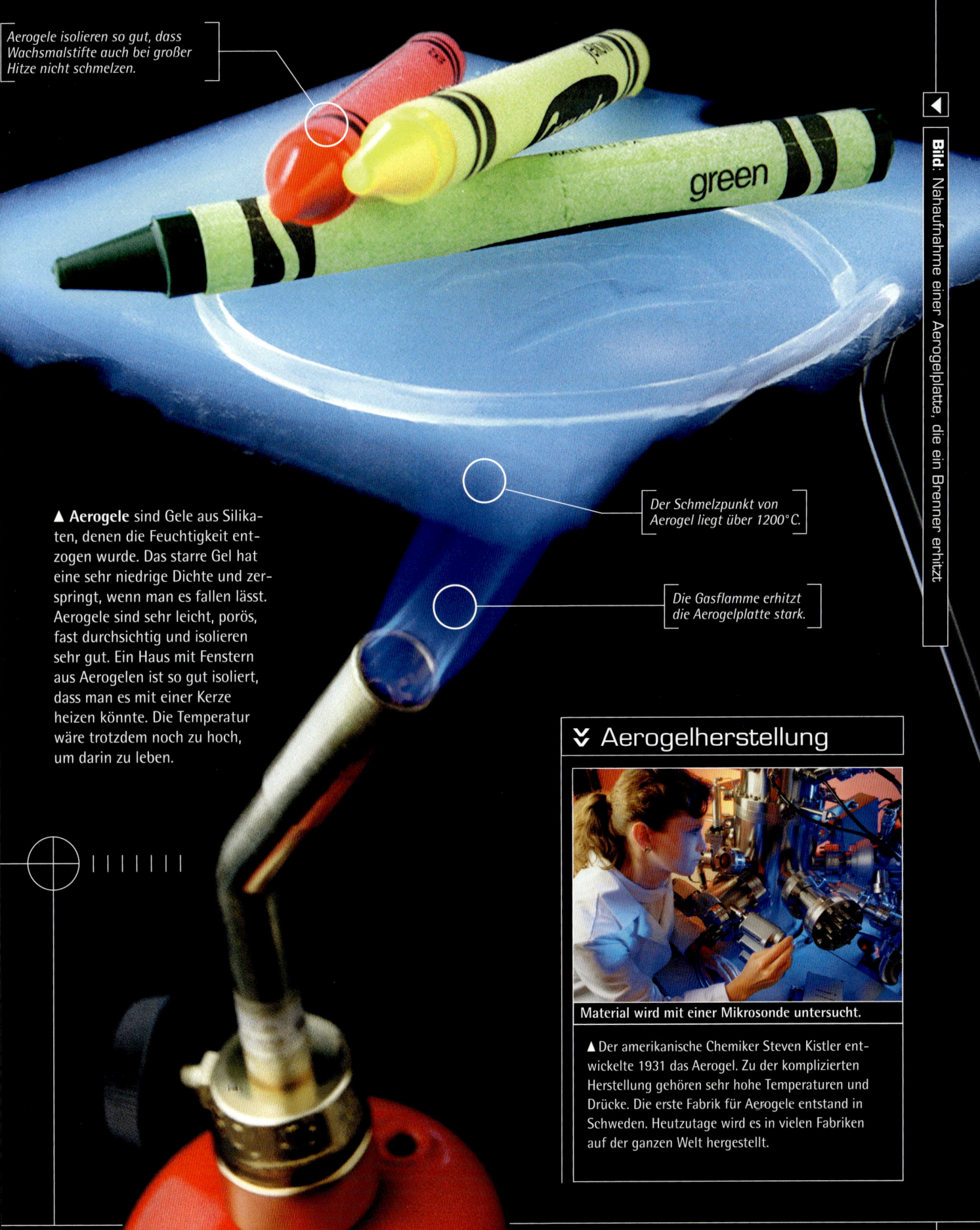

▶Aerogel

Aerogele isolieren so gut, dass Wachsmalstifte auch bei großer Hitze nicht schmelzen.

Der Schmelzpunkt von Aerogel liegt über 1200°C.

Die Gasflamme erhitzt die Aerogelplatte stark.

Bild: Nahaufnahme einer Aerogelplatte, die ein Brenner erhitzt

▲ **Aerogele** sind Gele aus Silikaten, denen die Feuchtigkeit entzogen wurde. Das starre Gel hat eine sehr niedrige Dichte und zerspringt, wenn man es fallen lässt. Aerogele sind sehr leicht, porös, fast durchsichtig und isolieren sehr gut. Ein Haus mit Fenstern aus Aerogelen ist so gut isoliert, dass man es mit einer Kerze heizen könnte. Die Temperatur wäre trotzdem noch zu hoch, um darin zu leben.

⌄ Aerogelherstellung

Material wird mit einer Mikrosonde untersucht.

▲ Der amerikanische Chemiker Steven Kistler entwickelte 1931 das Aerogel. Zu der komplizierten Herstellung gehören sehr hohe Temperaturen und Drücke. Die erste Fabrik für Aerogele entstand in Schweden. Heutzutage wird es in vielen Fabriken auf der ganzen Welt hergestellt.

105

▶ Alltag

▶▶ Siehe auch: Heiß S. 98, Isoliermittel S. 244, Solarzelle S. 96

ZUHAUSE

Umweltfreundliche Häuser schonen die Umwelt, wenn sie die notwendige Energie selbst erzeugen, aus heimischen oder recycelten Baustoffen bestehen und Rohstoffe vernünftig genutzt werden.

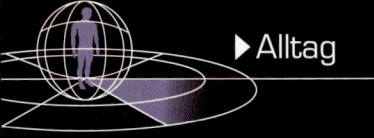

◀◀ Eisgebäude

Eis ist ein traditionelles Baumaterial in der Arktis. Es kostet nichts, ist einfach zu formen und schmilzt, wenn der Sommer kommt. Aus Eis werden die bekannten Iglus gebaut, in denen die Inuit früher wohnten. Dieses Eishotel in Lappland wurde aus tausenden Tonnen Eis erbaut. Sogar die Betten bestehen aus Eis. Als Auflage dient eine Matratze mit einem Rentierfell.

▶▶ Isolierung mit Stroh

Die Wände dieses umweltfreundlichen Hauses enthalten ein preiswertes Naturmaterial: Stroh. Schwere Strohballen füllen wie riesige Steine ein Fachwerk aus Holz und Stahl, das außen verputzt ist. Die Ballen stehen dicht nebeneinander, damit die Wand feuerfest ist. Dicke Wände senken die Heizkosten um bis zu einem Viertel.

▶▶ Recycelte Materialien

Jeden Tag werden Millionen Tonnen Baustoffe aus Steinbrüchen geholt und gleichzeitig werden Millionen Tonnen Hausmüll auf Deponien verfrachtet. Ein umweltfreundliches Haus aus recycelten Materialien verringert beide Umweltprobleme. Diese Wand enthält Getränkedosen und Autoreifen. Sie wird sehr lange halten, weil die Materialien wasserfest sind.

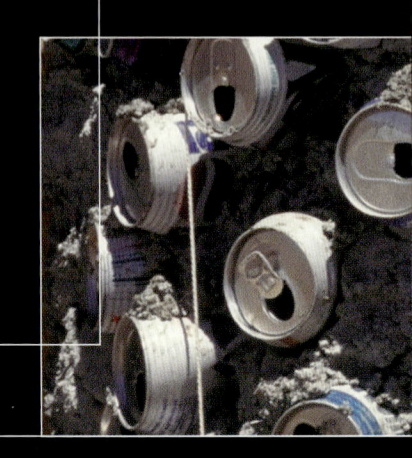

▶Zuhause

◀◀ Sonnenkollektoren

Den weltweit größten Sonnenkollektor betreibt das Solarforschungszentrum in den französischen Pyrenäen. Der zweistöckige Spiegel bündelt das Sonnenlicht auf den kleinen Turm im Vordergrund, der damit Wasser erwärmt und weiterleitet. Einige umweltfreundliche Häuser gewinnen mit Sonnenkollektoren elektrische Energie und warmes Wasser. Sonnenenergie ist kostenlos und belastet nicht die Umwelt. Vielleicht besitzen in Zukunft alle Häuser Solarzellen.

▲ Rasendach

Rasen isoliert ein Dach sehr gut. Im Winter verhindert die dicke Schicht aus Gras, Wurzeln und Erde, dass Wärme aus dem Haus entweicht. Im Sommer nimmt der Rasen das Sonnenlicht auf, sodass das Haus innen kühl bleibt. Eine Kunststoffplane unter der Rasendecke dichtet das Dach gegen Regenwasser ab. Rasendächer bleiben ungefähr 50 Jahre erhalten.

107

▶ Alltag

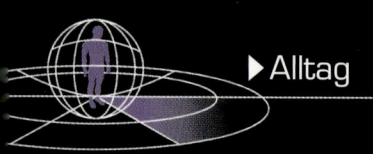

SCHLOSS

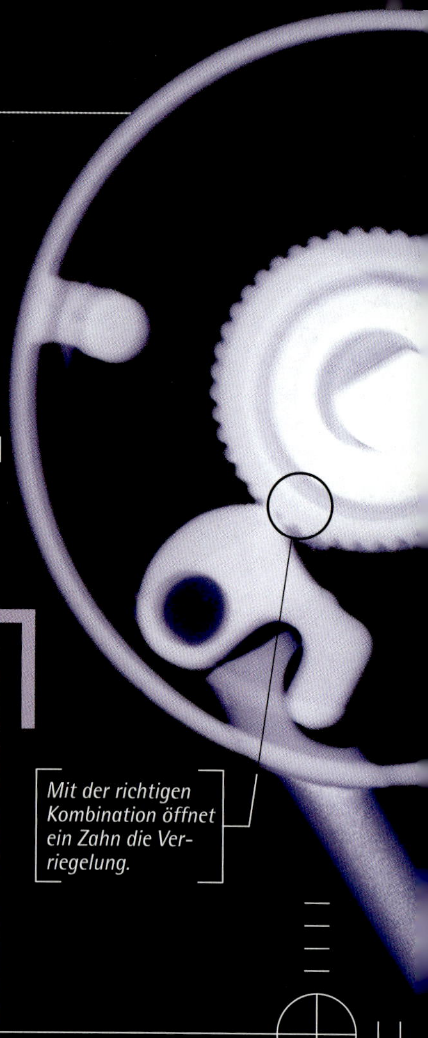

▶▶ Gold, Geld und Juwelen sind häufig nur durch ein Schloss mit kompliziertem Mechanismus geschützt. Ein normaler Banksafe besitzt etwa 10 Milliarden Kombinationen. ▶▶

›› WIE EIN KOMBINATIONSSCHLOSS FUNKTIONIERT

BLICK IN EIN KOMBINATIONSSCHLOSS – VERSCHLOSSEN UND GEÖFFNET

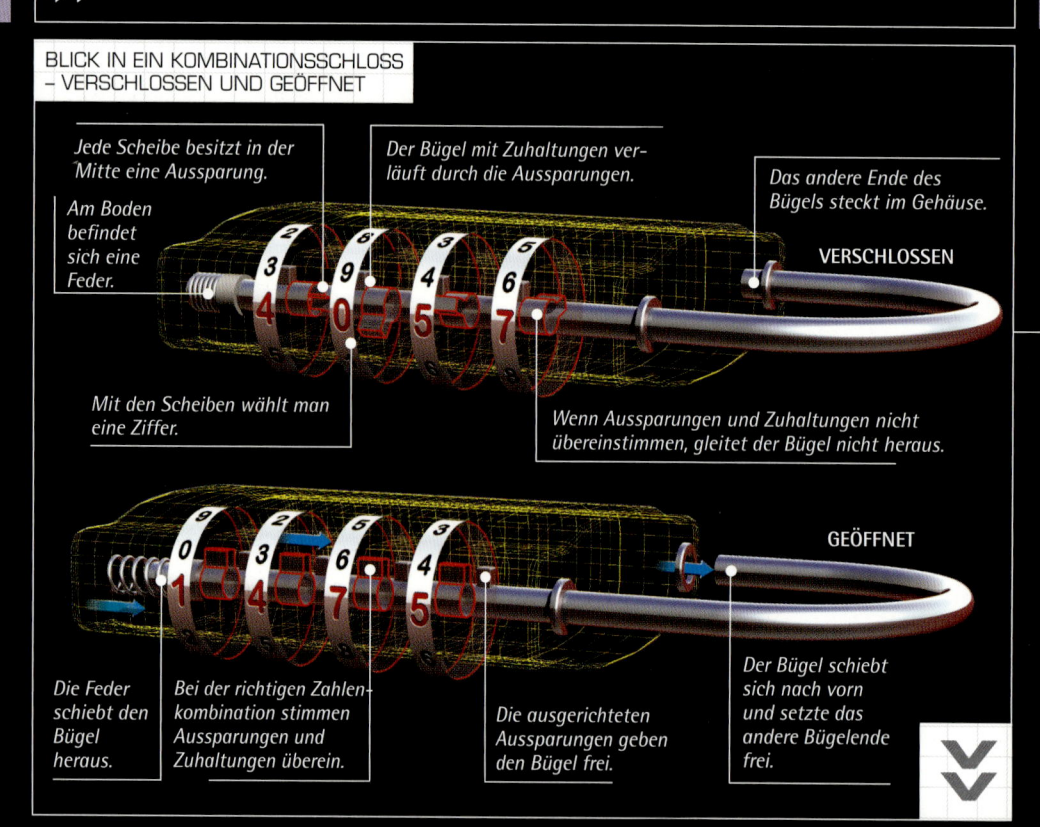

Jede Scheibe besitzt in der Mitte eine Aussparung.

Am Boden befindet sich eine Feder.

Der Bügel mit Zuhaltungen verläuft durch die Aussparungen.

Das andere Ende des Bügels steckt im Gehäuse.

VERSCHLOSSEN

Mit den Scheiben wählt man eine Ziffer.

Wenn Aussparungen und Zuhaltungen nicht übereinstimmen, gleitet der Bügel nicht heraus.

GEÖFFNET

Die Feder schiebt den Bügel heraus.

Bei der richtigen Zahlenkombination stimmen Aussparungen und Zuhaltungen überein.

Die ausgerichteten Aussparungen geben den Bügel frei.

Der Bügel schiebt sich nach vorn und setzte das andere Bügelende frei.

Mit der richtigen Kombination öffnet ein Zahn die Verriegelung.

▶ **Kombinationsschlösser** gibt es in allen Formen und Größen. Einige werden mit einem Schlüssel geöffnet, während andere wie dieses Scheiben besitzen. Kleine Kombinationsschlösser befinden sich häufig an Aktentaschen. Große Bügelschlösser sichern dagegen Fahrräder.

Die Scheiben entriegeln den Bügel.

Ein Kombinationsschloss besitzt einen Metallbügel, der im Schloss steckt und sich erst herausziehen lässt, wenn das Schloss entriegelt wird. Die Mechanismen, die den Bügel entriegeln, sind bei verschiedenen Schlössern unterschiedlich. Die meisten Kombinationsschlösser geben den Bügel durch Aussparungen frei. Sie sind viel sicherer als alte Türschlösser, weil man sie nicht mit einem Draht öffnen kann.

Ein Safeschloss ist komplizierter aufgebaut. Es besitzt eine Wählscheibe für die Zahlenkombination. Hinter der Wählscheibe befinden sich für jede Zahl der Kombination Räder. Wenn man die Wählscheibe dreht, fasst ein Metallstift in die Aussparungen der Räder. Sind die Aussparungen ausgerichtet, drehen sich alle Räder und entriegeln das Schloss. Wenn man die Zahlenkombination nicht kennt, bleibt der Safe verschlossen.

▶▶ Siehe auch: Chip–Etikett S. 184, Chipkarte S. 182

▶Schloss

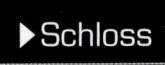

Eine Metallscheibe verhindert, dass der Bügel herausrutscht.

Bild: Falschfarbenröntgenaufnahme eines Kombinationsschlosses

Die zentrale Wählscheibe entriegelt das Schloss.

⌄ Mikroskopisch kleine Schlösser

Mikromechanisches Getriebe in Nahaufnahme

▲ Die besten Schlösser sind groß und kompliziert. Doch Schlösser mit Mikromechanismen (äußerst kleine, bewegliche Teile) sind kleiner und viel einfacher herzustellen. Mit diesem mikromechanischen Getriebe, das etwa 2200-fach durch ein Elektronenmikroskop vergrößert ist, kann man Schlösser herstellen, die so groß wie ein Fingernagel sind. Der Mechanismus ist so winzig, dass man ihn nicht knacken kann, und so sicher wie ein normales Schloss.

109

▶ Alltag

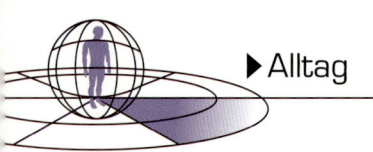

RASIERER

▶▶ Während seines Lebens muss ein Mann etwa 9 m Bart abrasieren. Viele nutzen dazu einen elektrischen Rasierer. ▶▶

≫ WIE EIN RASIERER FUNKTIONIERT

DER HEBE- UND SCHNEIDMECHANISMUS EINES ELEKTRORASIERERS

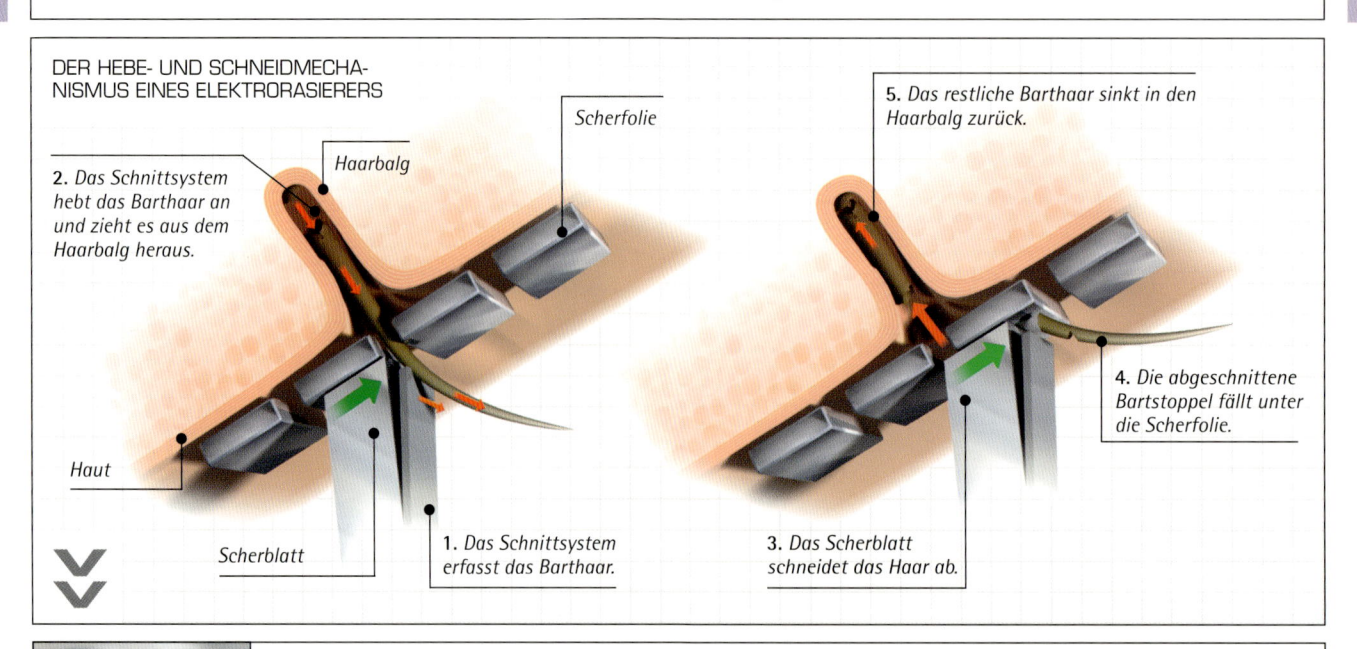

Scherfolie

Haarbalg

2. Das Schnittsystem hebt das Barthaar an und zieht es aus dem Haarbalg heraus.

Haut

Scherblatt

1. Das Schnittsystem erfasst das Barthaar.

5. Das restliche Barthaar sinkt in den Haarbalg zurück.

4. Die abgeschnittene Bartstoppel fällt unter die Scherfolie.

3. Das Scherblatt schneidet das Haar ab.

Haare enthalten das feste Eiweiß Keratin, das auch in Fingernägeln und der Hornhaut vorkommt. Die Klinge eines Rasierers muss so hart sein, dass sie Haare abschneidet. Elektrorasierer besitzen bewegliche Scherblätter anstelle einer Klinge. Sie schwingen bei der Rasur hin und her oder rotieren, ohne dabei die Haut zu berühren.

Eine elektrische Rasur ist schneller und sicherer. Diese Rasur nennt man Trockenrasur, weil sie keine Rasierseife benötigt. Ein Nassrasierer arbeitet dagegen wie ein Messer. Durch die feuchte Haut und die Rasierseife werden die Haare weicher, sodass die Klinge sie leichter schneidet. Doch diese Rasur dauert länger und kann die Haut reizen oder verletzen.

Die Scherfolie schützt die Haut vor dem Scherblatt.

▶ Rasierer

⩔ Warum werden Rasierklingen stumpf?

▶ Klingen und Schneidegeräte bestehen aus starken, harten Materialien wie z. B. Diamanten und Stahl. Sie schneiden weichere Materialien wie z. B. Haare. Doch auch das härteste Material wie diese Stahlklinge wird einmal stumpf. Jedes Mal, wenn die Klinge schneidet, hinterlassen die Haare winzige Kratzer auf ihrer Oberfläche. Eine raue, alte Klinge schneidet nicht mehr so gut wie eine neue, glatte Klinge.

Abgenutzte Schneide einer Stahlklinge

Bild: Vergrößerung der Scherfolie eines Elektrorasierers

▼ **Dieses Bild zeigt,** warum ein Elektrorasierer hautfreundlicher ist. Die Scherfolie ist ein Hautschutz und wirkt wie ein Sieb. Bei der Rasur ragen die Barthaare in die Öffnungen der Folie und werden vom Scherblatt abgeschnitten, das sich unter der Folie befindet. Das Scherblatt berührt nicht die Haut, sodass sie unverletzt bleibt.

Ein Teil des Scherblatts, das unter der Folie rotiert

Die Bartstoppeln fallen durch die Öffnungen in der Scherfolie.

◂◂ RÜCKBLICK
Der Amerikaner Jacob Shick patentierte 1928 den Elektrorasierer. Die Idee zu seiner Erfindung erhielt er von dem Drehmechanismus eines Maschinengewehrs.

VORSCHAU ▸▸
Neue Rasierer arbeiten nicht mit Klingen, sondern mit winzigen Laserstrahlen. Sie versiegeln die Haarbälge, sodass die Haare gar nicht mehr wachsen.

▸▸ Siehe auch: Laserchirurgie S. 206

▶ Alltag

AEROSOL

▶▶ Mit einem Druck auf den Knopf versprüht eine Spraydose ihren Inhalt gleichmäßig über eine große Fläche. Spraydosen enthalten viele Flüssigkeiten wie z. B. Farben oder Haarsprays. ▶▶

Aerosole dehnen sich wie Gase in der Luft aus.

Das Haarspray enthält kleine Tropfen einer Flüssigkeit in einem Gas.

Bild: Schlierenverfahren eines Aerosolstrahls

⌄ Wie Aerosole die Ozonschicht zerstören

▶ Die Ozonschicht der oberen Erdatmosphäre (die Stratosphäre) wirkt wie ein natürlicher Sonnenschirm, der gefährliche UV-Strahlen absorbiert. Von 1930 bis um 1980 reagierten Treibmittel aus Spraydosen mit dem Ozon und zerstörten einen Teil der Ozonschicht über der Antarktis. Diese Treibmittel sind heute verboten, doch das Ozonloch bleibt noch viele Jahrzehnte erhalten.

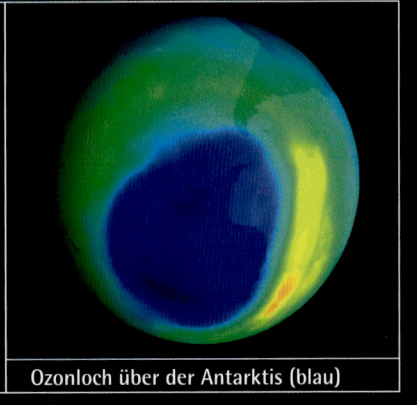

Ozonloch über der Antarktis (blau)

◀◀ RÜCKBLICK

Spraydosen wurden erst im zweiten Weltkrieg eingesetzt, als die amerikanische Armee ein Gerät brauchte, um Insektizide zu versprühen.

Spraydosen mit Medikamenten haben einen elektronischen Zähler, der die richtige Dosis bestimmt und den Medikamentenvorrat anzeigt.

VORSCHAU ▶▶

▶▶ Siehe auch: Druck S. 241, Gase S. 243, Kühlschrank S. 102, Neon S. 34

▶ Aerosol

❯❯ WIE EINE SPRAYDOSE FUNKTIONIERT

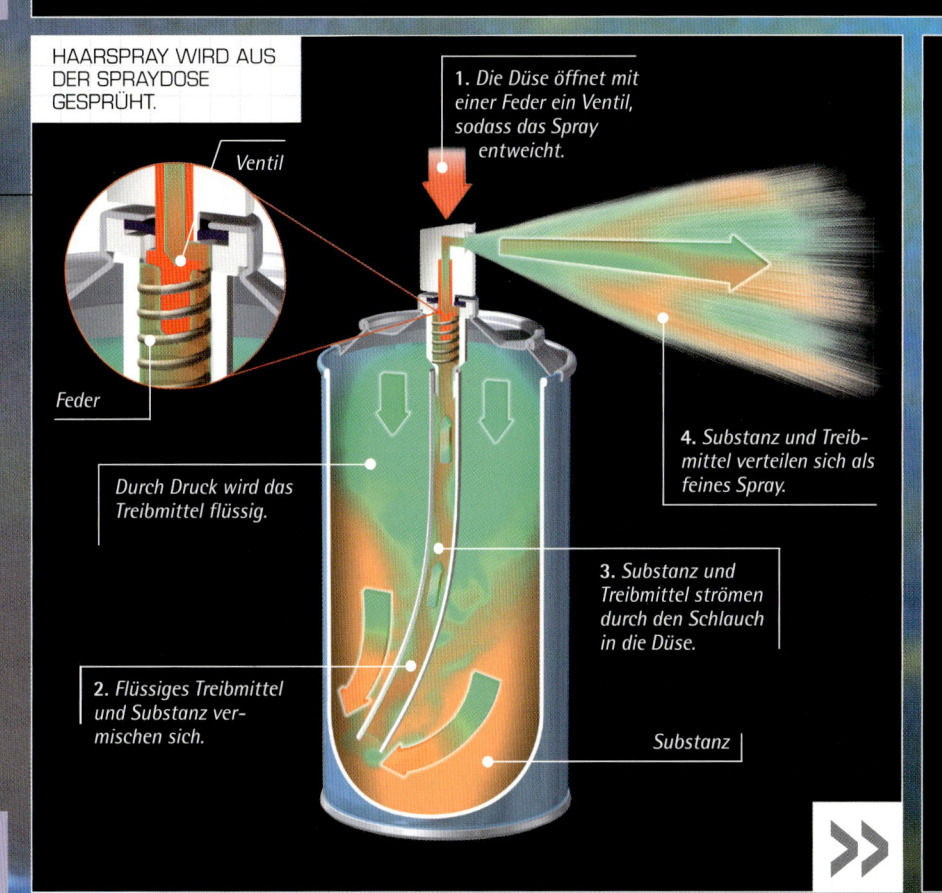

HAARSPRAY WIRD AUS DER SPRAYDOSE GESPRÜHT.

Ventil

Feder

Durch Druck wird das Treibmittel flüssig.

2. Flüssiges Treibmittel und Substanz vermischen sich.

1. Die Düse öffnet mit einer Feder ein Ventil, sodass das Spray entweicht.

4. Substanz und Treibmittel verteilen sich als feines Spray.

3. Substanz und Treibmittel strömen durch den Schlauch in die Düse.

Substanz

Eine Spraydose enthält zwei verschiedene Bestandteile: ein Treibmittel, das normalerweise aus einem Gas wie z. B. Butan oder Propan besteht, und eine flüssige Substanz wie z. B. Haarspray. Das Treibmittel wird unter Druck in die Dose gepresst, sodass es flüssig wird und sich mit der Substanz mischt. Ein Druck auf die Düse öffnet ein Ventil. Dadurch strömt das Treibmittel mit der Substanz aus der Dose und wird wieder gasförmig. Die Wolke aus Gas und Substanz ist ein Aerosol.

Einige Dosen nutzen einen anderen Mechanismus, um die Substanz zu versprühen. Sie besitzen eine Pumpe, um die Luft oberhalb der Flüssigkeit zusammenzupressen. Diese Druckluft treibt die Substanz aus der Dose. Solche Pumpdosen sind sicherer und umweltfreundlicher als eine Spraydose, weil sie kein Treibmittel benötigen.

Aerosole dehnen sich wie Gase aus, sobald sie aus der Dose entweichen.

Ein Aerosol wird aus der kleinen Düse freigesetzt.

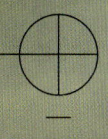

▲ **Diese Wolke eines** Haarsprays ist ein Aerosol: kleine Tropfen einer Flüssigkeit, die in einem Gas verteilt sind. Bei einem Aerosol wie z. B. einem Haarspray werden Gas und Flüssigkeit in einen Behälter – in diesem Beispiel eine Dose – gepresst und mit einer Düse im Druckknopf wieder freigesetzt. Die flüssigen Tropfen verteilen sich mit dem Gas. Aerosole werden nicht nur künstlich hergestellt, sondern kommen auch in der Natur vor: Wolken, Nebel und Dampf sind auch Aerosole.

113

▸Alltag

WASCHMASCHINE

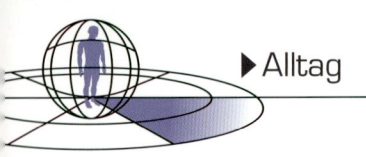

▸▸ Trommel beladen, Waschmittel hinzugeben, ein Programm auswählen und die Waschmaschine erledigt die Arbeit. Im Schleudergang kann sich eine Trommel bis zu 130 km/h drehen. ▸▸

›› WIE EINE WASCHMASCHINE FUNKTIONIERT

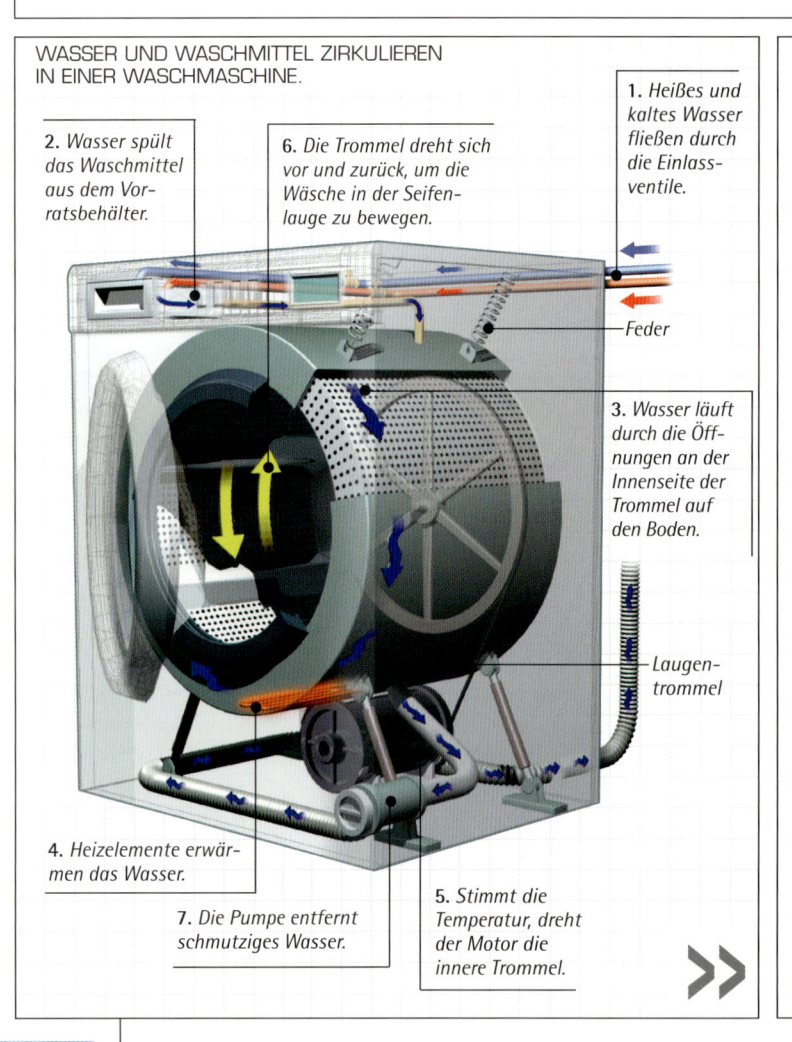

WASSER UND WASCHMITTEL ZIRKULIEREN IN EINER WASCHMASCHINE.

1. Heißes und kaltes Wasser fließen durch die Einlassventile.

2. Wasser spült das Waschmittel aus dem Vorratsbehälter.

6. Die Trommel dreht sich vor und zurück, um die Wäsche in der Seifenlauge zu bewegen.

Feder

3. Wasser läuft durch die Öffnungen an der Innenseite der Trommel auf den Boden.

Laugentrommel

4. Heizelemente erwärmen das Wasser.

7. Die Pumpe entfernt schmutziges Wasser.

5. Stimmt die Temperatur, dreht der Motor die innere Trommel.

Moderne, umweltfreundliche Waschmaschinen verbrauchen nur sehr wenig Wasser und Strom. Vor dem Waschen wiegt die Maschine die Beladung, um kein Wasser zu verschwenden. Durch den geringeren Wasserverbrauch spart sie auch Strom, der das Wasser erwärmt. Außerdem wird die Trommel dadurch leichter, sodass sie weniger Strom braucht, um sich zu drehen. Manche Maschinen verbrauchen auch weniger Waschmittel. Während sich die Trommel dreht, verteilen die Mitnehmerrippen das Waschmittel und wirbeln die Wäschestücke durcheinander.

Nach dem Spülen dreht sich die Trommel mit bis zu 1400 Umdrehungen pro Minute, um die Wäsche zu schleudern. Die Trommel besitzt hunderte kleiner Löcher, damit Wasser im Schleudergang ablaufen kann. Einige Maschinen pumpen dabei bis zu zwei Drittel des Wassers ab, sodass sie weniger Strom zum Trocknen brauchen.

⌄ Toplader

▸ Bei einigen Waschmaschinen steht die Trommel aufrecht und ist nicht waagerecht (Frontlader) gelagert. Wäsche und Waschmittel werden von oben beladen. Ein Rührer verteilt die Wäsche beim Waschen. Frontlader verbrauchen weniger Strom als Toplader, weil sie sich schneller drehen und weniger Strom zum Trocknen benötigen. Frontlader schützen unsere Umwelt besser, weil sie etwa 5% weniger Wasser verbrauchen.

Toplader auf der Fertigungsstraße

▸▸ Siehe auch: Serviceroboter S. 118, Staubsauger S. 116

[Ventile steuern die Wassertemperatur.]

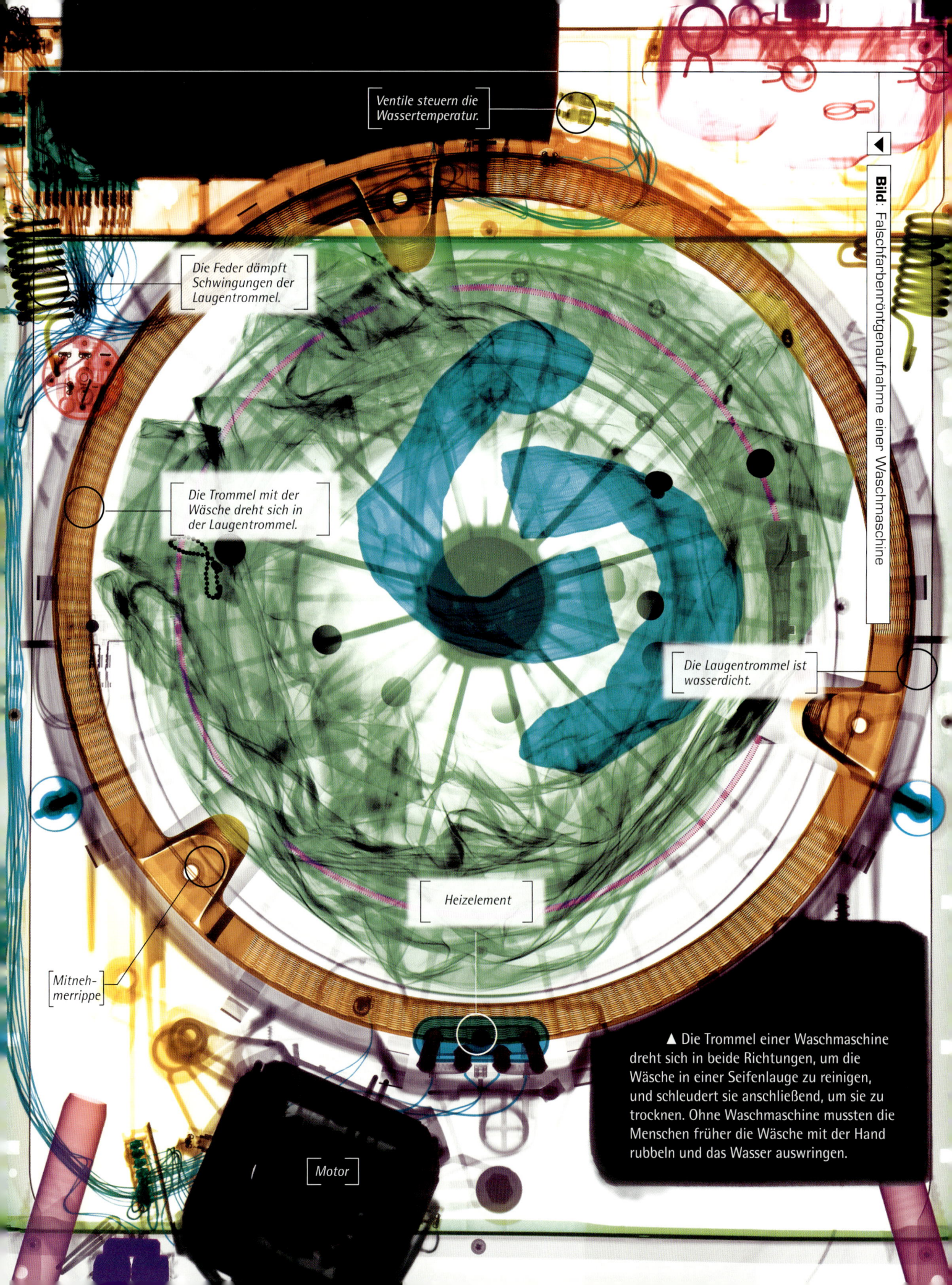

[Die Feder dämpft Schwingungen der Laugentrommel.]

[Die Trommel mit der Wäsche dreht sich in der Laugentrommel.]

[Die Laugentrommel ist wasserdicht.]

[Heizelement]

[Mitnehmerrippe]

[Motor]

Bild: Falschfarbenröntgenaufnahme einer Waschmaschine

▲ Die Trommel einer Waschmaschine dreht sich in beide Richtungen, um die Wäsche in einer Seifenlauge zu reinigen, und schleudert sie anschließend, um sie zu trocknen. Ohne Waschmaschine mussten die Menschen früher die Wäsche mit der Hand rubbeln und das Wasser auswringen.

▶ Alltag

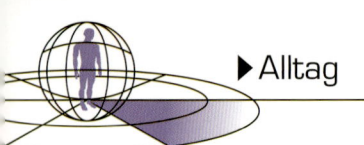

STAUBSAUGER

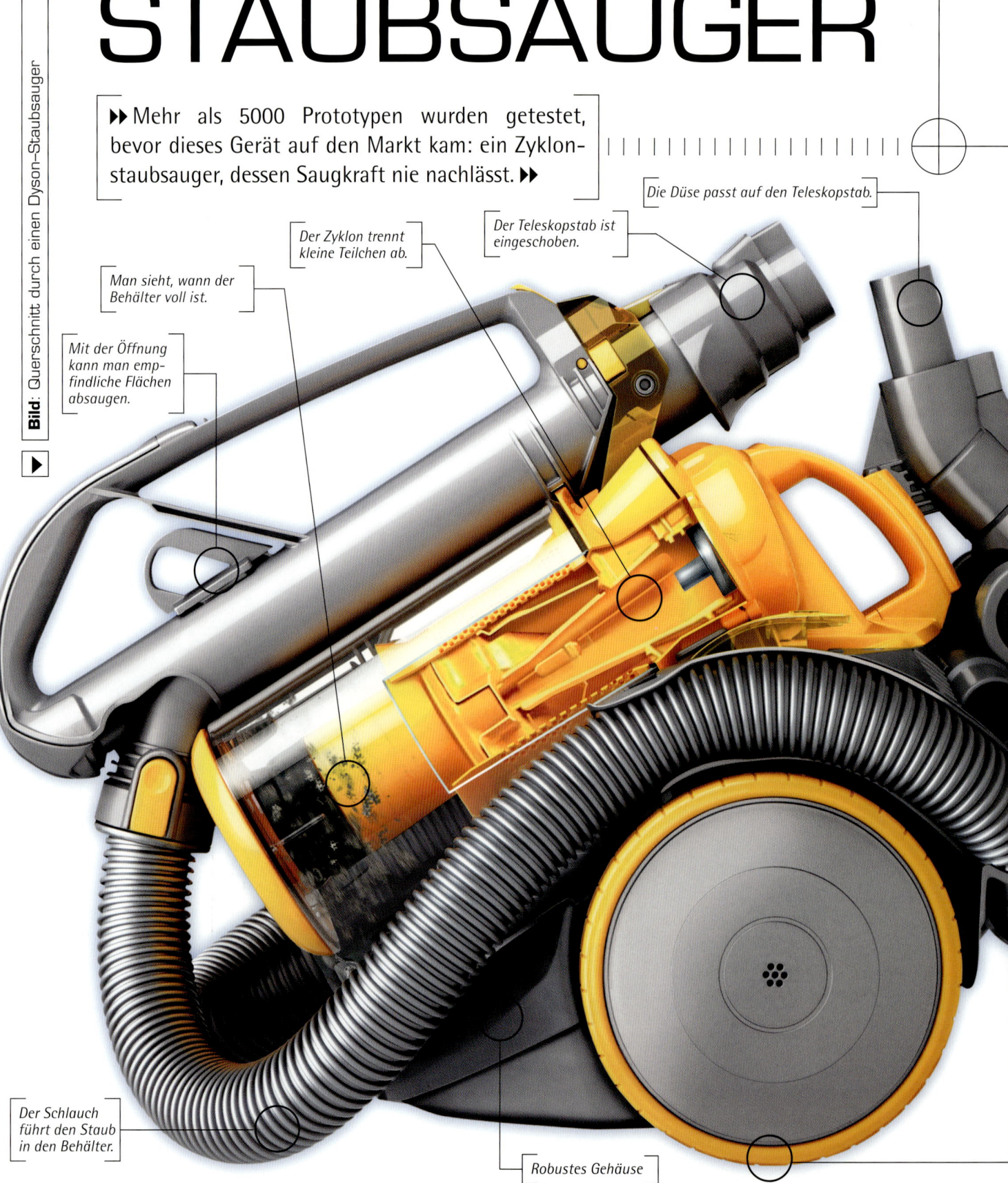

▶▶ Mehr als 5000 Prototypen wurden getestet, bevor dieses Gerät auf den Markt kam: ein Zyklonstaubsauger, dessen Saugkraft nie nachlässt. ▶▶

Bild: Querschnitt durch einen Dyson-Staubsauger

Die Düse passt auf den Teleskopstab.

Der Teleskopstab ist eingeschoben.

Der Zyklon trennt kleine Teilchen ab.

Man sieht, wann der Behälter voll ist.

Mit der Öffnung kann man empfindliche Flächen absaugen.

Der Schlauch führt den Staub in den Behälter.

Robustes Gehäuse

116

▶ Staubsauger

❯❯ WIE EIN ZYKLONSTAUBSAUGER FUNKTIONIERT

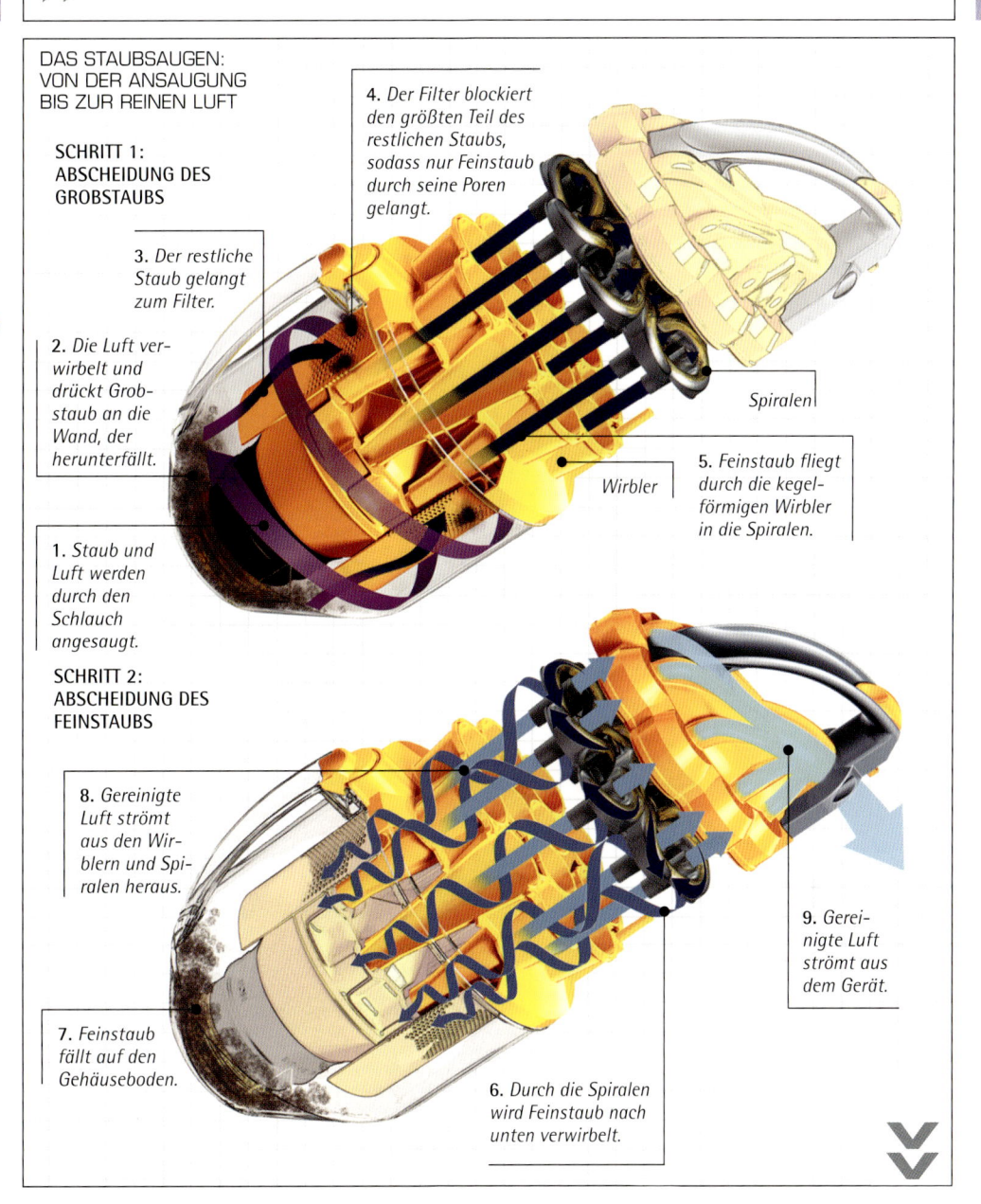

DAS STAUBSAUGEN:
VON DER ANSAUGUNG
BIS ZUR REINEN LUFT

**SCHRITT 1:
ABSCHEIDUNG DES
GROBSTAUBS**

4. Der Filter blockiert den größten Teil des restlichen Staubs, sodass nur Feinstaub durch seine Poren gelangt.

3. Der restliche Staub gelangt zum Filter.

2. Die Luft verwirbelt und drückt Grobstaub an die Wand, der herunterfällt.

1. Staub und Luft werden durch den Schlauch angesaugt.

Spiralen

5. Feinstaub fliegt durch die kegelförmigen Wirbler in die Spiralen.

Wirbler

**SCHRITT 2:
ABSCHEIDUNG DES
FEINSTAUBS**

8. Gereinigte Luft strömt aus den Wirblern und Spiralen heraus.

7. Feinstaub fällt auf den Gehäuseboden.

6. Durch die Spiralen wird Feinstaub nach unten verwirbelt.

9. Gereinigte Luft strömt aus dem Gerät.

▲ **Dieser Staubsauger,** der keinen Staubsaugerbeutel benötigt, saugt Luft und Staub an. Ein Wirbler verwirbelt die Luft, trennt den Staub ab, fängt ihn in einem Behälter auf und bläst gereinigte Luft heraus. Dieses Modell besitzt einen Teleskopstab, den man zum Saugen ausfahren kann. Danach kann man ihn wieder einfahren und am Gerät befestigen.

Die Turbodüse saugt Fusseln vom Teppich.

Gummiräder schonen den Fußboden.

In einem normalen Staubsauger saugt eine Pumpe Staub und Luft durch einen Beutel, der wie ein Filter wirkt. Der Staub bleibt in dem Beutel hängen, während die Luft hindurchströmt und die Saugkraft erhält. Wenn der Beutel gefüllt ist, strömt die Luft schwerer durch den Beutel mit Staub. Die Pumpe saugt immer schwächer Staub an, bis der Beutel gewechselt wird. Ein Zyklonstaubsauger löst dieses Problem durch Zentrifugalkraft, die Staub und Luft voneinander trennt.

Die Zentrifugalkraft – eine Kraft, die Teilchen in einem sich drehenden System nach außen fliegen lässt – drückt die schwereren Teilchen weiter nach außen als die leichteren, um sie zu trennen. Die schweren Teilchen fallen auf den Gehäuseboden. Die leichteren Teilchen werden in kegelförmigen Wirblern von der Luft getrennt. Der Zyklonstaubsauger saugt immer mit gleicher Kraft, weil Staub den Luftstrom nicht behindert, auch wenn der Behälter gefüllt ist.

▶▶ Siehe auch: Serviceroboter S. 118, Waschmaschine S. 114, Zentrifugalkraft S. 251

117

▶ Alltag

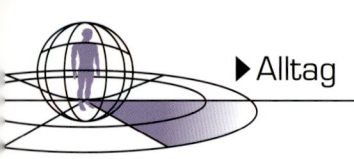

SERVICEROBOTER

▶▶ Dieser niedliche und intelligente Roboter könnte die Haushaltshilfe der Zukunft sein. Mit seinen Mikrochips kann er Personen erkennen, mit ihnen reden und bei der Hausarbeit helfen. ▶▶

Der Kopf wendet sich beim Sprechen einer Person zu.

▶ **Der Roboter besitzt** keine Augen, sondern eine digitale Zwillingskamera, die Gesichter erkennen kann. Sobald PaPeRo ein Gesicht entdeckt und die Person wiedererkennt, leuchten Lampen um seine Kameras orange auf.

▶ **PaPeRo hat eine** freundliche Stimme. Kleine, farbige Lampen leuchten auf, wenn er glücklich ist. Der Roboter kennt 650 Redewendungen und 3000 Wörter. Er kann auf Fragen antworten, die aus diesen Redewendungen und Wörtern bestehen.

▶ **Der Roboter hört,** aus welcher Richtung Geräusche kommen. Er besitzt zwei Mikrofone, um die Geräusche zu lokalisieren. Die Mikrofone wandeln Schall in elektrische Impulse um, die ein Mikrochip als digitale Information liest. Ein Spracherkennungssystem entziffert die Bedeutung dieser Wörter.

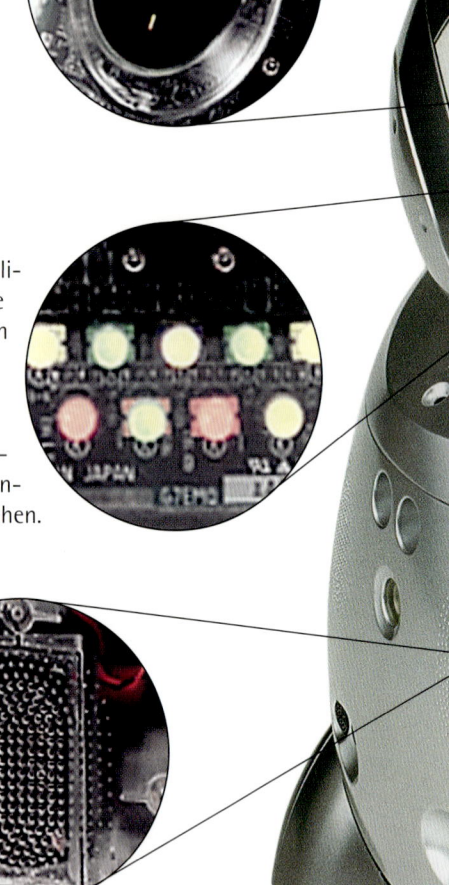

118

▶ **Serviceroboter**

Bild: PaPeRo-Roboter bei der Arbeit

RÜCKBLICK
Der tschechische Schriftsteller Karel Capek führte den Begriff Roboter (dt.: arbeiten) 1921 ein. Heute arbeiten 90 % aller Roboter weltweit in Fabriken.

Roboter können in Zukunft kranke, behinderte oder ältere Menschen versorgen. Sie übernehmen leichte medizinische Aufgaben und rufen den Notarzt.
VORSCHAU

▲ **Wenn man den** Roboter berührt, messen Sensoren an seinem Kopf den Druck. Sie bemerken sogar, ob man ihn nur leicht berührt oder ihn schlägt. Andere Sensoren im Roboter bemerken, wenn man ihn hochhebt.

◀ **PaPeRo erkennt** mit Ultraschall sogar Hindernisse, die in seinem Weg stehen. Sensoren senden hochfrequente Impulse aus, die Menschen nicht hören können. Am Echo erkennt PaPeRo, ob sich ein Objekt vor ihm befindet. Der Roboter besitzt außerdem einen Kreiselkompass (Gyroskop), um sein Gleichgewicht zu halten.

Die Räder können entgegengesetzt laufen, damit sich PaPeRo auf der Stelle drehen kann.

▲ **PaPeRo wird mit** Batterien betrieben und ist einfach zu bedienen, weil er wie ein Mensch empfindet. Als Helfer zu Hause kann er Haushaltsgeräte fernsteuern. Er kann sich in das Internet einloggen, E-Mails senden oder ankommende laut vorlesen. PaPeRo ist 38 cm groß und hat ungefähr die Größe eines kleinen Hundes. Mit seinem Rucksack wirkt er kindlich und freundlich.

⌄ Spielzeugroboter

▶ Manche Menschen fürchten sich vor künstlichen Lebewesen. Diese Angst sollen benutzerfreundliche Roboter zerstreuen, die komplizierte Technologie mit der Anziehungskraft von Haustieren vereinen. Roboterhunde und -katzen besitzen leistungsstarke Mikrochips, um Gefühle von Tieren wie z. B. Freude oder Angst nachzuahmen. Sie laufen, spielen und schlafen wie richtige Haustiere, können jedoch auch singen und tanzen.

Japanischer Roboterhund

▶▶ Siehe auch: Industrieroboter S. 186, Operationsroboter S. 208, Spracherkennung S. 28

In den nächsten Jahren tragen wir wahrscheinlich Kleidung, die mit Computern, Kommunikationsgeräten und Heizelementen ausgestattet ist. Durch neue synthetische Gewebe oder Gewebe, die mit modernen Materialien wie z.B. Aerogelen kombiniert sind, wird unsere Kleidung leichter, passt sich besser unserem Körper an und ist einfacher zu reinigen.

Die Entwicklung neuer Materialien wird auch einen großen Einfluss auf unsere Häuser haben. Wände und Fenster werden mit Aerogel isoliert, ein leichtes, jedoch ungeheuer wirksames Isoliermaterial. Dadurch verbrauchen wir weniger Energie, um unsere Häuser zu beheizen, und schonen fossile Brennstoffe. Millionen Häuser gewinnen Energie aus Solarzellen. Sie bestehen aus einem empfindlichen Infrarotfilm, der auf alle Oberflächen aufgesprüht werden kann. Selbst bei bedecktem Himmel erzeugt er Strom und ist deshalb viel effektiver als die Solarzellen, die wir heute verwenden.

> **Der neue Forschungszweig Biomimetik sucht nach raffinierten Lösungen aus der Natur, um Probleme der Menschheit zu lösen.**

Der neue Forschungszweig Biomimetik versucht, natürliche Prozesse oder Strukturen nachzuahmen. Nach 3,8 Milliarden Jahren Evolution hat die Natur viele raffinierte und sehr wirksame Ideen hervorgebracht. Architekten, Designer und Ingenieure lassen sich von der Natur inspirieren und entwickeln daraus neue Technologien. Außenwände z.B., deren Oberfläche wie die eines Lotusblatts aufgebaut ist, werden durch Regen sauber und nicht wie bisher schmutziger. Die Farben vieler Objekte wie z.B. Autos, Kleidung oder Hauswände ändern sich wie die Federn eines Pfaus, die auf unterschiedliches Licht reagieren. Ein Klebeband ahmt die Härchen an den Füßen von Geckos nach und erzeugt statische Elektrizität, sodass wir Wände hochklettern können.

Unser Zuhause wird unseren Bedürfnissen angepasst. Fast jedes Haushaltsgerät wird kleiner, weil es Sensoren und Mikrochips besitzt. In jedem Raum befinden sich winzige elektronische Geräte, die unbemerkt arbeiten. Das nennt man „ubiquitäres Computing". Waschmaschinen wissen, wenn Teile defekt sind oder ausgetauscht werden müssen, und benachrichtigen den Reparaturdienst mit einem Zustandsbericht. Badezimmerschränke weisen darauf hin, dass das Verfallsdatum bestimmter Medikamente bald abläuft. Wenn man keine Milch mehr hat, bestellt der Kühlschrank im Supermarkt automatisch neue. Intelligente Wohnungen können auch kranken und älteren Menschen helfen. Sensoren im Fußboden melden z. B., wenn jemand hingefallen ist, und rufen den Arzt oder einen Sanitäter.

Gegen Ende dieses Jahrhunderts werden viele Alltagsgegenstände nicht mehr in großen Fabriken hergestellt, sondern in unseren Wohnungen. Replikationsmaschinen (Maschinen, die etwas nachbauen), die bereits entwickelt werden, produzieren Teile aus Kunstharz nach einem Bauplan, der in einem Computer gespeichert ist. Diese Teile werden in verschiedene Objekte wie z. B. Möbel, Küchengeräte, Teller und Tassen oder sogar in andere Replikationsmaschinen eingesetzt. Wie Computer, die heute alltäglich sind, werden auch diese Maschinen so preiswert sein, dass sich jeder eine kaufen kann.

AEROGEL

≫MOBIL

≫ Motorrad ≫ Brennstoffzelle ≫ Benzinmotor ≫ Crashtest ≫ Autoturm ≫ Rollstuhl ≫ Lift ≫ Tauchboot ≫ Osprey ≫ Düsentriebwerk ≫ Windkanal ≫ Blackbox ≫ Navigation ≫ Spaceshuttle ≫ Raumsonde

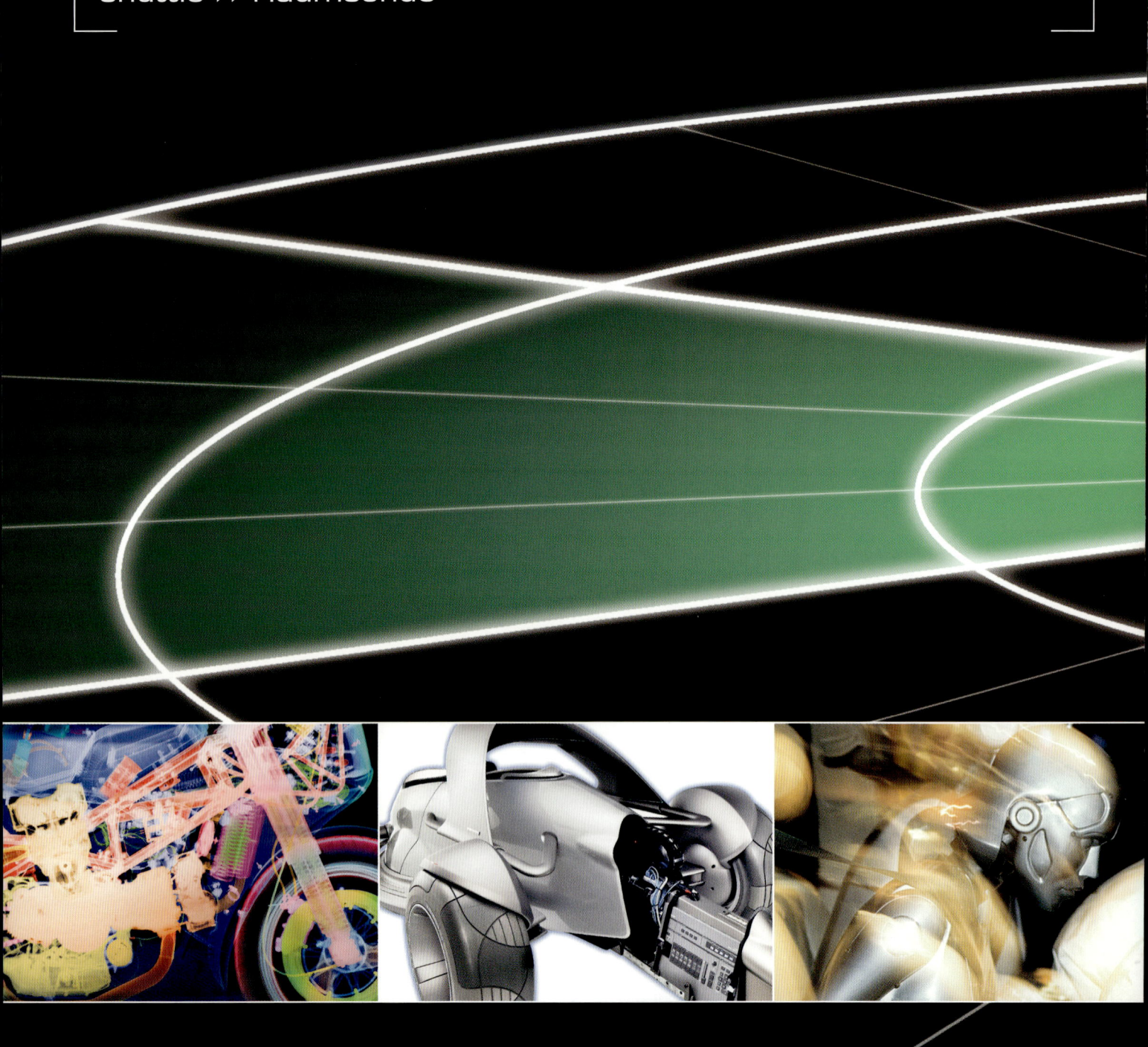

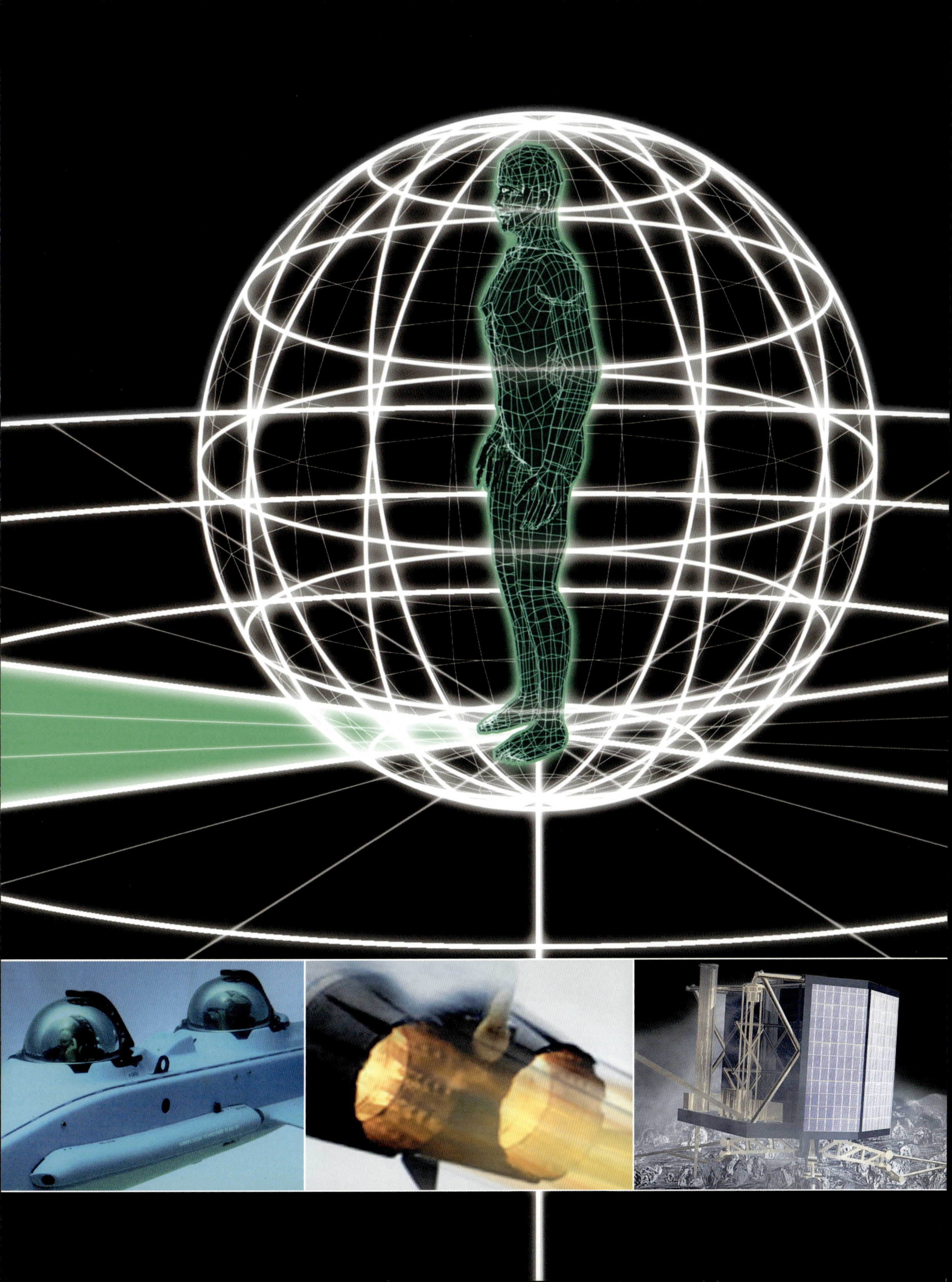

Im Jahr 1900 befanden sich die beiden wichtigsten Transportarten, die wir heute benutzen, noch in ihren Kinderschuhen. Die Gebrüder Wright begannen wie auch andere mit Testflügen. Ihr erster motorisierter Flug 1903 dauerte nur zwölf Sekunden und ging 36,5 m weit. Weltweit besaß nur einer von 10 000 Menschen ein Auto. Fast ein Jahrhundert später hat sich die Welt gründlich verändert. 2004 wurden rund anderthalb Milliarden Reisen mit einem Flugzeug gemacht – rechnerisch ist jeder vierte Mensch unseres Planeten einmal geflogen. Auf der Welt fahren heute mehr als 500 Millionen Autos oder ein Auto für 13 Menschen.

Lange bevor Autos und Flugzeuge unseren Alltag bestimmten, hatten Dampfmaschinen bereits den Transport revolutioniert. Bis das Schienennetz im 19. Jahrhundert entstand, verließen die meisten Menschen nur selten ihre Stadt oder das Dorf, in dem sie lebten. Die schnellste Reisemöglichkeit bot damals das Pferd. Als die erste Dampflokomotive im 18. Jahrhundert erfunden wurde, befürchteten die Menschen, dass Reisen mit Geschwindigkeiten von mehr als 40 km/h gefährlich ist. Im Jahr 1916 nutzten die Menschen Züge mit Dampfloks, um Kontinente schnell und bequem zu durchqueren. Heute erreichen einige Züge regelmäßig Spitzengeschwindigkeiten von 430 km/h.

TACHOMETER

Die Erfindung des Verbrennungsmotors führte direkt zur Entwicklung des Autos. Dieses Fahrzeug fesselte wie kein zweites die Menschen. Es versprach Aufregung, Geschwindigkeit und die Freiheit zu reisen, wohin man wollte. 1950 konnten große Flugzeuge mit zuverlässigen Triebwerken wirtschaftlich fliegen. Das Düsenzeitalter und damit der Massentourismus hatten begonnen. Der Transport von Menschen und Gütern nimmt jedes Jahr zu und belastet zunehmend die Transportwege. Verkehrssicherheit und Staus sind die Herausforderungen der Zukunft.

> Im Jahr 1900 besaßen weniger als 10000 Menschen ein Auto. Heute verfügen jeweils 13 Menschen über ein Auto.

Spitzentechnologien sind in alle Bereiche des Transports eingezogen. Neue Entwicklungen im Maschinenbau, der Fertigung, Elektronik und bei Computern beeinflussen die Art, wie wir uns fortbewegen. Motoren werden effektiver, Materialien werden härter und leichter und wichtige Bauteile immer kleiner und raffinierter. Viele Neuwagen besitzen Sensoren, um ihre genaue Position mit dem Satellitennavigationssystem GPS zu ermitteln. Andere Computer steuern z.B. den reibungslosen Lauf eines Fahrstuhls oder einer Rolltreppe oder regeln die Signaltechnik im Schienenverkehr.

Die meisten Autos verbrauchen Benzin, das aus Öl gewonnen wird. Ihre Abgase schädigen das Klima. Die weltweiten Vorräte an Erdöl und anderen fossilen Brennstoffen nehmen schneller ab, wenn die Nachfrage weiter steigt. Der Wettlauf um neue Energiequellen hat begonnen. Eine Möglichkeit bietet die Brennstoffzelle, die aus Wasserstoff und Sauerstoff Strom erzeugt. Autos mit Brennstoffzellen erzeugen ein harmloses Abfallprodukt: Wasser. Es ist lebenswichtig, dass wir bei der Suche nach alternativen Energien erfolgreich sind, wenn wir ein nachhaltiges Transportwesen und eine saubere Zukunft erschaffen wollen.

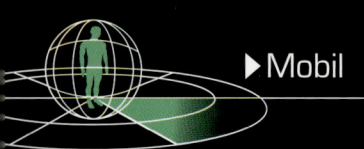

▶ Mobil

MOTORRAD

▶▶ Die schnellsten Motorräder erreichen heute Spitzengeschwindigkeiten von 312 km/h und beschleunigen von 0 auf 100 in weniger als drei Sekunden. ▶▶

▼ **Diese Ducati** Rennmaschine hat einen kleinen Motor, der in einem harten, leichten Rahmen sitzt. Der Motor ist leistungsstärker als viele Automotoren, doch das Motorrad wiegt nur den Bruchteil eines Autos. Starke und leichte Motorräder wie diese Ducati sind daher sehr schnell.

Das Hinterrad wird im Rennen heißer als kochendes Wasser.

Die Antriebswelle dreht sich bei Höchstgeschwindigkeit mehr als 175-mal pro Sekunde.

Der Karbonfaserrahmen ist fünfmal härter als Stahl.

Leichtes Hinterrad

Bild: Röntgenaufnahme einer Ducati

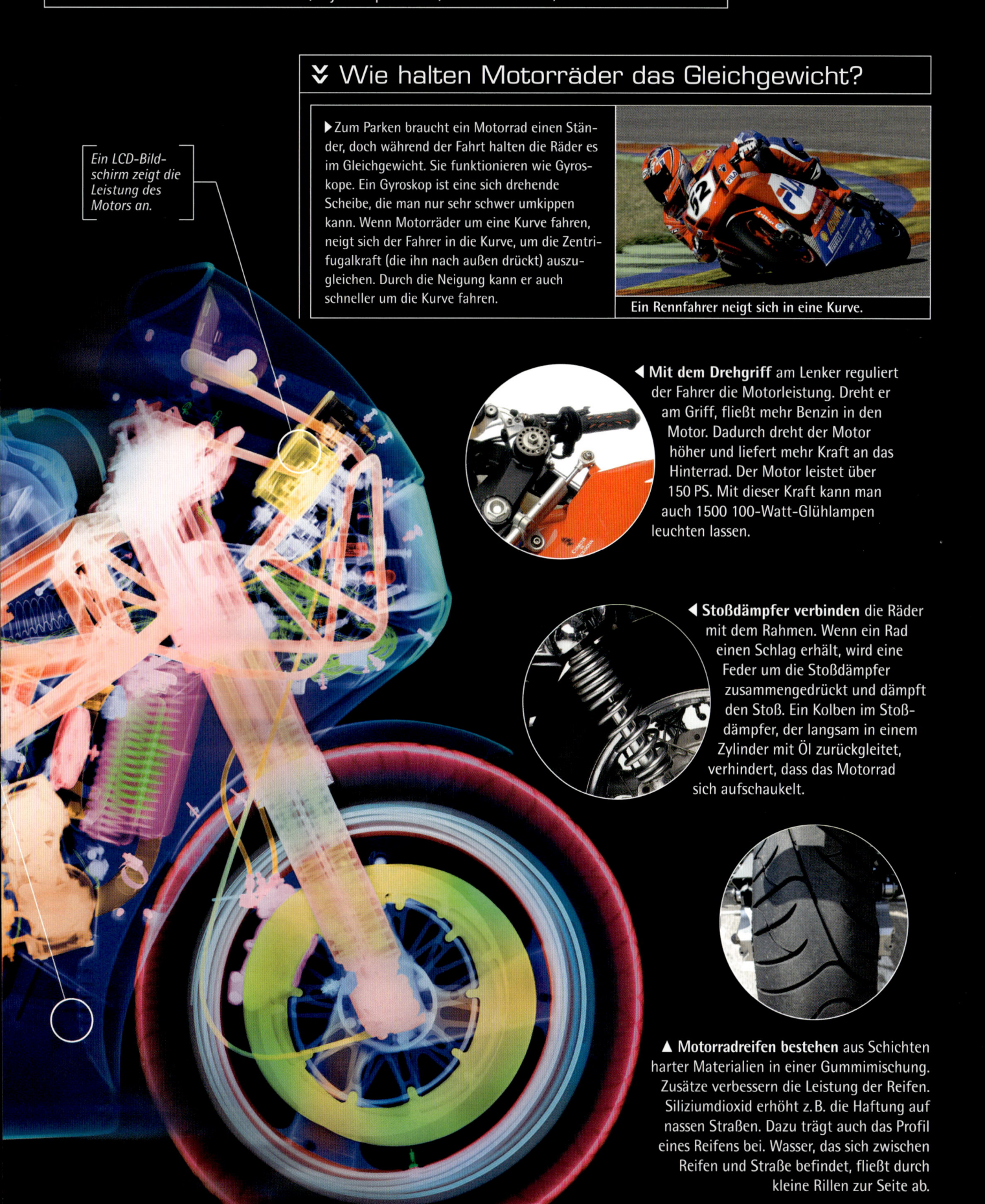

▶ Motorrad

▶▶ Siehe auch: Benzinmotor S. 130, Gyroskop S. 244, Rennrad S. 58, Rollstuhl S. 138

⌄ Wie halten Motorräder das Gleichgewicht?

▶ Zum Parken braucht ein Motorrad einen Ständer, doch während der Fahrt halten die Räder es im Gleichgewicht. Sie funktionieren wie Gyroskope. Ein Gyroskop ist eine sich drehende Scheibe, die man nur sehr schwer umkippen kann. Wenn Motorräder um eine Kurve fahren, neigt sich der Fahrer in die Kurve, um die Zentrifugalkraft (die ihn nach außen drückt) auszugleichen. Durch die Neigung kann er auch schneller um die Kurve fahren.

Ein Rennfahrer neigt sich in eine Kurve.

Ein LCD-Bildschirm zeigt die Leistung des Motors an.

◀ **Mit dem Drehgriff** am Lenker reguliert der Fahrer die Motorleistung. Dreht er am Griff, fließt mehr Benzin in den Motor. Dadurch dreht der Motor höher und liefert mehr Kraft an das Hinterrad. Der Motor leistet über 150 PS. Mit dieser Kraft kann man auch 1500 100-Watt-Glühlampen leuchten lassen.

◀ **Stoßdämpfer verbinden** die Räder mit dem Rahmen. Wenn ein Rad einen Schlag erhält, wird eine Feder um die Stoßdämpfer zusammengedrückt und dämpft den Stoß. Ein Kolben im Stoßdämpfer, der langsam in einem Zylinder mit Öl zurückgleitet, verhindert, dass das Motorrad sich aufschaukelt.

▲ **Motorradreifen bestehen** aus Schichten harter Materialien in einer Gummimischung. Zusätze verbessern die Leistung der Reifen. Siliziumdioxid erhöht z. B. die Haftung auf nassen Straßen. Dazu trägt auch das Profil eines Reifens bei. Wasser, das sich zwischen Reifen und Straße befindet, fließt durch kleine Rillen zur Seite ab.

▸Mobil

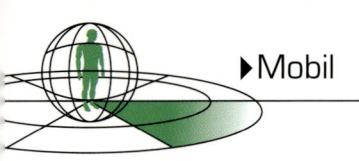

BRENNSTOFFZELLE

▶▶ Elektroautos mit Brennstoffzellen sind leise und sauber. Eine Brennstoffzelle, die für Raumfähren entwickelt wurde, kann die Energiequelle der Zukunft sein, wenn die Erdölvorräte erschöpft sind. Sie braucht nur zwei Gase: Wasserstoff und Sauerstoff. ▶▶

›› WIE EINE BRENNSTOFFZELLE FUNKTIONIERT

Eine Brennstoffzelle arbeitet wie eine Batterie, die Strom aus einer chemischen Reaktion gewinnt. Im Gegensatz zur Batterie wird eine Brennstoffzelle nicht leer und muss nicht wieder aufgeladen werden. Die Zelle wird ständig mit reinem Wasserstoffgas (aus einem Vorratsbehälter im Auto) und Sauerstoff (aus der Außenluft) versorgt. Die beiden Gase reagieren miteinander und erzeugen Strom für den Motor und Wasser als Abfall. Der Strom treibt einen oder mehrere Elektromotoren an, die aus weniger Bauteilen bestehen und viel leiser sind als Verbrennungsmotoren. Brennstoffzellen erzeugen keine gefährlichen Schadstoffe.

BRENNSTOFFZELLEN ERZEUGEN AUS WASSERSTOFF UND SAUERSTOFF STROM UND WASSER.

BRENNSTOFFZELLENSTAPEL
STROMKABEL
WASSERSTOFF
SAUERSTOFF
WASSER
STROMKABEL

WASSERSTOFF

BRENNSTOFFZELLE VON INNEN
ANODE
ELEKTROLYT
KATHODE

1. Wasserstoffatome werden in die Anode gepumpt.

2. Platinpulver spaltet Wasserstoffatome in positive Ionen (Protonen) und negative Elektronen.

3. Die Ionen wandern durch den Elektrolyten zur Kathode.

4. Die Elektronen fließen durch das Stromkabel und erzeugen Strom für den Motor.

STROM

5. Die Elektronen fließen in die Kathode und schließen den Stromkreis.

6. Protonen und Elektronen reagieren in der Kathode mit Sauerstoff und bilden Wasser.

SAUERSTOFF
WASSER

7. Bei der Reaktion entsteht Wasser – das einzige Abfallprodukt.

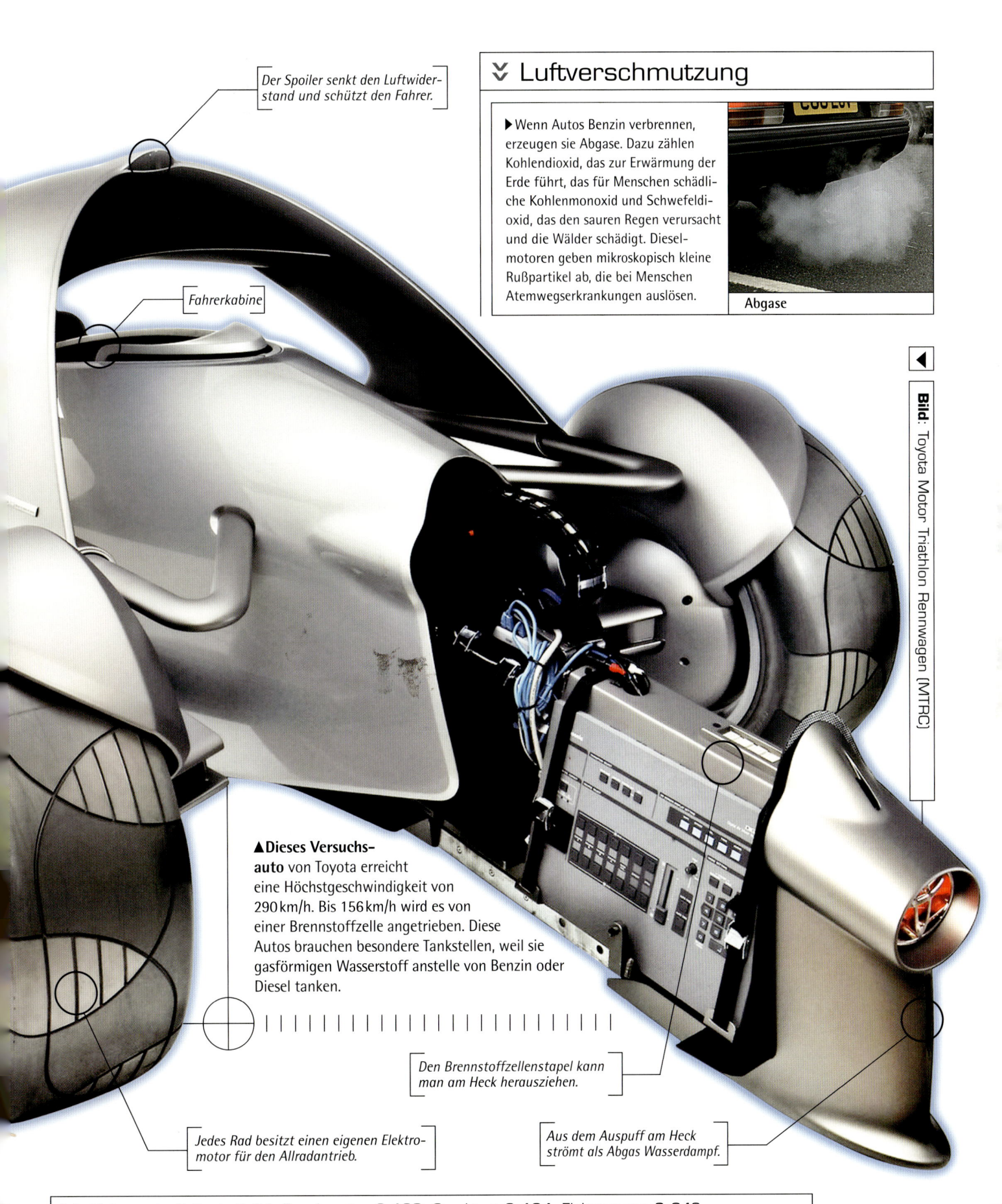

> **Brennstoffzelle**

Der Spoiler senkt den Luftwiderstand und schützt den Fahrer.

Fahrerkabine

⌄ Luftverschmutzung

▶ Wenn Autos Benzin verbrennen, erzeugen sie Abgase. Dazu zählen Kohlendioxid, das zur Erwärmung der Erde führt, das für Menschen schädliche Kohlenmonoxid und Schwefeldioxid, das den sauren Regen verursacht und die Wälder schädigt. Dieselmotoren geben mikroskopisch kleine Rußpartikel ab, die bei Menschen Atemwegserkrankungen auslösen.

Abgase

Bild: Toyota Motor Triathlon Rennwagen (MTRC)

▲**Dieses Versuchsauto** von Toyota erreicht eine Höchstgeschwindigkeit von 290 km/h. Bis 156 km/h wird es von einer Brennstoffzelle angetrieben. Diese Autos brauchen besondere Tankstellen, weil sie gasförmigen Wasserstoff anstelle von Benzin oder Diesel tanken.

Den Brennstoffzellenstapel kann man am Heck herausziehen.

Jedes Rad besitzt einen eigenen Elektromotor für den Allradantrieb.

Aus dem Auspuff am Heck strömt als Abgas Wasserdampf.

▶▶ Siehe auch: Batterie S. 94, Benzinmotor S. 130, Crashtest S. 134, Elektromotor S. 242

129

▶ Mobil

BENZINMOTOR

▶▶ Ungefähr 50 000 kleine Explosionen pro Minute wandeln in einem Motor die chemische Energie des Brennstoffs in die Kraft um, die das Auto bewegt. ▶▶

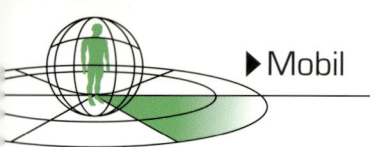

Bild: Schnittmodell des Antriebs eines Jaguars

▼ **Dieses heckangetriebene** Auto überträgt die Kraft des Motors über Getriebe und Wellen auf die Hinterradachse. Während des Schaltens greifen verschieden große Zahnräder ineinander, um die Kraft des Motors in unterschiedliche Geschwindigkeiten zu übersetzen.

5. Die Achse treibt die Hinterräder an.

4. Das Differenzial treibt mit der Antriebswelle die Hinterräder an.

3. Die Antriebswelle überträgt die Kraft auf das Differenzial.

2. Das Getriebe treibt die Antriebswelle schneller oder langsamer an.

1. Im Motor treiben Kolben in Zylindern die Kurbelwelle an, die mit dem Getriebe verbunden ist.

▶▶ Siehe auch: Brennstoffzelle S. 128, Düsentriebwerk S. 146, Verbrennungsmotor S. 251

▶ Benzinmotor

» WIE EIN VIERTAKTMOTOR ARBEITET

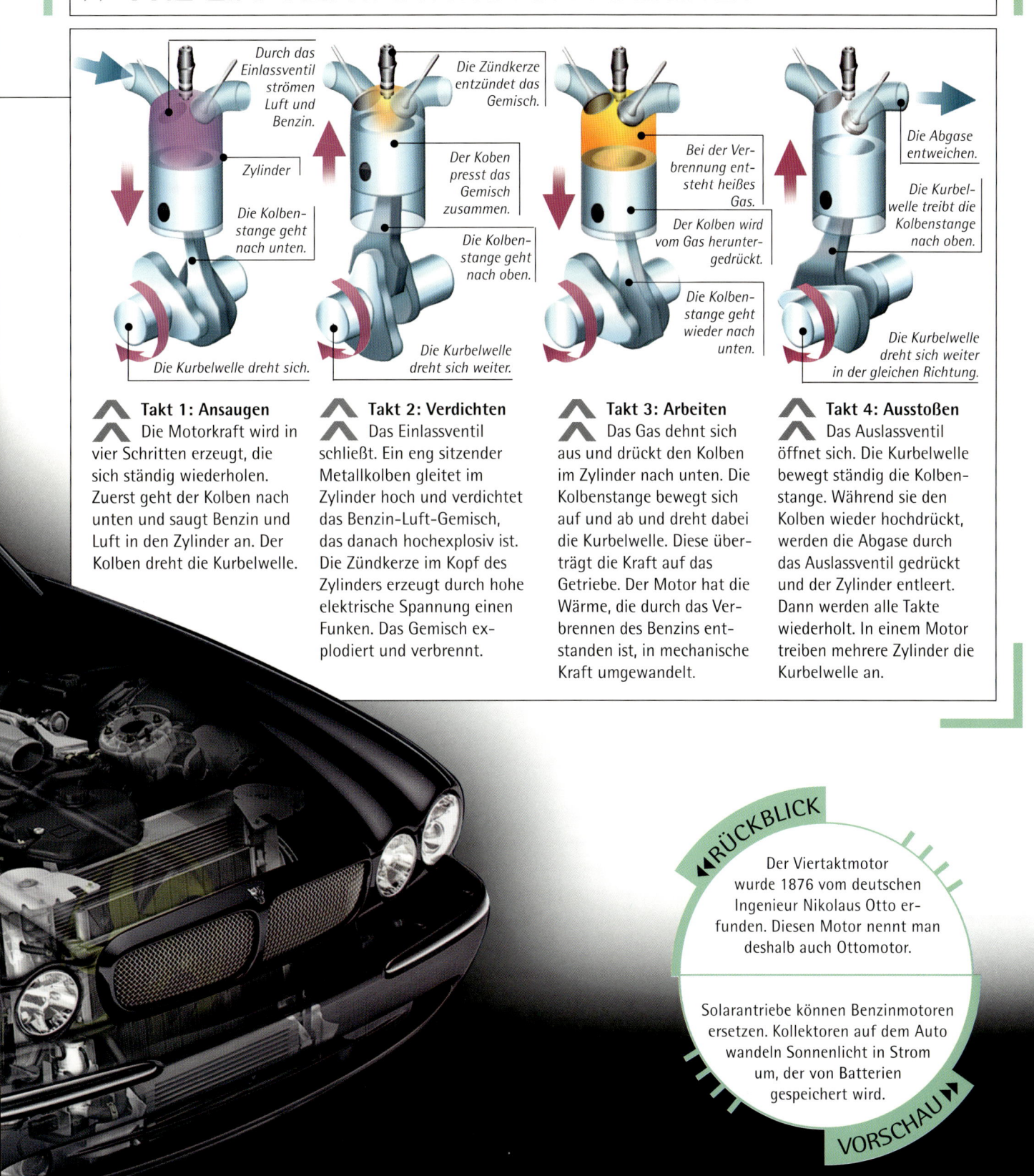

Durch das Einlassventil strömen Luft und Benzin.

Zylinder

Die Kolbenstange geht nach unten.

Die Kurbelwelle dreht sich.

Die Zündkerze entzündet das Gemisch.

Der Koben presst das Gemisch zusammen.

Die Kolbenstange geht nach oben.

Die Kurbelwelle dreht sich weiter.

Bei der Verbrennung entsteht heißes Gas.

Der Kolben wird vom Gas heruntergedrückt.

Die Kolbenstange geht wieder nach unten.

Die Abgase entweichen.

Die Kurbelwelle treibt die Kolbenstange nach oben.

Die Kurbelwelle dreht sich weiter in der gleichen Richtung.

▲ Takt 1: Ansaugen
Die Motorkraft wird in vier Schritten erzeugt, die sich ständig wiederholen. Zuerst geht der Kolben nach unten und saugt Benzin und Luft in den Zylinder an. Der Kolben dreht die Kurbelwelle.

▲ Takt 2: Verdichten
Das Einlassventil schließt. Ein eng sitzender Metallkolben gleitet im Zylinder hoch und verdichtet das Benzin-Luft-Gemisch, das danach hochexplosiv ist. Die Zündkerze im Kopf des Zylinders erzeugt durch hohe elektrische Spannung einen Funken. Das Gemisch explodiert und verbrennt.

▲ Takt 3: Arbeiten
Das Gas dehnt sich aus und drückt den Kolben im Zylinder nach unten. Die Kolbenstange bewegt sich auf und ab und dreht dabei die Kurbelwelle. Diese überträgt die Kraft auf das Getriebe. Der Motor hat die Wärme, die durch das Verbrennen des Benzins entstanden ist, in mechanische Kraft umgewandelt.

▲ Takt 4: Ausstoßen
Das Auslassventil öffnet sich. Die Kurbelwelle bewegt ständig die Kolbenstange. Während sie den Kolben wieder hochdrückt, werden die Abgase durch das Auslassventil gedrückt und der Zylinder entleert. Dann werden alle Takte wiederholt. In einem Motor treiben mehrere Zylinder die Kurbelwelle an.

◀ RÜCKBLICK

Der Viertaktmotor wurde 1876 vom deutschen Ingenieur Nikolaus Otto erfunden. Diesen Motor nennt man deshalb auch Ottomotor.

Solarantriebe können Benzinmotoren ersetzen. Kollektoren auf dem Auto wandeln Sonnenlicht in Strom um, der von Batterien gespeichert wird.

VORSCHAU ▶▶

▶ Mobil

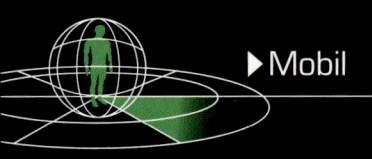

STARK

Fahrzeuge fahren heute schneller und längere Strecken als jemals zuvor. Ihre Bauteile müssen deshalb härter, leichter und haltbarer sein. Für diese Anforderungen werden ständig neue Materialien entwickelt.

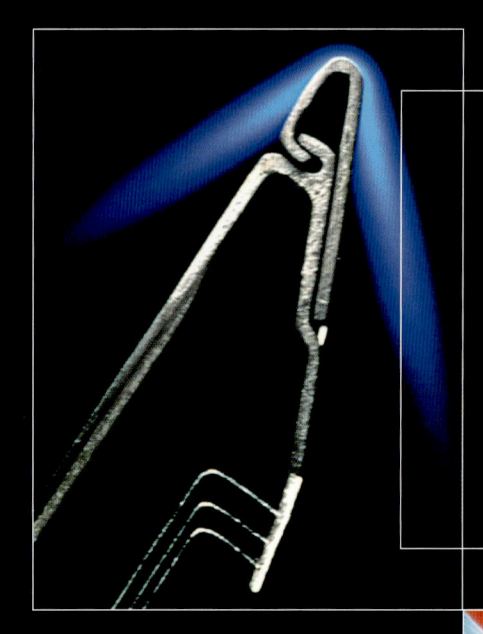

◀◀ Kohlenstofffaser (Karbon)

Dieses Teil einer Tragfläche besteht aus Kohlenstofffasern. Mehrere Schichten dieser Faser (Wabentechnik) werden mit Wärme behandelt, um sie zu härten. Im Gegensatz zu Metallen wird dieses Material härter, wenn es hoch erhitzt wird, und eignet sich deshalb sehr gut für die Bremsen von Rennwagen, für Flugzeuge und Raumfähren.

▶▶ Kevlar®

Kevlar® ist wie Lycra® und Nylon eine synthetische (künstliche) Faser. Ein dichtes Gewebe aus Kevlar® ist fünfmal härter als Stahl und eignet sich besonders gut für schusssichere Westen. Aus dem starken, langlebigen und leichten Material entstehen auch Fahrradreifen, Autobremsbeläge und Windsurfsegel.

▶Stark

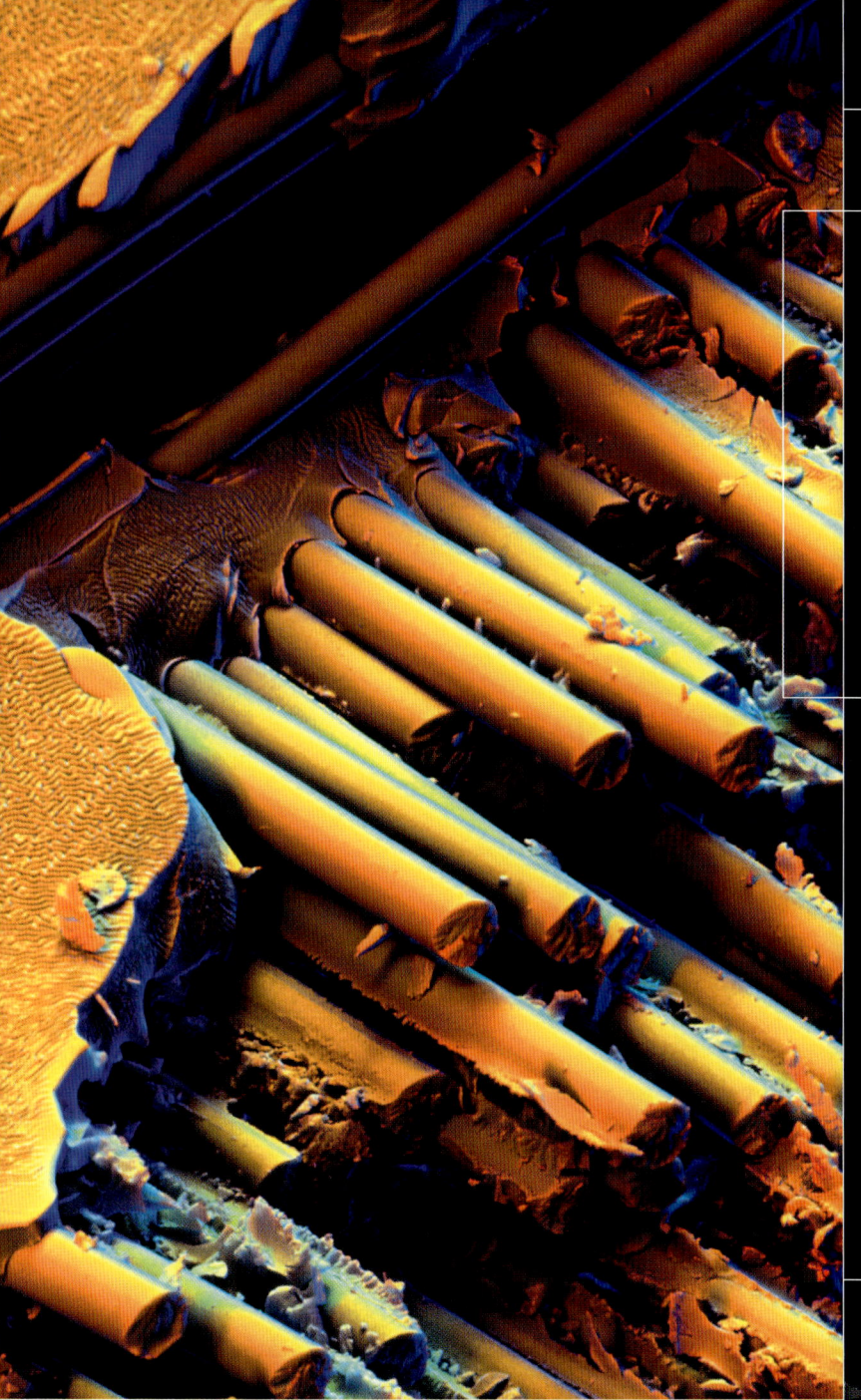

« Glasfaserstoff
Glasfaserstoff, der um 1940 entwickelt wurde, ist der weltweit bekannteste Verbundwerkstoff. Diese Aufnahme mit einem Rasterelektronenmikroskop zeigt winzige stäbchenförmige Glasfasern im Material. Die Fasern geben dem Material Stärke und sind durch den Kunststoff Polyester verbunden. Glasfaserstoffe sind hitzebeständig, leicht, hart und doch biegsam und haltbar. Aus Glasfaserstoffen werden Schiffsrümpfe, Karosserien und Flugzeugteile hergestellt.

⋁ Titan
Die riesigen Lüfterschaufeln eines Düsentriebwerks bestehen aus dem Metall Titan, das in der Erdkruste und in Meteoriten vorkommt. Titan ist so hart wie Stahl, es wiegt jedoch fast nur die Hälfte, rostet nicht so schnell und hält extreme Temperaturen aus. Es bildet mit anderen Metallen wie z.B. Aluminium oder Zinn harte Legierungen. Titan und seine Legierungen werden zum Bau von Raketen, Raumfähren, Schiffen und Fahrradrahmen eingesetzt.

« Materialtests im Weltraum
Dieses Bild zeigt ein Experiment, das die NASA 1984 im Weltraum durchführte. Sie brachte mit dem Spaceshuttle einen Behälter in den Weltraum, der aus verschiedenen Materialien bestand. Der Behälter wurde fast sechs Jahre den Einflüssen ausgesetzt, die im Weltraum herrschen. Nach der Rückkehr auf die Erde untersuchten Wissenschaftler, welche Materialien den extremen Bedingungen widerstehen und sich für neue Raumfähren eignen.

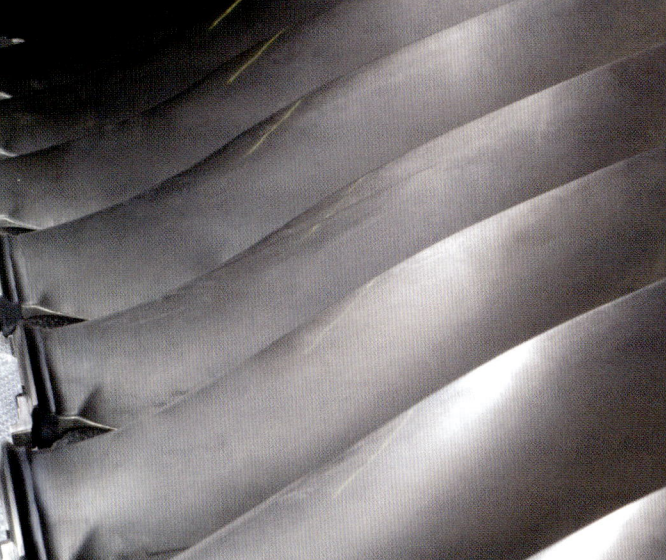

▶▶ Siehe auch: Flexibel S. 60, Kohlenstoff S. 245, Rennrad S. 58, Schutzanzug S. 190

133

▶ Mobil

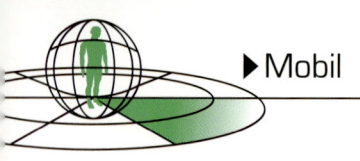

CRASHTEST

▶▶ Eine Crashtest-Puppe (Dummy) ist voll von wissenschaftlichen Messinstrumenten. Bei einem Crashtest werden Messdaten von mehr als 130 kleinen Sensoren aufgezeichnet. ▶▶

▶ Dieser Dummy füttert mit vielen hundert Messdaten einen Computer, während er auf einen Airbag prallt. Dummys werden seit über 50 Jahren eingesetzt, um Sicherheitsgurte, Airbags und Fahrzeugaufbau zu verbessern und um die Sicherheit der Insassen zu erhöhen.

» WIE EIN DUMMY FUNKTIONIERT

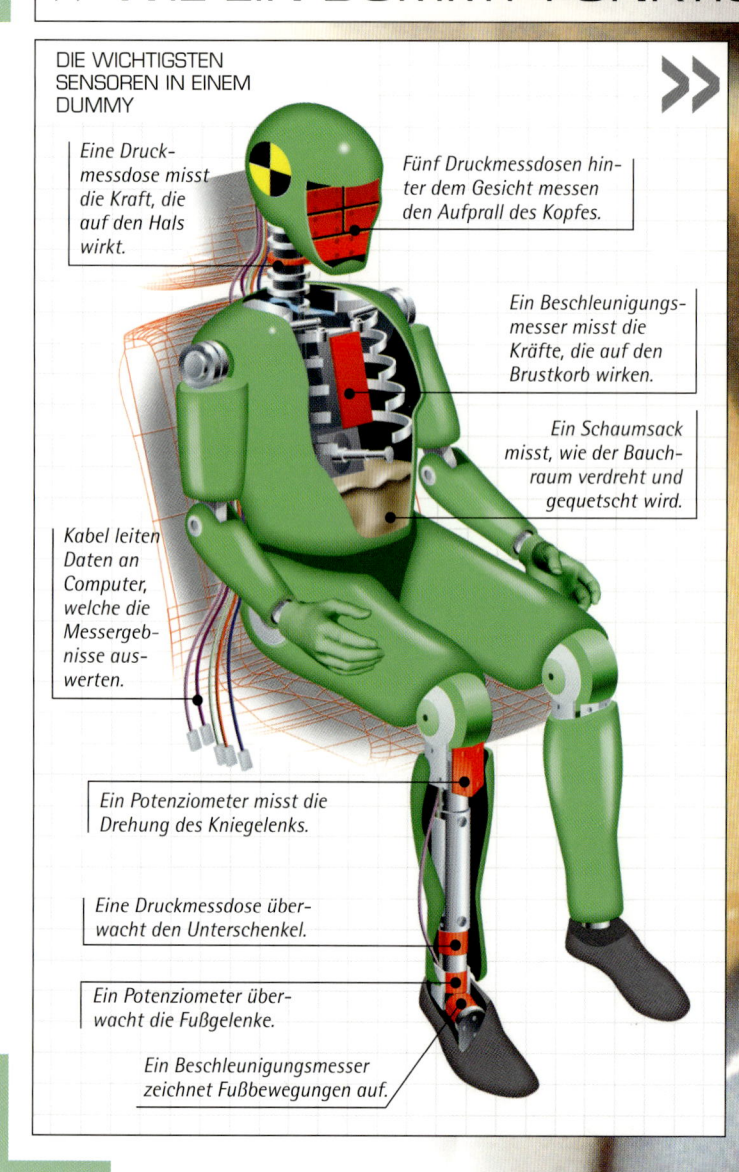

DIE WICHTIGSTEN SENSOREN IN EINEM DUMMY

Eine Druckmessdose misst die Kraft, die auf den Hals wirkt.

Fünf Druckmessdosen hinter dem Gesicht messen den Aufprall des Kopfes.

Ein Beschleunigungsmesser misst die Kräfte, die auf den Brustkorb wirken.

Ein Schaumsack misst, wie der Bauchraum verdreht und gequetscht wird.

Kabel leiten Daten an Computer, welche die Messergebnisse auswerten.

Ein Potenziometer misst die Drehung des Kniegelenks.

Eine Druckmessdose überwacht den Unterschenkel.

Ein Potenziometer überwacht die Fußgelenke.

Ein Beschleunigungsmesser zeichnet Fußbewegungen auf.

Bei Autounfällen werden häufig Kopf, Brust und Beine verletzt. Ein Dummy hat deshalb in diesen Körperteilen besonders viele Sensoren. Es werden drei Sensorenarten verwendet: Druckmessdose, Beschleunigungsmesser und Potenziometer. Druckmessdosen besitzen winzige piezoelektrische Kristalle und reagieren auf Dehnungen und Quetschungen. Beschleunigungsmesser enthalten winzige Magneten. Sie verschieben sich, wenn sich der Sensor bewegt. Potenziometer zeigen mit kleinen elektrischen Spannungen, wie weit sie verdreht werden. Für verschiedene Unfälle, einen Aufprall von der Seite oder von vorne, existieren unterschiedliche Dummys.

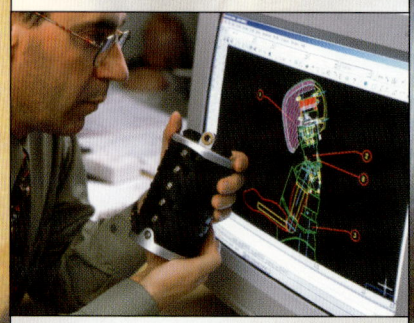

Ein Ingenieur verbessert den Hals eines Kinder-Dummys. Am Computer können Dummys in allen Größen, für jedes Alter und Geschlecht entwickelt werden.

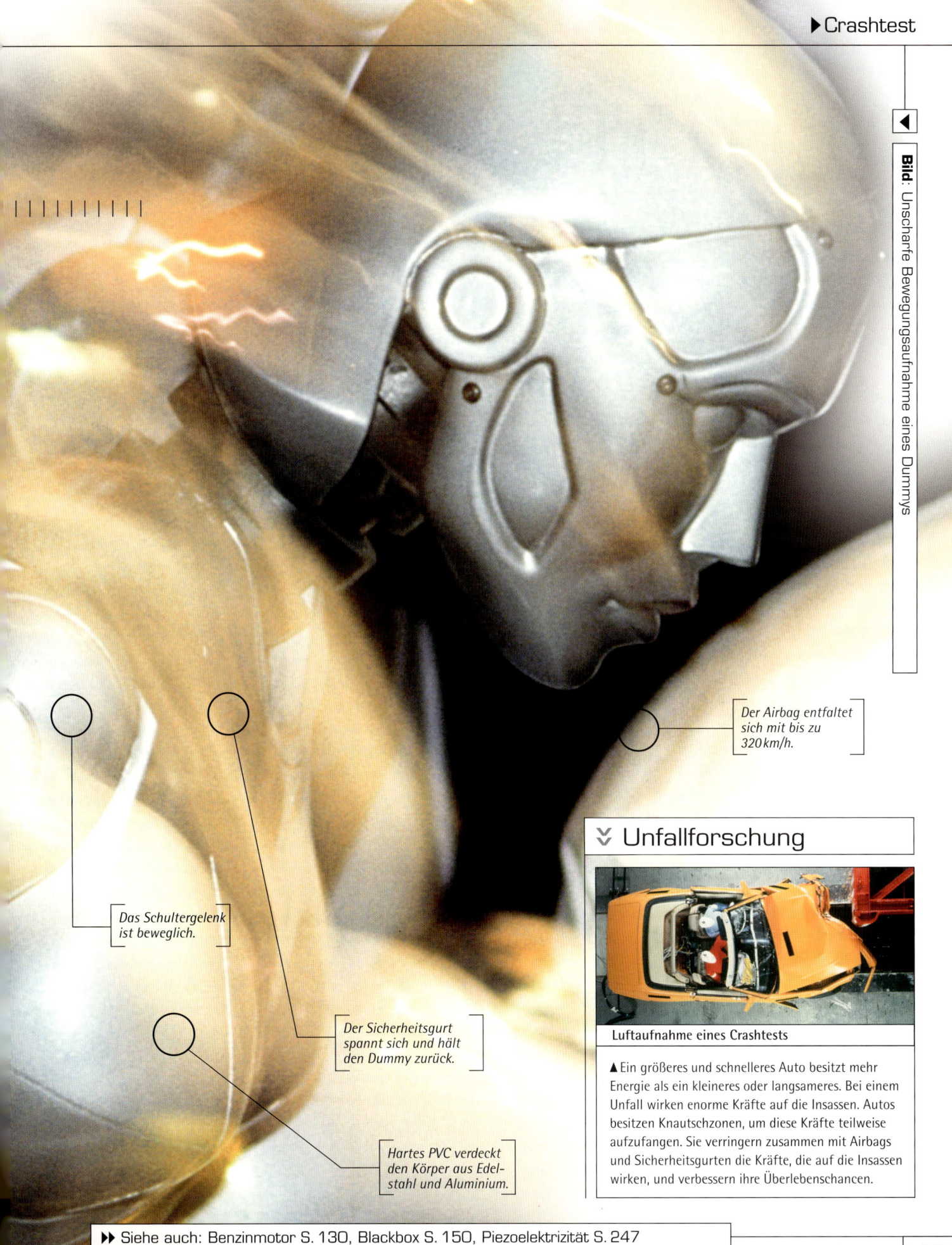

▶ Crashtest

Bild: Unscharfe Bewegungsaufnahme eines Dummys

[Der Airbag entfaltet sich mit bis zu 320 km/h.

[Das Schultergelenk ist beweglich.

[Der Sicherheitsgurt spannt sich und hält den Dummy zurück.

[Hartes PVC verdeckt den Körper aus Edelstahl und Aluminium.

⩔ Unfallforschung

Luftaufnahme eines Crashtests

▲ Ein größeres und schnelleres Auto besitzt mehr Energie als ein kleineres oder langsameres. Bei einem Unfall wirken enorme Kräfte auf die Insassen. Autos besitzen Knautschzonen, um diese Kräfte teilweise aufzufangen. Sie verringern zusammen mit Airbags und Sicherheitsgurten die Kräfte, die auf die Insassen wirken, und verbessern ihre Überlebenschancen.

▶▶ Siehe auch: Benzinmotor S. 130, Blackbox S. 150, Piezoelektrizität S. 247

▶ Mobil

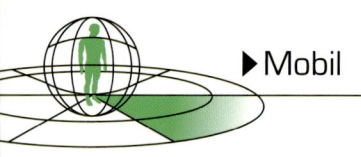

AUTOTURM

▶▶ Mitten in Deutschland steht die größte Autofabrik der Welt, in der täglich 3000 Autos vom Band laufen. Viele Neuwagen werden in einem riesigen Automaten abgestellt, den man Autoturm nennt. ▶▶

>> WIE DER AUTOTURM FUNKTIONIERT

VON DER FABRIK IN DEN TURM

4. Der Roboterarm setzt das Auto aus dem Lift an seinen vorgesehenen Lagerplatz.

3. Der Lift fährt hoch zu dem Platz, den ihm das Computersystem zuweist.

2. Der Roboterarm nimmt das Auto von der Palette, fasst es an seinen vier Rädern und setzt es auf den Lift.

5. Für einen Käufer setzt der Roboterarm das Auto auf den Lift, der es herunterbringt.

1. Die Autos kommen auf Paletten von der Fabrik in den Turm.

An der Säule befinden sich zwei Lifte.

Jeder Lift kann sich um 270° drehen.

Bei etwa 550 Millionen Autos auf der Welt und etwa 40 Millionen Neuwagen, die jährlich produziert werden, sind Parkplätze sehr knapp. Dieses Problem betrifft besonders Autofabriken und große Händler, die hunderte von Neuwagen für ihre Kunden zur Auswahl bereitstellen. Die Autotürme von Volkswagen lösen dieses Problem mit drei klassischen Erfindungen – einem Aufzug oder Lift, einem mehrgeschossigen Parkdeck und einem Gabelstapler. Weil der Verkehr in den Städten immer mehr zunimmt, können solche Türme in Zukunft Parkplätze ersetzen.

Ein Autoturm in der Autostadt

▶ Autoturm

▶▶ Siehe auch: Benzinmotor S. 130, Brennstoffzelle S. 128

▼ **Die beiden Zylinder** des Autoturms in der Autostadt Wolfsburg haben 20 Etagen, sind 47 m hoch und jeder Turm kann 400 Autos aufnehmen. Das vollautomatische System ist direkt mit dem Verkaufsraum verbunden, in dem täglich 500 Autos verkauft werden.

Der Lift kann 2,5 Tonnen mit 7 km/h heben.

Jede Etage hat 20 Plätze.

Bild: Innenansicht eines Autoturms der Autostadt

⌄ Hochhäuser in der Natur

Das Innere eines Termitenhügels

▲ Termitenhügel, die aus Lehm und Holz bestehen, sind bis zu 6 m hoch und beherbergen eine Million oder mehr Termiten – eine unglaublich wirksame Raumnutzung. Ein Bürogebäude müsste etwa 10 km hoch sein, um so viele Menschen aufzunehmen. Dieser afrikanische Termitenhügel hat eine Wendeltreppe, um jede Etage einfach zu erreichen.

▶ Mobil

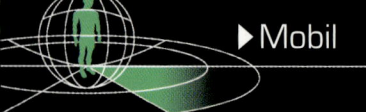

ROLLSTUHL

▶▶ Der wendige Rollstuhl iBOT™ hebt seinen Benutzer an, sodass er stehen kann, und steigt sogar Treppen hoch. Sein Allradantrieb meistert Schlamm und Sand und fährt auf Asphalt bis zu 10 km/h schnell. ▶▶

▶ **Dieser iBOT™** befindet sich in einer erhöhten Position, damit sich sein Benutzer aufrecht hinstellen und z. B. ein Regal erreichen kann. Der besondere Gleichgewichtsmechanismus des Rollstuhls erkennt, wenn der Benutzer seinen Schwerpunkt verlagert. Dann ändert er die Position des Sitzes, um diese Verlagerung auszugleichen. Wenn alle vier Räder den Boden berühren, lenkt ein Steuerknüppel die beiden kleineren Vorderräder.

›› WIE DER iBOT™ FUNKTIONIERT

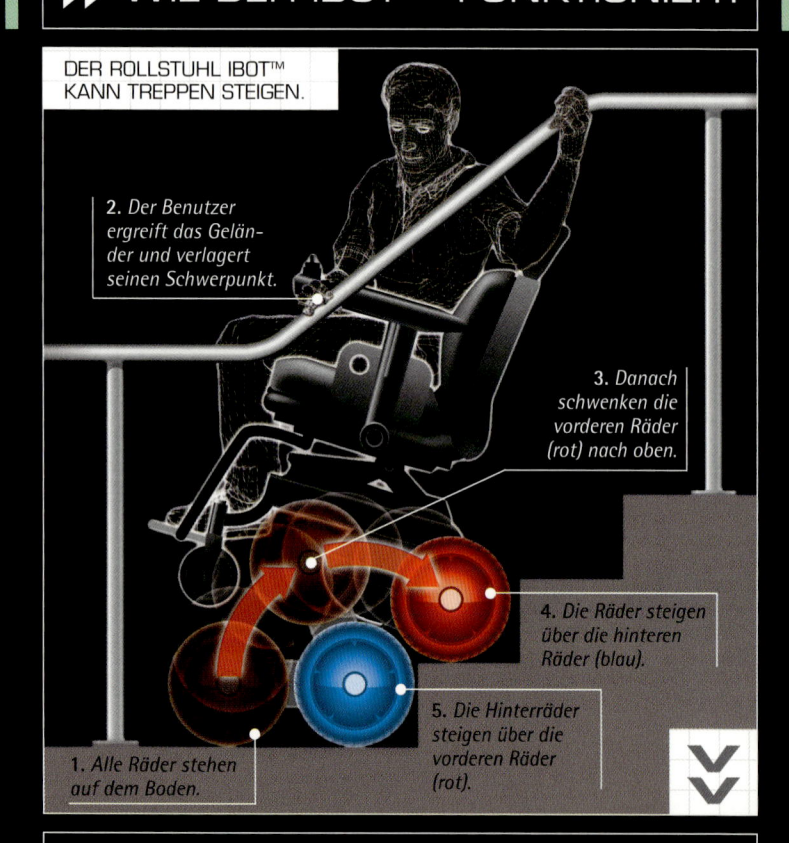

DER ROLLSTUHL IBOT™ KANN TREPPEN STEIGEN.

2. Der Benutzer ergreift das Geländer und verlagert seinen Schwerpunkt.

3. Danach schwenken die vorderen Räder (rot) nach oben.

4. Die Räder steigen über die hinteren Räder (blau).

5. Die Hinterräder steigen über die vorderen Räder (rot).

1. Alle Räder stehen auf dem Boden.

Einen normalen Rollstuhl eine Treppe hochzuziehen ist anstrengend, weil man ihn auf jede einzelne Stufe senkrecht hochziehen muss. Eine Rampe erleichtert die Aufgabe, weil der Rollstuhl auf einer geneigten Ebene und nicht senkrecht die Schwerkraft überwindet. Der iBOT™ steigt Treppen mit noch weniger Aufwand hoch. Er besitzt zwei Räderpaare, die man Cluster nennt. Jeweils ein Paar bewegt sich nach oben und über das andere Paar hinweg auf die nächste Stufe. So legt jedes der großen Räder eine zusätzliche Strecke zurück und das verringert den Aufwand beim Treppensteigen.

Die kleinen Vorderräder lenken den Stuhl.

Gleichgewichtsmechanismus

Übereinander heben die Räder den Stuhl an.

Der Mechanismus treibt die Räder paarweise oder einzeln an.

▶▶ Siehe auch: Schwerpunkt S. 249, Serviceroboter S. 118

Bild: Independence® iBOT™ 3000 Mobilsystem in erhobener Position

Mit dem Steuerknüppel wird der Rollstuhl ohne Aufwand gelenkt.

Der Gleichgewichtsmechanismus verhindert, dass der Stuhl kippt, wenn sich der Benutzer zurücklehnt.

⌄ Schwerpunkt

Hoher Schwerpunkt: Die Flasche kann leicht umfallen.

Niedriger Schwerpunkt: Die Flasche steht stabiler.

Hoher und niedriger Schwerpunkt

▲ Der Schwerpunkt ist der Mittelpunkt der gesamten Masse eines Objektes. Wenn der Schwerpunkt eines Objektes direkt in der Mitte über dem Boden liegt, steht es aufrecht. Verlagert sich der Schwerpunkt jedoch zu einer Seite, fällt es um. Der Rollstuhl iBOT™ besitzt einen Gleichgewichtsmechanismus, der erkennt, wenn der Benutzer seine Lage verändert. Er sorgt dafür, dass der Schwerpunkt immer genau zwischen den Rädern liegt.

▶ Mobil

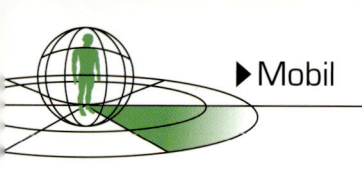

LIFT

▶▶ Erst mit Aufzügen konnten in unseren Städten Wolkenkratzer entstehen. Im Taipei 101 Tower in Taiwan, der 508 m hoch ist, fahren die Aufzüge am höchsten. ▶▶

❯❯ WIE EIN AUFZUG FUNKTIONIERT

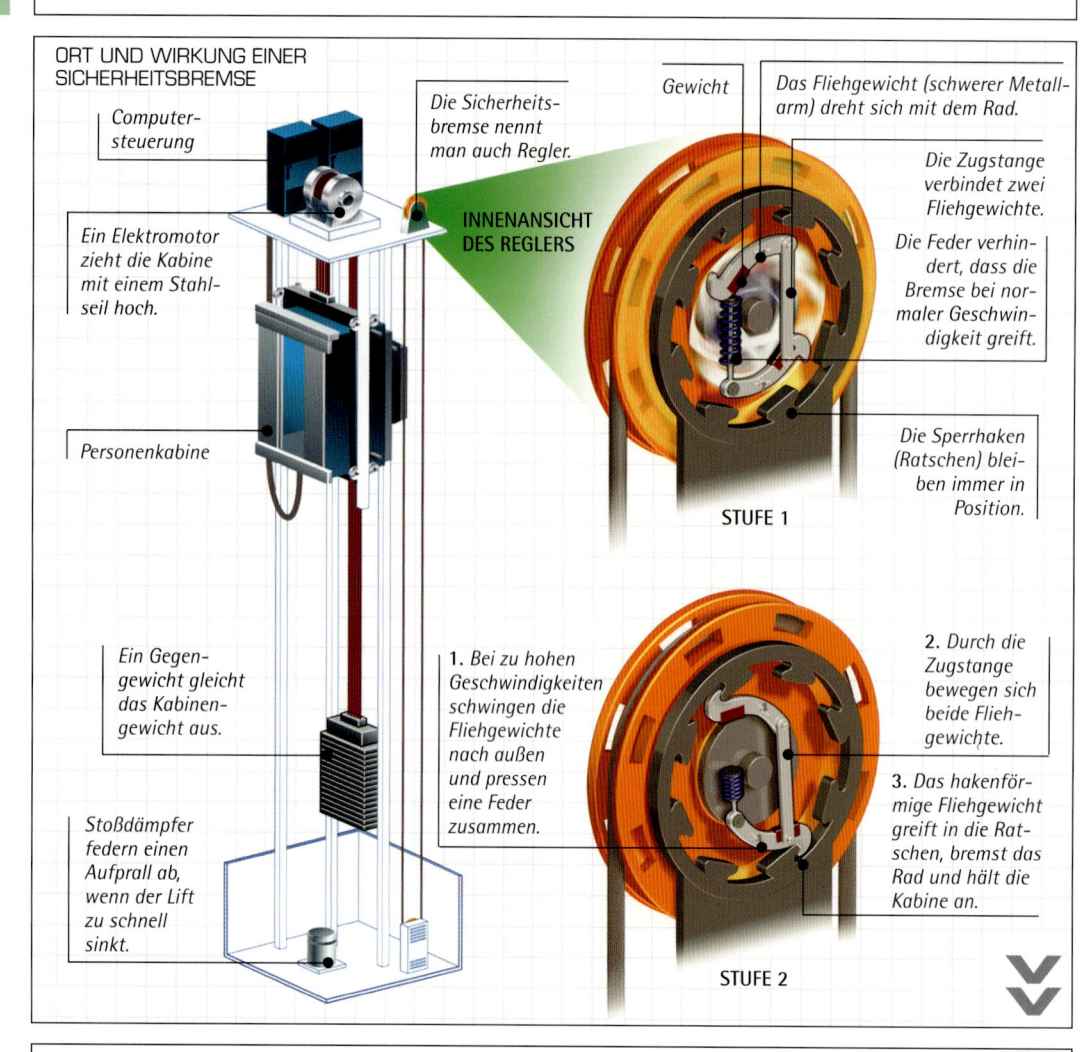

ORT UND WIRKUNG EINER SICHERHEITSBREMSE

Computersteuerung

Ein Elektromotor zieht die Kabine mit einem Stahlseil hoch.

Personenkabine

Ein Gegengewicht gleicht das Kabinengewicht aus.

Stoßdämpfer federn einen Aufprall ab, wenn der Lift zu schnell sinkt.

Die Sicherheitsbremse nennt man auch Regler.

INNENANSICHT DES REGLERS

Gewicht

Das Fliehgewicht (schwerer Metallarm) dreht sich mit dem Rad.

Die Zugstange verbindet zwei Fliehgewichte.

Die Feder verhindert, dass die Bremse bei normaler Geschwindigkeit greift.

Die Sperrhaken (Ratschen) bleiben immer in Position.

STUFE 1

1. Bei zu hohen Geschwindigkeiten schwingen die Fliehgewichte nach außen und pressen eine Feder zusammen.

2. Durch die Zugstange bewegen sich beide Fliehgewichte.

3. Das hakenförmige Fliehgewicht greift in die Ratschen, bremst das Rad und hält die Kabine an.

STUFE 2

Die Türen öffnen und schließen sich automatisch durch einen kleinen Motor.

Massive Stahlbolzen halten das Sicherheitsglas fest.

Die Sicherheitsbremsen greifen an eine Metallschiene.

Unter dem Boden befinden sich Heizung und Lüftung.

Aufzüge müssen wirkungsvoll und sicher sein. Die Personenkabine läuft in Führungsschienen an einem Kabel, das aus mehreren Stahlseilen besteht. Ein zweites Kabel verbindet die Kabine mit einer Sicherheitsbremse, die man Regler nennt. Das massive Rad besitzt zwei schwere Arme, die sich mit dem Rad drehen. Wenn das Hauptkabel reißt und die Kabine herunterfällt, zieht das zweite Kabel ruckartig an dem Regler. Der Regler beschleunigt und wirft die Arme nach außen, die sich in Ratschen verhaken. Das Rad zieht an dem zweiten Kabel und aktiviert eine Bremse, um die Kabine sicher in ihrer Führung anzuhalten. Viele Aufzüge besitzen computergestützte Steuerungen, die auf unterschiedliche Fahrten während eines Tages reagieren. Dadurch stoppen sie häufiger in Etagen, die oft besucht werden, oder sie halten nach Dienstschluss auf Abwärtsfahrten häufiger.

▶ Lift

⩔ Gegengewichte

Gegengewicht

Haken

Gegengewicht eines Baukrans

▲ Eine Aufzugkabine und ihr Gegengewicht sind über ein Kabel verbunden, sodass sie sich immer in entgegengesetzter Richtung bewegen. Das Gegengewicht zieht die Kabine nach oben, während es selbst herunterfährt, sodass der Elektromotor weniger Energie verbraucht. Auch Baukräne besitzen Gegengewichte. Ein riesiger Betonblock gleicht eine schwere Last am Haken des Krans aus, damit der Kran nicht umkippt.

◀ **Kleine Elektrolifts**
wie dieser im Lloyds–Gebäude in London können an der Außenseite des Gebäudes angebracht werden. Gegenüber Aufzügen, die sich im Gebäude befinden, sind sie einfacher zu warten und Platz sparend. Außerdem bieten sie Benutzern einen interessanten Ausblick. Ein moderner Lift erreicht eine Geschwindigkeit von bis zu 110 m pro Minute.

Bild: Unscharfe Bewegungsaufnahme eines gläsernen Aufzugs

◀◀ RÜCKBLICK
Der Amerikaner Elisha Graves Otis erfand 1853 die Sicherheitsbremse. Die erste Bremse wurde vier Jahre später in einem Kaufhaus in New York eingebaut.

Ein Weltraumaufzug, der mit Nanotechnologie hergestellt wird, soll Materialien 100 000 km hoch in den Weltraum bringen.
VORSCHAU ▶▶

▶▶ Siehe auch: Autoturm S. 136

▶Mobil

TAUCHBOOT

≫ WIE DER DEEP FLIGHT AVIATOR FUNKTIONIERT

Der Deep Flight Aviator ist ein Tauchboot (Mini-Unterseeboot), das buchstäblich durch das Wasser fliegt. Es besteht aus sehr leichten Materialien, sodass es auf dem Wasser schwimmt. Batterien versorgen das Tauchboot mit Energie und treiben zwei Propeller am Heck an. Während es schwimmt, strömt Wasser oberhalb und unterhalb seiner gewölbten Flügel mit unterschiedlichen Geschwindigkeiten. Bei höheren Geschwindigkeiten erzeugen die Flügel eine größere Abwärtskraft, sodass das Boot ins Meer taucht. Um wieder aufzutauchen, wird das Boot langsamer und verringert dadurch die Abwärtskraft. Ein Pilot steuert das Boot mit verstellbaren Flügelklappen, Tiefen- und Seitenruder.

MANÖVRIERFÄHIGKEIT DES DEEP FLIGHT AVIATOR UNTER WASSER

Die Seitenruder kann man um 30° verstellen, damit das Tauchboot nach links oder nach rechts manövriert.

Die Tiefenruder kann man um 30° verstellen, um mit dem Boot ab- oder aufzutauchen.

Die Seitenpropeller treiben das Tauchboot an.

Die Flügelklappen kann man um einen Winkel von 30° verstellen.

Die Flügel erzeugen eine Abwärtskraft, damit das Boot taucht.

Im Cockpit sitzt der Pilot, der das Tauchboot steuert.

Der Rumpf besteht aus hartem, leichtem Aluminium.

Die äußeren Schwefelsäurebatterien liefern fünf Stunden Strom und sind umweltfreundlich.

▶▶ Der Deep Flight Aviator ist ein schlankes Tauchboot, das durch Wasser gleitet. Das schnelle und sehr bewegliche Boot erforscht die Tiefsee und dort lebende Tiere. ▶▶

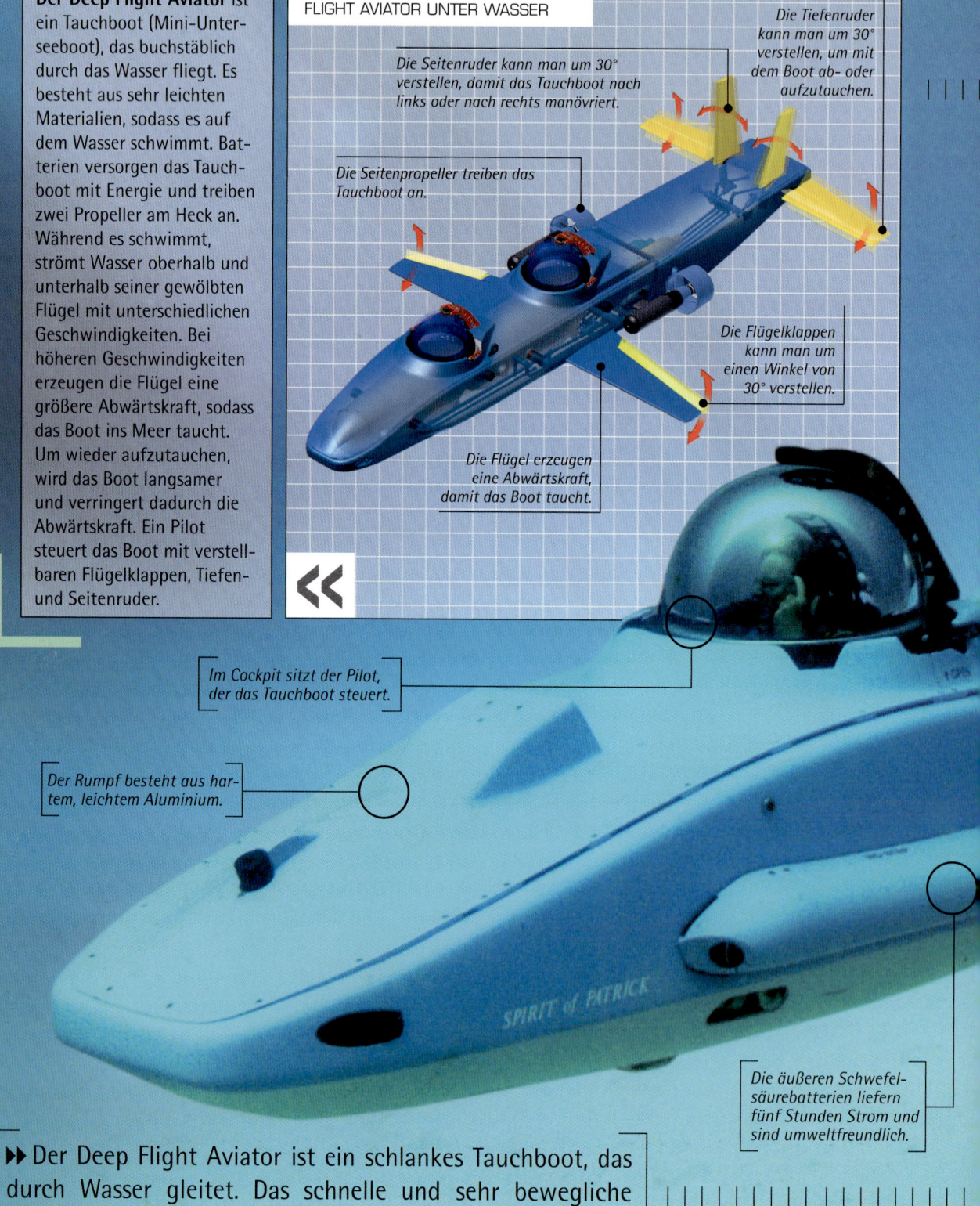

▶Tauchboot

⌄ Schwimmen und Tauchen

▶Haie bewegen sich wie der Deep Flight Aviator durch das Wasser. Sie benutzen ihre Flossen, um im Wasser zu manövrieren. Andere Fische besitzen ein besonderes Organ, die Schwimmblase, um zu tauchen. Sie leeren oder füllen die Blase mit Luft, um zu tauchen oder aufzutauchen – wie normale U-Boote, die ihre Ballasttanks mit Wasser füllen.

Ein Hai schwimmt im Wasser.

▶Die Flügel von Deep Flight Aviator sind wie die Tragflächen eines Flugzeugs geformt – nur verkehrt herum. Während das Tauchboot im Wasser beschleunigt, strömt Wasser schneller an der gewölbten Unterseite vorbei als auf der Oberseite. Dadurch sinkt der Druck unterhalb der Flügel und erzeugt eine abwärts gerichtete Kraft, sodass das Boot taucht.

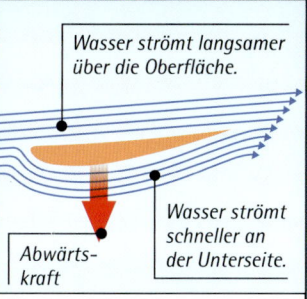

Wasser strömt langsamer über die Oberfläche.
Wasser strömt schneller an der Unterseite.
Abwärtskraft

Wie Deep Flight Aviator taucht

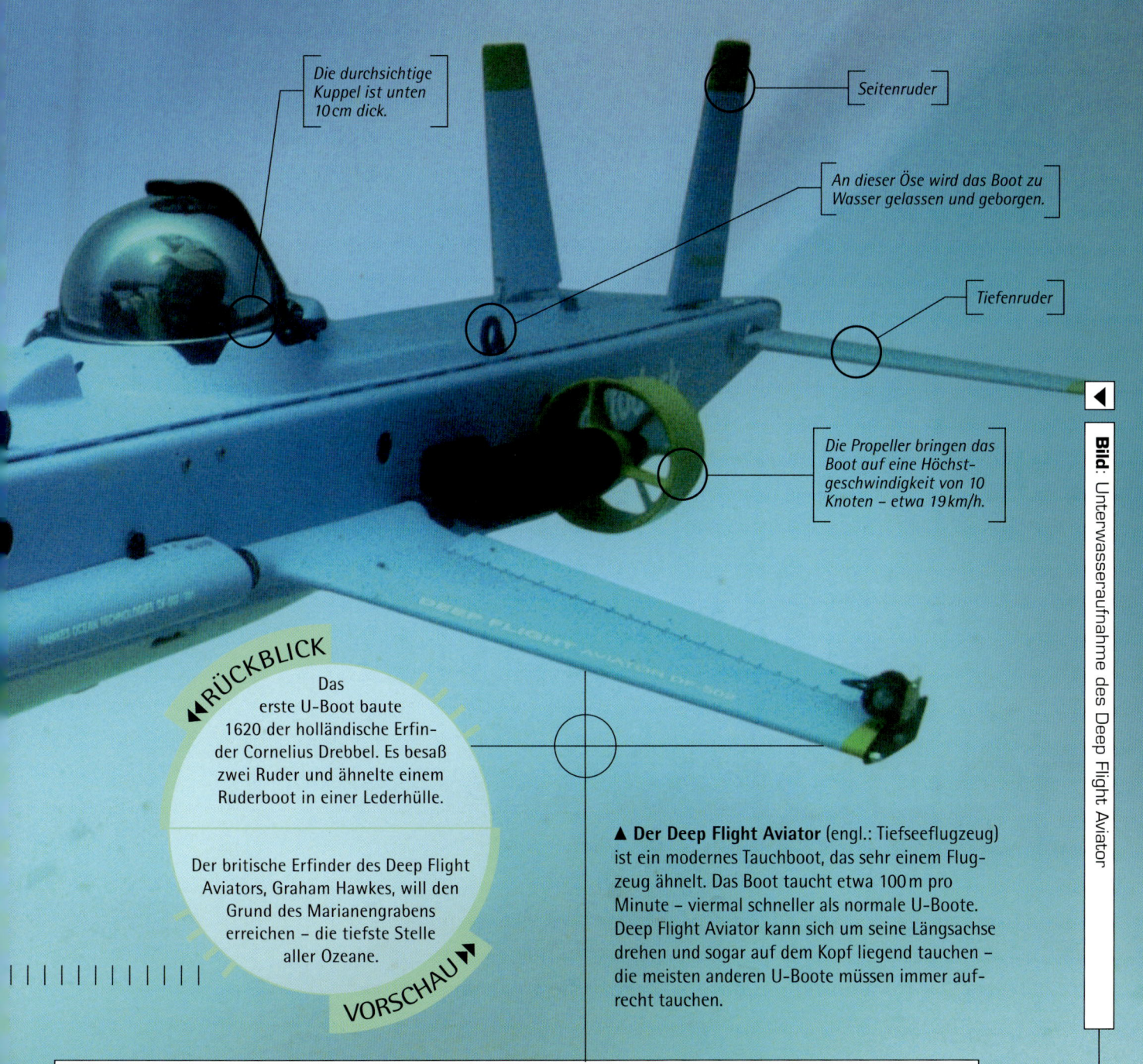

Die durchsichtige Kuppel ist unten 10 cm dick.

Seitenruder

An dieser Öse wird das Boot zu Wasser gelassen und geborgen.

Tiefenruder

Die Propeller bringen das Boot auf eine Höchstgeschwindigkeit von 10 Knoten – etwa 19 km/h.

Bild: Unterwasseraufnahme des Deep Flight Aviator

◀**RÜCKBLICK**
Das erste U-Boot baute 1620 der holländische Erfinder Cornelius Drebbel. Es besaß zwei Ruder und ähnelte einem Ruderboot in einer Lederhülle.

Der britische Erfinder des Deep Flight Aviators, Graham Hawkes, will den Grund des Marianengrabens erreichen – die tiefste Stelle aller Ozeane.
VORSCHAU▶▶

▲ **Der Deep Flight Aviator** (engl.: Tiefseeflugzeug) ist ein modernes Tauchboot, das sehr einem Flugzeug ähnelt. Das Boot taucht etwa 100 m pro Minute – viermal schneller als normale U-Boote. Deep Flight Aviator kann sich um seine Längsachse drehen und sogar auf dem Kopf liegend tauchen – die meisten anderen U-Boote müssen immer aufrecht tauchen.

▶▶ Siehe auch: Düsentriebwerk S. 146, Osprey S. 144, Tragfläche S. 250, Windkanal S. 148

▶ Mobil

Bild: Bell-Boeing V-22 Osprey

Die Rotorblätter drehen sich mit 202 m/Sek.

Die Antriebswelle verbindet über die Flügel beide Motoren, sodass ein Motor den anderen ersetzen kann, wenn dieser ausfällt.

Jeder Flügel hat zehn Tanks.

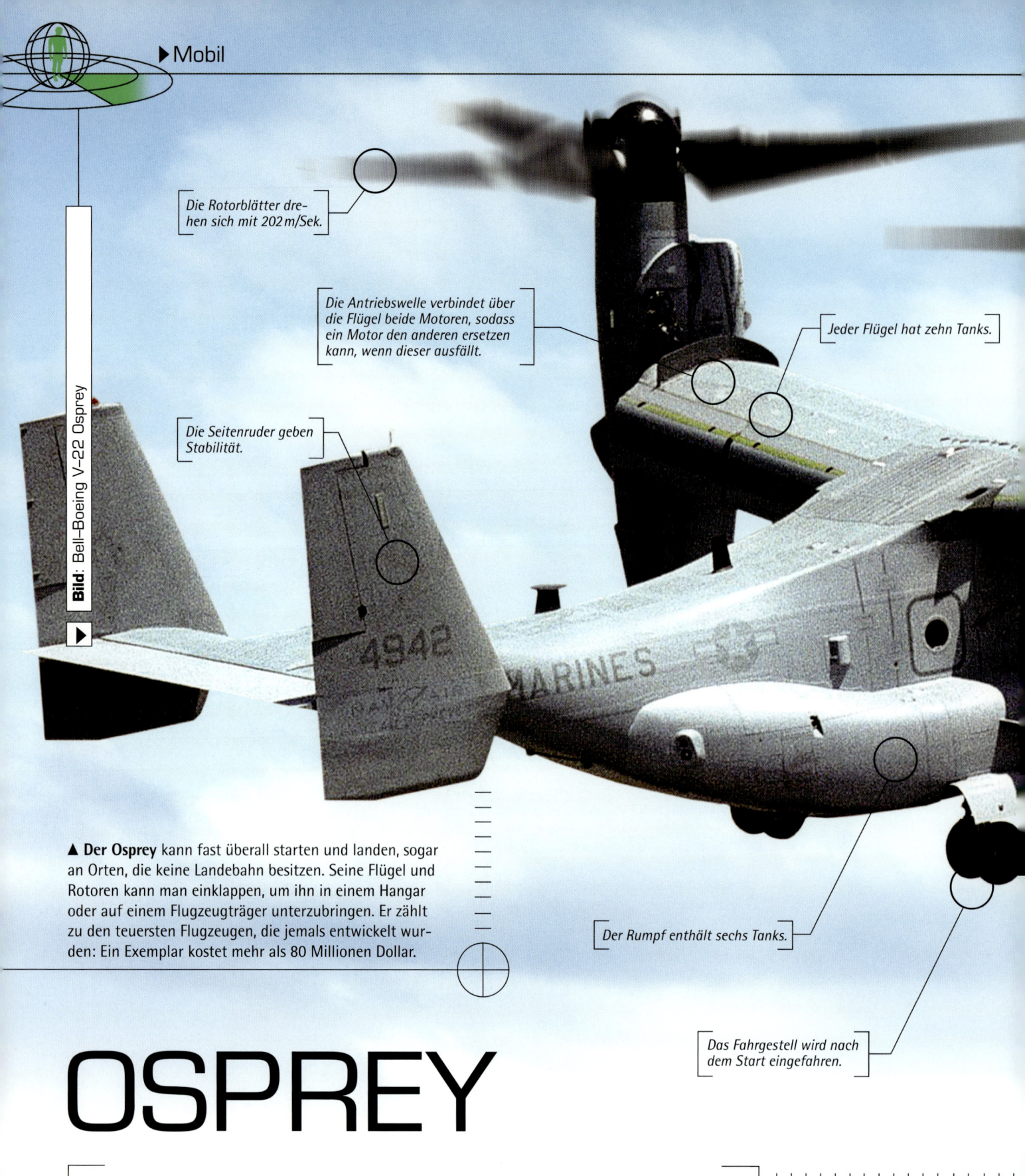

Die Seitenruder geben Stabilität.

▲ **Der Osprey** kann fast überall starten und landen, sogar an Orten, die keine Landebahn besitzen. Seine Flügel und Rotoren kann man einklappen, um ihn in einem Hangar oder auf einem Flugzeugträger unterzubringen. Er zählt zu den teuersten Flugzeugen, die jemals entwickelt wurden: Ein Exemplar kostet mehr als 80 Millionen Dollar.

Der Rumpf enthält sechs Tanks.

Das Fahrgestell wird nach dem Start eingefahren.

OSPREY

▶▶ Ist das ein Hubschrauber oder ein Flugzeug? Der Osprey (engl.: Fischadler) ist das vielseitigste Flugzeug der Welt, das in nur 12 Sek. zum Hubschrauber wird. Das Militärflugzeug dient auch als Rettungsflugzeug. ▶▶

▶Osprey

Beide Rotoren kreisen in entgegengesetzter Richtung, damit sich das Flugzeug nicht dreht.

Ein Getriebe im Flügel dreht mit Motorleistung die Rotoren.

Tanksonde

⌄ Fischadler

Fischadler im Schwebeflug

▲ Wie das Flugzeug benutzt dieser Fischadler seine Schwingen, um durch die Luft zu segeln oder über einer Stelle zu schweben. Doch der Osprey ist das bessere Fluggerät: Die Flügelspanne des Vogels beträgt 1,5 m, die des Osprey ist zwanzigmal breiter – durch seine starken Rotoren transportiert er 10 000-mal mehr Gewicht.

❯❯ WIE DER OSPREY FUNKTIONIERT

⋀ **Wenn der Osprey** als Senkrechtstarter abhebt, drehen sich die Rotoren horizontal über ihm. Jedes der drei Blätter, die ein Rotor besitzt, ist so lang wie ein normales Familienauto. Die Blätter bestehen aus einer Mischung aus Grafit und Glasfaserstoff.

⋀ **In der Luft** drehen sich die Motoren und Rotoren nach vorne, sodass aus dem Hubschrauber ein Flugzeug wird. Jeder Flügel besitzt einen 6000 PS starken Motor (etwa 30 Mal stärker als ein normales Auto) und ein Getriebe, das die Kraft überträgt.

⋀ **Als Flugzeug fliegt** der Osprey mit seinen Zwillingsmotoren bis zu 933 km weit ohne nachzutanken. Der Osprey erreicht bis zu 507 km/h und fliegt doppelt so schnell wie ein Hubschrauber. Er kann bis zu 4536 kg Last oder 24 Passagiere transportieren.

▶▶ Siehe auch: Blackbox S. 150, Düsentriebwerk S. 146, Tragfläche S. 250

▶ Mobil

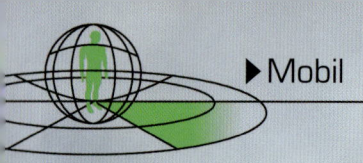

DÜSENTRIEBWERK

▶▶ Leistungsstarke Düsentriebwerke treiben Flugzeuge durch heiße Gasstrahlen an. Ein großes Triebwerk kann so viel Kraft wie 3000 Autos entwickeln, die mit Höchstgeschwindigkeit fahren. ▶▶

Nachbrennerdüse

Die Zwillingstriebwerke sitzen am Heck.

Das Kerosin entzündet sich in dem heißen Abgas.

▲ **Dieses Düsentriebwerk** erhält einen zusätzlichen Antrieb durch einen Nachbrenner. Er besteht aus ringförmigen Leitungen, die Kerosin in das heiße Abgas sprühen. Wenn das Kerosin verbrennt, erhält das Triebwerk ungefähr 50% mehr Schub. Nachbrenner werden nur von Militärflugzeugen genutzt. Weil sie so viel Kerosin verbrauchen, werden sie nur beim Start oder zum Durchbrechen der Schallmauer eingeschaltet.

▼ Rückstoßprinzip

▶ Dieser Tintenfisch stößt Wasser aus seinem Körper, um sich fortzubewegen. Er benutzt das Rückstoßprinzip wie ein Düsentriebwerk, das auf Aktion und Reaktion beruht. Während das Wasser in eine Richtung strömt (Aktion), schwimmt der Tintenfisch in die andere (Reaktion). Wenn man einen Luftballon aufbläst und ihn loslässt, strömt Luft heraus und der Ballon fliegt in die andere Richtung.

Der Tintenfisch bewegt sich mit Rückstoß.

◀◀ RÜCKBLICK
Der britische Ingenieur Frank Whittle erfand 1930 das Düsentriebwerk, doch der erste Flug fand 1939 mit dem Triebwerk des Deutschen Hans Pabst statt.

Japanische Ingenieure entwickeln ein Überschallflugzeug, in dem dreimal so viele Passagiere doppelt so schnell wie in einem normalen Flugzeug fliegen.

VORSCHAU ▶▶

▶ Düsentriebwerk

▶▶ Siehe auch: Benzinmotor S. 130, Bewegungsgesetze S. 248, Blackbox S. 150, Windkanal S. 148

❯❯ WIE EIN DÜSENTRIEBWERK FUNKTIONIERT

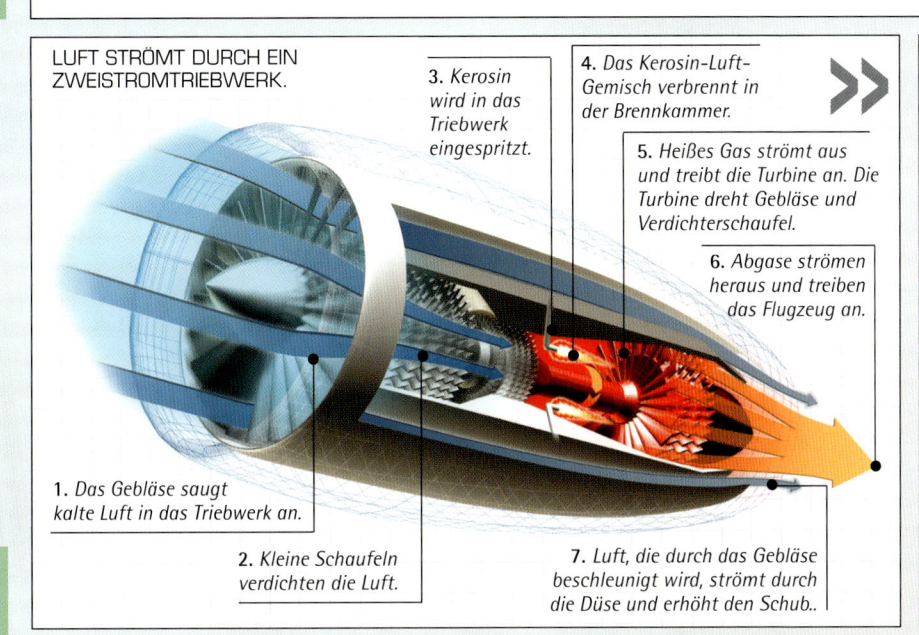

LUFT STRÖMT DURCH EIN ZWEISTROMTRIEBWERK.

3. Kerosin wird in das Triebwerk eingespritzt.

4. Das Kerosin-Luft-Gemisch verbrennt in der Brennkammer.

5. Heißes Gas strömt aus und treibt die Turbine an. Die Turbine dreht Gebläse und Verdichterschaufel.

6. Abgase strömen heraus und treiben das Flugzeug an.

1. Das Gebläse saugt kalte Luft in das Triebwerk an.

2. Kleine Schaufeln verdichten die Luft.

7. Luft, die durch das Gebläse beschleunigt wird, strömt durch die Düse und erhöht den Schub..

Ein Düsentriebwerk verdichtet, erwärmt und beschleunigt die Luft, die durch die Düse strömt. Es verbrennt wie ein Benzinmotor Flugbenzin (Kerosin) und Luft in einem Brennraum, um Energie zu gewinnen. Das Kerosin wird nicht mit einem Funken entzündet: Das Kerosin-Luft-Gemisch wird so hoch verdichtet, dass es sich selbst entzündet. Die Energie erzeugt Wärme und beschleunigt die Luft, die nach hinten ausströmt und das Flugzeug nach vorne treibt. Die meisten Düsentriebwerke sind Zweistromtriebwerke. Das Gebläse am Düseneinlass beschleunigt fünfmal mehr Luft durch das äußere Gehäuse als durch die heiße Mitte und erhöht den Schub.

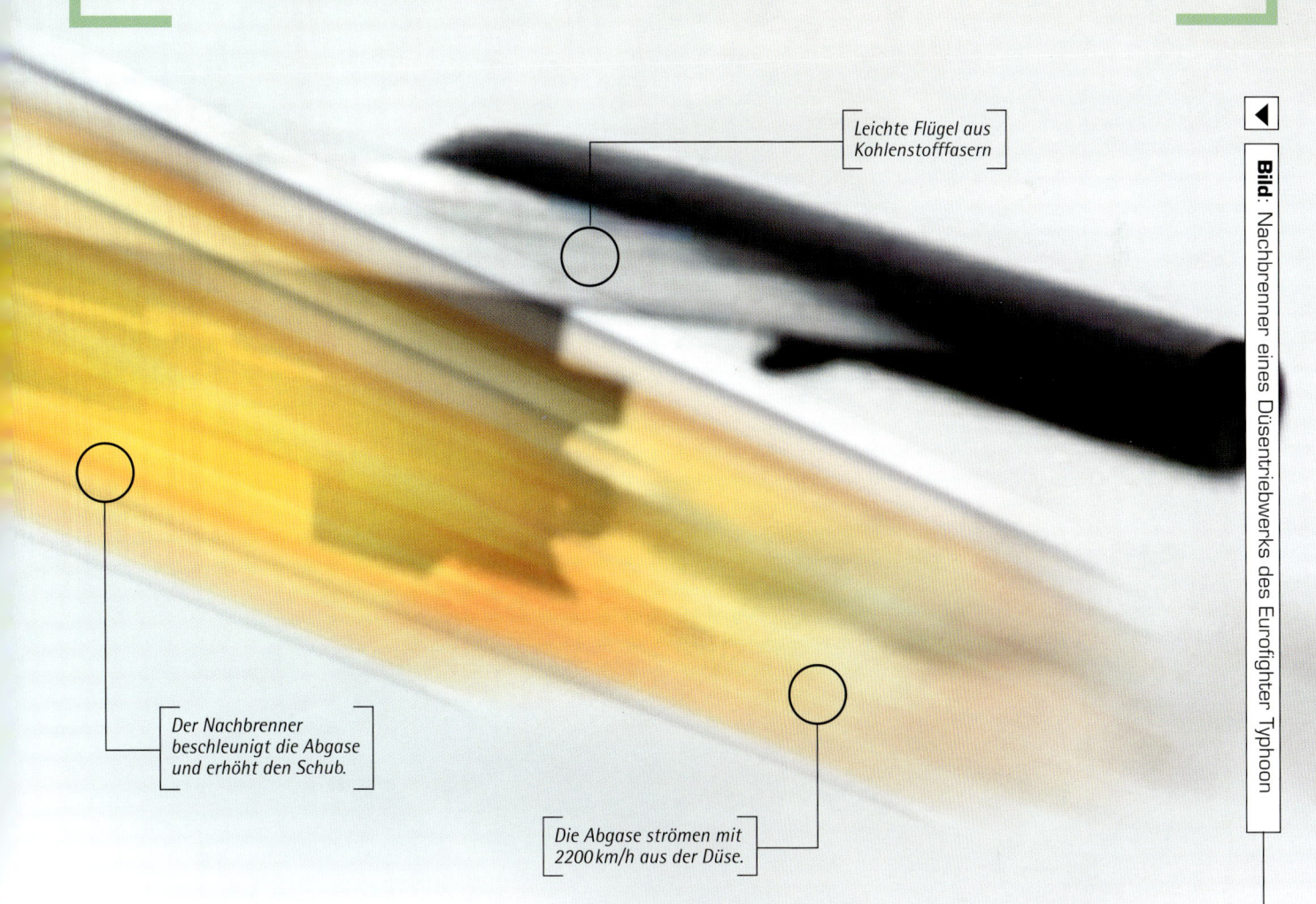

Leichte Flügel aus Kohlenstofffasern

Der Nachbrenner beschleunigt die Abgase und erhöht den Schub.

Die Abgase strömen mit 2200 km/h aus der Düse.

Bild: Nachbrenner eines Düsentriebwerks des Eurofighter Typhoon

▶ Mobil

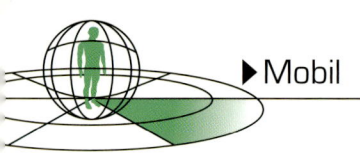

WINDKANAL

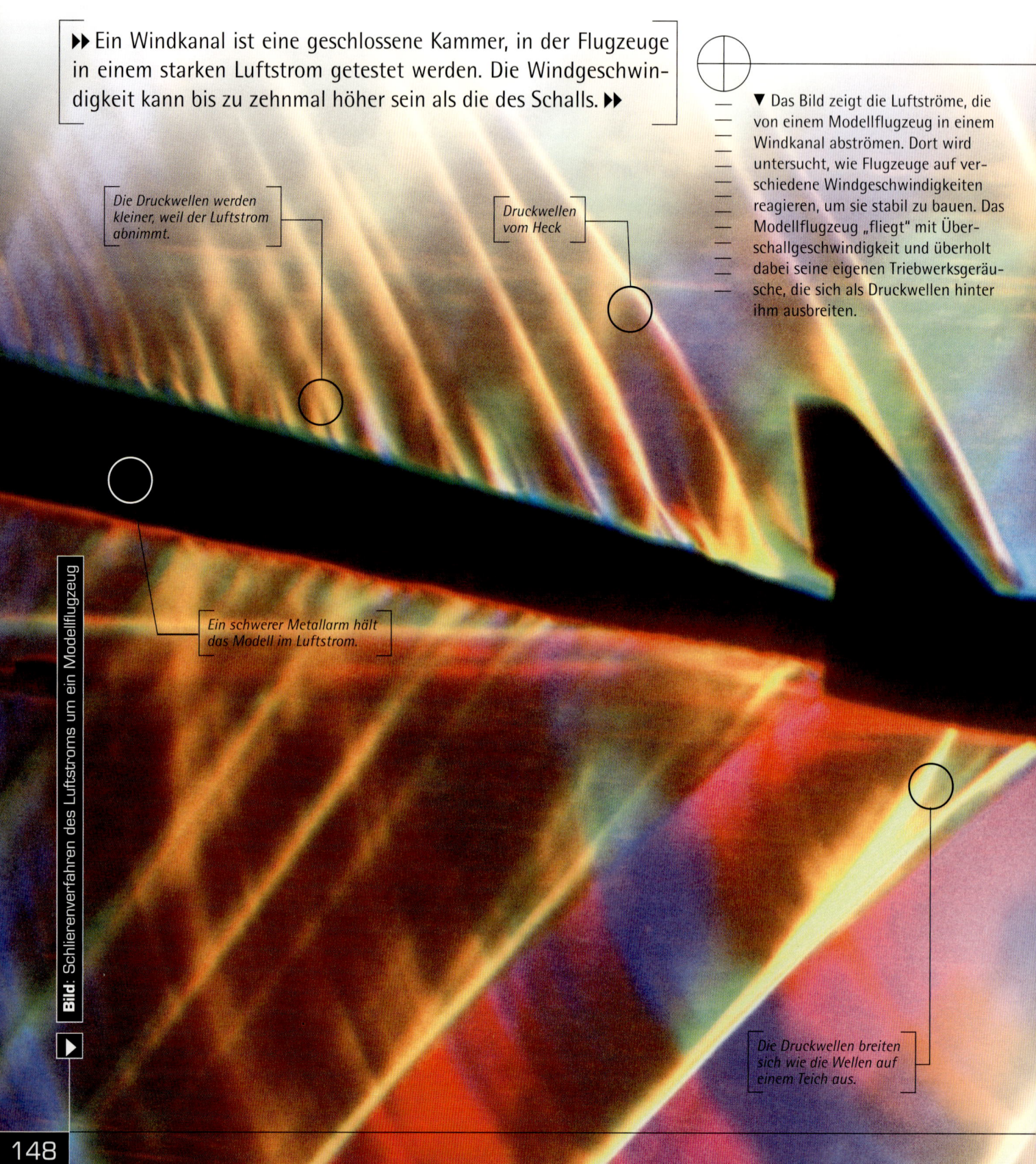

▶▶ Ein Windkanal ist eine geschlossene Kammer, in der Flugzeuge in einem starken Luftstrom getestet werden. Die Windgeschwindigkeit kann bis zu zehnmal höher sein als die des Schalls. ▶▶

▼ Das Bild zeigt die Luftströme, die von einem Modellflugzeug in einem Windkanal abströmen. Dort wird untersucht, wie Flugzeuge auf verschiedene Windgeschwindigkeiten reagieren, um sie stabil zu bauen. Das Modellflugzeug „fliegt" mit Überschallgeschwindigkeit und überholt dabei seine eigenen Triebwerksgeräusche, die sich als Druckwellen hinter ihm ausbreiten.

Die Druckwellen werden kleiner, weil der Luftstrom abnimmt.

Druckwellen vom Heck

Ein schwerer Metallarm hält das Modell im Luftstrom.

Die Druckwellen breiten sich wie die Wellen auf einem Teich aus.

Bild: Schlierenverfahren des Luftstroms um ein Modellflugzeug

▶ Windkanal

▶▶ Siehe auch: Aerodynamik S. 240, Düsentriebwerk S. 146, Spaceshuttle S. 156

» WIE EIN WINDKANAL FUNKTIONIERT

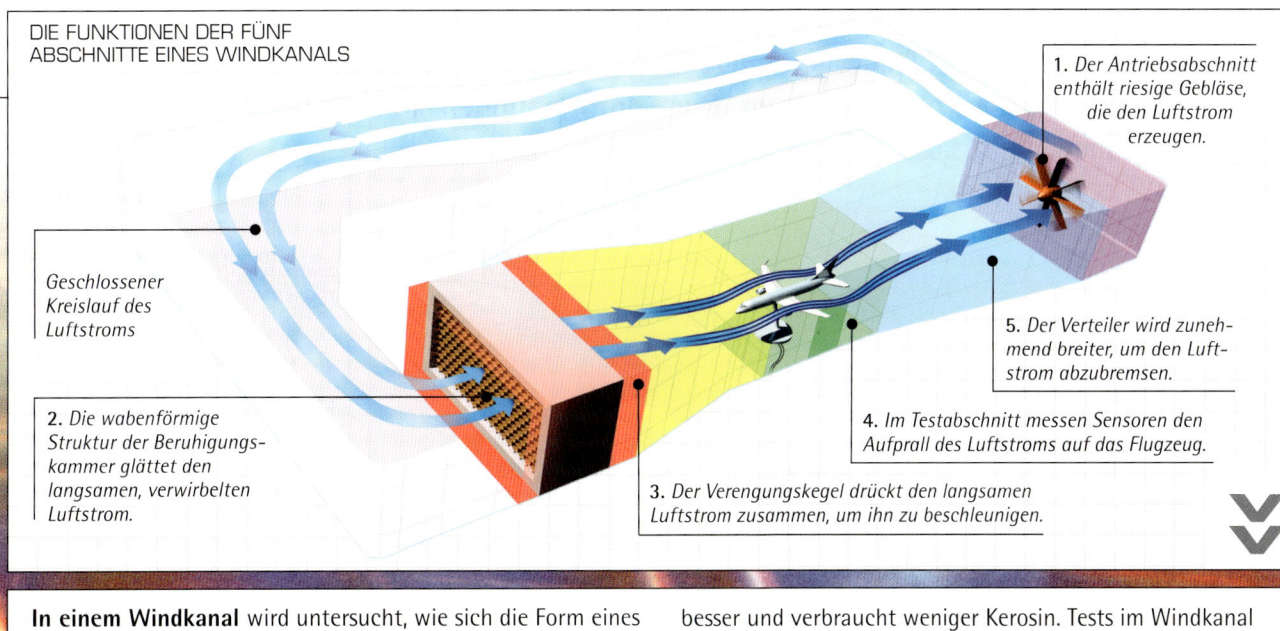

DIE FUNKTIONEN DER FÜNF ABSCHNITTE EINES WINDKANALS

Geschlossener Kreislauf des Luftstroms

2. Die wabenförmige Struktur der Beruhigungskammer glättet den langsamen, verwirbelten Luftstrom.

1. Der Antriebsabschnitt enthält riesige Gebläse, die den Luftstrom erzeugen.

5. Der Verteiler wird zunehmend breiter, um den Luftstrom abzubremsen.

4. Im Testabschnitt messen Sensoren den Aufprall des Luftstroms auf das Flugzeug.

3. Der Verengungskegel drückt den langsamen Luftstrom zusammen, um ihn zu beschleunigen.

In einem Windkanal wird untersucht, wie sich die Form eines Flugzeugs auf seine Flugeigenschaften auswirkt. Flugzeuge sind stromlinienförmig, um den Auftrieb zu erhöhen – eine aufwärts gerichtete Kraft, die größer als das Eigengewicht ist – und um den Luftwiderstand zu senken. Ein Flugzeug mit größerem Auftrieb und geringerem Luftwiderstand fliegt besser und verbraucht weniger Kerosin. Tests im Windkanal sind teuer und schwierig, weil auch ein kleiner Windkanal in einem großen Gebäude steht. Bei Überschalltests ist die Windgeschwindigkeit größer als die des Schalls, während sie bei Ultraschalltests bis zu zehnmal so hoch ist, sodass die Luft abkühlt und flüssig werden kann.

Luft prallt auf die Nase und wird abgelenkt.

⌄ Computermodell der Luftturbulenz

▶ Tests im Windkanal sind sehr aufwändig und werden nach und nach von einer Methode abgelöst, die man numerische Strömungsmechanik nennt. Ein Computermodell, das auf tausenden von komplizierten mathematischen Gleichungen beruht, sagt dabei unter verschiedenen Bedingungen vorher, wie sich ein Flugzeug verhält.

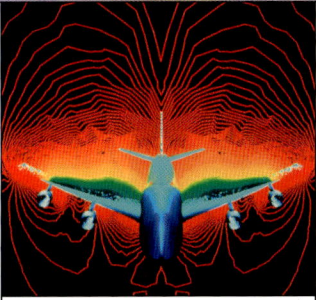

Computermodell eines Tests

▶ Computermodelle erklären, warum Flugzeuge plötzlich abrutschen, wenn ihre Flügel zu steil stehen. Bei diesem Anstellwinkel entstehen zwei augenförmige Turbulenztaschen hinter dem Flügel. Sie unterbrechen den Luftstrom, sodass der Flügel nicht mehr ausreichend Auftrieb erzeugt – und das Flugzeug auf die Erde stürzt.

Luftstrom über dem Flügel

▶ Mobil

VERBUNDEN

» Fußgänger
Rolltreppen bringen eine große Zahl Menschen in die U-Bahn, steile Anstiege hinauf oder auf andere Etagen wie diese, die sich im Lloyds-Gebäude in London befinden. Die längste Rolltreppe der Welt ist die Central-Mid-Levels-Rolltreppe in Hongkong. Ihre 20 Treppen, die täglich 50 000 Menschen benutzen, sind über 0,8 km lang.

⌄ Straßennetz
Um den steigenden Verkehr auf begrenztem Platz zu bewältigen, entstanden in den Städten Überführungen. Diese Hochstraßen kreuzen sich auf mehreren Ebenen. Jede Hochstraße muss über einige Jahrzehnte vielen tausend Fahrzeugen widerstehen, die sie täglich beanspruchen.

Mit einem modernen Transportwesen wurden Reisen einfacher, preiswerter, sicherer und weiter. Um Menschen und Güter zu befördern, entstanden Verkehrsnetze zu Lande, zur See und in der Luft.

▶ Windkanal

▶▶ Siehe auch: Aerodynamik S. 240, Düsentriebwerk S. 146, Spaceshuttle S. 156

» WIE EIN WINDKANAL FUNKTIONIERT

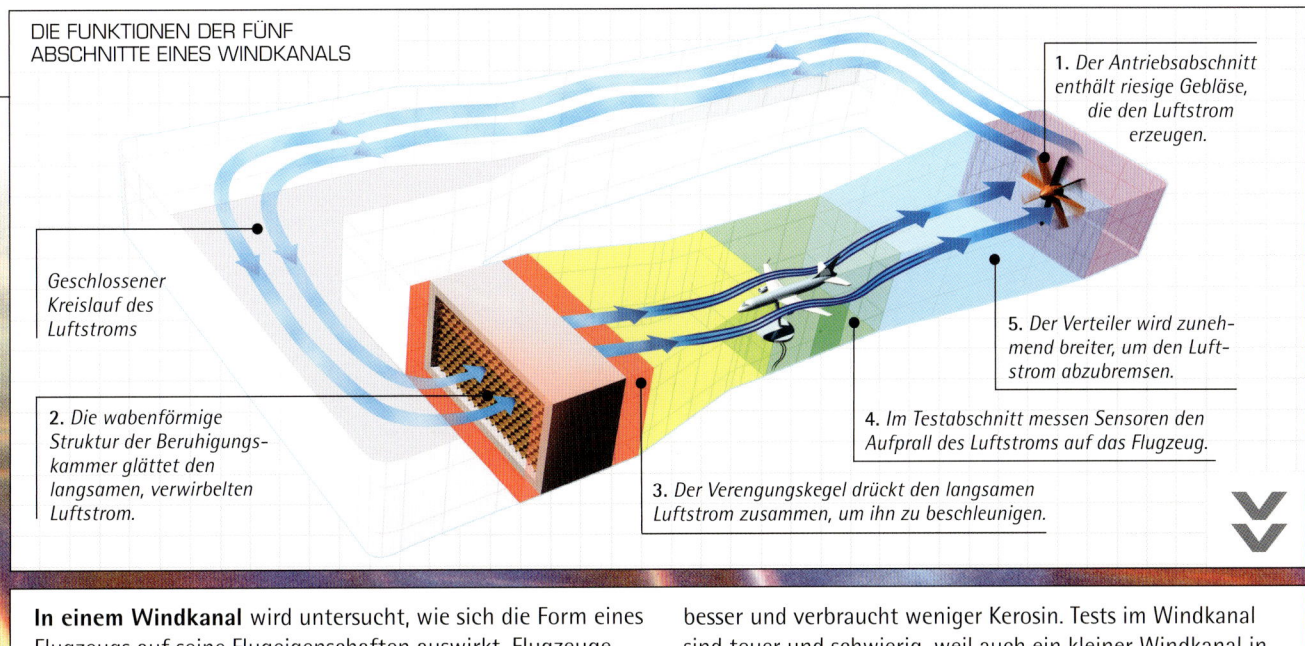

DIE FUNKTIONEN DER FÜNF ABSCHNITTE EINES WINDKANALS

1. Der Antriebsabschnitt enthält riesige Gebläse, die den Luftstrom erzeugen.

Geschlossener Kreislauf des Luftstroms

5. Der Verteiler wird zunehmend breiter, um den Luftstrom abzubremsen.

2. Die wabenförmige Struktur der Beruhigungskammer glättet den langsamen, verwirbelten Luftstrom.

4. Im Testabschnitt messen Sensoren den Aufprall des Luftstroms auf das Flugzeug.

3. Der Verengungskegel drückt den langsamen Luftstrom zusammen, um ihn zu beschleunigen.

In einem Windkanal wird untersucht, wie sich die Form eines Flugzeugs auf seine Flugeigenschaften auswirkt. Flugzeuge sind stromlinienförmig, um den Auftrieb zu erhöhen – eine aufwärts gerichtete Kraft, die größer als das Eigengewicht ist – und um den Luftwiderstand zu senken. Ein Flugzeug mit größerem Auftrieb und geringerem Luftwiderstand fliegt besser und verbraucht weniger Kerosin. Tests im Windkanal sind teuer und schwierig, weil auch ein kleiner Windkanal in einem großen Gebäude steht. Bei Überschalltests ist die Windgeschwindigkeit größer als die des Schalls, während sie bei Ultraschalltests bis zu zehnmal so hoch ist, sodass die Luft abkühlt und flüssig werden kann.

Luft prallt auf die Nase und wird abgelenkt.

˅ Computermodell der Luftturbulenz

▶ Tests im Windkanal sind sehr aufwändig und werden nach und nach von einer Methode abgelöst, die man numerische Strömungsmechanik nennt. Ein Computermodell, das auf tausenden von komplizierten mathematischen Gleichungen beruht, sagt dabei unter verschiedenen Bedingungen vorher, wie sich ein Flugzeug verhält.

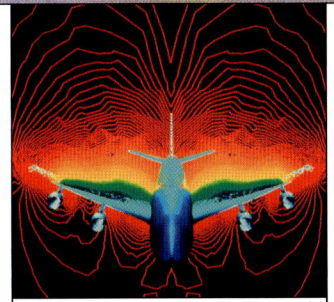

Computermodell eines Tests

▶ Computermodelle erklären, warum Flugzeuge plötzlich abrutschen, wenn ihre Flügel zu steil stehen. Bei diesem Anstellwinkel entstehen zwei augenförmige Turbulenztaschen hinter dem Flügel. Sie unterbrechen den Luftstrom, sodass der Flügel nicht mehr ausreichend Auftrieb erzeugt – und das Flugzeug auf die Erde stürzt.

Luftstrom über dem Flügel

149

▶ Mobil

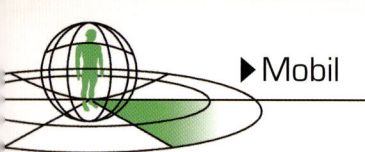

BLACKBOX

▶▶ Alle Daten eines Fluges speichert die Blackbox (Flugschreiber), die fast nicht zerstört werden kann. Diese Informationen können dazu beitragen, die Ursache eines Absturzes aufzuklären. ▶▶

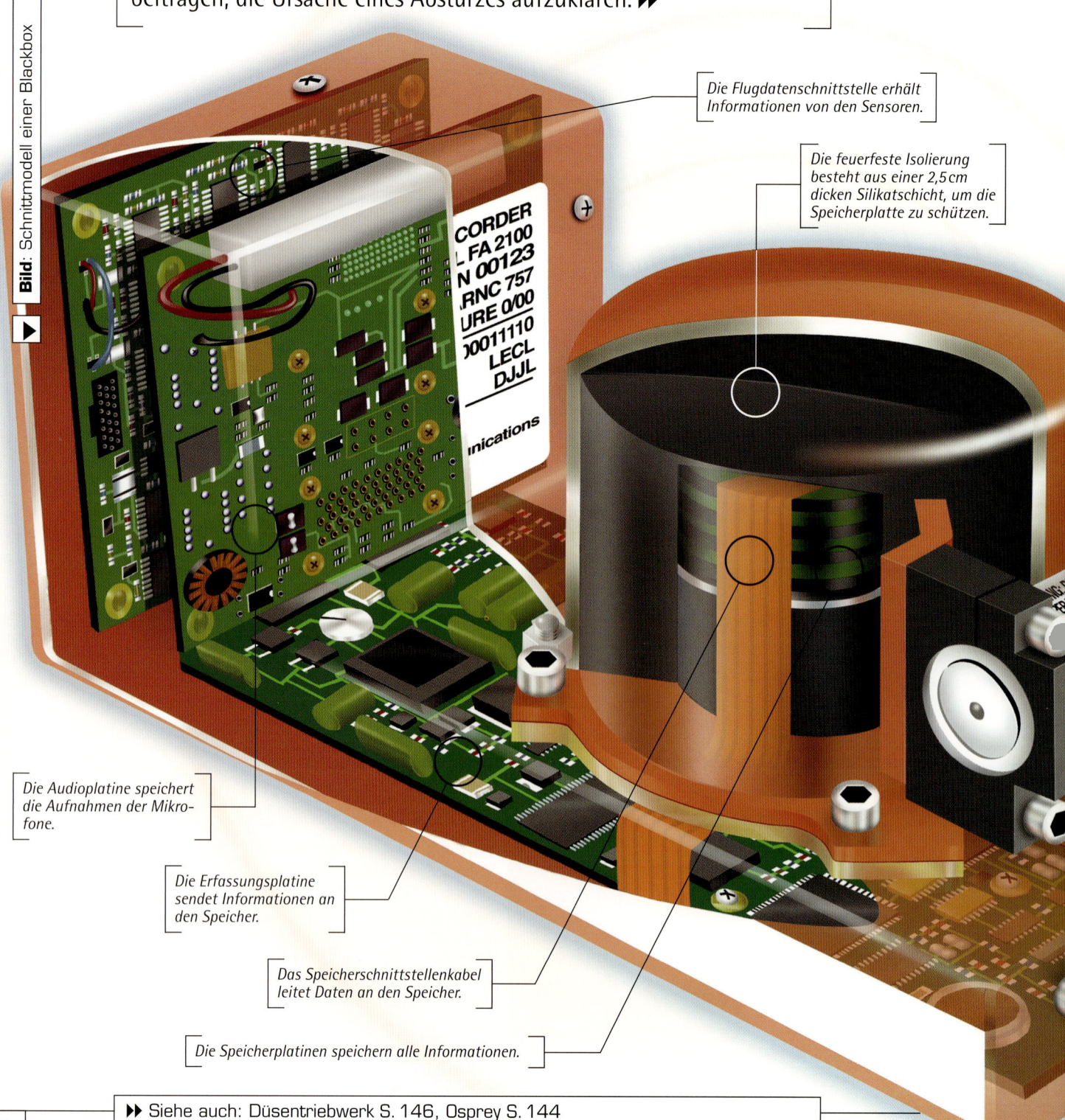

Bild: Schnittmodell einer Blackbox

Die Flugdatenschnittstelle erhält Informationen von den Sensoren.

Die feuerfeste Isolierung besteht aus einer 2,5 cm dicken Silikatschicht, um die Speicherplatte zu schützen.

Die Audioplatine speichert die Aufnahmen der Mikrofone.

Die Erfassungsplatine sendet Informationen an den Speicher.

Das Speicherschnittstellenkabel leitet Daten an den Speicher.

Die Speicherplatinen speichern alle Informationen.

▶▶ Siehe auch: Düsentriebwerk S. 146, Osprey S. 144

▶ Blackbox

❯❯ WIE EINE BLACKBOX FUNKTIONIERT

Wenn ein Flugzeug mit hoher Geschwindigkeit und aus großer Höhe abstürzt, können bereits wenige Hinweise die Absturzursache aufklären. Eine Blackbox speichert Daten von Instrumenten, Messungen von Sensoren und die Gespräche im Cockpit. Bei einem gewaltigen Aufprall bleibt oft nur das Heck des Flugzeuges teilweise erhalten. Dort befindet sich deshalb die Blackbox. Sie hält einem Gewicht von fünf Tonnen stand, ohne dass sie zerstört wird. Der automatische Sender sendet sechs Jahre lang einen Signalton.

SENSOREN MESSEN DATEN UND LEITEN SIE AN DIE BLACKBOX WEITER.

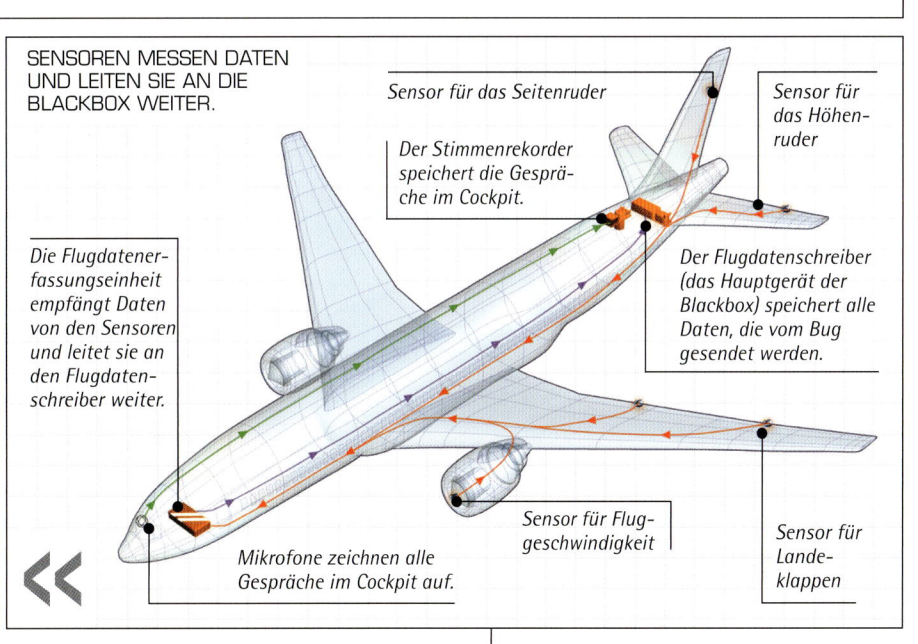

Sensor für das Seitenruder

Sensor für das Höhenruder

Der Stimmenrekorder speichert die Gespräche im Cockpit.

Die Flugdatenerfassungseinheit empfängt Daten von den Sensoren und leitet sie an den Flugdatenschreiber weiter.

Der Flugdatenschreiber (das Hauptgerät der Blackbox) speichert alle Daten, die vom Bug gesendet werden.

Mikrofone zeichnen alle Gespräche im Cockpit auf.

Sensor für Fluggeschwindigkeit

Sensor für Landeklappen

◀ **Die Blackbox** befindet sich in einem schweren Metallkasten, der einen Absturz und den nachfolgenden Brand übersteht. Jede Blackbox ist rot (und nicht schwarz) lackiert, um sie leichter zwischen den Wrackteilen zu finden. Sie besitzt auch einen Signalsender, um sie unter Wasser zu orten.

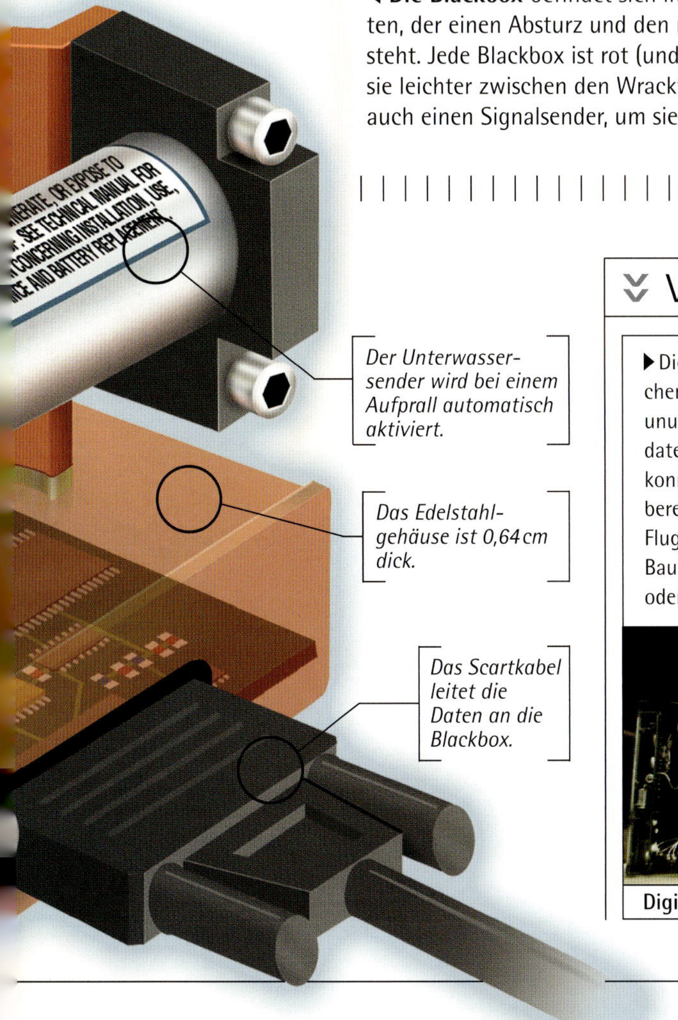

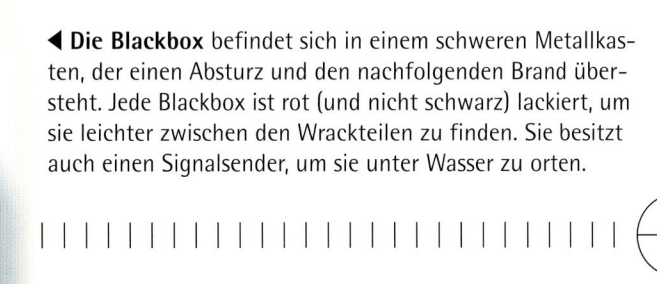

Der Unterwassersender wird bei einem Aufprall automatisch aktiviert.

Das Edelstahlgehäuse ist 0,64 cm dick.

Das Scartkabel leitet die Daten an die Blackbox.

❯ Wiederherstellung von Daten

▶ Die ersten Blackboxes, die man Flugspeicher nannte, besaßen ein Tonband, das ununterbrochen bis zu vier Stunden Flugdaten aufzeichnete. Die Modelle ab 1970 konnten auf einem breiteren Magnetband bereits mehr Daten speichern. Doch die Flugschreiber enthielten noch bewegliche Bauteile, die nicht immer funktionierten oder bei einem Absturz zerstört wurden.

Eine alte Blackbox nach einem Absturz

◀ Eine moderne Blackbox enthält einen elektronischen Schaltkreis anstelle eines Magnetbandes und besitzt keine beweglichen Bauteile mehr. Ungefähr 300 verschiedene Messungen werden digital in einem Speicher abgelegt. Der Stimmenrekorder speichert zwei Stunden Gespräche und der Flugdatenschreiber 25 Stunden Flugdaten, siebenmal mehr Daten als ein Magnetband.

Digitaler Flugdatenschreiber

▶Mobil

VERBUNDEN

›› Fußgänger
Rolltreppen bringen eine große Zahl Menschen in die U-Bahn, steile Anstiege hinauf oder auf andere Etagen wie diese, die sich im Lloyds-Gebäude in London befinden. Die längste Rolltreppe der Welt ist die Central-Mid-Levels-Rolltreppe in Hongkong. Ihre 20 Treppen, die täglich 50 000 Menschen benutzen, sind über 0,8 km lang.

⌄⌄ Straßennetz
Um den steigenden Verkehr auf begrenztem Platz zu bewältigen, entstanden in den Städten Überführungen. Diese Hochstraßen kreuzen sich auf mehreren Ebenen. Jede Hochstraße muss über einige Jahrzehnte vielen tausend Fahrzeugen widerstehen, die sie täglich beanspruchen.

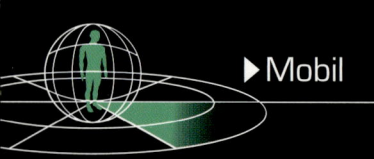

Mit einem modernen Transportwesen wurden Reisen einfacher, preiswerter, sicherer und weiter. Um Menschen und Güter zu befördern, entstanden Verkehrsnetze zu Lande, zur See und in der Luft.

▶Verbunden

‹‹ Schienennetz
Auf der Welt sind heute mehr als 1 100 000 km Gleise verlegt. Ein kompliziertes Signalsystem regelt, welcher Zug welches Gleis befährt, und leitet Informationen über die Strecke weiter, um Unfälle und Verspätungen zu vermeiden. Der schnellste Personenzug der Welt ist der französische TGV, der bereits 513 km/h erreichte.

⋀ Luftkreuze
Jeder Flughafen besitzt einen Kontrollturm für die Flugsicherung, die Starts und Landungen freigibt und Verspätungen und Zusammenstöße in der Luft vermeiden soll. Computer und Radare überwachen den Flugverkehr.

⋁ Schifffahrt
Große Frachter oder Tanker dürfen ihre Routen auf den Meeren nicht frei wählen. Sie müssen bestimmte Schifffahrtswege befahren, die als blaue Linien in dieser Satellitenaufnahme sichtbar sind. Sie sind sichere Routen, die abseits von Küsten, Riffen und anderen Gefahrenstellen entlangführen.

▶▶ Siehe auch: Blackbox S. 150, Dopplerradar S. 194

▶ Mobil

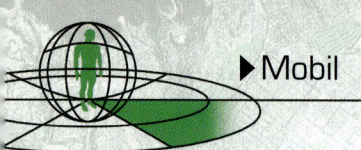

NAVIGATION

▶▶ Mithilfe von Satelliten, die in 20 000 km Höhe um die Erde kreisen, kann man seine genaue Position bestimmen, wenn man z. B. einen Berg besteigt, über das weite Meer fährt oder durch Dschungel wandert. ▶▶

▶ **1. Die Satellitennavigation** ortet mit Signalen aus dem Weltraum Objekte und Plätze auf der Erde. Das bekannteste System ist das Global Positioning System (GPS; engl.: Globales Positionierungssystem), zu dem 24 Satelliten gehören. Sie senden Signale an ein Kontrollzentrum in den USA, um jede Stelle auf der Welt genau zu orten.

▶▶ WIE SATELLITENNAVIGATION FUNKTIONIERT

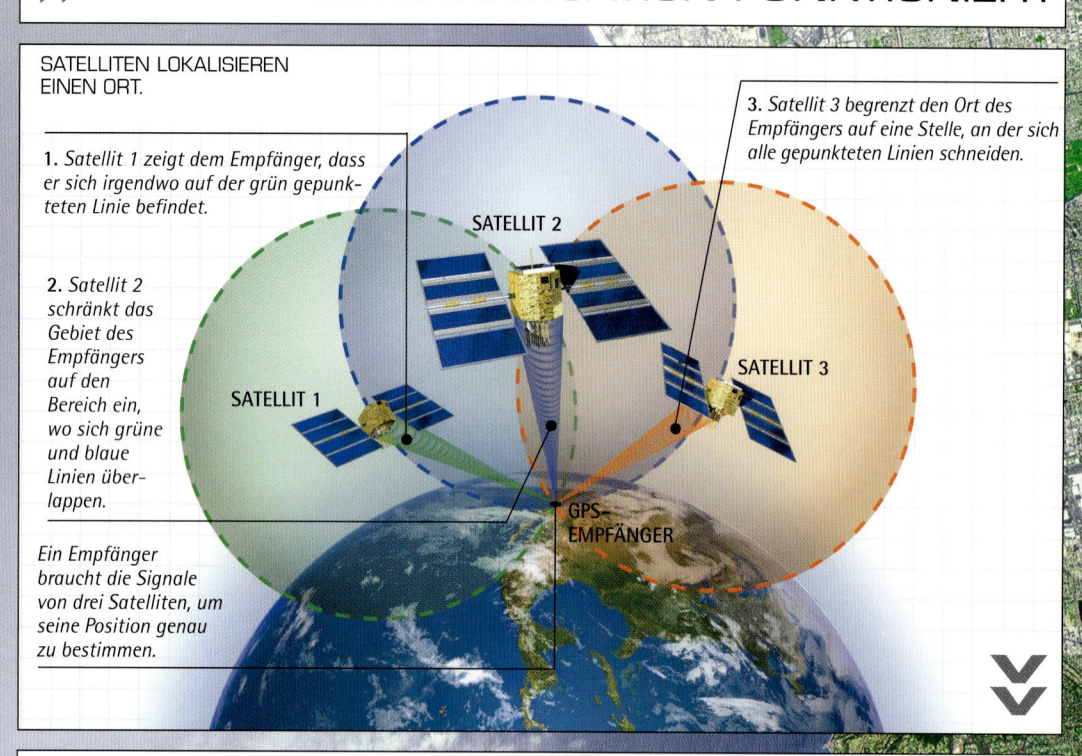

SATELLITEN LOKALISIEREN EINEN ORT.

1. Satellit 1 zeigt dem Empfänger, dass er sich irgendwo auf der grün gepunkteten Linie befindet.

2. Satellit 2 schränkt das Gebiet des Empfängers auf den Bereich ein, wo sich grüne und blaue Linien überlappen.

3. Satellit 3 begrenzt den Ort des Empfängers auf eine Stelle, an der sich alle gepunkteten Linien schneiden.

SATELLIT 1 — SATELLIT 2 — SATELLIT 3 — GPS-EMPFÄNGER

Ein Empfänger braucht die Signale von drei Satelliten, um seine Position genau zu bestimmen.

Normalerweise misst man für eine Navigation die Entfernung zu einem bestimmten Orientierungspunkt. Bei der Satellitennavigation jedoch wird die Zeit bestimmt, die ein Signal bis zum Empfänger braucht. Obwohl sich die Satelliten im Weltraum bewegen, sind ihre Positionen bekannt. Jeder Satellit sendet seine Signale in alle Richtungen aus. Mit diesen Signalen von drei Satelliten kann ein Empfänger seine Position genau ermitteln. Mit einem vierten Satelliten kann er sogar berechnen, in welcher Meereshöhe er sich befindet.

Die Satellitennavigation kann viele Aufgaben erfüllen. Ein sprechender Kopfhörer mit Empfänger kann z. B. blinde Menschen durch Gebiete führen, die sie nicht kennen. Eltern können mit einem besonderen Armband, das einen Satellitenempfänger besitzt, ihre Kinder besser beaufsichtigen. Auch Landwirte nutzen die Satellitennavigation, um z. B. die genaue Fläche ihrer Äcker zu bestimmen. Mit diesen Angaben können sie die Menge berechnen, die sie an Dünger oder Pflanzenschutzmittel benötigen.

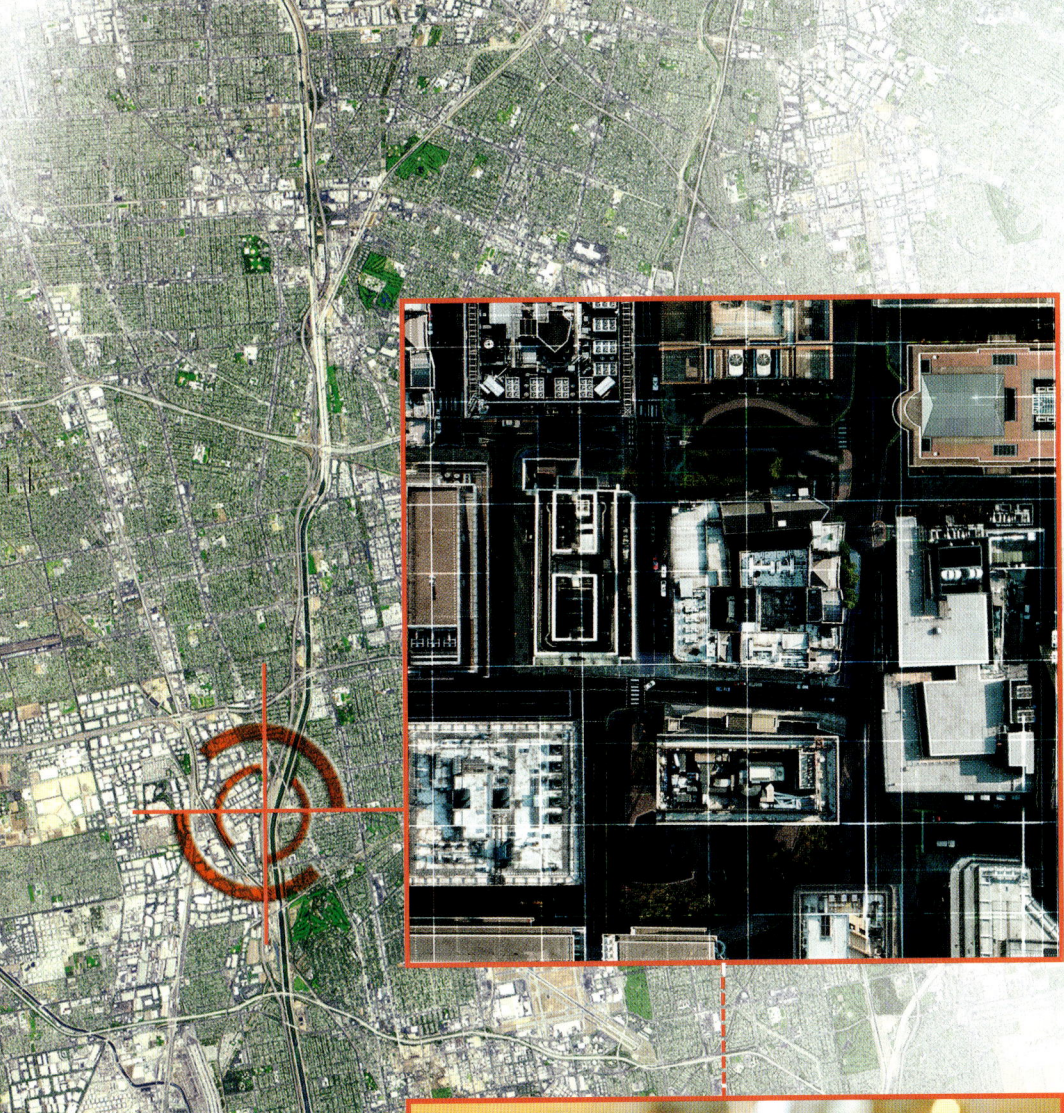

▶▶ Siehe auch: GPS S. 243, Handy S. 18, Satellit S. 42, Verspielt S. 26

▶ Navigation

Bild: Satellitenaufnahme von Los Angeles

◀ **2. Die meisten** Satellitennavigationssysteme bestimmen eine Position bis auf wenige Meter genau. Diese Aufnahme zeigt eine Stadt in den USA. GPS wurde ursprünglich für die amerikanische Armee entwickelt und kann für sie einen Ort sogar bis auf 5 cm genau bestimmen. Die Armee leitet mit GPS ihre Schiffe, Flugzeuge und Marschflugkörper zielgenau.

◀ **3. Dieser Bildschirm** befindet sich in einem Auto und zeigt eine Straßenkarte, um den Fahrer an sein Ziel zu führen. Er zeigt Straßen und Gebäude an und besitzt einen digitalen Kompass. Ein Satellitenempfänger kann die Informationen unterschiedlich darstellen. Auf dem Meer werden Breiten- und Längengrade angezeigt, um die Position des Schiffes zu bestimmen.

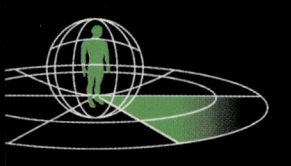

SPACESHUTTLE

▶▶ Der Spaceshuttle (engl.: Raumfähre) startet als Rakete in den Weltraum und kehrt als Gleiter sanft zur Erde zurück. Seit der erste Spaceshuttle Columbia 1981 abhob, haben fünf weitere Spaceshuttles mehr als 100 Raumflüge erfolgreich beendet. ▶▶

▶ **Ein Spaceshuttle** kann bis zu 100-mal starten und Lasten in den Weltraum bringen. Hinter dem Flugdeck befindet sich eine große Ladebucht, um z.B. Satelliten zu transportieren. Auf seinem Flug STS-71 benutzte der Spaceshuttle *Atlantis* 1995 ein besonderes Modul, um an die russische Weltraumstation *Mir* anzudocken. Er brachte auch Ersatzteile mit, um die *Mir* zu reparieren.

◀ **RÜCKBLICK**
Vor dem Einsatz des Spaceshuttles landeten die Astronauten bei ihrer Rückkehr zur Erde mit einer Raumkapsel im Atlantik.

VORSCHAU ▶
Der Spaceshuttle der Zukunft wird größere Triebwerke besitzen. Er benötigt keine Feststoffraketen (Booster) mehr und wird deshalb weniger kosten.

Im Mitteldeck sind Wohn- und Schlafräume, Küche und Toiletten.

Ladebucht

Das Dockingmodul verbindet den Spaceshuttle mit der Mir.

Die Türen der Ladebucht sind weit geöffnet, um den Orbiter zu kühlen.

Bild: Aufnahme des Spaceshuttles *Atlantis* im Weltraum

▶Spaceshuttle

▶▶ Siehe auch: Satellit S. 42, Stark S. 132

Feuerfeste Keramikkacheln

▶▶ WIE DER SPACESHUTTLE FUNKTIONIERT

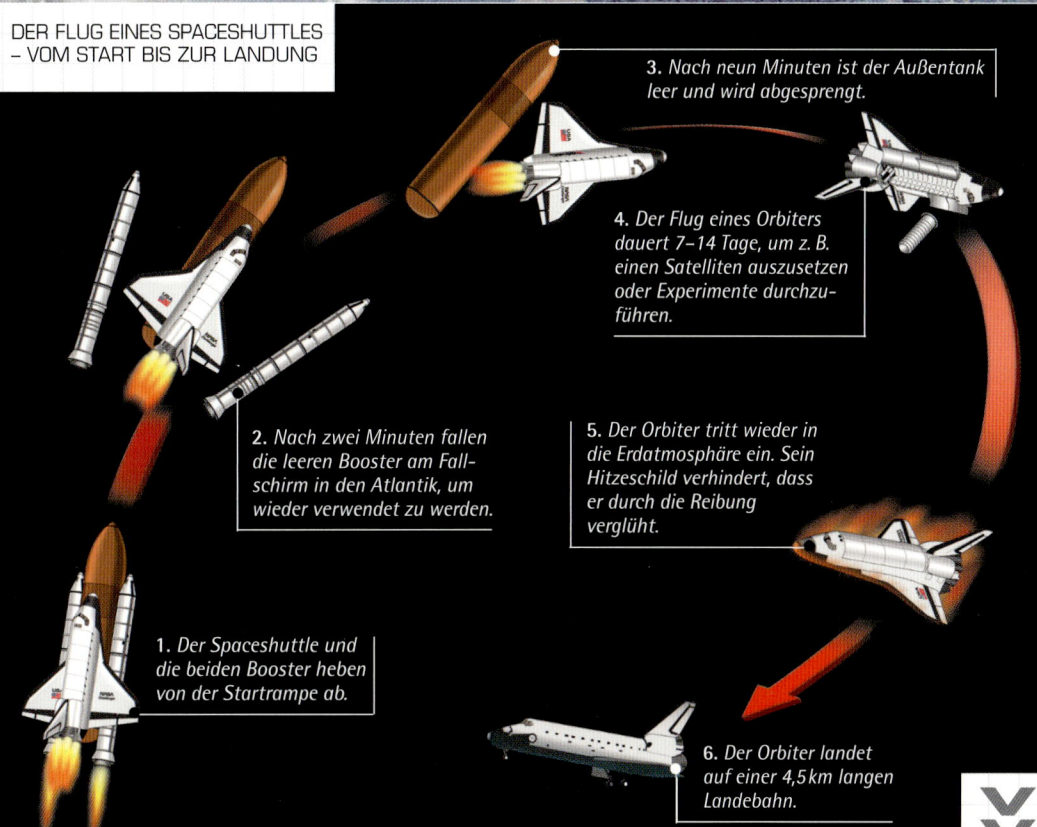

DER FLUG EINES SPACESHUTTLES – VOM START BIS ZUR LANDUNG

1. Der Spaceshuttle und die beiden Booster heben von der Startrampe ab.

2. Nach zwei Minuten fallen die leeren Booster am Fallschirm in den Atlantik, um wieder verwendet zu werden.

3. Nach neun Minuten ist der Außentank leer und wird abgesprengt.

4. Der Flug eines Orbiters dauert 7–14 Tage, um z. B. einen Satelliten auszusetzen oder Experimente durchzuführen.

5. Der Orbiter tritt wieder in die Erdatmosphäre ein. Sein Hitzeschild verhindert, dass er durch die Reibung verglüht.

6. Der Orbiter landet auf einer 4,5 km langen Landebahn.

Der Orbiter ist das Herzstück des Spaceshuttles, denn er startet in den Weltraum und kehrt wieder zurück. Er kann bis zu sieben Besatzungsmitglieder wie z. B. den Piloten und Wissenschaftler aufnehmen, die Experimente ausführen. Die drei Haupttriebwerke verbrennen beim Start flüssigen Brennstoff aus dem Außentank. Zwei Feststofftriebwerke unterstützen den Spaceshuttle, um die Erdanziehungskraft zu überwinden. Im Weltraum benutzt er das Manövriertriebwerk OMS (engl.: Orbital Manoeuvring System).

Bei der Rückkehr zur Erde dreht sich der Orbiter gegen die Flugrichtung und zündet sein Manövriertriebwerk, um den Flug abzubremsen. Der Orbiter richtet sich so aus, dass der Hitzeschild an seiner Unterseite zuerst in die Erdatmosphäre eintaucht. In der Erdatmosphäre werden die Triebwerke abgeschaltet und der Orbiter gleitet wie ein Flugzeug zur Erde zurück. Bei der Landung ist er noch 320 km/h schnell, sodass ihn ein riesiger Bremsfallschirm auf der langen Landebahn abbremsen muss.

157

▶Mobil

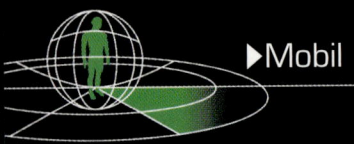

RAUMSONDE

▶▶ In ihrem zehnjährigen Weltraumabenteuer verfolgt die europäische Raumsonde Rosetta einen Kometen mit einer Geschwindigkeit von 135 000 km/h durch das Weltall. Ihr Landefahrzeug soll im Jahr 2014 auf dem Kometen landen. ▶▶

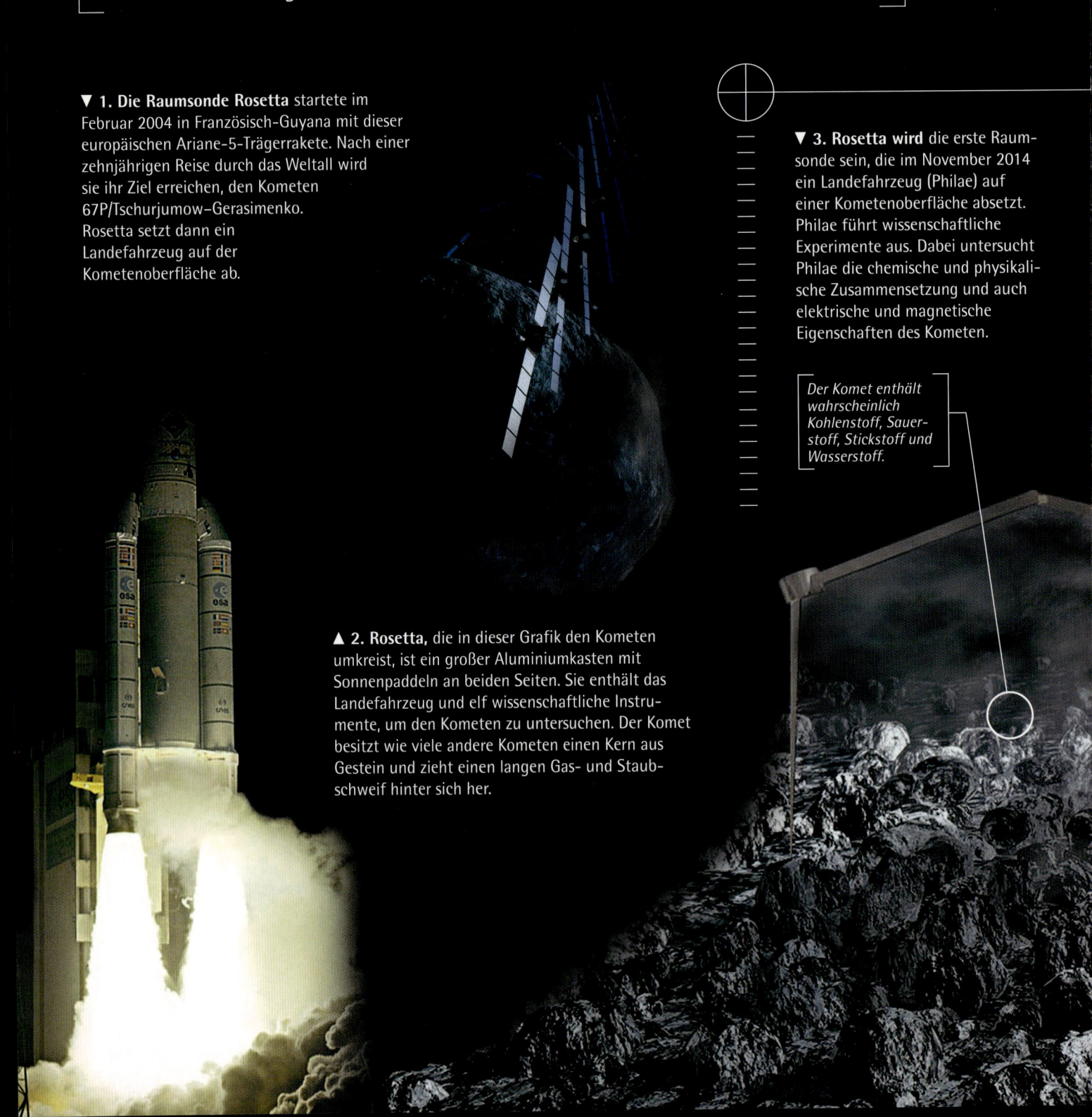

▼ **1. Die Raumsonde Rosetta** startete im Februar 2004 in Französisch-Guyana mit dieser europäischen Ariane-5-Trägerrakete. Nach einer zehnjährigen Reise durch das Weltall wird sie ihr Ziel erreichen, den Kometen 67P/Tschurjumow-Gerasimenko. Rosetta setzt dann ein Landefahrzeug auf der Kometenoberfläche ab.

▼ **3. Rosetta wird** die erste Raumsonde sein, die im November 2014 ein Landefahrzeug (Philae) auf einer Kometenoberfläche absetzt. Philae führt wissenschaftliche Experimente aus. Dabei untersucht Philae die chemische und physikalische Zusammensetzung und auch elektrische und magnetische Eigenschaften des Kometen.

Der Komet enthält wahrscheinlich Kohlenstoff, Sauerstoff, Stickstoff und Wasserstoff.

▲ **2. Rosetta,** die in dieser Grafik den Kometen umkreist, ist ein großer Aluminiumkasten mit Sonnenpaddeln an beiden Seiten. Sie enthält das Landefahrzeug und elf wissenschaftliche Instrumente, um den Kometen zu untersuchen. Der Komet besitzt wie viele andere Kometen einen Kern aus Gestein und zieht einen langen Gas- und Staubschweif hinter sich her.

▶Raumsonde

▶▶ Siehe auch: Satellit S. 42, Schwerkraft S. 249, Spaceshuttle S. 156

» WIE EINE RAUMSONDE FUNKTIONIERT

Der Komet 67P/Tschurjumow-Gerasimenko kreist in sechs Jahren einmal um die Sonne und ist bis zu 857 Millionen km von ihr entfernt. Keine Trägerrakete besitzt so viel Schubkraft, um Rosetta dorthin zu bringen. Die Raumsonde nutzt deshalb die Anziehungskraft der Planeten aus, um ihre Geschwindigkeit zu erhöhen. Sie kreist im weiten Abstand um die Planeten, damit sie nicht zu sehr von ihnen angezogen wird. Jeder Umlauf um einen Planeten gibt der Raumsonde zusätzlichen Schub, sodass sie immer größere Umlaufbahnen um die Sonne erreicht, bis sie auf die Umlaufbahn des Kometen trifft.

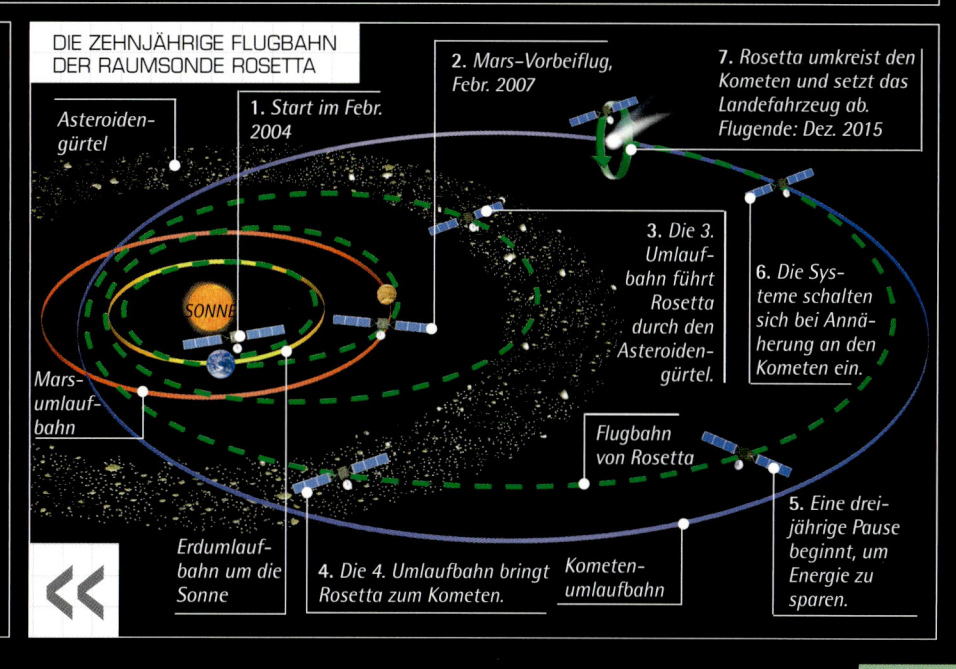

DIE ZEHNJÄHRIGE FLUGBAHN DER RAUMSONDE ROSETTA

Asteroidengürtel

1. Start im Febr. 2004

2. Mars-Vorbeiflug, Febr. 2007

3. Die 3. Umlaufbahn führt Rosetta durch den Asteroidengürtel.

4. Die 4. Umlaufbahn bringt Rosetta zum Kometen.

5. Eine dreijährige Pause beginnt, um Energie zu sparen.

6. Die Systeme schalten sich bei Annäherung an den Kometen ein.

7. Rosetta umkreist den Kometen und setzt das Landefahrzeug ab. Flugende: Dez. 2015

Marsumlaufbahn

Erdumlaufbahn um die Sonne

Kometenumlaufbahn

Flugbahn von Rosetta

Ein mechanischer Arm hält die Sensoren ungefähr 1 m von Philae entfernt.

Solarzellen erzeugen Strom für die Landung und für die Experimente.

Drei Federbeine federn die Landung ab.

Bild: Zeichnung von Rosettas Landefahrzeug auf der Kometenoberfläche

Wir verreisen heute weiter, schneller und häufiger als je zuvor. Eine der großen Herausforderungen des 21. Jahrhunderts besteht darin, die überlasteten Transportsysteme so weiterzuentwickeln, dass die vielen Menschen an Land und in der Luft besser befördert werden können.

Verkehrsleitsysteme werden immer bedeutender. Die meisten Autofahrer sind im Jahr 2010 auf Satellitennavigationssysteme angewiesen, die sie durch eine Stadt leiten und auf Routen mit wenig Verkehr führen. Diese Leitsysteme werden so intelligent sein, dass sie die Autos selbst steuern, während sich der Fahrer einen Film ansieht, arbeitet oder telefoniert. Züge kommunizieren ständig mit einer Leitzentrale, die das gesamte Schienennetz koordiniert. Durch neue Technologien nehmen Flugzeugcomputer direkt mit den Computern in den Bodenstationen Kontakt auf.

> Unterwasserattraktionen wie das Wrack der *Titanic*, Tiefseevulkane und sogar untergegangene Städte werden zu Urlaubszielen.

Wenn die Entwicklung anhält, werden im Jahr 2020 mehr als zwei Milliarden Reisen mit dem Flugzeug erledigt. Um diese Anforderungen zu bewältigen, werden neue Flugzeuge entwickelt, am Computer entworfen und im Windkanal getestet. Zweistöckige Superjumbos wie der A 380 werden in den nächsten Jahren zum Alltag gehören. Diese riesigen Flugzeuge können mehr als 500 Menschen transportieren. In ferner Zukunft werden Lufttaxen auf winzigen Plätzen in den Städten starten und landen, um Menschen wie heutige Taxen zur Arbeit zu bringen und sie dort wieder abzuholen. Neue Antriebstechniken haben bereits ein Überschallstrahltriebwerk hervorgebracht. Dieses Düsentriebwerk ist so leistungsstark wie eine Rakete, doch es ist für Flüge in der Erdatmosphäre geplant. Mit dieser Technik können Flugzeuge von London nach Sydney, einer Strecke von

16 984 km, in weniger als zwei Stunden fliegen. Durch die Weiterentwicklung kann ein Flugzeug mit diesem Triebwerk bald 15-mal schneller als der Schall sein.

Die großen, unbekannten Tiefen der Meere werden die letzten wahren Herausforderungen auf unserem Planeten sein. Unterwasserattraktionen wie das Wrack der *Titanic*, Tiefseevulkane und sogar untergegangene Städte werden die Urlaubsziele der Zukunft sein. Zahlende Passagiere werden die Meeresforschung finanzieren, die von einer neuen Generation von Unterseebooten wie dem Deep Flight Aviator durchgeführt werden.

Auch der Weltraum wird zu einem Urlaubsziel. Die Erfahrungen, die bisher nur Astronauten erleben durften, sind bereits für sehr reiche Menschen bezahlbar und sie werden noch günstiger. Dann kann man Tickets für Flugzeuge kaufen, die in den Weltraum fliegen. Doch Flüge in den Weltraum schädigen die Erdatmosphäre. Deshalb prüfen Forscher die Möglichkeit eines Weltraumfahrstuhls, der Menschen und Güter in eine Umlaufbahn und zurück bringt. Ein sehr starkes Kabel aus Kohlenstoffnanokomposit, einem Verbundwerkstoff, läuft von einem Satelliten zu einer Stelle in der Nähe des Äquators – wahrscheinlich einer Insel, die zu diesem Zweck entsteht.

WINDKANAL

>>ARBEIT

Digitalstift >> Notebook >> Hauptplatine >> Flashstick >> Virtuelle Tastatur >> Laserdrucker >> Scanner >> Chipkarte >> Chip–Etikett >> Industrieroboter >> Nassschweißen >> Schutzanzug >> Dopplerradar

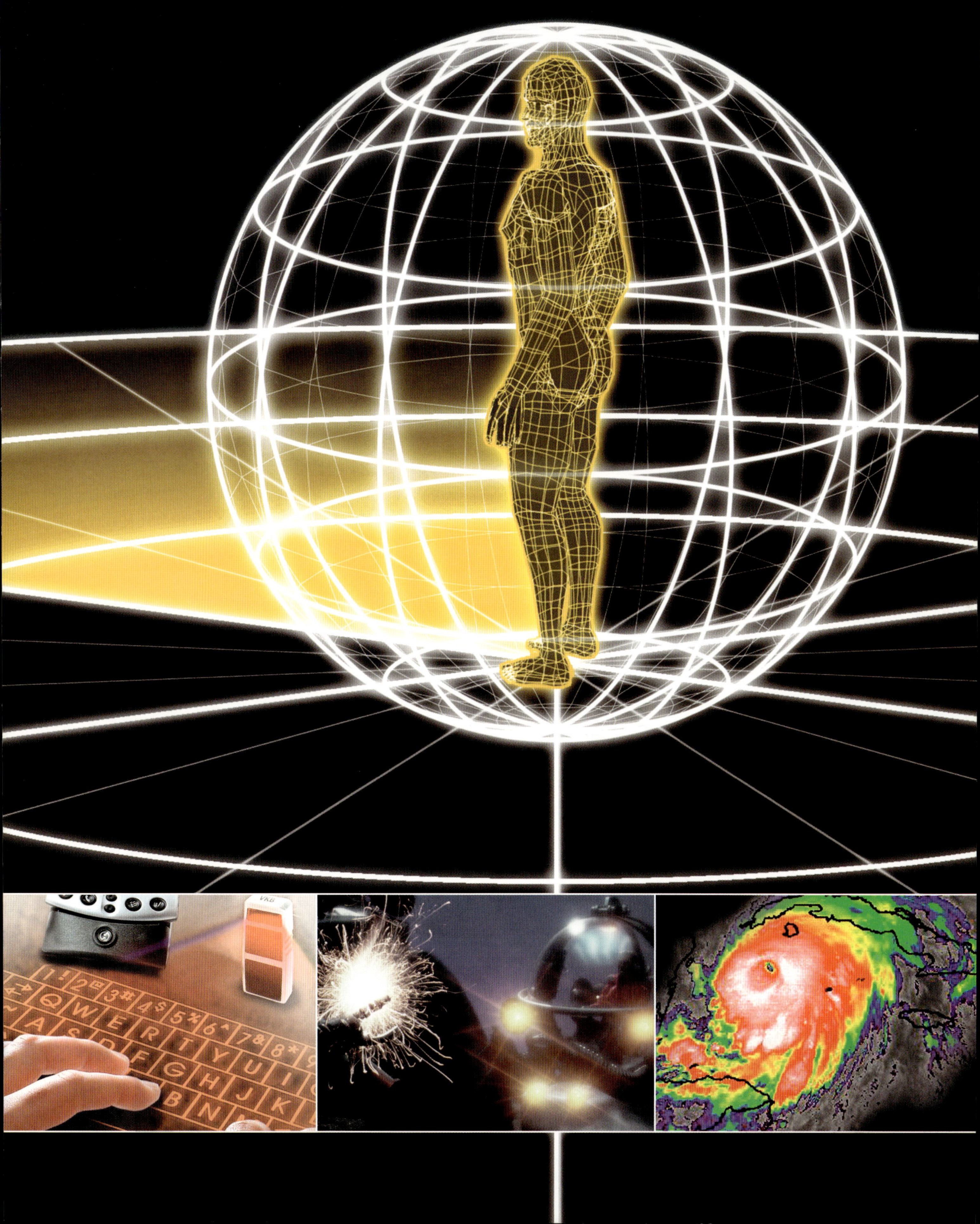
VKB

COMPUTERSCHALTPLATINE

Die Erfindung der Dampfmaschine zu Beginn des 18. Jahrhunderts führte zu großen Veränderungen in der Arbeitswelt. Diese neue Technologie pumpte zunächst Wasser aus Bergwerken. Gegen Ende des Jahrhunderts trieb sie bereits Webstühle in Fabriken an, um Baumwollgewebe herzustellen – das erste Beispiel einer mechanischen Massenproduktion. Viele Menschen zogen vom Land in die Stadt, um dort Arbeit in den Fabriken und später auch in den Büros zu finden.

In den letzen Jahrzehnten haben Computer unsere Gesellschaft verändert. Jede Aufgabe, die routinemäßig erledigt oder in kleinere Schritte aufgeteilt werden kann, wird nun von Computern oder Robotern übernommen, die auf bestimmte Arbeiten wie z. B. die Autolackierung spezialisiert sind. Roboter führen auch gefährliche Arbeiten aus, z. B. mit heißen Metallblechen, die Menschen nicht erledigen können. Weil Roboter den größten Teil der Arbeiten übernehmen, die sich ständig wiederholen und gefährlich sein können, sind immer weniger Arbeiter in der Herstellung beschäftigt. Auch in Büros übernehmen Computer immer mehr Aufgaben wie z. B. die Berechnung von Diagrammen oder den Ausdruck von Dokumenten. Geräte wie z. B. Laserdrucker und Scanner, die viel Zeit sparen, erhöhen die Produktivität. Angestellte mit Notebook und Handy sind nicht so sehr an ihre Schreibtische gebunden wie früher. Neue Technologien wie z. B. die virtuelle Tastatur, Flashsticks und Digitalstifte führen dazu, dass mehr und mehr Menschen zu Hause oder auf Reisen arbeiten oder ein Arbeitsplatz von mehreren genutzt wird.

Einige Arbeiten können nur Menschen erledigen. Die Entscheidungen, die z. B. ein Arzt trifft, sind für einen Computer viel zu kompliziert und zu schwierig – Diagnose und Behandlung eines Patienten sind meistens persönliche Entscheidungen. Trotzdem spielt bei den meisten Arbeiten die Technik eine große Rolle. Taucher reparieren Bohrinseln und Pipelines unter Wasser mit Nassschweißgeräten. Die Satellitennavigation ermöglicht Seefahrern eine genaue Positionsbestimmung. Mithilfe von Satelliten und Radar sagen Meteorologen das Wetter vorher, damit z. B. Bauern wissen, wann die Sonne scheint und wann es regnet. Moderne Materialien wie z. B. Kevlar® schützen Feuerwehrleute in brennenden Häusern. Gerichtsmediziner untersuchen mit Fingerabdruck-Scannern Proben von einem Tatort, während Verkäufer mit Lesegeräten die Barcodes der Produkte schnell einscannen. Geschäftsleute nutzen die ungeheure Kapazität von Mikroprozessoren, um Börsenkurse zu verfolgen und Kursentwicklungen vorherzusagen.

> „Jeder zehnte Arbeiter am Fließband einer Autofabrik ist heute ein Roboter – das erhöht die Produktivität enorm."

Menschen arbeiten, um Geld zu verdienen. Die Technologie hat auch die Art verändert, wie wir an unser Geld gelangen. Der größte Teil des Geldes ist heute unsichtbar und existiert nur als Zahlen auf unserem Konto, auf das es direkt vom Arbeitgeber oder Kunden überwiesen wurde. Gelegentlich holen wir am Geldautomaten Geldscheine, doch meistens nutzen wir die Chipkarte, um schnell und sicher zu bezahlen.

▶ Arbeit

DIGITALSTIFT

Bild: Nahaufnahme einer Digitalstiftspitze

▶ **Ein Digitalstift** enthält eine winzige Digitalkamera und Mikrochips, die Informationen speichern, verarbeiten und übermitteln. Mit dem Digitalstift kann man nur auf besonderem Papier schreiben, das ein Raster aus winzigen Punkten enthält. Die Kamera erkennt die Stelle auf dem Raster, an der man den Stift aufsetzt, und speichert die Punkte als Koordinaten ab. Die Daten werden drahtlos an einen Computer gesendet, der sie auf seinem Bildschirm darstellt.

Der Stift benutzt normale Tinte.

Die Kamera erkennt die Position des Stiftes auf dem Papier.

▶▶ Ein Digitalstift erkennt, was man schreibt oder zeichnet. Er speichert Ideen, Notizen oder Zeichnungen, bis man sie auf einen Computer überträgt, um sie auszudrucken oder zu speichern. ▶▶

◀◀ **RÜCKBLICK**
Stifte wurden erstmals um 3000 v. Chr. benutzt. Die alten Sumerer kratzten mit angespitzten Stöcken ihre Schriften auf Lehmtafeln.

An drahtlosen Internetzugängen (Hotspots) in Cafés oder Bahnhöfen können Menschen die neuesten Nachrichten auf Digitalpapier oder einem Bildschirm lesen.
VORSCHAU ▶▶

▶ Digitalstift

›› WIE EIN DIGITALSTIFT FUNKTIONIERT

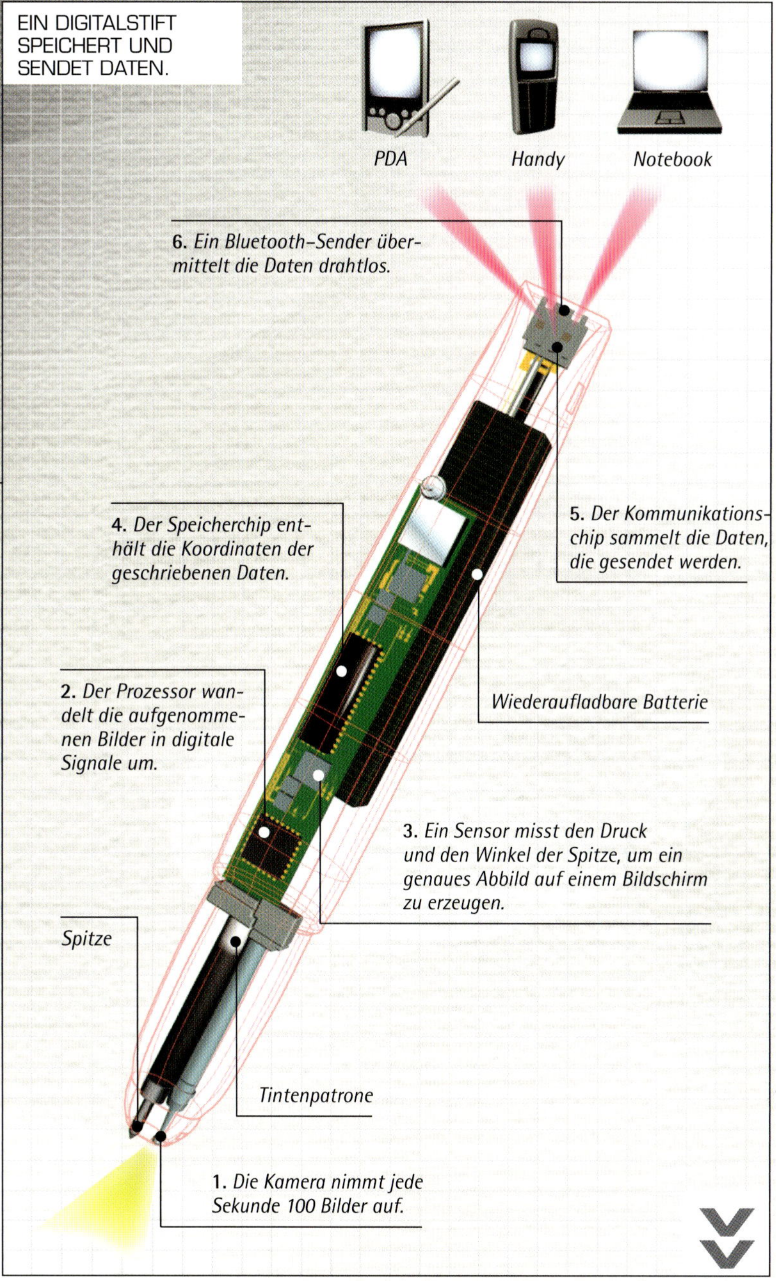

EIN DIGITALSTIFT SPEICHERT UND SENDET DATEN.

PDA   Handy   Notebook

6. Ein Bluetooth-Sender übermittelt die Daten drahtlos.

4. Der Speicherchip enthält die Koordinaten der geschriebenen Daten.

5. Der Kommunikationschip sammelt die Daten, die gesendet werden.

Wiederaufladbare Batterie

2. Der Prozessor wandelt die aufgenommenen Bilder in digitale Signale um.

3. Ein Sensor misst den Druck und den Winkel der Spitze, um ein genaues Abbild auf einem Bildschirm zu erzeugen.

Spitze

Tintenpatrone

1. Die Kamera nimmt jede Sekunde 100 Bilder auf.

Die Spitze enthält eine winzige Kamera.

Digitalstifte sehen wie normale Kugelschreiber aus und sind genauso einfach zu bedienen. Sie benötigen keinen Computer in ihrer Nähe und funktionieren an jedem Ort. Solange Digitalpapier benutzt wird und die Batterie geladen ist, werden die Daten gespeichert. Die meisten Digitalstifte speichern 40 DIN A4-Seiten. Wenn der Speicher voll ist, müssen die Daten auf einen PDA, ein Handy oder einen Computer übertragen werden. Dort wird jedes Blatt originalgetreu dargestellt.

⌄ Unsichtbare Tinte

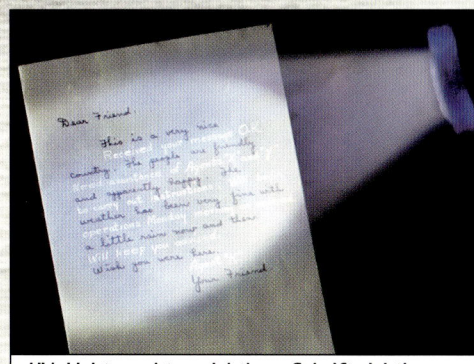

UV-Licht macht unsichtbare Schrift sichtbar.

▲ Ein Digitalstift benutzt sichtbare Tinte, seine Kamera erkennt jedoch unsichtbare Punkte. Unsichtbare Tinte hinterlässt auf normalem Papier eine versteckte Spur. Spione benutzten diese Tinte viele Jahrhunderte lang, um geheime Botschaften zu schreiben. Einige dieser Tinten werden unter ultraviolettem Licht (UV-Licht) oder bei Erwärmung sichtbar.

▶▶ Siehe auch: Bluetooth® S. 241, Flashstick S. 172, Notebook S. 168, Virtuelle Tastatur S. 174

▶ Arbeit

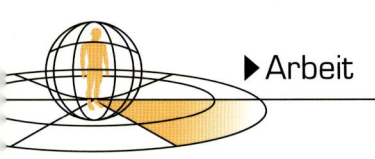

NOTEBOOK

▶▶ Notebooks bieten ein komplettes Büro, das nur wenig Platz benötigt. Diese leistungsstarken, leichten Computer kann man zuklappen und einfach mitnehmen. Man nennt sie deshalb auch tragbare Computer. ▶▶

▶ **Obwohl dieses Notebook,** das PowerBook G4, nur 3 kg wiegt und lediglich 2 cm dick ist, besitzt es mehr Leistung als viele Computer. Das Aluminiumgehäuse ist kratzfest. Wenn das Notebook mal herunterfällt, schützen Bewegungssensoren die Festplatte, sodass sie nicht beschädigt wird. Ein Akku liefert für etwa fünf Stunden Strom.

▼ **Der Prozessor** oder CPU, Central Processing Unit (engl.: zentrale Rechnereinheit), ist das Gehirn eines Notebooks und der wichtigste Einzelchip. Er übersetzt und verarbeitet alle Befehle.

▶ **Die Festplatte** speichert alle Programme und Daten dauerhaft. Sie besitzt eine Kapazität von 100 Gigabyte (GB). Ein DVD-Film belegt ungefähr 5 GB auf der Festplatte.

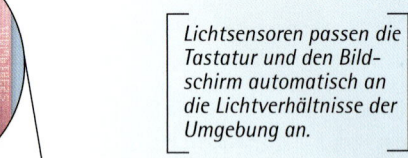

Lichtsensoren passen die Tastatur und den Bildschirm automatisch an die Lichtverhältnisse der Umgebung an.

Dieses Laufwerk spielt DVDs und CDs ab und kopiert sie.

▲ **Über das Tastfeld** (Trackpad) bewegt man den Cursor. Wenn man zwei Finger über das Feld zieht, kann man senkrecht und waagerecht über den Bildschirm scrollen.

▸Notebook

Die Grafikkarte unterstützt 16 Millionen Farben, um auch Videofilme abzuspielen.

Bild: PowerBook G4

⩔ Vielseitiges Notebook

◂**Telefon**
Mit Mikrofon und Lautsprecher kann man telefonieren, wenn man mit dem Internet verbunden ist.

◂**Digitalkamera**
Man kann Bilder von einer Digitalkamera herunterladen, abspeichern, bearbeiten oder ausdrucken.

◂**Videokamera**
Man kann eine Videokamera anschließen und Videos herunterladen, speichern und ansehen.

◂**Adressbuch**
Adressen vom Handy kann man auf das Notebook übertragen und abspeichern.

◂**Bilderalbum**
Das Notebook speichert nicht nur Bilder, sondern sortiert sie auch und erstellt eine Diaschau.

◂**Tagebuch**
Der Kalender speichert und verwaltet tägliche und wöchentliche Termine.

◂**Stift und Papier**
Das Notebook bietet hunderte verschiedener Schriftarten und Seitenentwürfe zur Auswahl an.

▲ **Eine Steckkarte** stellt den Hochgeschwindigkeitszugang in das Internet drahtlos her. Viele Cafés, Buchläden und Flughafenräume besitzen einen drahtlosen Internetzugang, den man Hotspot nennt. Diese Karte verbindet das Notebook ohne Telefonanschluss mit dem Internet.

▲ **Über diese Anschlussleiste** werden externe Geräte angeschlossen. Flashsticks, MP3-Player und Drucker haben jeweils verschiedene Anschlüsse.

◂**RÜCKBLICK**
Das erste Notebook, Osborne 1, baute 1982 die Osborne Computer Corporation. Es wog 11 kg und kostete 1975 $.

In den USA entwickeln Forscher für Schulkinder in Entwicklungsländern ein Notebook, das nur 100 $ kostet.
VORSCHAU▸

▸▸ Siehe auch: Byte S. 241, Flashstick S. 172, Hauptplatine S. 170, Mikrochip S. 16

▶ Arbeit

⌄ Tragbarer Computer

◀ Dieser tragbare Computer besitzt einen Minibildschirm und -computer. Der Bildschirm befindet sich wie eine Brille direkt vor dem Auge. Der Computer ist so klein, dass er in eine Tasche oder an einen Gürtel passt. Technische Assistenten nutzen diesen Minicomputer, um während der Arbeit gleichzeitig in einer Anleitung nachzulesen.

Tragbarer Bildschirm

HAUPTPLATINE

▶▶ Die Hauptplatine ist das Herz eines Computers. Als elektronischer Schaltkreis verbindet die Hauptplatine alle Bauteile und leitet Befehle schnell weiter. ▶▶

▶ Hauptplatine

Bild: Nahaufnahme einer Hauptplatine

≫ WIE EINE HAUPTPLATINE FUNKTIONIERT

DATENVERARBEITUNG – VON DER TASTATUR AUF DEN BILDSCHIRM

1. Ein Mikroprozessor in der Tastatur erkennt, welche Taste gedrückt wurde und erzeugt einen Code, um sie zu identifizieren.

2. Der Prozessor erhält ein Unterbrechungssignal von der Tastatur.

Die Festplatte enthält das Betriebssystem und Programme, um den Prozessor zu unterstützen.

Hauptplatine

Der Arbeitsspeicher speichert bestimmte Daten, damit der Prozessor schnell darauf zugreifen kann.

6. Der neue Buchstabe, der in das Dokument eingefügt wurde, erscheint auf dem Bildschirm.

Der Kühler sitzt auf der CPU.

3. Das BIOS (dauerhafter Speicher) erhält ein Signal der CPU, um dem Code einen Buchstaben oder eine Ziffer zuzuweisen.

4. Die CPU erhält den Buchstaben (Ziffer) und sendet einen Binärcode (Nullen und Einsen) an die Grafikkarte.

5. Die Grafikkarte setzt das Signal der CPU um und erneuert die Anzeige auf dem Bildschirm.

Ein Computer besteht aus Hardware und Software. Zur Hardware zählen alle physikalischen Bauteile wie z. B. die Festplatte und die Hauptplatine, auf der die Grafikkarte und der Prozessor sitzen. Diese Bauteile speichern und verarbeiten Informationen und führen Softwarebefehle aus. Die Software, das sind Computerprogramme wie z. B. die Internetverbindung, eine Textverarbeitung oder Spiele.

Der erste digitale Computer wurde 1946 erfunden. Der elektronische numerische Integrierer und Rechner (ENIAC) wurde in drei Jahren gebaut und wog 30 Tonnen. Er konnte rechnen und verarbeitete in jeder Sekunde 100 000 Befehle. Seit 1970, als der Mikrochip erfunden wurde, sind moderne Computer immer kleiner und schneller geworden. Ein winziger Chip vereint viele Schaltkreise, die früher getrennt waren.

RAM (Arbeitsspeicher)

◀ **Auf der Hauptplatine** befindet sich der Prozessor, die zentrale Rechnereinheit (CPU). Der Prozessor übersetzt und verarbeitet jede Sekunde viele Millionen Befehle. Dabei entsteht so viel Wärme, dass der Prozessor einen Kühler besitzt, um die Wärme abzuführen.

▶▶ Siehe auch: Mikrochip S. 16, RAM (Arbeitsspeicher) S. 247

▶Arbeit

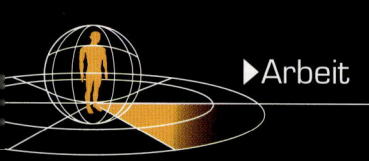

FLASHSTICK

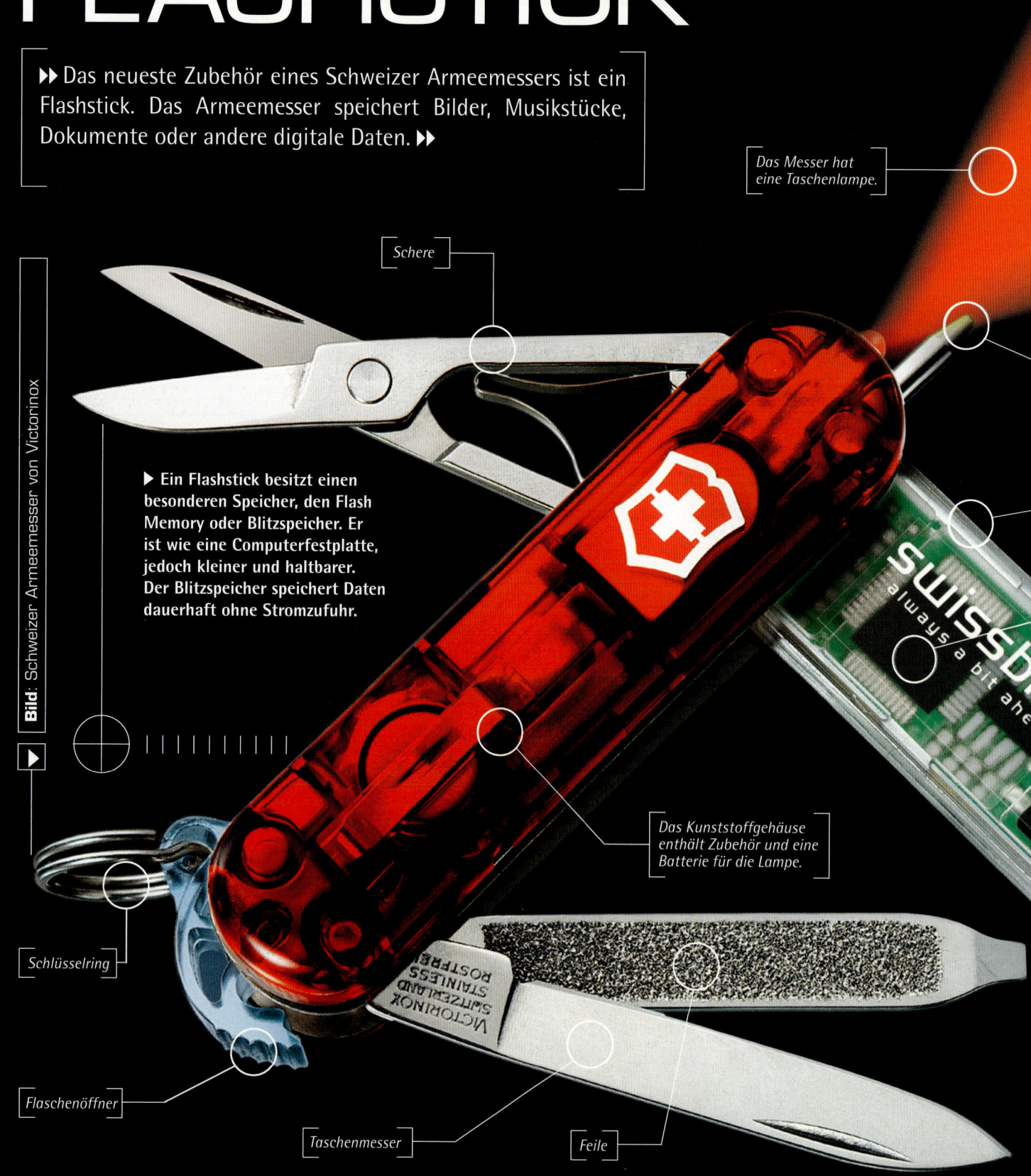

▶▶ Das neueste Zubehör eines Schweizer Armeemessers ist ein Flashstick. Das Armeemesser speichert Bilder, Musikstücke, Dokumente oder andere digitale Daten. ▶▶

Das Messer hat eine Taschenlampe.

Schere

Bild: Schweizer Armeemesser von Victorinox

▶ **Ein Flashstick besitzt einen besonderen Speicher, den Flash Memory oder Blitzspeicher. Er ist wie eine Computerfestplatte, jedoch kleiner und haltbarer. Der Blitzspeicher speichert Daten dauerhaft ohne Stromzufuhr.**

Das Kunststoffgehäuse enthält Zubehör und eine Batterie für die Lampe.

Schlüsselring

Flaschenöffner

Taschenmesser

Feile

172

◀ **RÜCKBLICK**

Das Schweizer Armeemesser wurde 1891 von Karl Elsner, einem Schweizer Fabrikanten, für Offiziere erfunden. Er nannte es zuerst „Offiziersmesser".

Ein Speicherchip mit 8 GB wird entwickelt, der eine Stunde DVD-Material oder 250 MP3-Musikstücke speichert.

VORSCHAU ▶▶

⌄ Speicherplatz

▶ Früher mussten Geschäftsleute ihre Unterlagen, Bilder und Notizblöcke in einem Aktenkoffer mitnehmen. Der leichte Flashstick speichert diese Daten und noch viel mehr. Er ist so klein, dass er in jede Hosentasche passt, und speichert bis zu 64 MB Daten – so viel, wie 9400 DIN A4-Seiten enthalten.

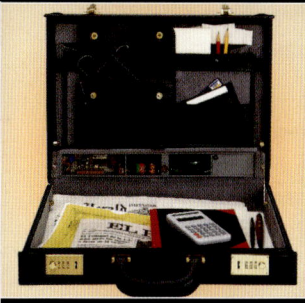

Inhalt eines Aktenkoffers

≫ WIE EIN FLASHSTICK FUNKTIONIERT

Kugelschreiber

Den Flashstick kann man aus dem Messer herausziehen.

Der Speicherchip enthält die Daten.

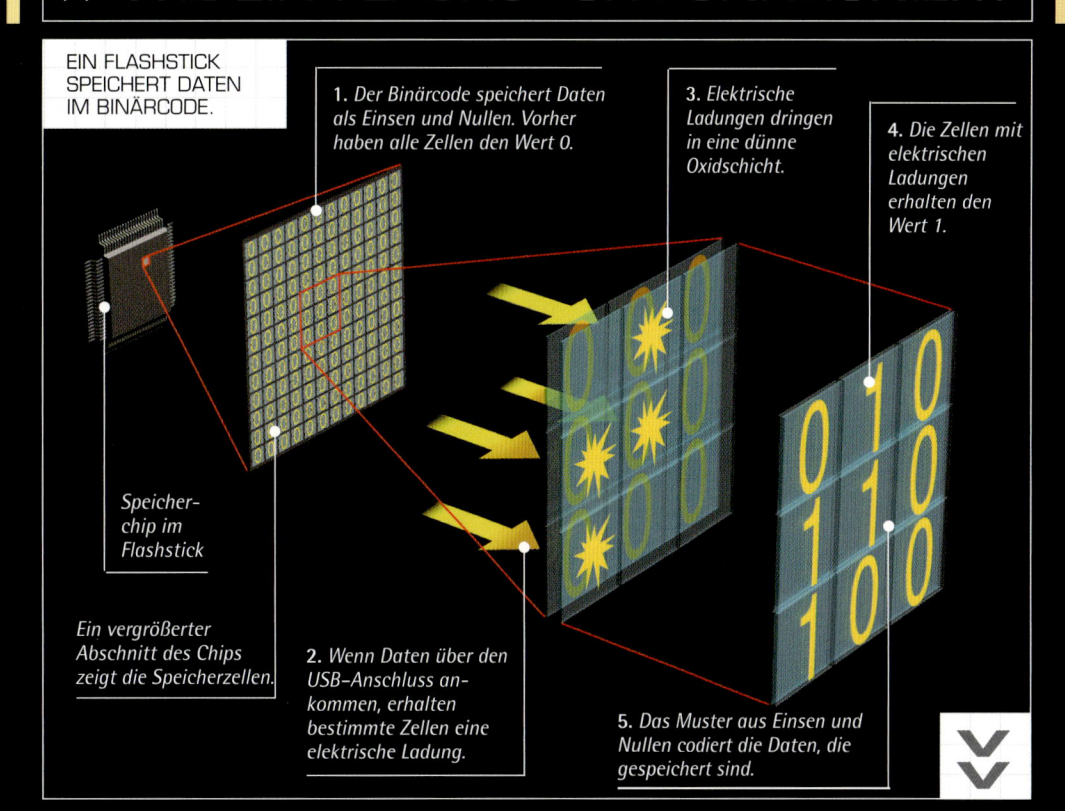

EIN FLASHSTICK SPEICHERT DATEN IM BINÄRCODE.

Speicherchip im Flashstick

Ein vergrößerter Abschnitt des Chips zeigt die Speicherzellen.

1. *Der Binärcode speichert Daten als Einsen und Nullen. Vorher haben alle Zellen den Wert 0.*

2. *Wenn Daten über den USB-Anschluss ankommen, erhalten bestimmte Zellen eine elektrische Ladung.*

3. *Elektrische Ladungen dringen in eine dünne Oxidschicht.*

4. *Die Zellen mit elektrischen Ladungen erhalten den Wert 1.*

5. *Das Muster aus Einsen und Nullen codiert die Daten, die gespeichert sind.*

USB-Stecker für den Computeranschluss.

Der Blitzspeicher speichert Daten dauerhaft, sodass man sie überall hin mitnehmen kann. Viele digitale Geräte wie z. B. Handys, PDAs, Kameras, Videorekorder und MP3-Player besitzen für ihre Daten Blitzspeicher, sodass man Informationen zwischen verschiedenen Geräten einfach übertragen kann. Flashsticks sind leicht zu bedienen, sie funktionieren fehlerfrei und zerbrechen kaum.

Über den USB-Anschluss kann man den Flashstick mit einem Computer verbinden. Man kann Dateien hochladen, herunterladen oder bearbeiten. Anschließend entfernt man den Stick aus dem USB-Anschluss und alle Dateien bleiben auf dem Stick, bis man sie löscht. Der Blitzspeicher speichert alle Daten nur blockweise, sodass man nicht einzelne Dateien, sondern nur ganze Blöcke löschen kann.

▶▶ Siehe auch: Digitaltechnik S. 243, Hauptplatine S. 170, Notebook S. 168

▶ Arbeit

VIRTUELLE TASTATUR

▶▶ Eine virtuelle Tastatur besteht nur aus Licht. Man kann diese Tastatur auf jeder ebenen Oberfläche abbilden und an fast jedem Ort benutzen. Ein Infrarotsensor erfasst die Tasten, während man schreibt. ▶▶

◀◀ **RÜCKBLICK**
Eine Tastatur ist alphabetisch angeordnet. Die Reihenfolge QWERTZ wurde für Schreibmaschine eingeführt und für Tastaturen übernommen.

Spracherkennungsprogramme werden immer leistungsstärker und genauer. Wahrscheinlich ersetzen Mikrofone in Zukunft viele Tastaturen.
VORSCHAU ▶▶

Die Zeichen werden auf dem Bildschirm des PDA angezeigt.

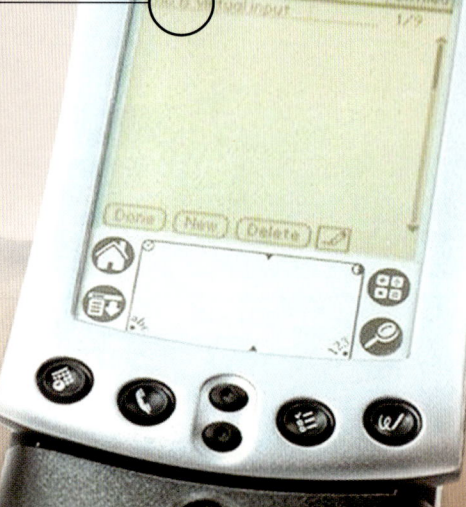

Sichtbares Licht bildet die Tastatur ab.

▶▶ Siehe auch: Hauptplatine S. 170, Notebook S. 168, Spracherkennung S. 28

▶ Virtuelle Tastatur

» WIE EINE VIRTUELLE TASTATUR FUNKTIONIERT

Tragbare Geräte wie z. B. ein PDA oder Handy besitzen kleine Tasten, auf denen man sich häufig vertippt. Eine Telefonnummer oder SMS kann man noch leicht eintippen, doch längere Texte bereiten mehr Mühe und kosten mehr Zeit. Eine virtuelle Tastatur löst dieses Problem. Ein kleiner Projektor bildet eine Tastatur auf einer ebenen Oberfläche wie z. B. einem Aktenkoffer ab. Ein Sensor im Projektor erfasst die Tastenanschläge und wandelt sie in sichtbare Zeichen um. Bei jedem Tastenanschlag erzeugt der Projektor ein „Klick", um eine echte Tastatur nachzuahmen.

TASTENANSCHLAG AUF VIRTUELLER TASTATUR ERSCHEINT AUF BILDSCHIRM

4. Der Infrarotstrahl wird zu einem Filter reflektiert.

5. Die Kamera erkennt den Winkel des Infrarotstrahls.

6. Der Sensorchip erkennt die Stelle der Lichtunterbrechung und übersetzt sie in Koordinaten.

1. Ein Laser bildet die virtuelle Tastatur ab.

2. Unsichtbares Infrarotlicht scheint oberhalb der Tastatur.

3. Ein Tastenanschlag auf der virtuellen Tastatur unterbricht den Infrarotstrahl und wird zum Projektor reflektiert.

PROJEKTOR

7. Die Koordinaten werden drahtlos übertragen und als Zeichen angezeigt.

PDA

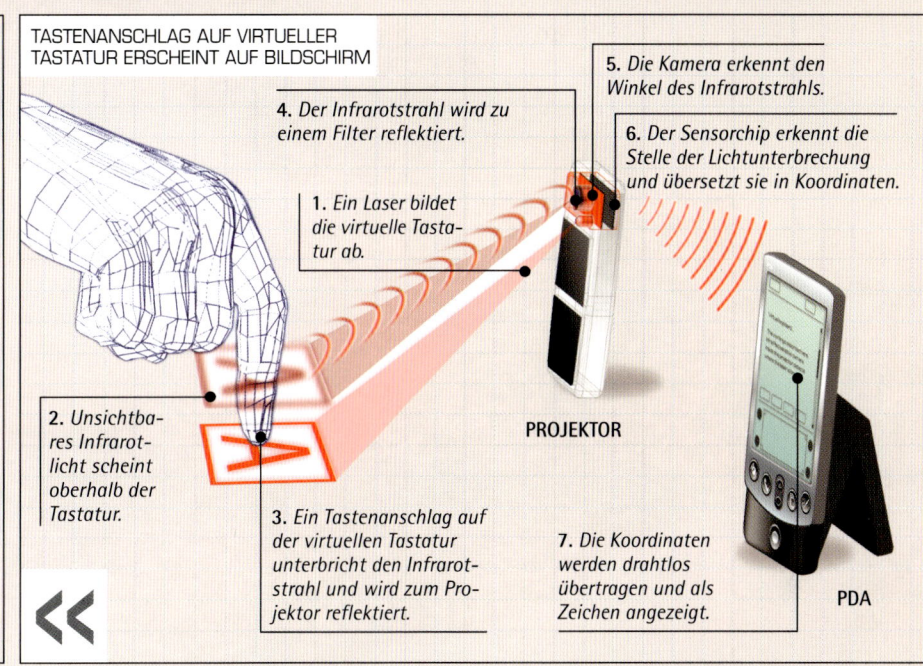

Ein breiter Infrarotstrahl scheint oberhalb der Tastatur.

◀ **Eine virtuelle Tastatur** benutzt sowohl sichtbares als auch unsichtbares Licht. Mit dem sichtbaren Licht wird die Tastatur auf einer ebenen Oberfläche abgebildet, während das unsichtbare Infrarotlicht die Tastenanschläge erkennt. Jedes Mal, wenn das Infrarotlicht unterbrochen wird, registriert ein Sensor, welche Taste benutzt wurde.

Bild: Virtuelle Tastatur während der Benutzung

⌄ Gedankenspiele

Steuerung eines Spiels durch Gedanken

▲ Wissenschaftler am Fraunhofer-Institut haben eine Schnittstelle zwischen Gehirn und Computer entwickelt, um Spiele wie z. B. Autorennen oder Tennis nur mit den Gedanken zu steuern. Die Absichten eines Spielers werden mit einem Elektroenzephalogramm (EEG) als Gehirnwellen gemessen, die von einem Programm in Bildschirmaktionen umgewandelt werden.

▶ Arbeit

LASERDRUCKER

Toner bindet auf Papier.

▲ Der Buchstabe „S" wurde mit Toner gedruckt – ein trockener, pulverartiger Farbstoff. Ein Laserdrucker bindet den Toner mit Wärme und Druck auf das Papier. Die Tonerteilchen, die den Buchstaben bilden, werden geschmolzen und dauerhaft auf die poröse Papieroberfläche gepresst.

◀ **RÜCKBLICK**
Um 1450 baute Johannes Gutenberg die erste Druckerpresse. Sie arbeitete mit Metallbuchstaben und war bis in das 20. Jahrhundert Vorbild für alle Pressen.

Um Fälschungen zu verhindern, drucken neuartige Geräte einzigartige Streifen auf das Papier. Sie identifizieren so Drucker, die für Fälschungen benutzt wurden.
VORSCHAU ▶

Das Papier besteht aus Fasern.

▶▶ Bei diesem Drucker bringt ein Laserstrahl eine exakte Kopie eines Textes oder Bildes auf eine lichtempfindliche Trommel – und druckt bis zu 45 Seiten pro Minute aus. ▶▶

▲ **Bild**: Falschfarben–Rasterelektronenmikroskopaufnahme des Buchstabens „S"

▶Laserdrucker

⇣ Tonerkugeln

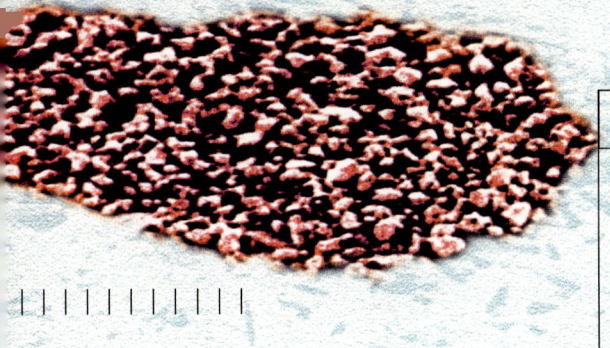

▶Laserdrucker verwenden keine Tinte, sondern Toner, einen Trockenfarbstoff. Das feine Pulver besteht aus winzigen Kunststoffkugeln, an denen Farbstoffteilchen haften. Der negativ geladene Toner wird im Drucker zuerst von der positiven Ladung der Trommel angezogen und dann von der stärkeren positiven Ladung des Papiers. Durch die Wärme der Rollen schmelzen die Kugeln und verbinden sich mit dem Papier, sodass der Toner in den Fasern sitzt. Farblaserdrucker besitzen vier Toner – Schwarz, Zyan (Hellblau), Magenta (Purpurrot) und Gelb.

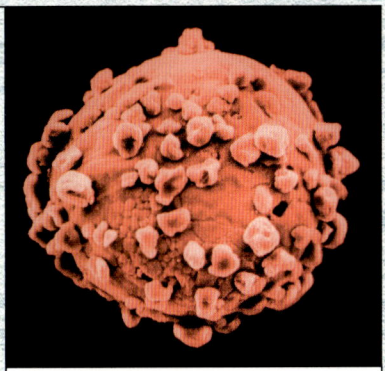

Farbstoffteilchen haften an einer Kugel.

›› WIE EIN LASERDRUCKER FUNKTIONIERT

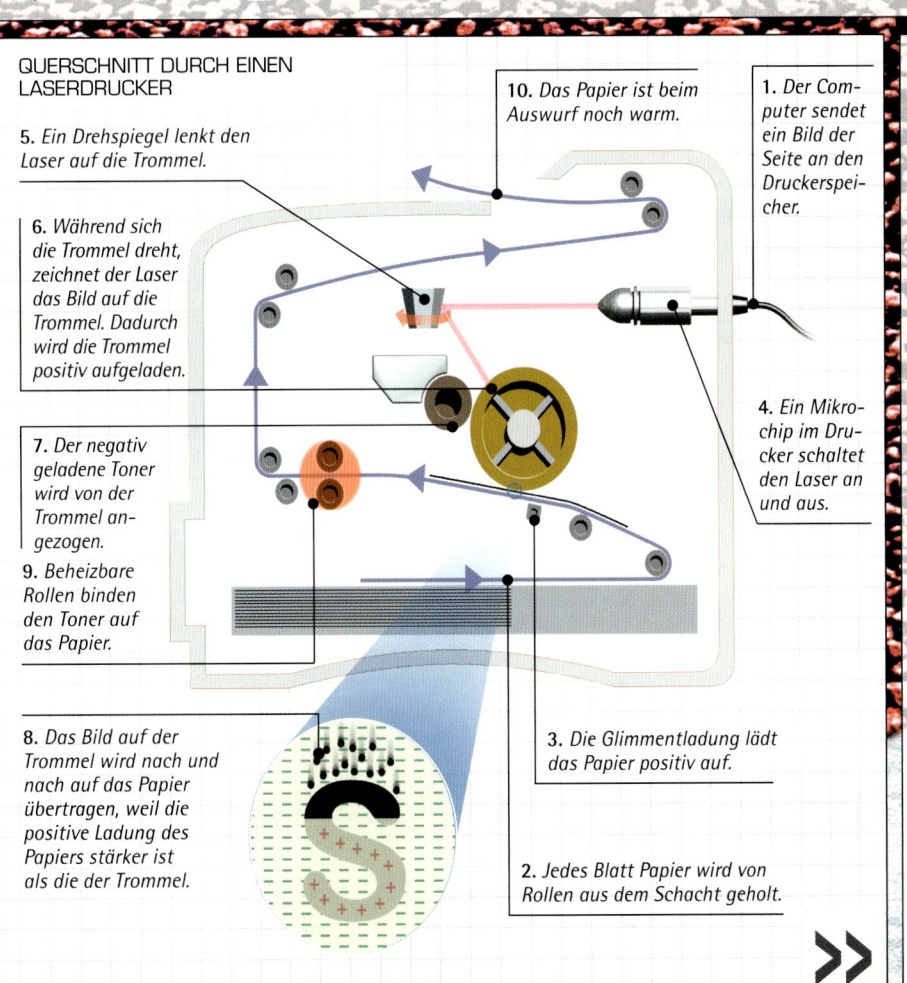

QUERSCHNITT DURCH EINEN LASERDRUCKER

5. Ein Drehspiegel lenkt den Laser auf die Trommel.

6. Während sich die Trommel dreht, zeichnet der Laser das Bild auf die Trommel. Dadurch wird die Trommel positiv aufgeladen.

7. Der negativ geladene Toner wird von der Trommel angezogen.

9. Beheizbare Rollen binden den Toner auf das Papier.

8. Das Bild auf der Trommel wird nach und nach auf das Papier übertragen, weil die positive Ladung des Papiers stärker ist als die der Trommel.

10. Das Papier ist beim Auswurf noch warm.

1. Der Computer sendet ein Bild der Seite an den Druckerspeicher.

4. Ein Mikrochip im Drucker schaltet den Laser an und aus.

3. Die Glimmentladung lädt das Papier positiv auf.

2. Jedes Blatt Papier wird von Rollen aus dem Schacht geholt.

Der Druckerhersteller Xerox entwickelte den ersten Laserdrucker der Welt. Er druckte sehr schnell, doch er war auch sperrig und teuer. Nachdem die Personalcomputer (PC) ab 1980 immer weiter verbreitet waren, stieg die Nachfrage nach kleineren, preiswerteren Druckern. Der erste Laserjetdrucker für Personalcomputer wurde 1984 eingeführt. Er war der erste Drucker, der austauschbare Tonerkartuschen besaß.

Firmen nutzen häufig auch Nadeldrucker oder Matrixdrucker, während Tintenstrahldrucker meistens privat genutzt werden. Nadeldrucker besitzen feine Nadeln, die mit einem Farbband drucken. Sie sind schneller als Laserdrucker und werden häufig von Firmen eingesetzt, um eine große Zahl Schecks und Rechnungen zu drucken. Tintenstrahldrucker wurden erst um 1980 für den Privatgebrauch entwickelt. Obwohl sie langsamer sind als Laserdrucker, drucken sie ausgezeichnete Farbbilder und sind außerdem preiswerter.

▶▶ Siehe auch: Laserchirurgie S. 206, Mikrochip S. 16, Scanner S. 178

▶ Arbeit

SCANNER

▶▶ Mit einem Scanner kann man jedes Bild oder jeden Text einfangen – von einem Gemälde oder Familienfoto bis zu Urkunden. Scanner wandeln Bilder in digitale Dateien um, die man bearbeiten oder ausdrucken kann. ▶▶

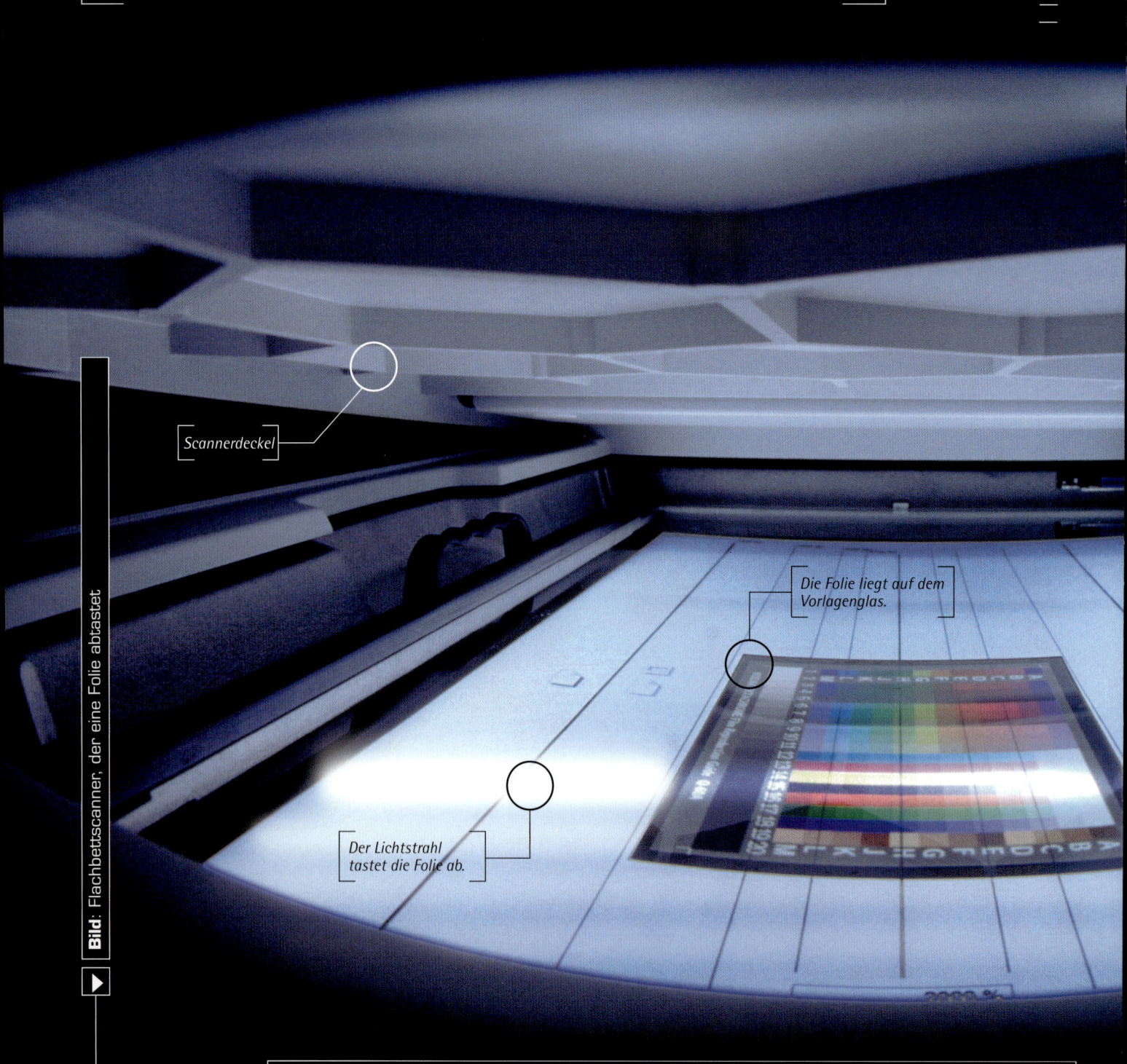

Scannerdeckel

Die Folie liegt auf dem Vorlagenglas.

Der Lichtstrahl tastet die Folie ab.

Bild: Flachbettscanner, der eine Folie abtastet

▶▶ Siehe auch: Laserdrucker S. 176, Notebook S. 168

▼**Ein Scanner** tastet mit einem Lichtstrahl die Farben eines Bildes oder einen Textabschnitt ab. Er wandelt diese Informationen in digitale Dateien um und leitet sie an einen Computer weiter. Ein Kopierer funktioniert auf gleiche Weise, doch er druckt nur Kopien der Bilder oder Texte auf Papier aus.

>> WIE EIN SCANNER FUNKTIONIERT

EIN FLACHBETT-SCANNER LIEST EINE SEITE.

1. Die Vorlage liegt mit der Schrift nach unten.

2. Ein Lichtstrahl tastet unter dem Glas die Vorlage ab.

3. Ein gewölbter Spiegel läuft mit dem Lichtstrahl und reflektiert das Bild zu einem zweiten.

4. Ein zweiter Spiegel reflektiert ein kleineres Bild zu einem dritten Spiegel.

5. Ein dritter Spiegel reflektiert ein noch kleineres Bild durch eine Linse.

6. Die Linse bündelt das Bild.

7. Das Bild wird in elektrische Signale umgewandelt. Ein Analogwandler übersetzt die Signale in Bildelemente.

Die ersten Scanner, die man Trommelscanner nannte, wurden 1957 von Verlagen entwickelt, um sehr genaue Kopien von Bildern oder Texten zu erstellen. Diese Scanner werden auch heute noch eingesetzt, um eine hohe Qualität und Farbwiedergabe wie z.B. bei Kunstdrucken in Museumskatalogen zu erreichen. Heute sind Flachbettscanner weiter verbreitet, obwohl sie ungenauer scannen. Sie sind jedoch preiswerter und können Scans auch als E-Mail versenden oder Seiten kopieren. Ein Programm zur optischen Zeichenerkennung, OCR (engl.: Optical Character Recognition), kann Textabschnitte so scannen, dass man die eingelesenen Daten mit einer Textverarbeitung bearbeiten kann.

[*Unter dem Vorlagenglas bewegt sich der Lichtstrahl.*]

⌄ Automatisches Briefverteilsystem

▶Postämter benutzen OCR in ihrem automatischen Briefverteilsystem. Ein Scanner liest die Postleitzahl und vergleicht sie mit Postleitzahlen in einer Liste. Sobald er die richtige Postleitzahl gefunden hat, schreibt er einen Strichcode auf den Umschlag. Dafür benutzt er phosphoreszierende Tinte, die im Dunkeln unter UV-Licht leuchtet und von den Sortiermaschinen besser erkannt wird, sogar wenn der Umschlag beschädigt ist.

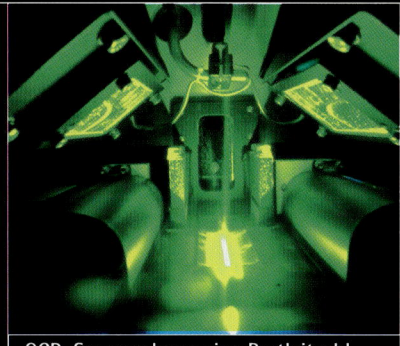

OCR-Scanner lesen eine Postleitzahl.

▶Arbeit

SICHER

>> **Fingerabdruckscanner**
Diese Scanner überprüfen die Identität einer Person. Mit reflektiertem Licht von der Fingerkuppe wird ein digitales Bild erstellt und mit anderen Bildern aus einer Datenbank verglichen. Diese benutzen auch Gerichtsmediziner, um Fingerabdrücke von einem Tatort mit anderen zu vergleichen.

∨∨ **Sicherheitshologramm**
Hologramme sind zweidimensionale Bilder, die das menschliche Auge als dreidimensional wahrnimmt. Sie werden mit Lasern hergestellt und sind nur sehr schwer zu kopieren. Mit ihnen kann man sofort eine Fälschung erkennen. Viele Geldscheine und Reisepässe besitzen Hologramme, um Fälschungen zu verhindern.

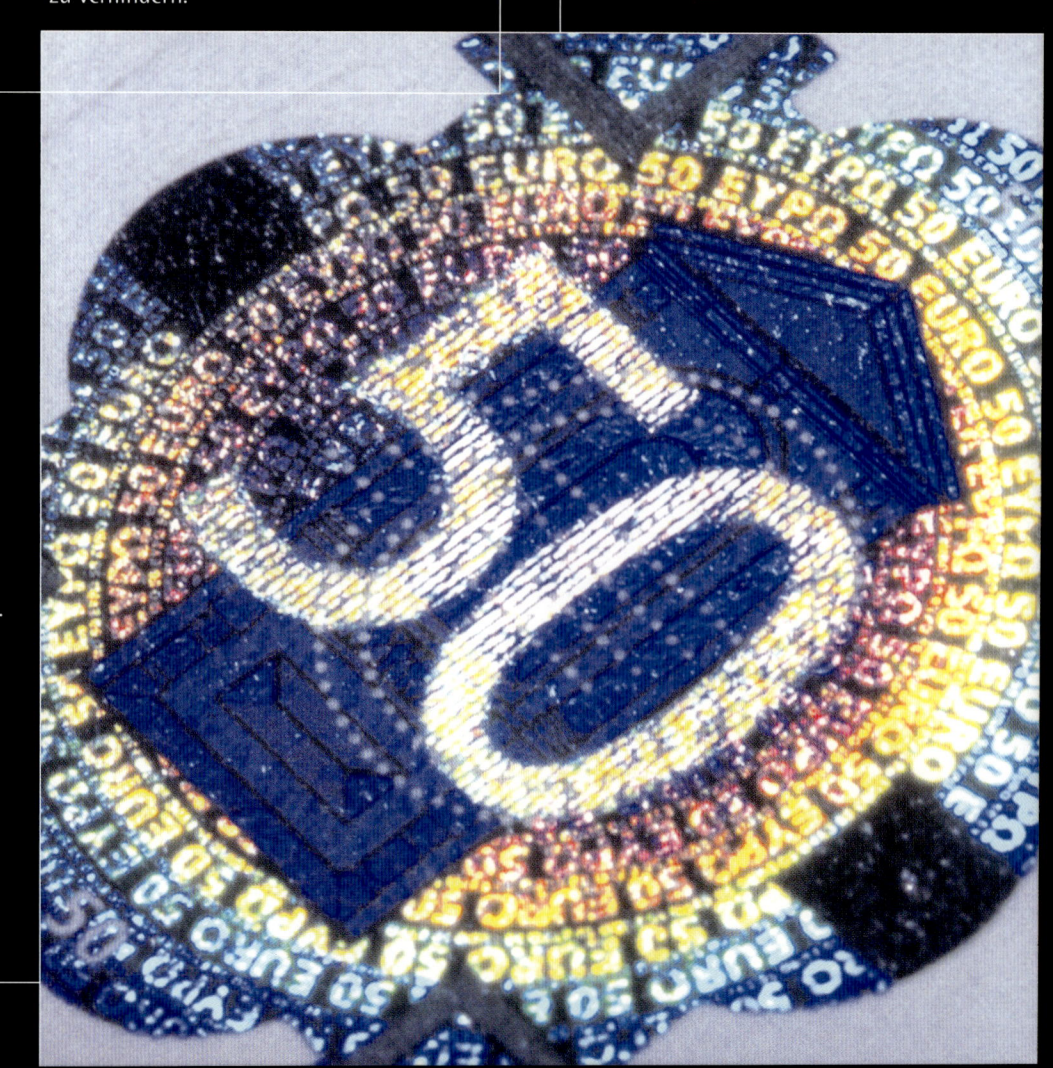

Identifizierungstechniken überprüfen die Identität von Personen oder die Echtheit von Produkten. Sie vergleichen dazu einzigartige Merkmale wie z. B. den Fingerabdruck oder erzeugen Hologramme, die man nur schwer kopieren kann.

>> **Strichcode**
Ein Strichcode oder Barcode besteht aus einer Reihe senkrechter Striche, die unterschiedlich breit sind. Sie bilden ein einzigartiges Muster, um Produkte zu identifizieren. Lesegeräte scannen den Code und wandeln ihn in Zahlen um, die mit einer Datenbank verglichen werden. Durch Strichcodes werden Daten schnell und fehlerfrei gelesen.

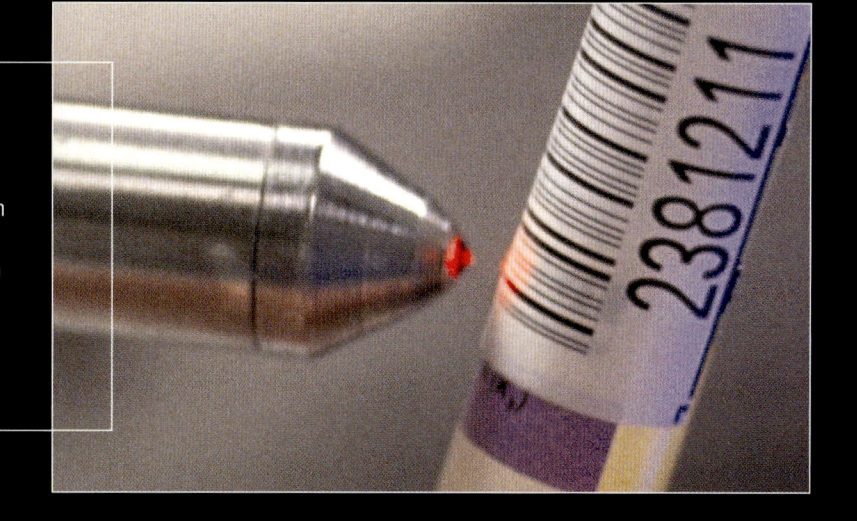

<< **Sicherheitschip**
Diese DVD wurde mit einem Sicherheitschip (oben rechts) verpackt. Der Chip besitzt eine Antenne, die Radiowellen sendet und empfängt. An der Kasse wird der Chip durch das Personal deaktiviert. Wenn jedoch jemand versucht das Kaufhaus zu verlassen, ohne zu bezahlen, löst der Chip am Ausgang die Alarmanlage aus.

>> **Fluoreszenzmarker**
Dieser Reisepass enthält einen komplizierten Fluoreszenzmarker, der unter UV-Licht weiß leuchtet. An der Markierung kann man erkennen, ob der Reisepass echt ist. Viele Reisepässe, Reiseschecks und Banknoten besitzen Fluoreszenzmarker, die man nur sehr schwer fälschen kann.

>> Siehe auch: Chip-Etikett S. 184, Chipkarte S. 182, Fluoreszenz S. 242, Iris-Scan S. 32

▶ Arbeit

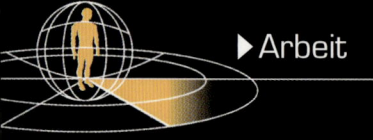

CHIPKARTE

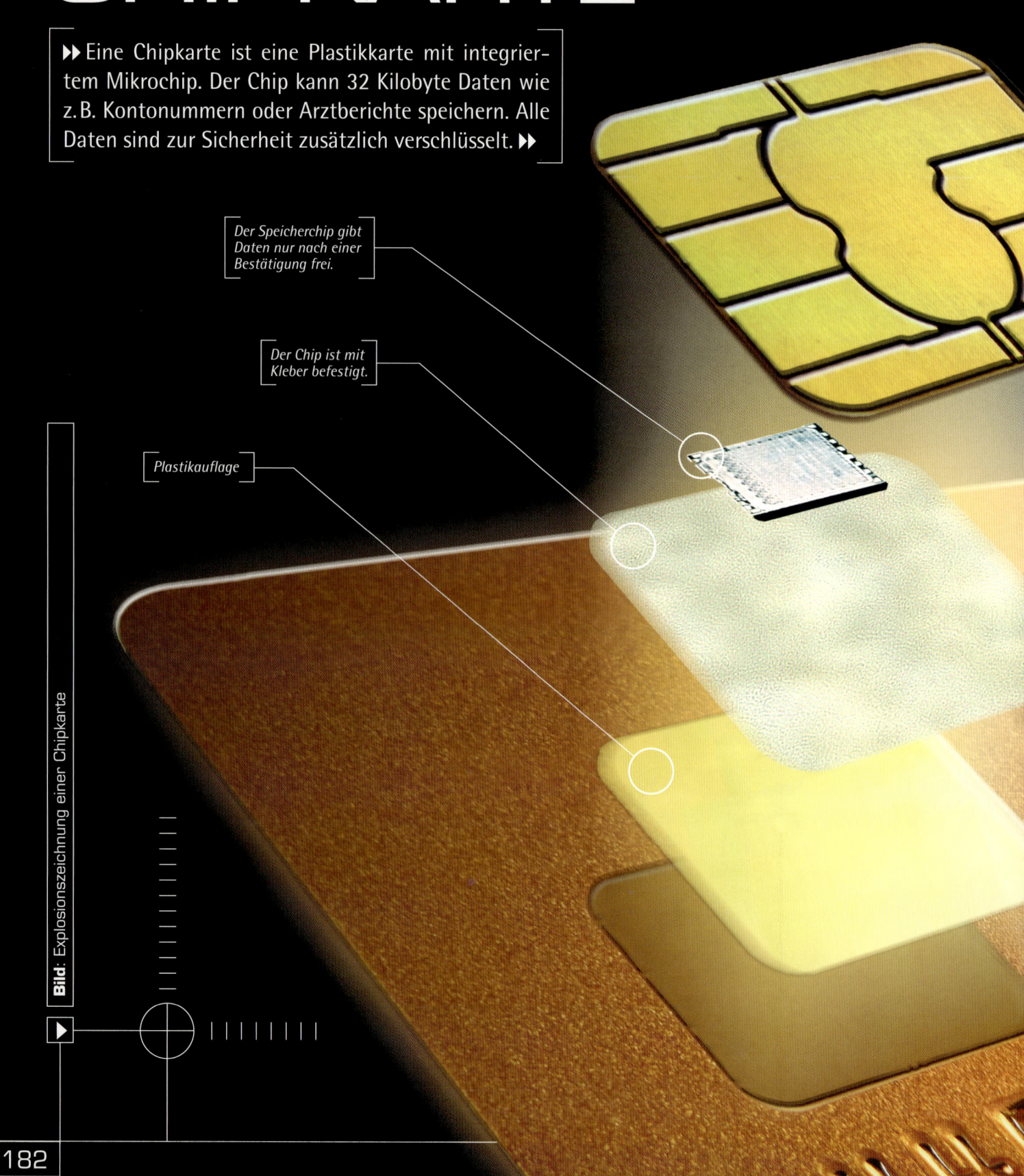

▶▶ Eine Chipkarte ist eine Plastikkarte mit integriertem Mikrochip. Der Chip kann 32 Kilobyte Daten wie z.B. Kontonummern oder Arztberichte speichern. Alle Daten sind zur Sicherheit zusätzlich verschlüsselt. ▶▶

Der Speicherchip gibt Daten nur nach einer Bestätigung frei.

Der Chip ist mit Kleber befestigt.

Plastikauflage

Bild: Explosionszeichnung einer Chipkarte

▼ **Eine Chipkarte** ist sicherer als eine Magnetstreifenkarte. Die Karte speichert bis zu 80-mal mehr Daten und ist schwerer zu kopieren. Die Daten sind noch zusätzlich verschlüsselt. Obwohl man die Daten lesen kann, verhindern hohe Kosten und die erforderlichen leistungsstarken Computer, dass sie kopiert werden.

Ein Goldkontaktfeld erleichtert den Datenfluss zwischen Karte und Lesegerät.

Die Karte ist genauso groß wie eine Kreditkarte.

❮❮ RÜCKBLICK

Die ersten Chipkarten wurden ab 1990 in Europa eingeführt. Sie wurden hauptsächlich als Telefonkarten genutzt.

Chipkarten speichern biometrische Daten wie z.B. den Fingerabdruck oder das Augenmuster des Karteninhabers, um zu verhindern, dass die Karten gefälscht werden.

VORSCHAU ❯❯

Die Kontonummer ist geprägt.

❯ Chipkartenverwendung

◀ **Geld**
Mit einer Chipkarte haben Menschen Zugang zu ihrem Bankkonto und können am Automaten Geld abheben.

◀ **Telefonkarte**
Mit Prepaidkarten (vorausbezahlte Karten) kann man eine bestimmte Zeit telefonieren.

◀ **Handy**
Chipkarten im Handy speichern Informationen über den Nutzer, um ihn im Telefonnetz zu identifzieren.

◀ **Computersicherheit**
Um Zugang zu einem Computer zu erhalten, muss sich ein Benutzer mit einer Chipkarte ausweisen.

◀ **Reisen**
Viele U-Bahnen kann man anstelle von Fahrkarten mit Prepaidkarten benutzen, die durch ein Lesegerät gezogen werden.

◀ **Gesundheit**
Chipkarten können medizinische Daten wie z.B. Untersuchungen und Arztberichte sicher speichern.

❯ Chip und PIN

▶ Chip und PIN schützen Kartenzahlungen. Im Chip ist die vierstellige persönliche Identifikationsnummer (PIN) gespeichert. Wenn man seine PIN in ein Lesegerät eingibt, kann der Empfänger überprüfen, ob die Karte einem gehört. Durch die PIN wurde die Zahl der Kartenbetrügereien verringert. Ein Betrüger kann eine gestohlene fremde Karte nicht benutzen, ohne die PIN zu kennen.

Kartenlesegerät

▶▶ Siehe auch: Biochip S. 226, Mikrochip S. 16, Sicher S. 180

▶ Arbeit

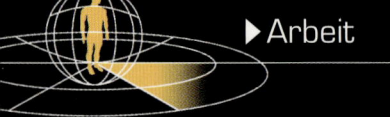

CHIP-ETIKETT

▶▶ Das Etikett zur Radiofrequenzidentifikation (RFID) besteht aus einem Mikrochip mit Antenne. Dieser Chip identifiziert alle Produkte, Personen oder Tiere, die ihn tragen. Mehr als 50 Millionen Haustiere und 20 Millionen Nutztiere besitzen diese Chip-Etiketten. ▶▶

≫ MEDIZINISCHES CHIP-ETIKETT

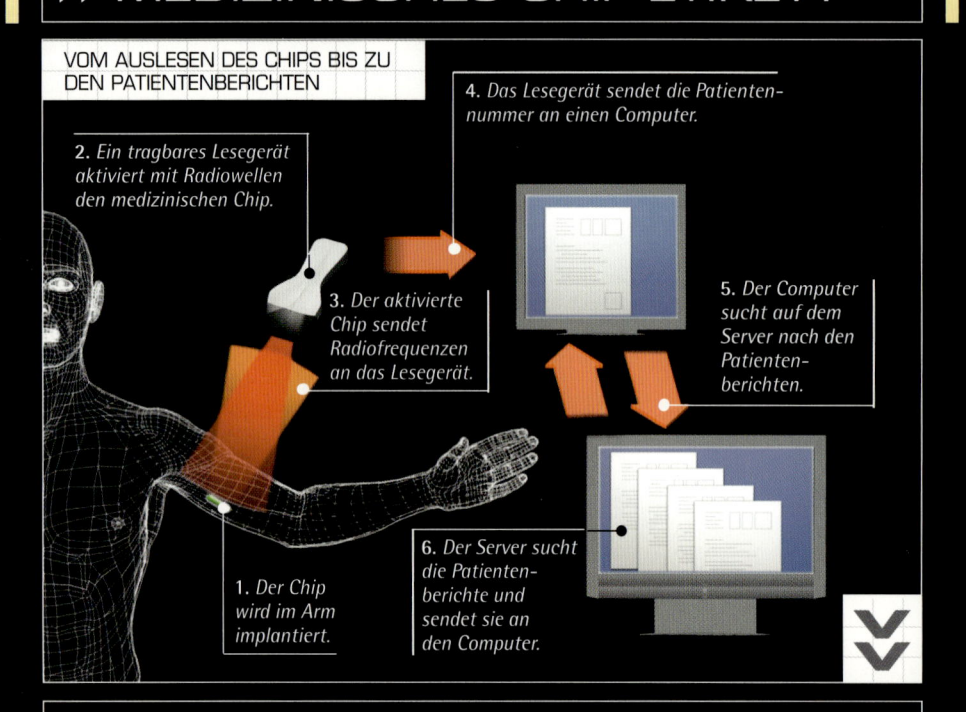

VOM AUSLESEN DES CHIPS BIS ZU DEN PATIENTENBERICHTEN

1. *Der Chip wird im Arm implantiert.*

2. *Ein tragbares Lesegerät aktiviert mit Radiowellen den medizinischen Chip.*

3. *Der aktivierte Chip sendet Radiofrequenzen an das Lesegerät.*

4. *Das Lesegerät sendet die Patientennummer an einen Computer.*

5. *Der Computer sucht auf dem Server nach den Patientenberichten.*

6. *Der Server sucht die Patientenberichte und sendet sie an den Computer.*

Das RFID-Verfahren wird seit ungefähr 1980 eingesetzt. Moderne Etiketten enthalten einen aktiven oder passiven Chip. Aktive Chips besitzen eine eigene Stromquelle und können mehr als 90 m weit senden. Sie werden z. B. bei Rindern genutzt, um sie über große Entfernungen zu verfolgen. Rund um die Weide sind Lesegeräte angebracht, die jedes Tier orten und diese Information an den Bauern senden.

Passive Chips sind kleiner, leichter und preisgünstiger herzustellen. Sie sind deshalb auch weiter verbreitet als aktive Chips. Im Gegensatz zu aktiven Chips besitzen sie keine Stromversorgung, sodass ein Lesegerät sie nur aus kurzer Entfernung aktivieren kann. Ihre Sendeleistung reicht nur etwa 5 m weit, sodass sie nur aus kurzer Entfernung gelesen werden können – um z. B. Patienten oder Produkte im Kaufhaus zu identifizieren.

▶ **VeriChip**™ ist ein medizinischer Identifikationschip, der unter die Haut von Patienten gepflanzt (implantiert) wird. Der Chip speichert die Identifikationsnummer des Patienten, damit ein Krankenhausarzt z. B. im Notfall bei bewusstlosen Patienten schnell alle medizinischen Berichte aufrufen kann.

⌄ Möglichkeiten

◀ **Haustiere**
Streunende Katzen und Hunde können zu ihren Besitzern zurückgebracht werden.

◀ **Gefangene**
Gefängnisaufseher überwachen, wohin Gefangene oder Freigänger gehen.

◀ **Marathonläufer**
Trainer können Ort und Zeit von Läufern überprüfen.

◀ **Patienten**
In Zukunft speichern Chips die Untersuchungsberichte und die Patientennummer.

◀ **Diebstahlsicherung**
Jeder Autoschlüssel enthält eine Nummer. Der Wagen startet erst, wenn die Nummer mit der im Auto übereinstimmt.

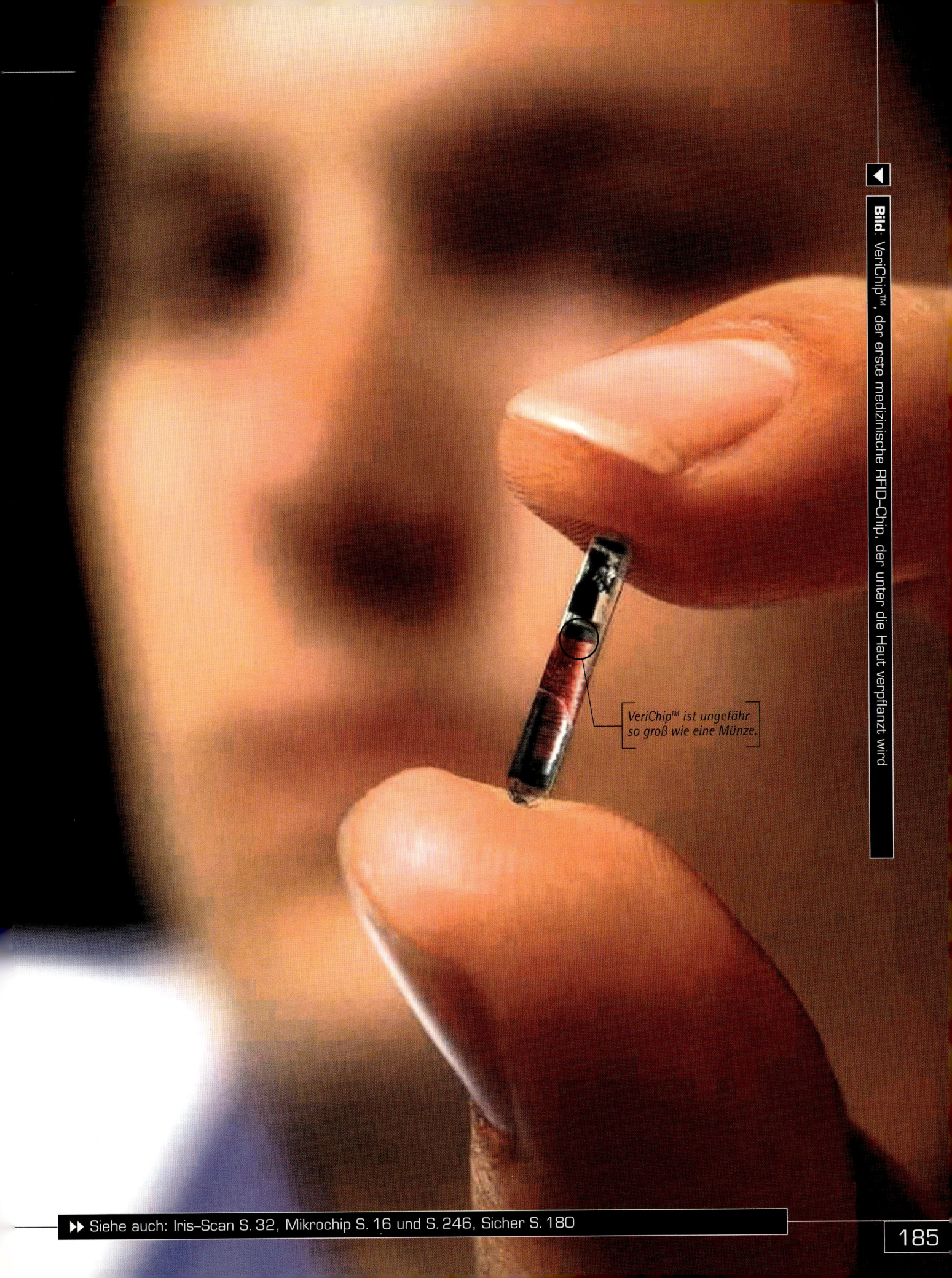

Bild: VeriChip™, der erste medizinische RFID-Chip, der unter die Haut verpflanzt wird

VeriChip™ ist ungefähr so groß wie eine Münze.

▶▶ Siehe auch: Iris-Scan S. 32, Mikrochip S. 16 und S. 246, Sicher S. 180

▶Arbeit

INDUSTRIEROBOTER

⌄ Industrieroboter

▼ In Fabriken werden Roboter seit 1961 am Fließband eingesetzt. Der erste Industrieroboter, den man Unimate nannte, stapelte heiße Bleche in der Autoproduktion. Heute ersetzen Roboter jeden zehnten Arbeiter in der Automobilindustrie. Roboter arbeiten hauptsächlich am Fließband, doch einige arbeiten auch in Kaufhäusern, Krankenhäusern und Labors.

Ein Roboter schweißt ein Auto.

Der Tank enthält Druckluft für die Pistole.

Kompass zur Navigation

◀**RÜCKBLICK**
Der amerikanische Science-Fiction-Autor Isaac Asimov prägte das Wort Robotik. Er sagte richtig vorher, dass der Einsatz von Industrierobotern zunimmt.

Nanoroboter sind mikroskopisch kleine Roboter. Sie können vermutlich eines Tages in menschlichen Blutgefäßen Erkrankungen oder Verengungen aufspüren.
VORSCHAU▶▶

◀ **Jedes Rad** besitzt einen eigenen Motor. Wenn ein Roboter wendet, dreht sich ein Rad schneller als das andere. Die Räder lassen sich bewegen, damit der Roboter schnell wenden kann.

▶▶ Etwa 1 Million Roboter arbeiten heute in der Industrie. Sie erledigen oft Aufgaben, die Menschen zu gefährlich oder langweilig sind, z.B. Landminen entschärfen oder Computerteile löten. ▶▶

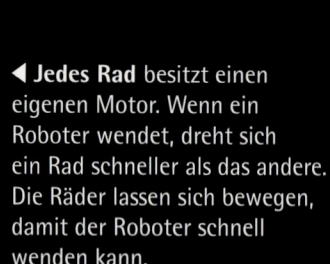

▲ **Robart III** ist als Wachroboter von der amerikanischen Marine entwickelt worden. Er spürt Eindringlinge auf, verfolgt und fotografiert sie und schießt sie kampfunfähig. Seine größte Herausforderung ist es, eine Bedrohung richtig einzuschätzen und angemessen darauf zu reagieren.

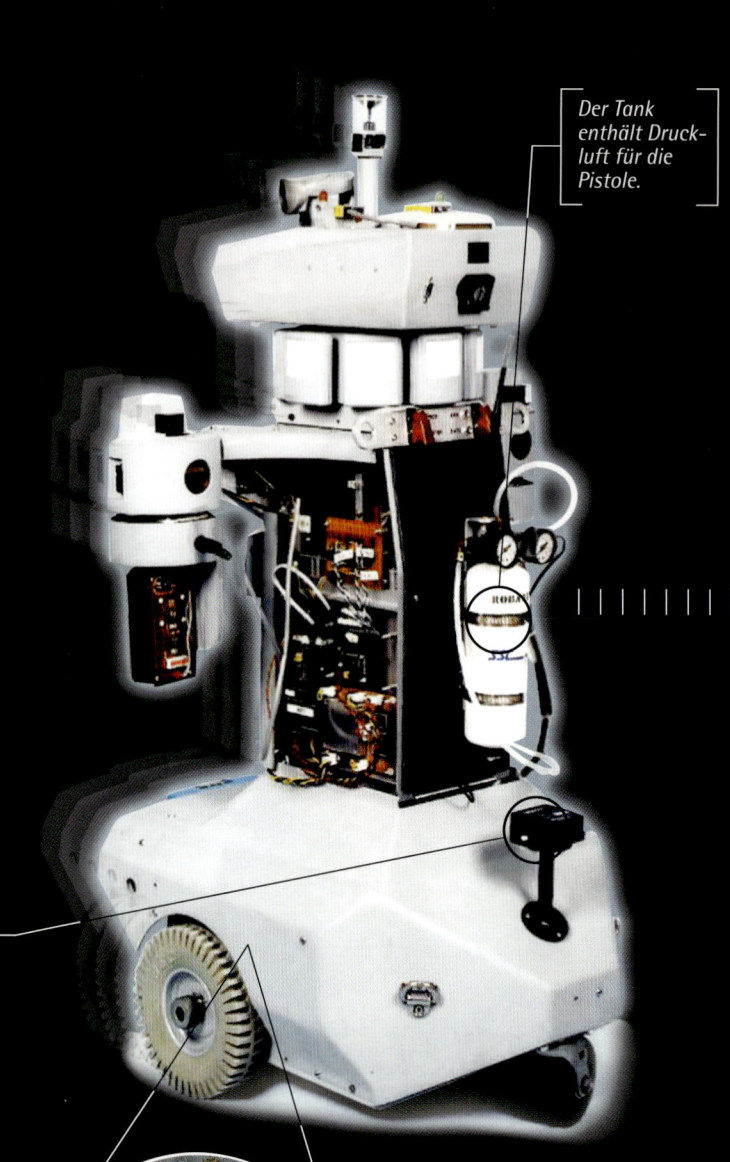

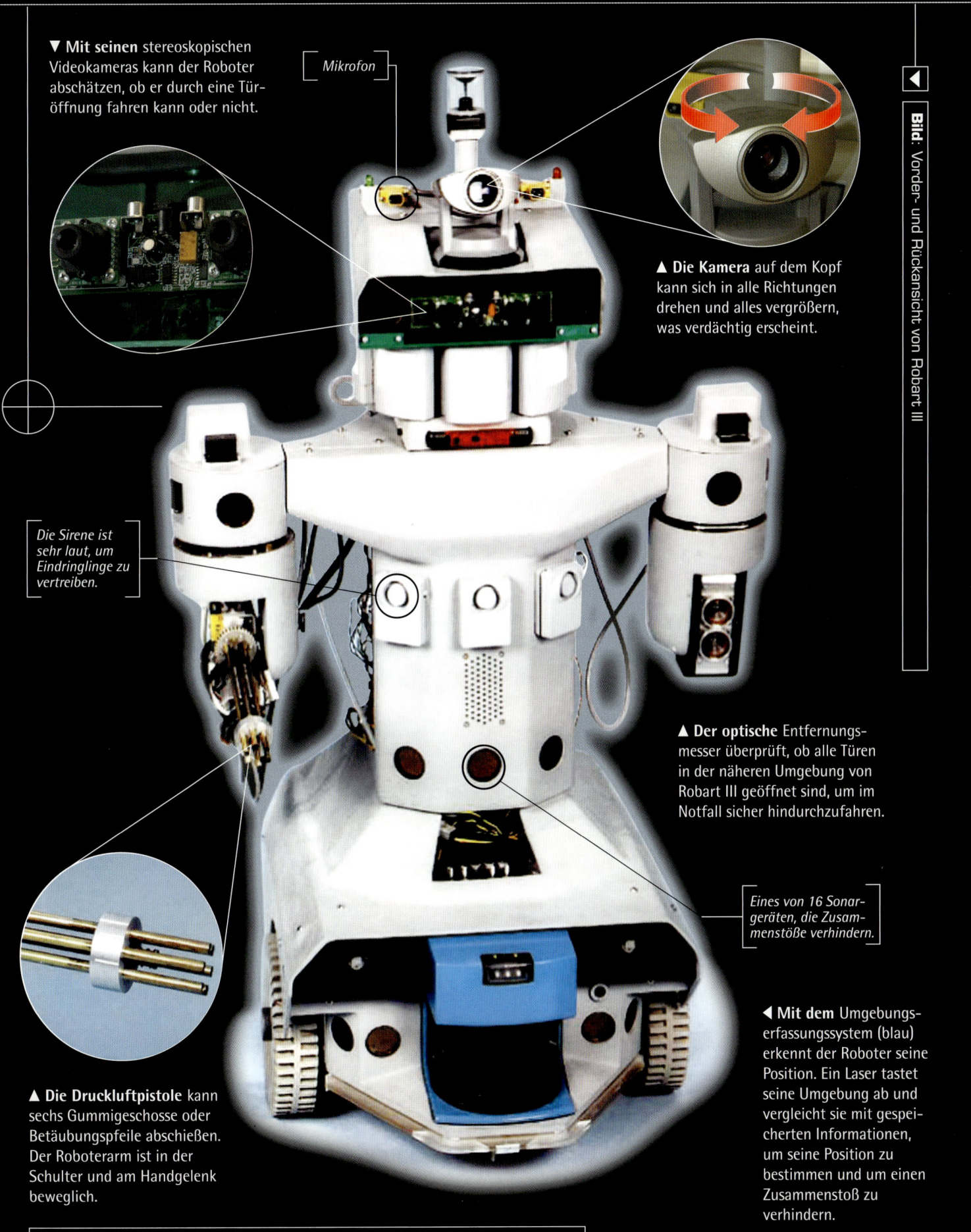

▼ **Mit seinen** stereoskopischen Videokameras kann der Roboter abschätzen, ob er durch eine Türöffnung fahren kann oder nicht.

Mikrofon

▲ **Die Kamera** auf dem Kopf kann sich in alle Richtungen drehen und alles vergrößern, was verdächtig erscheint.

Die Sirene ist sehr laut, um Eindringlinge zu vertreiben.

▲ **Der optische** Entfernungsmesser überprüft, ob alle Türen in der näheren Umgebung von Robart III geöffnet sind, um im Notfall sicher hindurchzufahren.

Eines von 16 Sonargeräten, die Zusammenstöße verhindern.

◀ **Mit dem** Umgebungserfassungssystem (blau) erkennt der Roboter seine Position. Ein Laser tastet seine Umgebung ab und vergleicht sie mit gespeicherten Informationen, um seine Position zu bestimmen und um einen Zusammenstoß zu verhindern.

▲ **Die Druckluftpistole** kann sechs Gummigeschosse oder Betäubungspfeile abschießen. Der Roboterarm ist in der Schulter und am Handgelenk beweglich.

Bild: Vorder- und Rückansicht von Robart III

▶▶ Siehe auch: Künstliche Intelligenz S. 245, Serviceroboter S. 118

▶ Arbeit

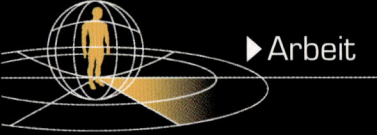

NASSSCHWEISSEN

▶▶ Bei Temperaturen bis zu 3500°C kann man Metalle schweißen und sie verbinden. Unter Wasser erreicht man diese hohe Temperatur nur mit einem Lichtbogen. ▶▶

▶ **Das Tauchboot** Deep Rover wird zum Nassschweißen unter Wasser eingesetzt. Es kann in einer Tiefe von bis zu 1000 m arbeiten – mehr als dreimal so tief wie der Weltrekord mit Tauchgerät, der bei 313 m liegt. Im Tauchboot sitzt ein Schweißer, der mithilfe von Roboterarmen das Metall schweißt.

Die Kuppel bietet einen 320°-Blick.

Bild: Tauchboot Deep Rover beim Schweißen

⌄ Schweißen an Land

◂ Ein Schiff oder eine Bohrinsel zu reparieren ist sehr teuer, doch bei großen Schäden bleibt nur diese Möglichkeit. Schweißen an Land gleicht dem Nassschweißen – zwei Metallkanten werden geschmolzen, damit sie sich fest verbinden. Funken und Licht, die durch den Lichtbogen entstehen, sind so intensiv, dass der Schweißer seine Augen mit einem Visier schützt. Durch das Visier kann er den Schweißstab und die Naht besser sehen.

Ein Schweißer dichtet eine Stahlrohrnaht ab.

›› WIE NASSSCHWEISSEN FUNKTIONIERT

METALL WIRD DURCH NASSSCHWEISSEN UNTER WASSER REPARIERT.

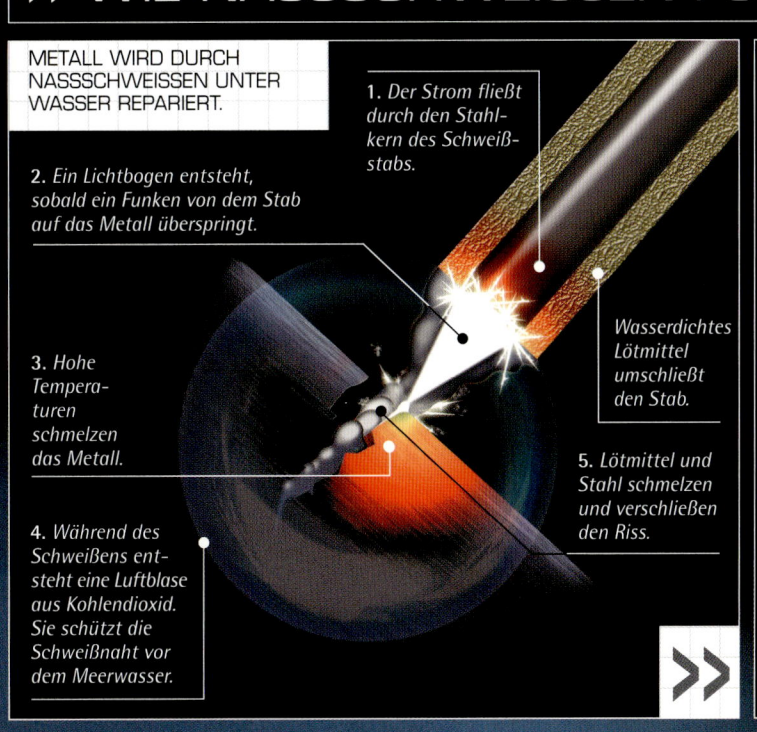

1. *Der Strom fließt durch den Stahlkern des Schweißstabs.*

2. *Ein Lichtbogen entsteht, sobald ein Funken von dem Stab auf das Metall überspringt.*

3. *Hohe Temperaturen schmelzen das Metall.*

4. *Während des Schweißens entsteht eine Luftblase aus Kohlendioxid. Sie schützt die Schweißnaht vor dem Meerwasser.*

Wasserdichtes Lötmittel umschließt den Stab.

5. *Lötmittel und Stahl schmelzen und verschließen den Riss.*

Pipelines und Bohrinseln, die kleine Risse im Metall aufweisen, kann man mit Nassschweißen reparieren. Auf einem Schiff oder einer Bohrinsel erzeugt ein Generator Strom. Dieser fließt durch ein Kabel in den Schweißstab und bildet mit dem Metall einen Lichtbogen, der nur wenige Millimeter lang ist. An der Spitze des Schweißstabs entsteht über dem Riss eine kleine Luftblase. Der Schweißer muss darauf achten, dass die Luftblase nicht zu groß wird. Eine große Luftblase kann platzen und dem Schweißer einen Stromschlag versetzen.

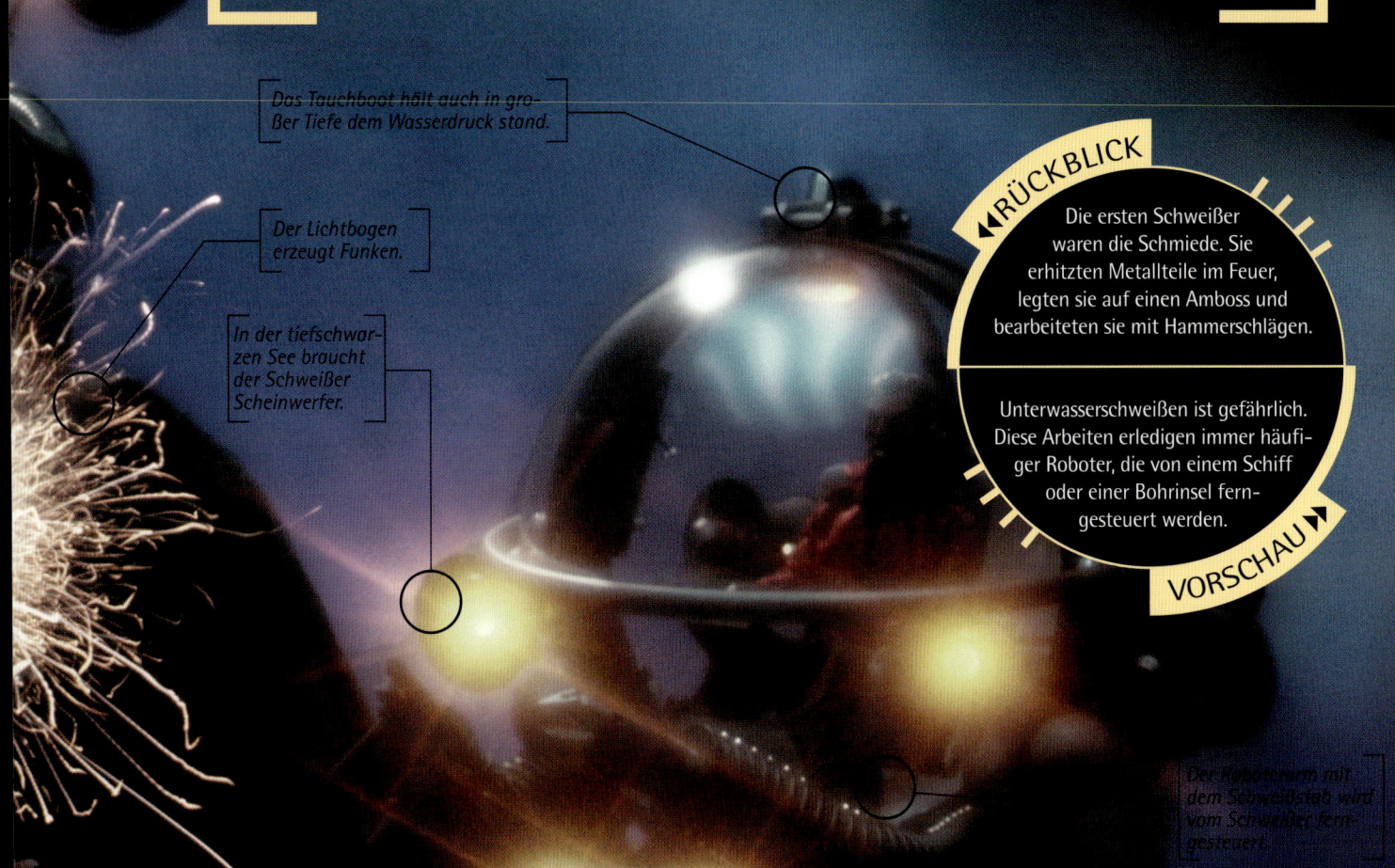

››

Das Tauchboot hält auch in großer Tiefe dem Wasserdruck stand.

Der Lichtbogen erzeugt Funken.

In der tiefschwarzen See braucht der Schweißer Scheinwerfer.

‹‹ RÜCKBLICK

Die ersten Schweißer waren die Schmiede. Sie erhitzten Metallteile im Feuer, legten sie auf einen Amboss und bearbeiteten sie mit Hammerschlägen.

Unterwasserschweißen ist gefährlich. Diese Arbeiten erledigen immer häufiger Roboter, die von einem Schiff oder einer Bohrinsel ferngesteuert werden.

VORSCHAU ››

Der Roboterarm mit dem Schweißstab wird vom Schweißer ferngesteuert.

›› Siehe auch: Tauchboot S. 142

▶Arbeit

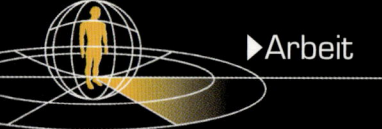

SCHUTZANZUG

▶▶ Feuerwehrleute tragen zu ihrem eigenen Schutz einen Schutzanzug. Er besteht aus mehreren Schichten synthetischer Gewebefasern und hält Temperaturen bis zu 360° C stand. ▶▶

▼ **Diese beiden Feuerwehrmänner** trainieren einen Brand an einem Flughafen zu löschen. Ihre Schutzanzüge enthalten das feuerfeste Material Nomex®, das wasserdichte Teflon® sowie Kevlar®, das noch härter ist als Stahl und verhindert, dass der Schutzanzug reißt.

Das Visier verhindert, dass die Flammen blenden.

Die Aluminiumhaut reflektiert Hitze.

Bild: Feuerwehrmänner löschen ein Feuer.

» WIE EIN SCHUTZANZUG FUNKTIONIERT

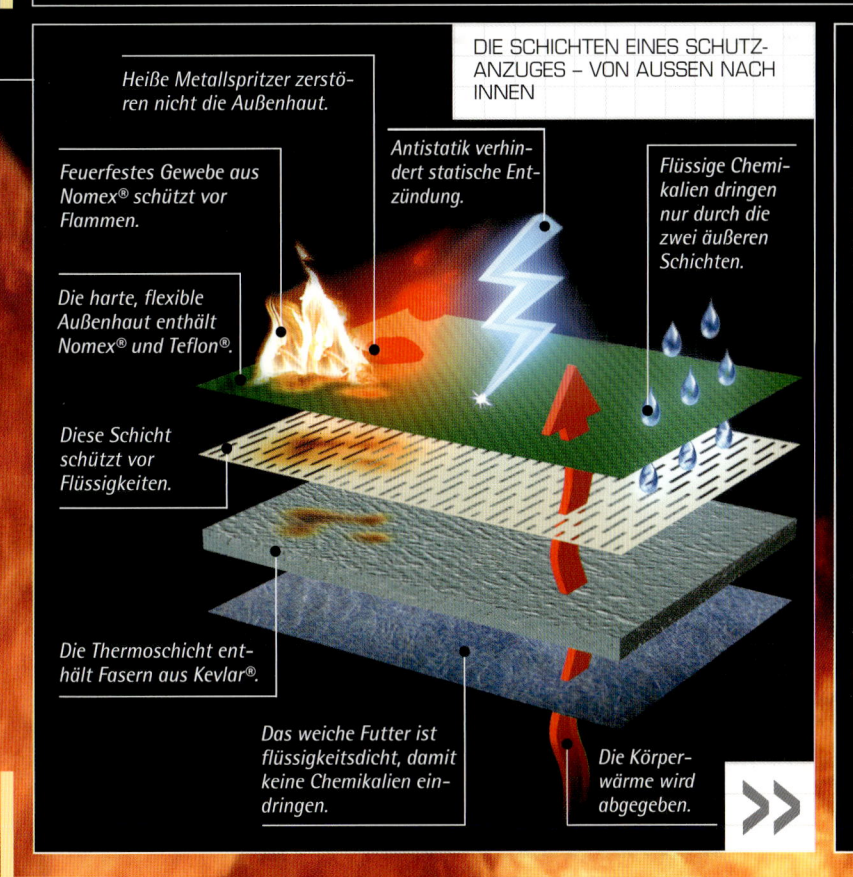

DIE SCHICHTEN EINES SCHUTZ-
ANZUGES – VON AUSSEN NACH
INNEN

Heiße Metallspritzer zerstören nicht die Außenhaut.

Feuerfestes Gewebe aus Nomex® schützt vor Flammen.

Antistatik verhindert statische Entzündung.

Flüssige Chemikalien dringen nur durch die zwei äußeren Schichten.

Die harte, flexible Außenhaut enthält Nomex® und Teflon®.

Diese Schicht schützt vor Flüssigkeiten.

Die Thermoschicht enthält Fasern aus Kevlar®.

Das weiche Futter ist flüssigkeitsdicht, damit keine Chemikalien eindringen.

Die Körperwärme wird abgegeben.

Brände können lebensbedrohlich sein und deshalb müssen sich Feuerwehrleute schützen, wenn sie einen Brand löschen. Schutzanzüge bestehen aus schützenden Gewebearten wie z. B. Nomex® und Teflon®. Diese Fasern zählen zu harten, feuerfesten synthetischen Materialien, die man auch Aramide nennt. Sie sind außerdem leicht und flexibel, sodass sich Feuerwehrleute schnell und leicht bewegen können. Die Außenhaut ist wasserdicht – damit sich im Schutzanzug kein Dampf bildet, der zu ernsthaften Verletzungen führt. Die wichtigste Schicht ist die Thermoschicht, die etwa 73 % des Wärmeschutzes darstellt. Flammen können diese Schicht nicht durchdringen.

Die Düse versprüht bis zu 350 l Wasser pro Minute.

◀ **RÜCKBLICK**
Die ersten Feuerwehrmänner, die man Feuerwachen nannte, wurden vom römischen Kaiser Augustus 24 v. Chr. eingesetzt.

Die nächste Generation Schutzanzüge schützt ihre Träger auch vor giftigen Chemikalien und biologischen Waffen wie z. B. Anthrax (Milzbrand).
VORSCHAU ▶

▶▶ Siehe auch: Crashtest S. 134, Heiß S. 98

▶ Arbeit

HALTBAR

>> **Post-it® Notizzettel**
Die kleinen gelben Tropfen enthalten den Klebstoff. Sobald man den Notizzettel auf eine Oberfläche drückt, platzen einige Tropfen und setzen den Klebstoff frei. Der Haftstreifen enthält so viel Klebstoff, dass man einen Notizzettel mehrere Male benutzen kann.

∨ **Klettverschluss**
Als der Schweizer Erfinder George de Mestral eine Klette an seiner Hose sah, kam ihm die Idee zu dem Klettverschluss. Unter dem Mikroskop sieht man, wie sich winzige Haken in Fasern verfangen. Ein Klettverschluss, der aus Nylon besteht, besitzt Haken auf dem einen und Ösen auf dem anderen Gewebeband. Wenn man sie zusammenpresst, verfangen sich die Haken.

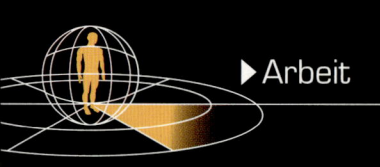

Seitdem Menschen Objekte herstellen, versuchen sie diese miteinander zu verbinden. Die ersten Klebstoffe waren Harz und Teer. Heute kann man unterschiedliche Klebstoffe für verschiedene Materialien nutzen.

▶Haltbar

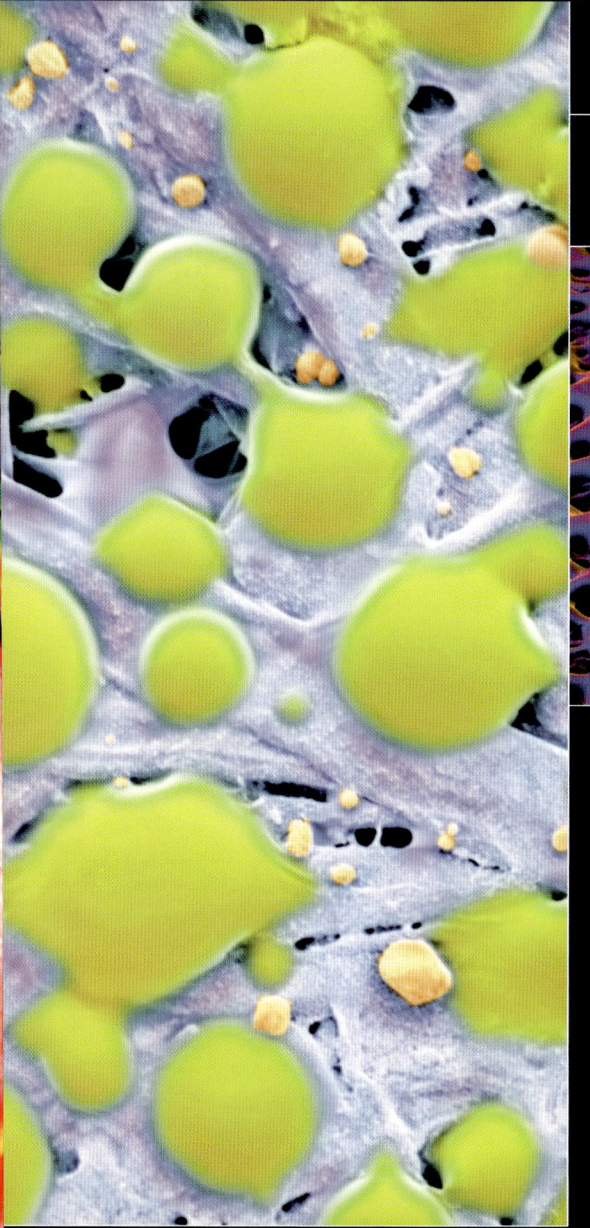

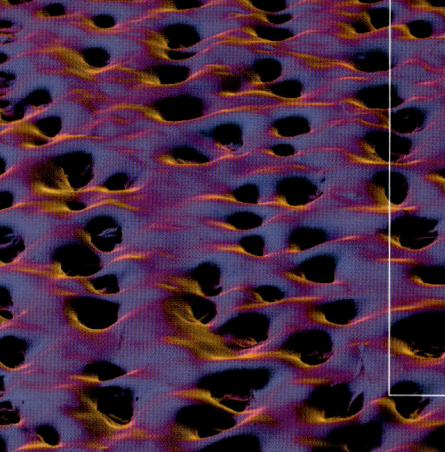

❮❮ Pflaster
Heftpflaster schützen die meisten kleinen Wunden und auch Einstichstellen nach einer Spritze. Durch kleine Öffnungen im Klebstoff (schwarz) kann die Haut atmen. Pflaster sind einzeln steril verpackt. Sie werden aus verschiedenen Materialien hergestellt, z.B. mit wasserdichtem Überzug.

❯❯ Klebstoff
Vor ungefähr 4000 Jahren stellten die alten Ägypter einen Klebstoff aus Tierfellen her, um Holz zu leimen. Neben diesem Klebstoff sind heute auch synthetische Klebstoffe wie z.B. ein Kontaktkleber aus Acrylharz erhältlich, der viel stärker klebt.

⌄⌄ Zement
Jedes Jahr werden 1,2 Milliarden Tonnen Zement hergestellt. Zement ist ein Bindemittel, das aushärtet, nachdem es mit Wasser vermischt wurde. Es wird im Hausbau genutzt und bildet mit Kies, Sand und Wasser den Beton. Während Beton (blau) trocknet, härtet Zement zu Kristallen (ocker) aus.

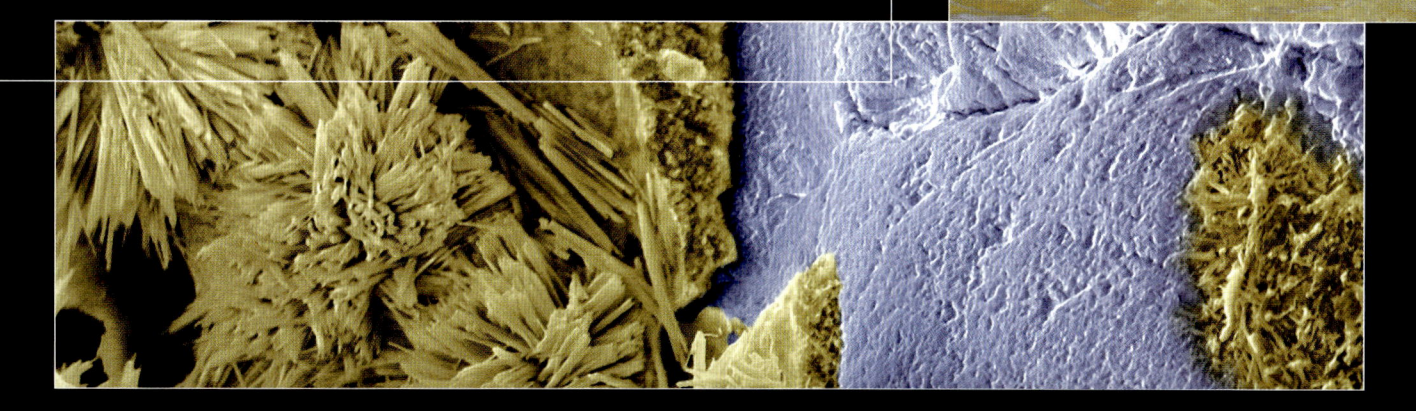

▶▶ Siehe auch: Flexibel S. 60

Die Erfindung des Verbrennungsmotors und die Entwicklung des Automobils bedeuteten das Ende der Pferdekutschenzeit, doch sie schufen gleichzeitig eine komplett neue Industrie. An Fließbändern und Tankstellen entstanden neue Arbeitsplätze. Auf gleiche Weise breiten sich neue Industrien und Arbeitsplätze rasch aus, die durch die Revolution der Informationstechnologie entstanden. Die Videospielindustrie ist inzwischen größer als die Filmindustrie. Aufregende Forschungsgebiete wie z.B. Nanotechnologie, Robotik oder neue Materialien werden im Laufe dieses Jahrhunderts schnell weiterwachsen.

> „Wenn Roboter immer beweglicher und intelligenter werden, können sie mehr lebensgefährliche Aufgaben übernehmen."

Damit wir unsere Aufgaben wirkungsvoller erfüllen, benötigen wir Spezialprogramme, die man intelligente Software nennt. Diese Programme nehmen uns Entscheidungen ab, nachdem sie durch künstliche Intelligenz unsere Vorlieben kennen gelernt haben. Intelligente Software wird für uns viele Zeit raubende Aufgaben erledigen – sie sortiert E-Mails, stellt wichtige Anrufe durch und aktualisiert automatisch unseren Terminkalender.

Künstliche Intelligenz wird auch die Entwicklung von Expertensystemen vorantreiben. Sie sammeln das gesamte Wissen menschlicher Experten auf einem bestimmten Gebiet und erweitern es automatisch mit den neuesten Informationen. Ob man als Arzt, Astronom oder als Journalist arbeitet, Expertensysteme führen durch die kompliziertesten Fragen und Gebiete. Spracherkennung und digital erzeugte, sprechende Figuren auf dem Bildschirm geben Expertensystemen und intelligenter Software eine virtuelle Persönlichkeit. Dadurch wird die Kommunikation mit dem Computer benutzerfreundlicher.

▶ Haltbar

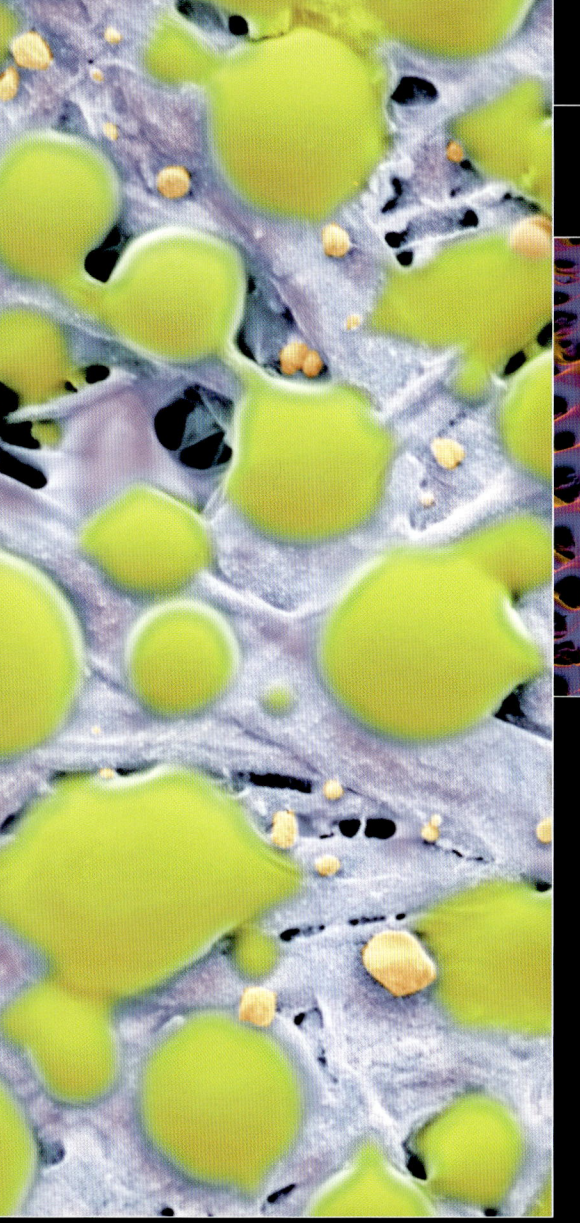

◀◀ Pflaster
Heftpflaster schützen die meisten kleinen Wunden und auch Einstichstellen nach einer Spritze. Durch kleine Öffnungen im Klebstoff (schwarz) kann die Haut atmen. Pflaster sind einzeln steril verpackt. Sie werden aus verschiedenen Materialien hergestellt, z. B. mit wasserdichtem Überzug.

▶▶ Klebstoff
Vor ungefähr 4000 Jahren stellten die alten Ägypter einen Klebstoff aus Tierfellen her, um Holz zu leimen. Neben diesem Klebstoff sind heute auch synthetische Klebstoffe wie z. B. ein Kontaktkleber aus Acrylharz erhältlich, der viel stärker klebt.

▼ Zement
Jedes Jahr werden 1,2 Milliarden Tonnen Zement hergestellt. Zement ist ein Bindemittel, das aushärtet, nachdem es mit Wasser vermischt wurde. Es wird im Hausbau genutzt und bildet mit Kies, Sand und Wasser den Beton. Während Beton (blau) trocknet, härtet Zement zu Kristallen (ocker) aus.

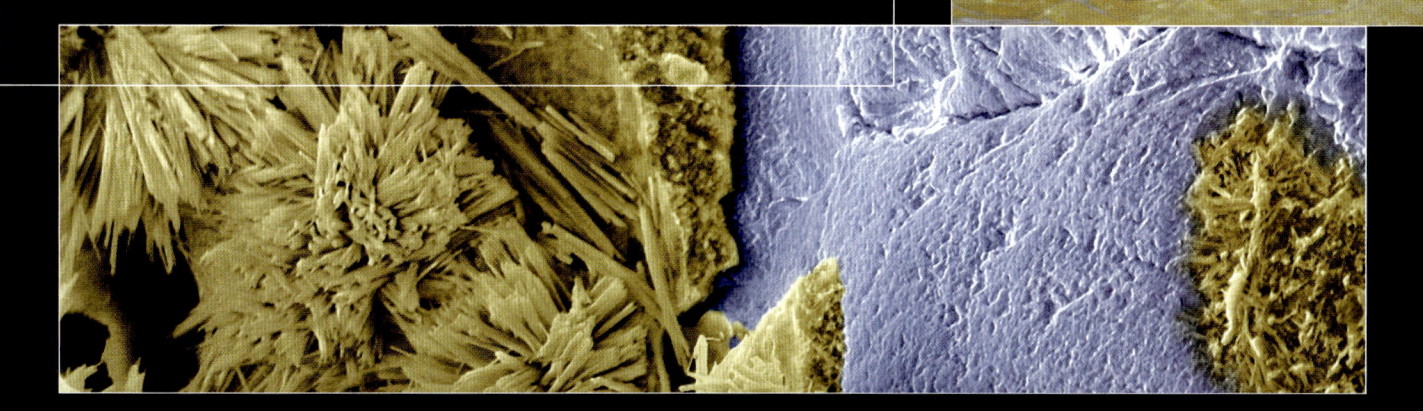

▶▶ Siehe auch: Flexibel S. 60

▶ Arbeit

DOPPLERRADAR

▶▶ Ein Dopplerradar misst Richtung und Geschwindigkeit von Objekten, die sich bewegen. Es dient auch zur Sturmvorhersage, um die Bevölkerung zu warnen. ▶▶

Die Küste von Kuba

Das Zentrum eines Wirbelsturms, sein „Auge"

▶ **Diese Aufnahme** eines Dopplerradars zeigt den Wirbelsturm Iwan, der sich im September 2004 auf Kuba zu bewegte. Er erreichte 165 km/h und war der sechstschnellste Sturm, der jemals über dem Atlantik gemessen wurde. Meteorologen berechnen mit dem Dopplerradar die Geschwindigkeit, Richtung und Regenmenge eines Sturms.

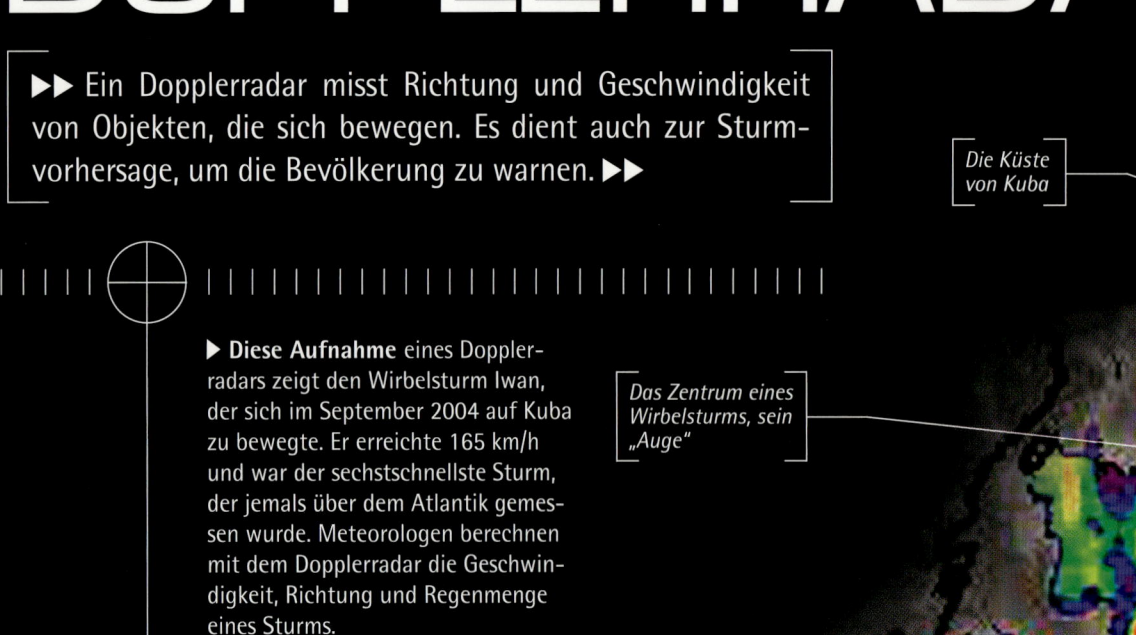

⌄ Rotverschiebung

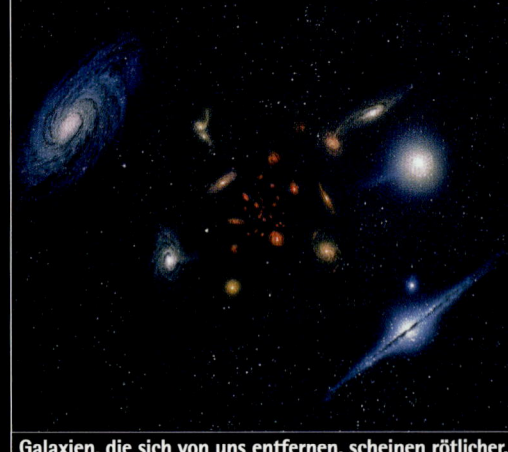

Galaxien, die sich von uns entfernen, scheinen rötlicher.

▲ Der Dopplereffekt beschreibt unterschiedliche Tonhöhen von Objekten, die auf uns zukommen und sich wieder entfernen. Die Schallwellen der Sirene eines herannahenden Polizeiwagens werden gestaucht, sodass man einen höheren Ton hört. Wenn sich der Wagen entfernt, werden sie gestreckt und man hört tiefere Töne. Den Dopplereffekt beobachtet man auch bei Lichtwellen. Wenn sich z.B. eine Galaxie von der Erde entfernt, erscheint sie rötlicher. Diesen Effekt nennt man Rotverschiebung. Wenn sie sich dagegen auf uns zu bewegt, erscheint ihr Licht bläulich. Das nennt man Blauverschiebung.

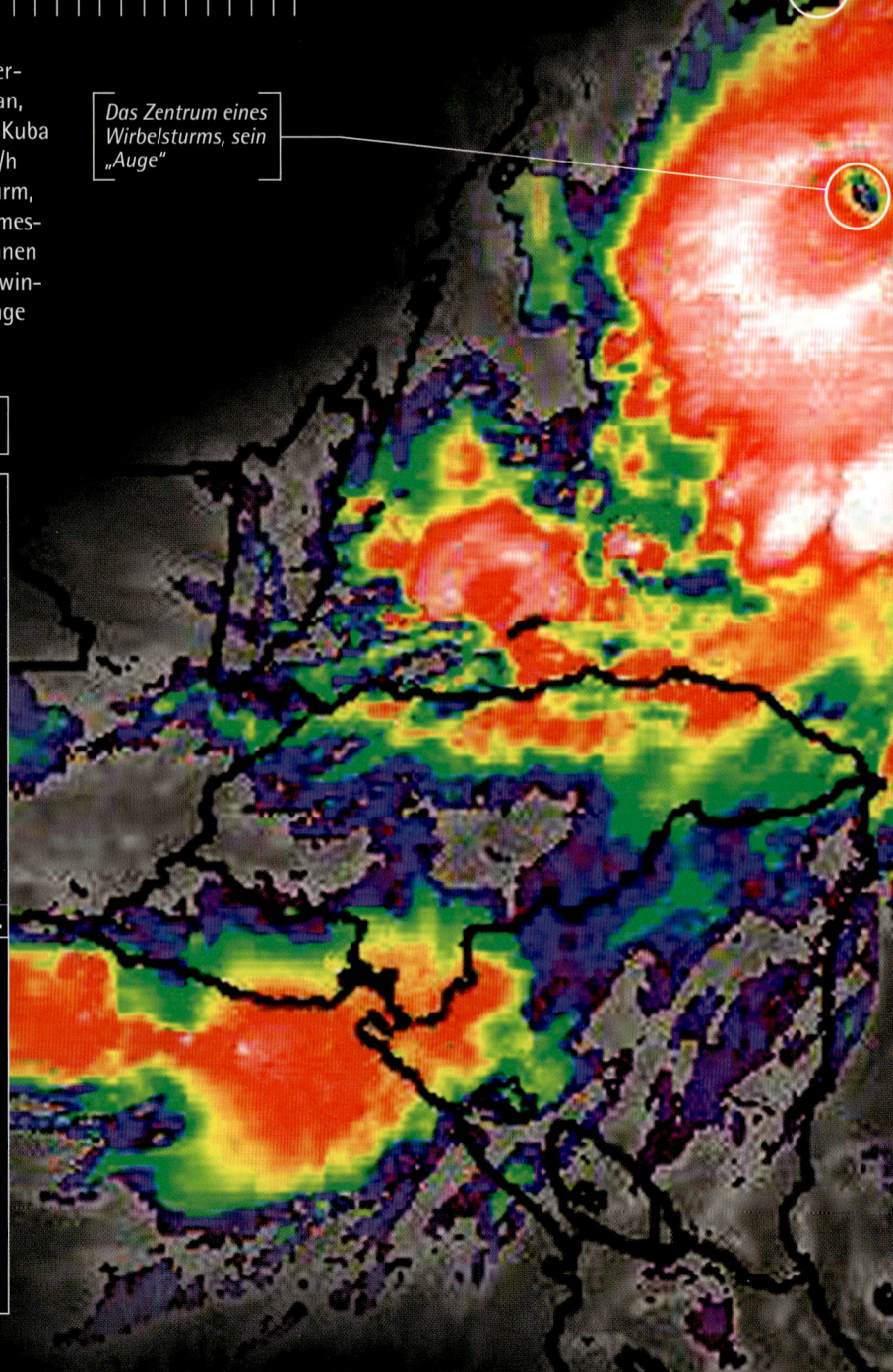

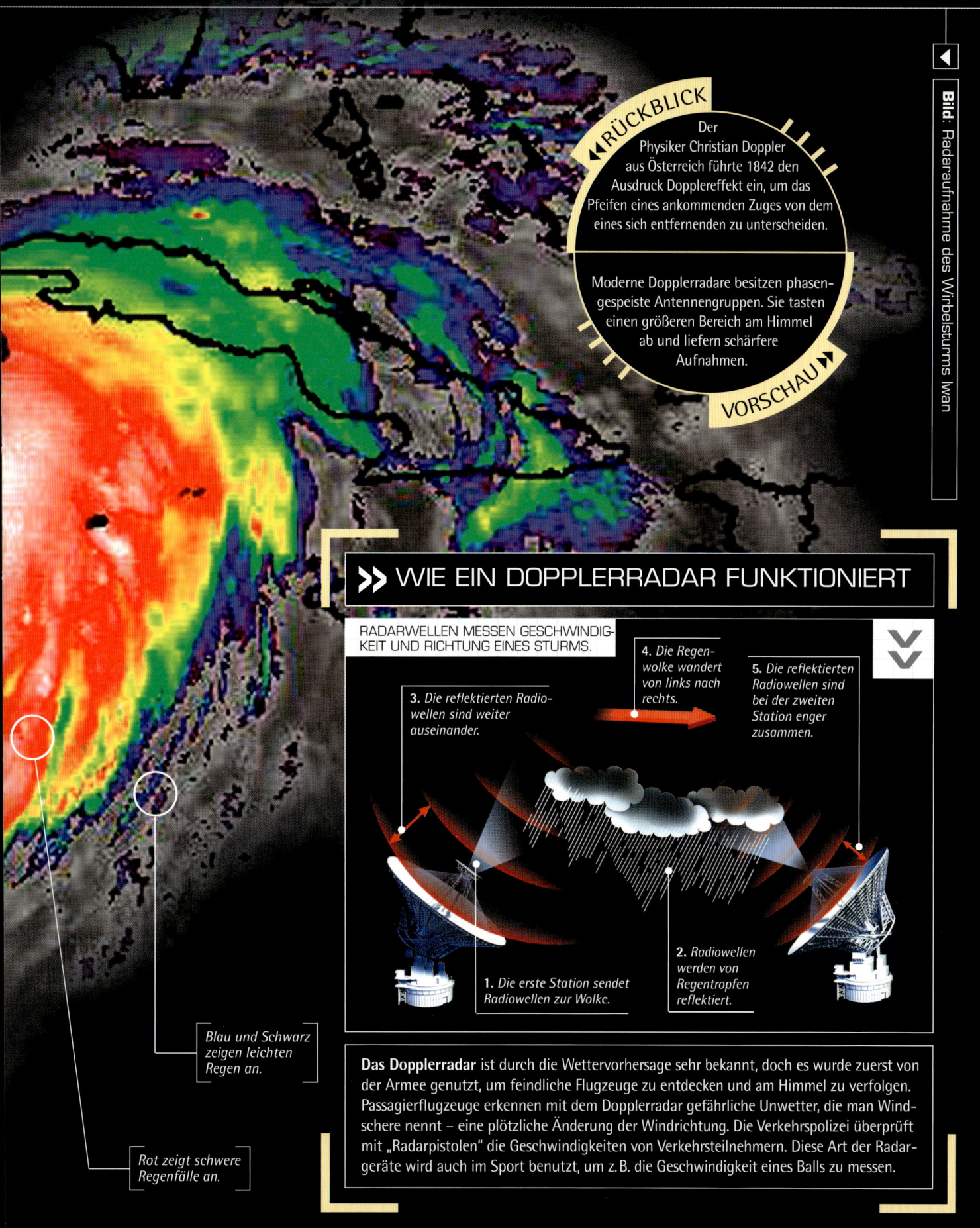

▶Dopplerradar

Bild: Radaraufnahme des Wirbelsturms Iwan

◀◀RÜCKBLICK
Der Physiker Christian Doppler aus Österreich führte 1842 den Ausdruck Dopplereffekt ein, um das Pfeifen eines ankommenden Zuges von dem eines sich entfernenden zu unterscheiden.

Moderne Dopplerradare besitzen phasengespeiste Antennengruppen. Sie tasten einen größeren Bereich am Himmel ab und liefern schärfere Aufnahmen.
VORSCHAU▶▶

❯❯ WIE EIN DOPPLERRADAR FUNKTIONIERT

RADARWELLEN MESSEN GESCHWINDIGKEIT UND RICHTUNG EINES STURMS.

3. Die reflektierten Radiowellen sind weiter auseinander.

4. Die Regenwolke wandert von links nach rechts.

5. Die reflektierten Radiowellen sind bei der zweiten Station enger zusammen.

1. Die erste Station sendet Radiowellen zur Wolke.

2. Radiowellen werden von Regentropfen reflektiert.

Blau und Schwarz zeigen leichten Regen an.

Rot zeigt schwere Regenfälle an.

Das Dopplerradar ist durch die Wettervorhersage sehr bekannt, doch es wurde zuerst von der Armee genutzt, um feindliche Flugzeuge zu entdecken und am Himmel zu verfolgen. Passagierflugzeuge erkennen mit dem Dopplerradar gefährliche Unwetter, die man Windschere nennt – eine plötzliche Änderung der Windrichtung. Die Verkehrspolizei überprüft mit „Radarpistolen" die Geschwindigkeiten von Verkehrsteilnehmern. Diese Art der Radargeräte wird auch im Sport benutzt, um z. B. die Geschwindigkeit eines Balls zu messen.

▶▶ Siehe auch: Digitalradio S. 22, Handy S. 18, Radiowellen S. 247, Spracherkennung S. 28

Die Erfindung des Verbrennungsmotors und die Entwicklung des Automobils bedeuteten das Ende der Pferdekutschenzeit, doch sie schufen gleichzeitig eine komplett neue Industrie. An Fließbändern und Tankstellen entstanden neue Arbeitsplätze. Auf gleiche Weise breiten sich neue Industrien und Arbeitsplätze rasch aus, die durch die Revolution der Informationstechnologie entstanden. Die Videospielindustrie ist inzwischen größer als die Filmindustrie. Aufregende Forschungsgebiete wie z. B. Nanotechnologie, Robotik oder neue Materialien werden im Laufe dieses Jahrhunderts schnell weiterwachsen.

> Wenn Roboter immer beweglicher und intelligenter werden, können sie mehr lebensgefährliche Aufgaben übernehmen.

Damit wir unsere Aufgaben wirkungsvoller erfüllen, benötigen wir Spezialprogramme, die man intelligente Software nennt. Diese Programme nehmen uns Entscheidungen ab, nachdem sie durch künstliche Intelligenz unsere Vorlieben kennen gelernt haben. Intelligente Software wird für uns viele Zeit raubende Aufgaben erledigen – sie sortiert E-Mails, stellt wichtige Anrufe durch und aktualisiert automatisch unseren Terminkalender.

Künstliche Intelligenz wird auch die Entwicklung von Expertensystemen vorantreiben. Sie sammeln das gesamte Wissen menschlicher Experten auf einem bestimmten Gebiet und erweitern es automatisch mit den neuesten Informationen. Ob man als Arzt, Astronom oder als Journalist arbeitet, Expertensysteme führen durch die kompliziertesten Fragen und Gebiete. Spracherkennung und digital erzeugte, sprechende Figuren auf dem Bildschirm geben Expertensystemen und intelligenter Software eine virtuelle Persönlichkeit. Dadurch wird die Kommunikation mit dem Computer benutzerfreundlicher.

Wenn Roboter immer beweglicher und intelligenter werden, können sie mehr lebensgefährliche Aufgaben übernehmen. Bereits heute entschärfen Roboter Bomben und erledigen Arbeiten in den Reaktorräumen von Kernkraftwerken, wo die hohe radioaktive Strahlung Menschen gefährdet. In den nächsten Jahrzehnten werden wir erleben, wie Roboter Menschen aus Bränden retten, und wir lernen die ersten Robonauten kennen – Roboter, die komplizierte Experimente und andere Aufgaben in der unwirtlichen Umgebung des Weltraums übernehmen.

Das Zusammenspiel von Robotik und Kommunikation eröffnet zahlreiche Möglichkeiten. Ärzte können bereits heute Patienten mit Robotern operieren, die tausende Kilometer entfernt sind. Viele andere Aufgaben lassen sich auf ähnliche Art erledigen. Arbeiten unter gefährlichen Bedingungen wie z. B. im Bergbau oder sogar auf entfernten Planeten erledigen Maschinen, die aus einem sicheren Raum ferngesteuert werden.

Die technologische Revolution wird sich so lange fortsetzen, bis wir menschliche Aufgaben nicht mehr durch technologischen Fortschritt ersetzen können. Doch neue Technologien bedeuten auch, dass sich Arbeiter ständig weiterbilden müssen, um diese Entwicklungen an ihrem Arbeitsplatz umzusetzen.

COMPUTERGRAFIK EINER KÜNSTLICHEN INTELLIGENZ

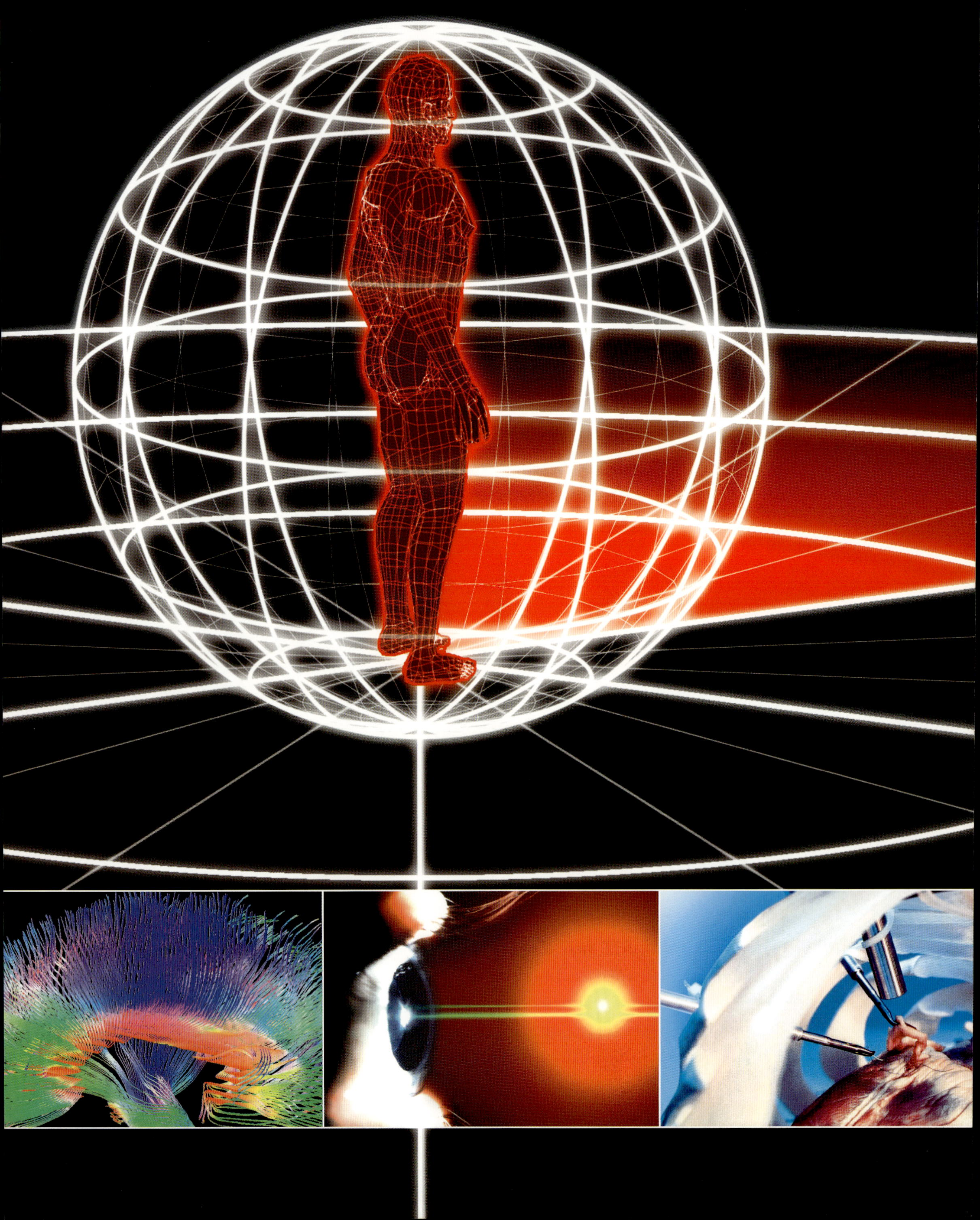

MEDIZIN

MRT-Aufnahme >> Laserchirurgie >> Operationsroboter >>
Schrittmacher >> Videokapsel >> Prothesen >> Hautersatz >>
Impfung >> Antibiotika >> Künstliche Befruchtung >> Biochip

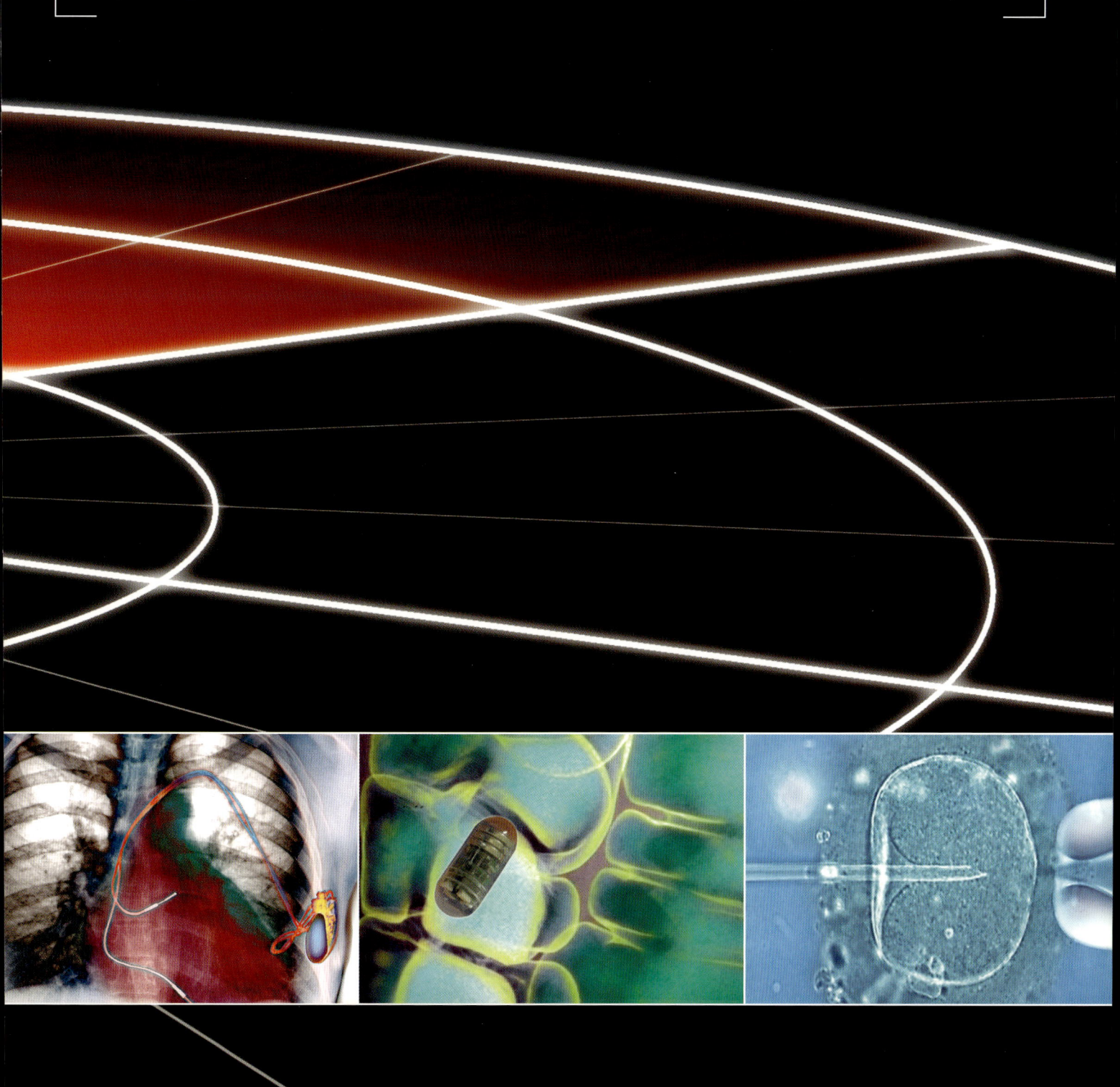

Manchmal sind die einfachsten Technologien auch die wichtigsten. Dazu zählt z.B. Seife, die einen großen Einfluss auf die Menschheit hatte. Die Seife wurde im späten 18. Jahrhundert erfunden. Sie besteht aus langen Molekülen mit einem fettlöslichen Schwanz und einem wasserlöslichen Kopf, die Dreck und Bakterien entfernen. Erst durch eine verbesserte Hygiene wurden Seuchen und Erkrankungen erfolgreich bekämpft.

Schon die alten Römer benutzten Seife. Zusammen mit den alten Griechen schufen sie die Grundlagen der modernen Medizin. Sie entwarfen z.B. chirurgische Instrumente, die auch heute noch benutzt werden, und betrachteten Krankheiten stärker aus wissenschaftlicher Sicht. Andere alte Kulturen behandelten Krankheiten mit Zauberei, Kräutern und einfachen Eingriffen. Erkrankungen schrieb man bösen Geistern zu und ließ sie von Priestern oder Zauberern behandeln. So wurden z.B. Kopfschmerzen mit Trepanation behandelt – in den Schädel wurde ein Loch gebohrt. Viele Heilmittel halfen bei allgemeinen Gebrechen, doch die meisten waren reine Glückssache.

Die Entwicklung des Mikroskops im 17. Jahrhundert revolutionierte das medizinische Wissen. Mit diesem Instrument wurden Bakterien und Blutzellen entdeckt. Die Menschen

ELEKTRONENMIKROSKOP-AUFNAHME EINES GRIPPEVIRUS

begriffen, dass der Körper aus vielen mechanischen und chemischen Prozessen bestand und nicht durch böse Geister beeinflusst wurde. Nach der Entwicklung von Impfstoffen konnten Ärzte im späten 18. Jahrhundert Infektionskrankheiten wie z. B. Pocken bekämpfen. Weitere Fortschritte erreichte die Medizin im folgenden Jahrhundert. Desinfektionsmittel, die zum Reinigen von Wunden und chirurgischen Instrumenten eingesetzt wurden, verringerten die Todesfälle nach Infektionen enorm. Betäubungsmittel, die Patienten von Schmerzen befreiten, erlaubten Chirurgen längere und schwierigere Operationen durchzuführen.

„Bedeutende Entwicklungen in den bildgebenden Verfahren ermöglichen Ärzten einen unglaublich klaren Blick in den Körper."

Die Entdeckung der Röntgenstrahlen gegen Ende des 19. Jahrhunderts erlaubte es Ärzten, ohne chirurgischen Eingriff in den Körper zu sehen und z. B. Knochenbrüche zu untersuchen. Durch moderne Verfahren wie z. B. Ultraschall oder Magnetresonanztomografie (MRT) wissen Ärzte heute mehr über den menschlichen Körper. Andere Gebiete der Medizin profitierten auch von der modernen Technologie. Chirurgen führen mit der Robotik äußerst komplizierte Operationen aus, während gleichzeitig das Risiko für den Patienten sinkt. Mit automatisierten Labortechniken und leistungsstarken Computern haben Wissenschaftler die 20–25 000 menschlichen Gene entschlüsselt, die als Blaupause für unsere Körper dienen.

Trotz der vielen Fortschritte im letzten Jahrhundert wurden für viele Erkrankungen wie z. B. Aids oder Grippe noch keine Heilungsmöglichkeiten entdeckt. Auch das Gehirn bleibt für uns zum größten Teil noch ein Geheimnis. Doch mithilfe der Technologie werden wir Antworten finden. Moderne bildgebende Verfahren helfen das Wissen über den Körper zu vertiefen und zu erfahren, wie er funktioniert.

▶ Medizin

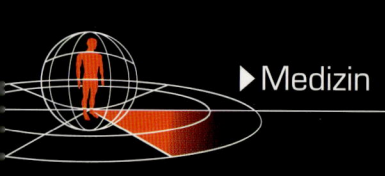

DURCHSICHTIG

Bildgebende Verfahren ermöglichen Ärzten ohne Eingriff in den Körper eines Patienten zu schauen. Die neuesten Entwicklungen stellen sogar innere Strukturen als sehr genaue, dreidimensionale (3D) Bilder dar.

>> Ganzkörper-MRT

Im Gegensatz zu Röntgenaufnahmen zeigt die Magnetresonanztomografie (MRT) auch weiches Gewebe. In dieser Aufnahme sieht man außer dem Skelett (gelb) die Muskeln (pink), das Gehirn (grün), die Lungen (rot) und die Leber (unter den Lungen). Der Tomograf misst elektromagnetische Impulse der Wasserstoffkerne im Körper, die sich im Magnetfeld ausrichten. Das Verfahren nennt man deshalb auch Kernspintomografie.

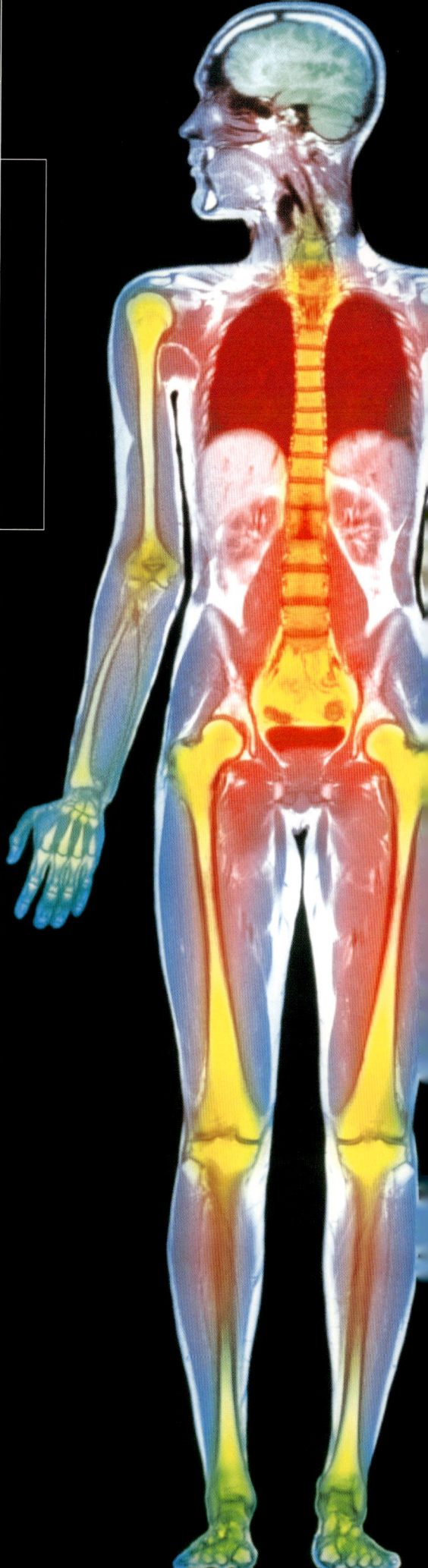

∧ Röntgenaufnahme einer Hand

Röntgenstrahlen zeigen hartes Gewebe wie z.B. Knochen oder Zähne. Sie eignen sich daher gut, um Knochenbrüche zu diagnostizieren. Röntgenstrahlen (eine elektromagnetische Strahlung) durchdringen weiches Körpergewebe und schwärzen einen Film.

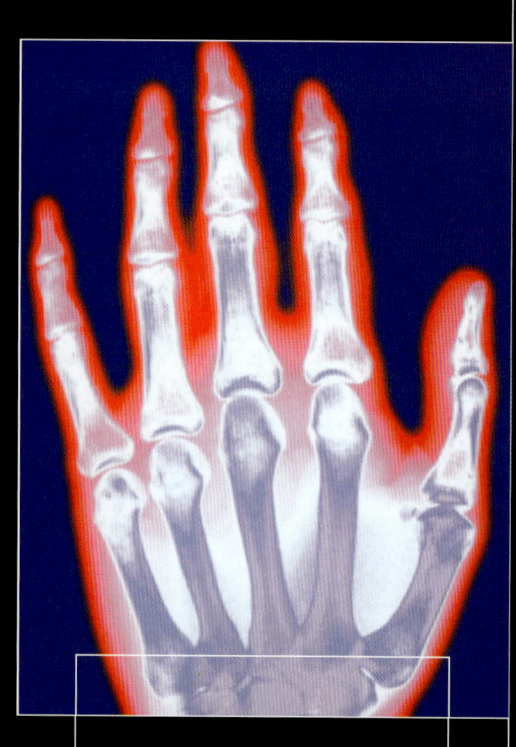

▶ Durchsichtig

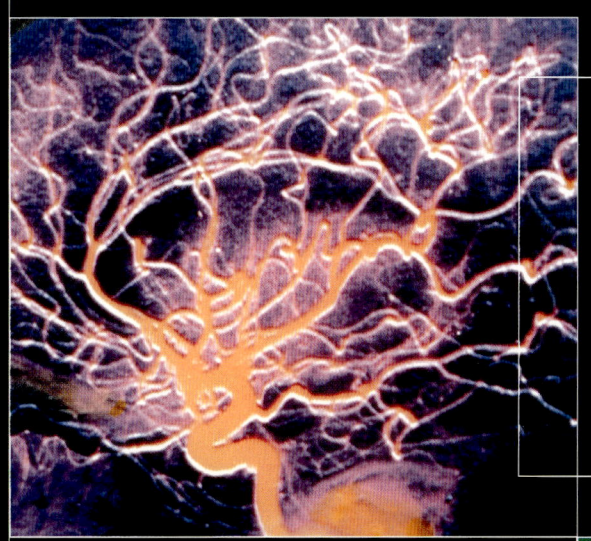

◀◀ Gehirnangiogramm
Um Erkrankungen der Blutgefäße festzustellen, erhält ein Patient ein Kontrastmittel, das für Röntgenstrahlen undurchlässig ist. Auf der anschließenden Röntgenaufnahme, die man auch Angiogramm (Gefäßaufnahme) nennt, erscheinen die Gefäße hell wie Knochen. Dieses Angiogramm zeigt das Netzwerk der Blutgefäße im Gehirn. Mit der Aufnahme kann ein Arzt ein Aneurysma diagnostizieren – eine gefährliche Schwellung der Blutgefäße.

▶▶ CT-Aufnahme eines Beckens
Die Computertomografie (CT) erstellt 3D-Bilder, die ein Computer aus mehreren Röntgenaufnahmen zusammensetzt. Das Röntgengerät dreht sich bei der Aufnahme um den Körper des Patienten. Diese Aufnahme zeigt die Beckenknochen eines Erwachsenen. Das Becken besteht aus sechs Einzelknochen, die zusammengewachsen sind.

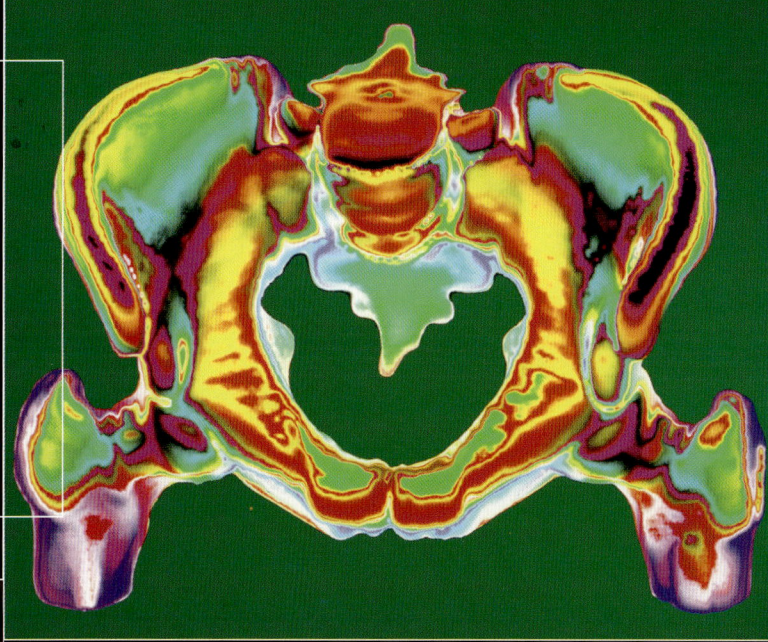

◀◀ Ultraschall
Von allen bildgebenden Verfahren belastet Ultraschall den Körper am geringsten. Deshalb untersucht man ungeborene Kinder auch mit Ultraschall. Die Geräte senden hochfrequente Schallwellen durch den Körper. Ihre Echos werden aufgezeichnet und zu einem Bild zusammengesetzt. Die meisten Ultraschallgeräte erzeugen nur zweidimensionale Bilder, doch moderne Geräte erstellen 3D-Bilder. Im Gegensatz zu anderen Verfahren zeigt Ultraschall lebendige, sich bewegende Bilder.

▶▶ Siehe auch: Bildgebende Verfahren S. 8, MRT-Aufnahme S. 204, Röntgenstrahlen S. 248

▶ Medizin

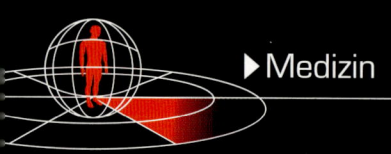

MRT-AUFNAHME

▶▶ Ein Magnetresonanztomograf (MRT) macht mit einem leistungsstarken Magneten Aufnahmen von den weichen Geweben im Körper. Dafür baut der röhrenförmige Tomograf ein Magnetfeld auf, das bis zu 40000-mal stärker ist als das der Erde. ▶▶

▶ **Diese MRT-Aufnahme** stellt die wichtigsten Wege von Nervensignalen im Gehirn dar. Die farbigen Stränge sind die Hauptbahnen des Gehirns. Jede Hauptbahn besteht aus vielen tausend langen, dünnen Nervenfasern. Jede ist ein Teil einer Nervenzelle, die Signale weiterleitet. Zusammen bilden die Nervenzellen die weiße Substanz des Gehirns. Sie leiten Milliarden elektrischer Signale zwischen den Gehirn- und Nervenzellen weiter.

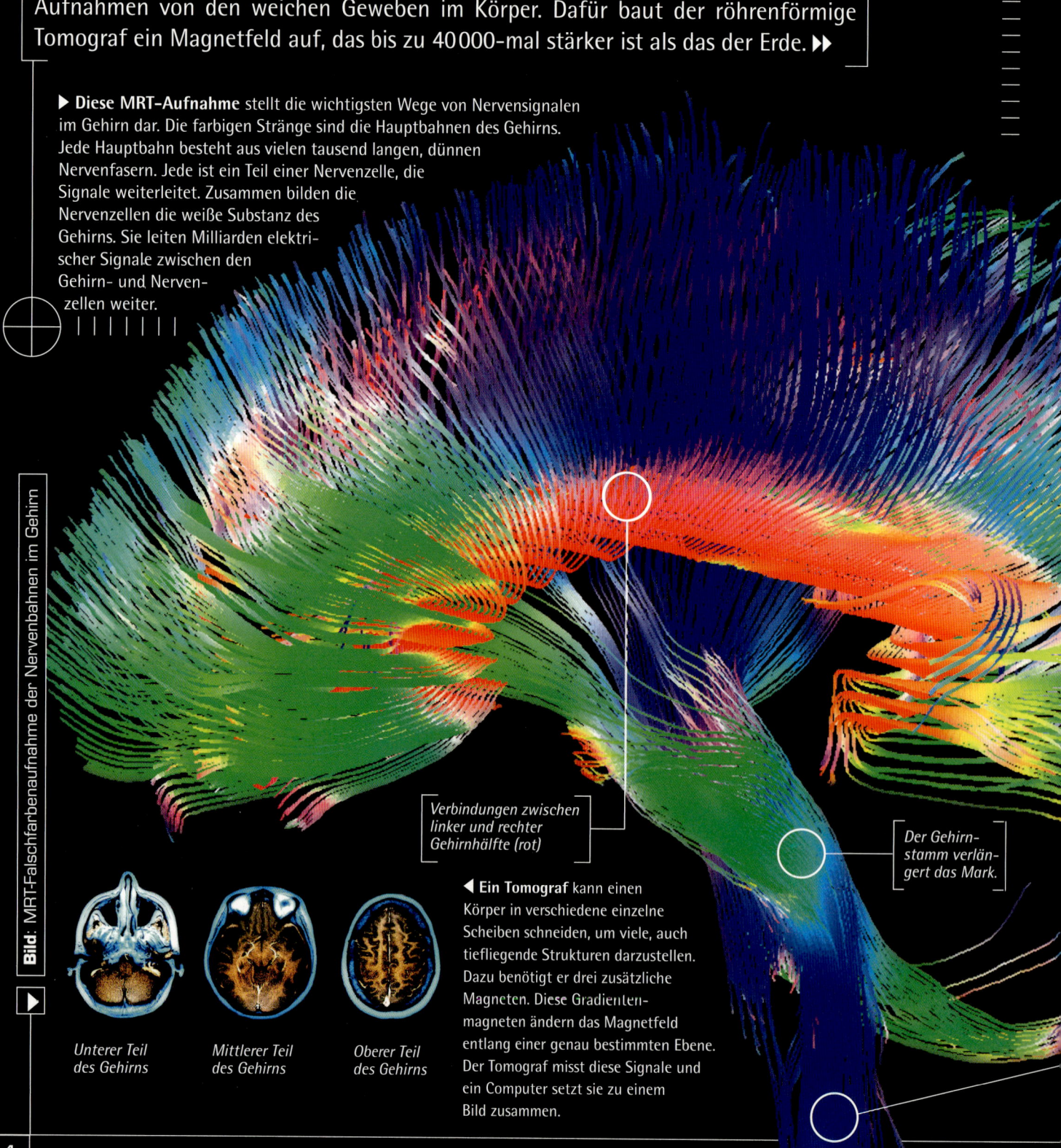

Bild: MRT-Falschfarbenaufnahme der Nervenbahnen im Gehirn

Verbindungen zwischen linker und rechter Gehirnhälfte (rot)

Der Gehirnstamm verlängert das Mark.

Unterer Teil des Gehirns

Mittlerer Teil des Gehirns

Oberer Teil des Gehirns

◀ **Ein Tomograf** kann einen Körper in verschiedene einzelne Scheiben schneiden, um viele, auch tiefliegende Strukturen darzustellen. Dazu benötigt er drei zusätzliche Magneten. Diese Gradientenmagneten ändern das Magnetfeld entlang einer genau bestimmten Ebene. Der Tomograf misst diese Signale und ein Computer setzt sie zu einem Bild zusammen.

▶ MRT-Aufnahme

» WIE EIN MRT FUNKTIONIERT

EIN TOMOGRAF ERZEUGT MIT MAGNETFELDERN UND RADIOWELLEN EIN BILD DER WEICHEN GEWEBE.

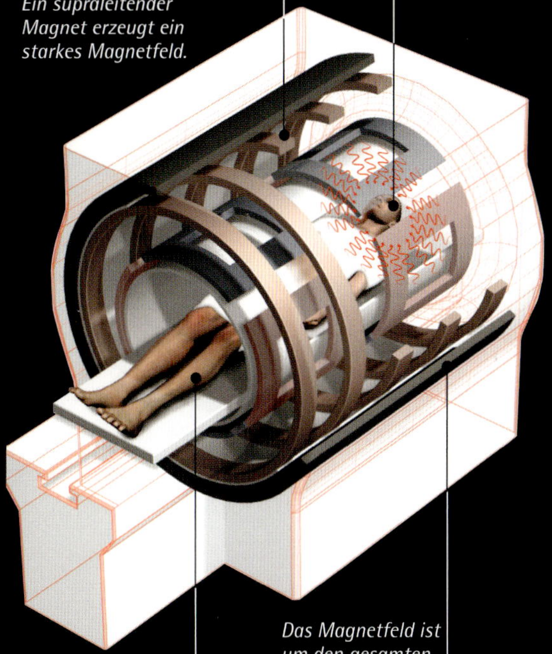

Diese Bahnen leiten Signale von den Augen zum Sehzentrum am Hinterkopf.

Verbindungen zwischen vorderem und hinterem Gehirn (grün)

Ein supraleitender Magnet erzeugt ein starkes Magnetfeld.

Der Patient liegt in der Untersuchungsröhre.

Das Magnetfeld ist um den gesamten Tomografen angelegt.

Ein Computer verarbeitet die Messergebnisse.

1. Wasserstoffatome sind normalerweise zufällig ausgerichtet, doch durch das starke Magnetfeld liegen sie wie winzige Magneten in einer Richtung.

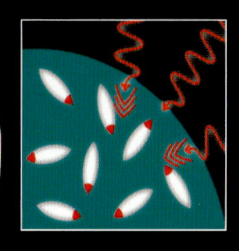

2. Ein Impuls von Radiowellen, den der Tomograf erzeugt, bringt die Wasserstoffatome aus ihrer magnetischen Ausrichtung.

3. Nachdem der Impuls beendet ist, richten sich die Atome wieder aus. Dabei senden sie schwache Radiosignale an den Tomografen, der sie als digitale Daten an den Computer sendet.

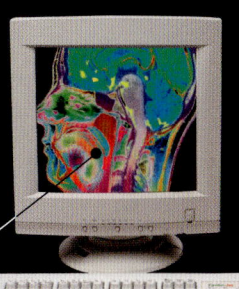

4. Der Computer wandelt die Daten mit einer komplizierten mathematischen Berechnung, die man Fourier-Transformation nennt, in Bilder um. Die Helligkeit des Bildes kann man durch ein anderes Magnetfeld ändern.

Im Gegensatz zu Röntgenaufnahmen, die nur hartes Gewebe wie z.B. Knochen darstellen, zeigen MRT-Aufnahmen weiche Gewebe. Dadurch erkennt man Blutungen oder krankhaftes Gewebe wie z.B. Tumore. Am häufigsten wird mit dem MRT das Gehirn dargestellt. Das Bild entsteht aus schwachen Radiosignalen von Wasserstoffatomen, die sich in allen Körperzellen befinden. Weil sich die Signale verschiedener Gewebearten nicht gleichen, kann der Tomograf zwischen einzelnen Gewebearten unterscheiden und Strukturen darstellen, die nur 1 mm groß sind. Obwohl ein MRT keine schädliche Strahlung benutzt, kann sein starkes Magnetfeld bei einzelnen Metallstücken gefährlich werden – sie werden mit so großer Kraft angezogen, dass sie wie Raketen durch den Raum sausen. Die erste MRT-Aufnahme entstand am 3. Juli 1977 nach siebenjähriger Vorbereitung. Der Computer brauchte fünf Stunden, um das Bild zusammenzusetzen. Heute benötigt er dafür nur wenige Sekunden.

Das Rückenmark überträgt die Impulse zwischen Gehirn und restlichem Körper.

▶▶ Siehe auch: Bildgebende Verfahren S. 8, Durchsichtig S. 202, Magnet S. 246

▶Medizin

LASERCHIRURGIE

▶ **Die gewölbte Oberfläche** des Auges – die Hornhaut oder Kornea – und die Linse hinter der Kornea bündeln die Lichtstrahlen auf die lichtempfindliche Netzhaut hinten im Auge. Ist die Hornhaut etwas verformt oder mit der Zeit dicker geworden, sieht man nur noch verschwommene Bilder. Die Augenlaserchirurgie verdampft einen winzigen Teil der Hornhaut, damit der Patient sein Sehvermögen wieder erlangt und Bilder scharf sieht.

▶▶ Menschen, die schlecht sehen, müssen nicht länger Brillen oder Kontaktlinsen tragen. Mit einem Laser kann man die Hornhaut bearbeiten, um das normale Sehvermögen wiederherzustellen. ▶▶

▶ Laserchirurgie

⌄ Laser

▼ Licht besteht normalerweise aus verschiedenen Wellenlängen. Ein Laser ist dagegen ein intensiver, schmaler Lichtstrahl, der nur aus einer Wellenlänge wie z. B. ultraviolettem (UV) oder infrarotem Licht besteht. Nachdem 1960 der erste Laser entstand, werden Laser für viele Anwendungen wie z. B. zum Lesen von CDs eingesetzt.

Laserreflektor auf dem Mond

▲ Als Astronauten 1971 mit Apollo 14 auf dem Mond landeten, hinterließen sie einen Laserreflektor. Forscher richteten Laserstrahlen auf den Mond, um seine Entfernung zur Erde mit nur 3 cm Abweichung zu bestimmen. Sie berechneten die Strecke anhand der Zeit, die der reflektierte Strahl bis zur Erde zurück benötigte.

Ein Laser ist auf den Mond gerichtet.

◀ RÜCKBLICK
Vor Einführung der Augenlaserchirurgie konnten Ärzte eine Fehlsichtigkeit nur mit dem Skalpell korrigieren. Sie ritzten dazu die Hornhaut speichenförmig ein.

Chirurgen schneiden vor einer Laserbehandlung die Hornhaut vermutlich mit einem starken Flüssigkeitsstrahl und nicht mit einer Klinge ab.
VORSCHAU ▶

Bild: Nahaufnahme des menschlichen Auges

❯❯ WIE AUGENLASERCHIRURGIE FUNKTIONIERT

Ein Computer bestimmt genau die Form der Kornea und berechnet, wie viel Gewebe der Laser entfernen muss. Er steuert mit diesen Daten den UV-Laser. Mit einem scharfen Hornhautmesser, einem Mikrokeratom, wird ein kleiner Lappen in die Kornea geschnitten. Der Lappen wird zur Seite geklappt, damit der Laser das Gewebe dahinter bearbeiten kann. Der Laser dringt nicht in das Auge ein, sondern verdampft sanft das Hornhautgewebe, damit es dünner wird. Anschließend wird der Lappen zurückgeklappt, damit das Auge ohne Naht heilt. Der Patient kann danach sofort wieder sehen.

EIN UV-LASER ENTFERNT HORNHAUT, UM DAS SEHVERMÖGEN ZU KORRIGIEREN.

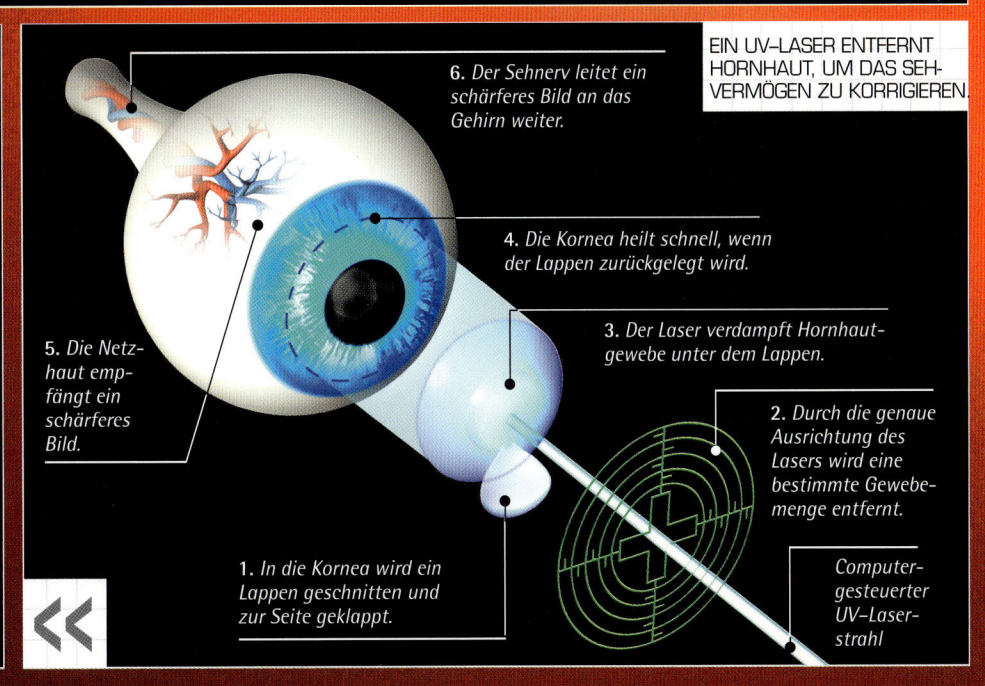

6. Der Sehnerv leitet ein schärferes Bild an das Gehirn weiter.

4. Die Kornea heilt schnell, wenn der Lappen zurückgelegt wird.

5. Die Netzhaut empfängt ein schärferes Bild.

3. Der Laser verdampft Hornhautgewebe unter dem Lappen.

2. Durch die genaue Ausrichtung des Lasers wird eine bestimmte Gewebemenge entfernt.

1. In die Kornea wird ein Lappen geschnitten und zur Seite geklappt.

Computergesteuerter UV-Laserstrahl

▶▶ Siehe auch: Iris-Scan S. 32, Laser S. 245, Laserdrucker S. 176

▶ Medizin

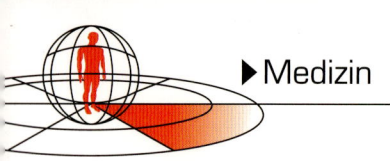

OPERATIONSROBOTER

▶▶ Roboterarme führen durch kleine Schnitte in den Körper schwierige Operationen durch, das nennt man minimalinvasive Chirurgie (MIC). Ein Chirurg steuert den Roboter dabei mit einer Fernbedienung. ▶▶

▶ **Diese Roboterarme** führen eine schwierige Herzoperation an einem Modell des menschlichen Brustkorbs aus. Die Arme dringen zwischen den Rippen ein, ohne dass der Brustkorb geöffnet werden muss. Dieser Operationsroboter, den man Zeus nennt, operierte 1999 Herzkranzgefäße an einem schlagenden Herzen.

◀◀ **RÜCKBLICK**
Chirurgen setzen seit 1980 Operationsroboter ein. Sie besitzen Roboterarme und ein Endoskop, durch das die Operation mit einer Kamera überwacht wird.

Durch die schnelle Übertragung von Bildern und Daten können Chirurgen Operationsroboter steuern, die viele tausend Kilometer von ihnen entfernt sind.
VORSCHAU ▶▶

≫ WIE MIC FUNKTIONIERT

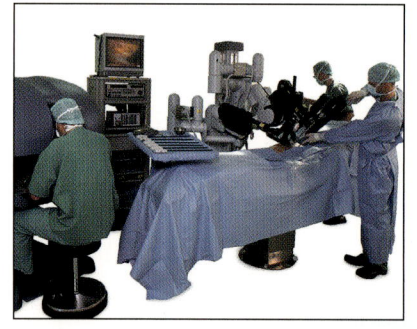

◀◀ **Ein Operationsroboter** besitzt einen Roboterarm oder Manipulator, der sich über dem Patienten befindet, und ein Steuerpult, das einige Meter entfernt ist. Während der Operation überwacht ein Chirurg am Steuerpult alle Vorgänge auf einem Bildschirm und steuert den Roboter. OP-Schwestern und ein Anästhesist unterstützen ihn.

≫ **Eine Kamera** an einem der Roboterarme filmt die Operation in dem Körper und überträgt scharfe, dreidimensionale Bilder auf einen Bildschirm. Der Chirurg „operiert" mit Steuerungshebel, die seine Handbewegungen in kleinere Bewegungen umsetzen und auf die Roboterarme übertragen. Das empfindliche System kann sogar das Zittern des Chirurgen erkennen und dämpfen, um Fehler zu vermeiden.

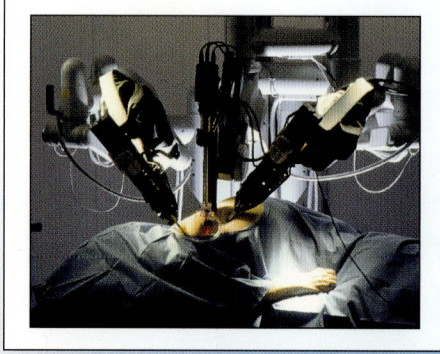

◀◀ **Der Edelstahlarm** des Roboters dringt durch drei kleine Schnitte in den Körper ein, die nicht breiter als ein Bleistift sind. Während ein Arm die Kamera führt, halten die beiden anderen Instrumente, um zu schneiden, zu halten oder zu nähen. Wenn sie nicht benutzt werden, bleiben die Arme unbeweglich, um den Patienten nicht zu verletzen.

⌄ Ameisenstiche

Eine Ameise sticht ihre Kiefer in einen Finger.

▲ Mediziner entwickeln immer bessere Operationstechniken, trotzdem müssen Wunden noch genäht werden, um sie zu verschließen. Ureinwohner in Mittelamerika benutzen die Kiefer von Ameisen als winzige Klammern, um Wunden zu schließen. Modernes Nahtmaterial besteht aus Nylon oder Polyester.

▶▶ Siehe auch: Industrieroboter S. 186, Serviceroboter S. 118, Videokapsel S. 212

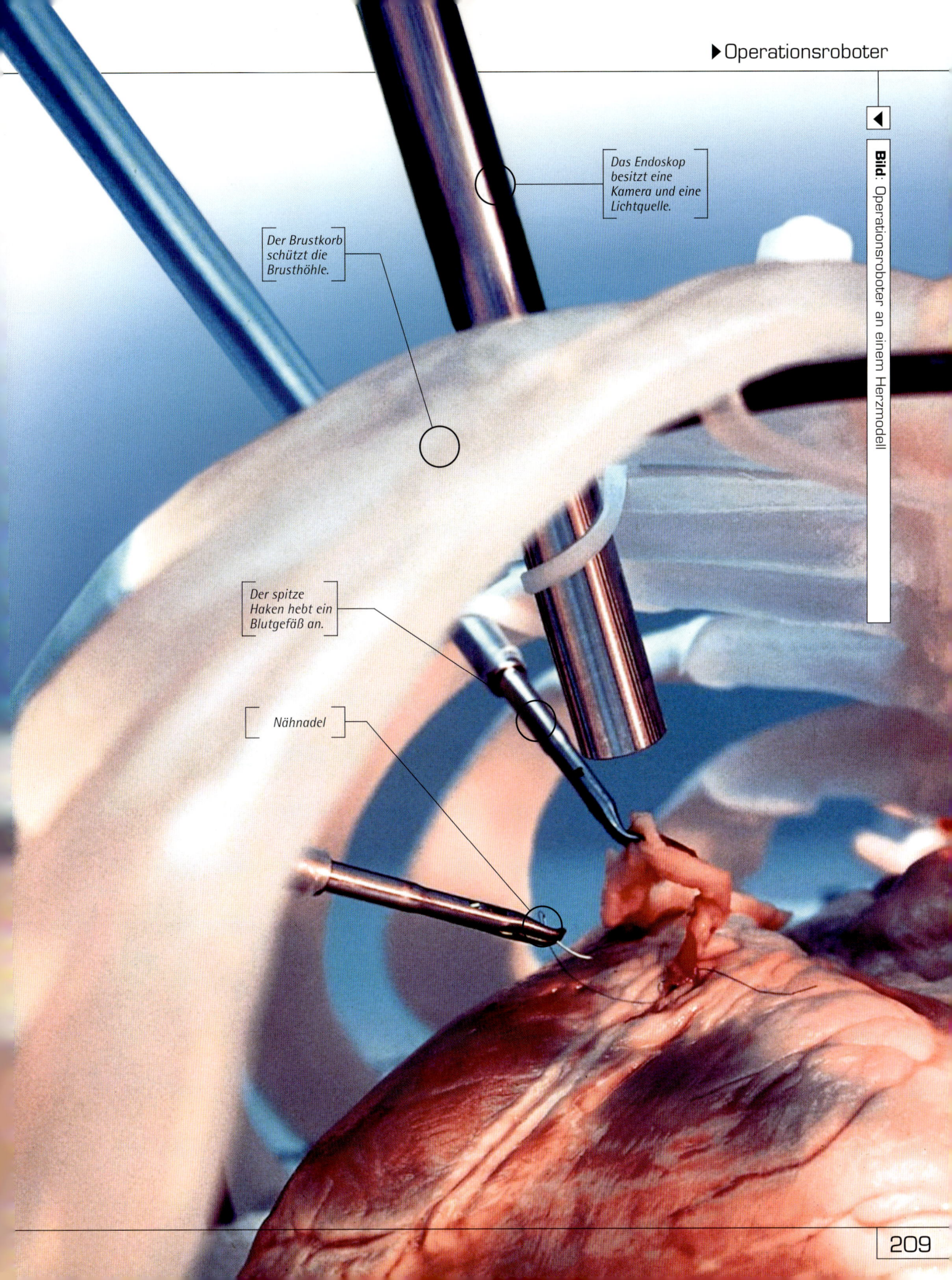

▶ Operationsroboter

Das Endoskop besitzt eine Kamera und eine Lichtquelle.

Der Brustkorb schützt die Brusthöhle.

Der spitze Haken hebt ein Blutgefäß an.

Nähnadel

Bild: Operationsroboter an einem Herzmodell

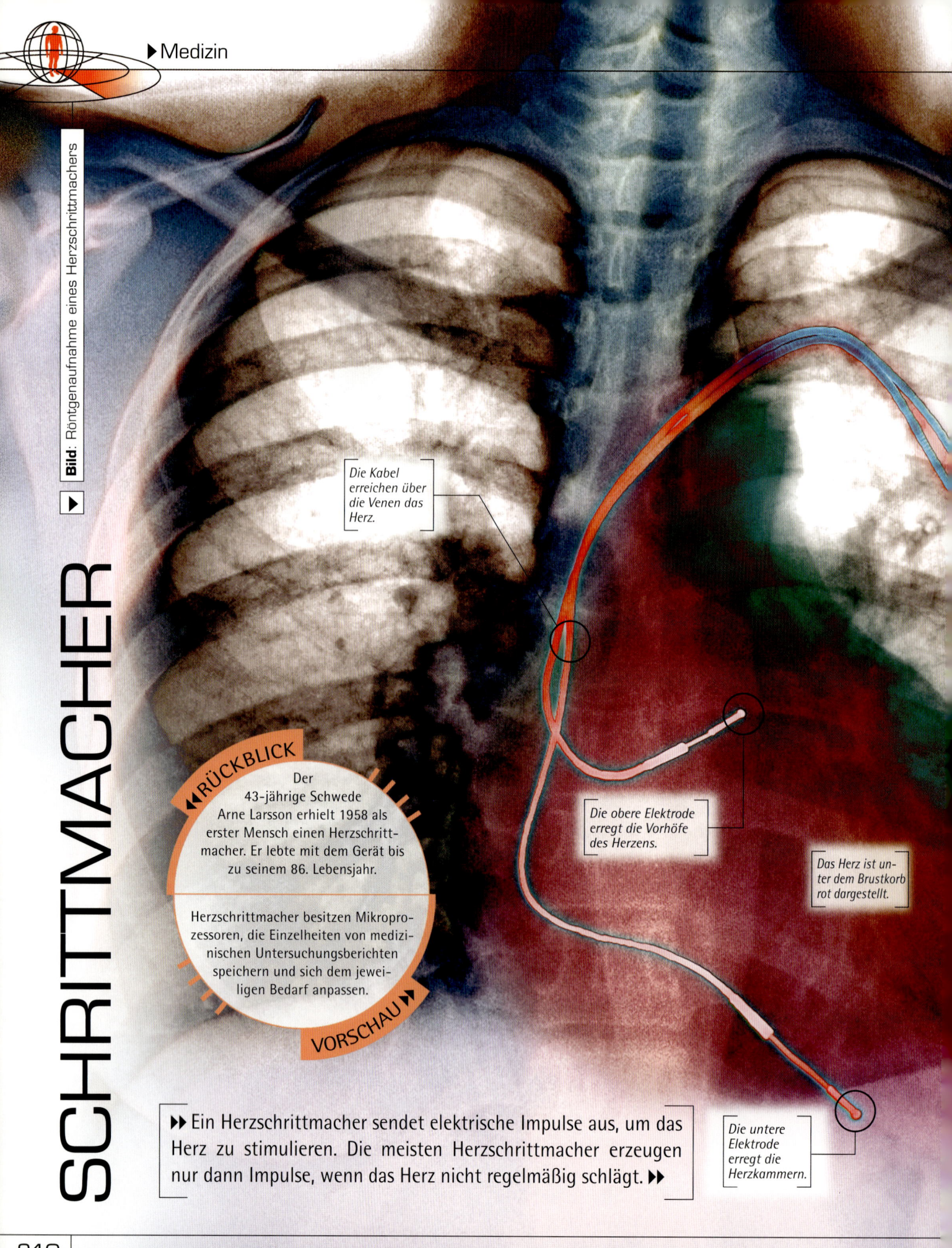

▶Medizin

Bild: Röntgenaufnahme eines Herzschrittmachers

SCHRITTMACHER

Die Kabel erreichen über die Venen das Herz.

Die obere Elektrode erregt die Vorhöfe des Herzens.

Das Herz ist unter dem Brustkorb rot dargestellt.

Die untere Elektrode erregt die Herzkammern.

◀◀ RÜCKBLICK

Der 43-jährige Schwede Arne Larsson erhielt 1958 als erster Mensch einen Herzschrittmacher. Er lebte mit dem Gerät bis zu seinem 86. Lebensjahr.

Herzschrittmacher besitzen Mikroprozessoren, die Einzelheiten von medizinischen Untersuchungsberichten speichern und sich dem jeweiligen Bedarf anpassen.

VORSCHAU ▶▶

▶▶ Ein Herzschrittmacher sendet elektrische Impulse aus, um das Herz zu stimulieren. Die meisten Herzschrittmacher erzeugen nur dann Impulse, wenn das Herz nicht regelmäßig schlägt. ▶▶

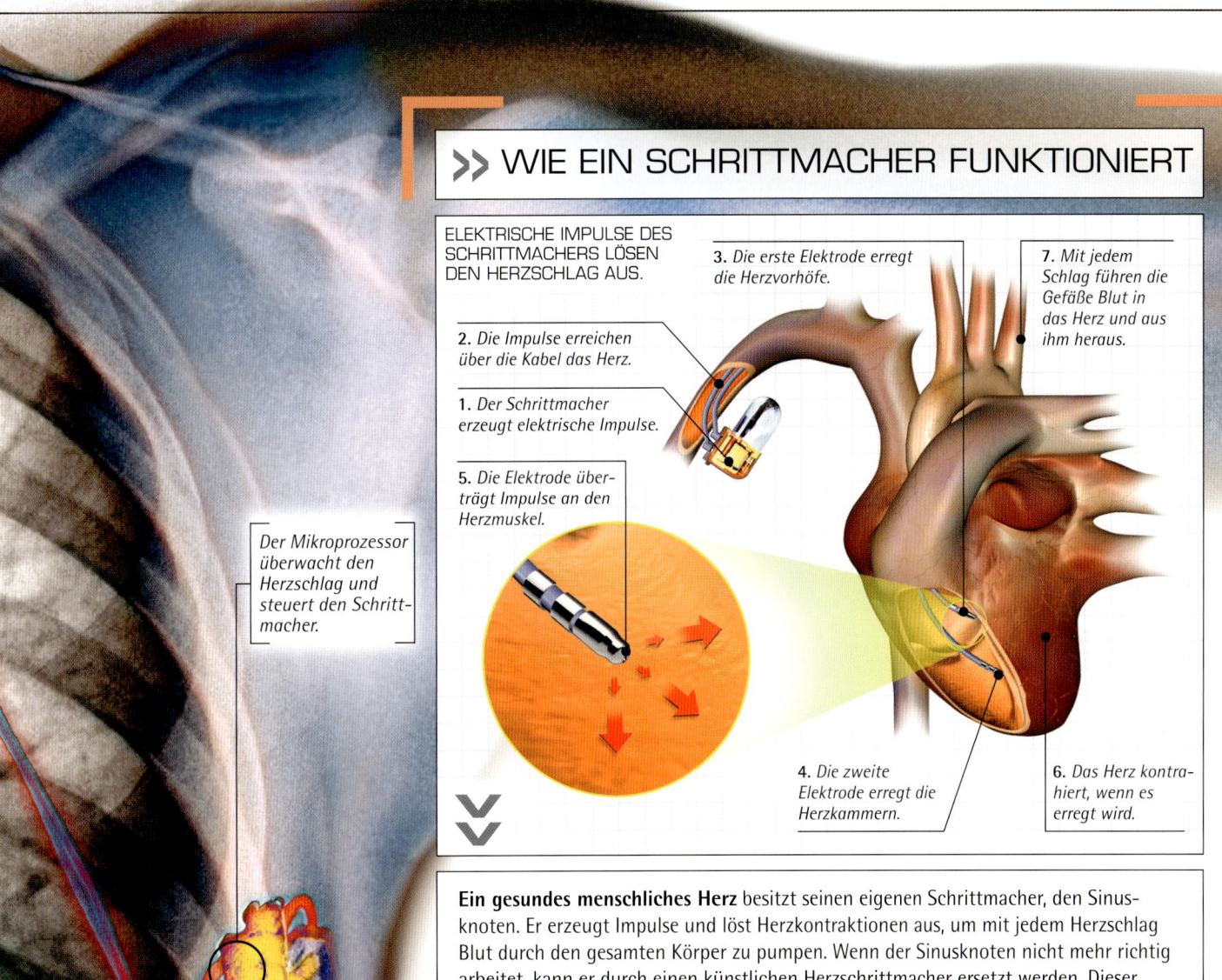

▶ Schrittmacher

›› WIE EIN SCHRITTMACHER FUNKTIONIERT

ELEKTRISCHE IMPULSE DES SCHRITTMACHERS LÖSEN DEN HERZSCHLAG AUS.

2. Die Impulse erreichen über die Kabel das Herz.

1. Der Schrittmacher erzeugt elektrische Impulse.

3. Die erste Elektrode erregt die Herzvorhöfe.

7. Mit jedem Schlag führen die Gefäße Blut in das Herz und aus ihm heraus.

5. Die Elektrode überträgt Impulse an den Herzmuskel.

Der Mikroprozessor überwacht den Herzschlag und steuert den Schrittmacher.

4. Die zweite Elektrode erregt die Herzkammern.

6. Das Herz kontrahiert, wenn es erregt wird.

Ein gesundes menschliches Herz besitzt seinen eigenen Schrittmacher, den Sinusknoten. Er erzeugt Impulse und löst Herzkontraktionen aus, um mit jedem Herzschlag Blut durch den gesamten Körper zu pumpen. Wenn der Sinusknoten nicht mehr richtig arbeitet, kann er durch einen künstlichen Herzschrittmacher ersetzt werden. Dieser überwacht den Herzrhythmus. Wenn das Herz nicht regelmäßig schlägt, erzeugt er Impulse, die stärker als die des Sinusknotens sind. Manche Schrittmacher passen sich dem tatsächlichen Bedarf an, wenn sie z. B. beim Sport den Herzrhythmus erhöhen.

Die Lithiumbatterie hält etwa zehn Jahre.

◀ **Ein Herzschrittmacher** wird unter der Haut in die Brust eingepflanzt. Er wiegt nur 20–50 g und ist so groß wie eine Streichholzschachtel. Damit keine Körperflüssigkeit eindringt, ist sein Gehäuse wasserdicht. Die meisten Schrittmacher halten etwa fünf Jahre, bevor sie ersetzt werden müssen.

⌄ Künstliches Herz

▶ Amerikanische Chirurgen pflanzten einem herzkranken Patienten 2001 das erste unabhängige, künstliche Herz ein. Das AbioCor-Herz besteht aus Titan und Kunststoff und besitzt einen hydraulischen Motor. Strom erhält es von Batterien, die der Patient trägt. Es verlängert die Lebenserwartung ernsthaft erkrankter Herzpatienten um wenige Monate.

AbioCor-Kunstherz

▶▶ Siehe auch: Batterie S. 94, Operationsroboter S. 208

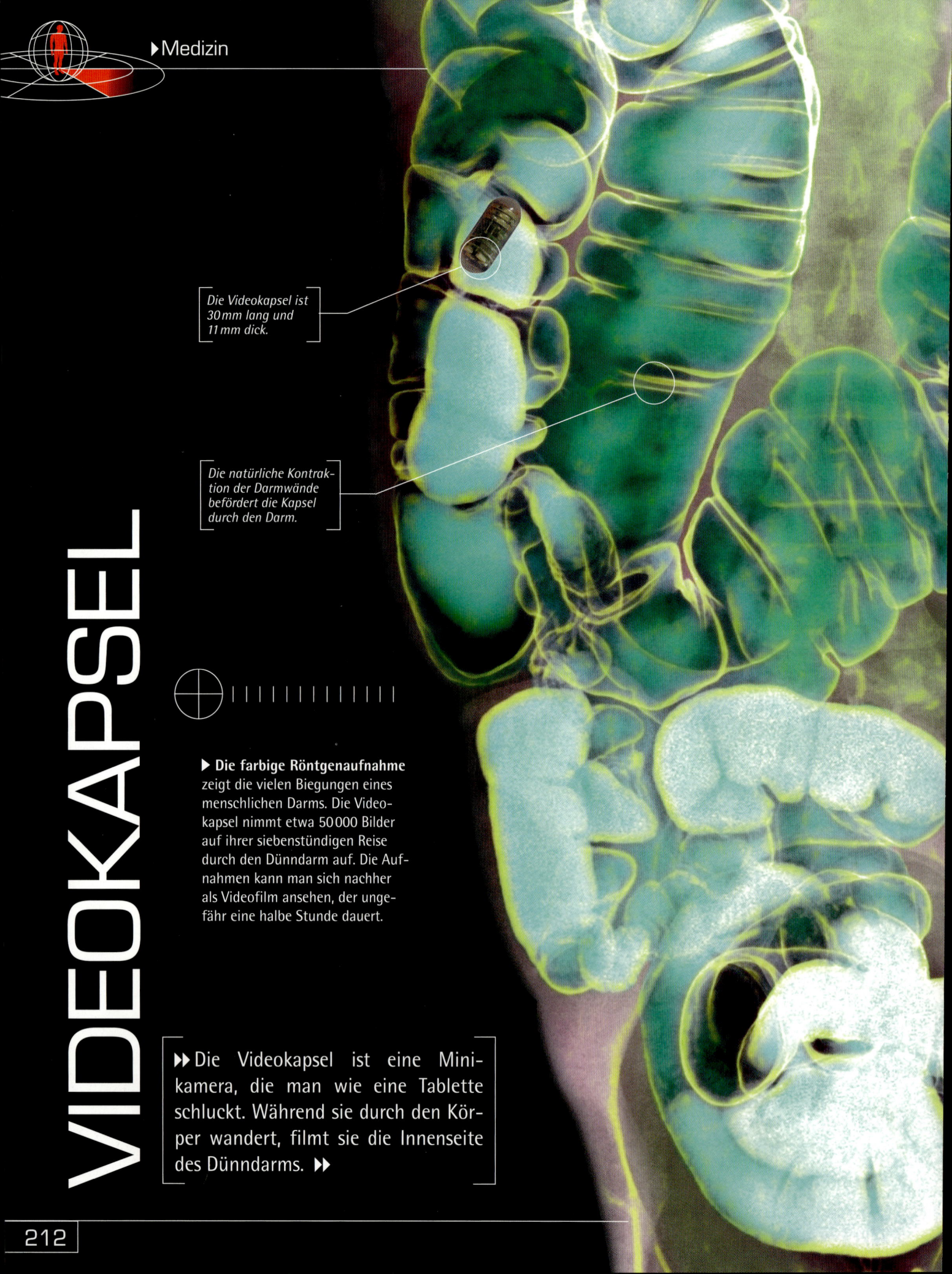

▶ Medizin

VIDEOKAPSEL

Die Videokapsel ist 30 mm lang und 11 mm dick.

Die natürliche Kontraktion der Darmwände befördert die Kapsel durch den Darm.

▶ **Die farbige Röntgenaufnahme** zeigt die vielen Biegungen eines menschlichen Darms. Die Videokapsel nimmt etwa 50 000 Bilder auf ihrer siebenstündigen Reise durch den Dünndarm auf. Die Aufnahmen kann man sich nachher als Videofilm ansehen, der ungefähr eine halbe Stunde dauert.

▶▶ Die Videokapsel ist eine Minikamera, die man wie eine Tablette schluckt. Während sie durch den Körper wandert, filmt sie die Innenseite des Dünndarms. ▶▶

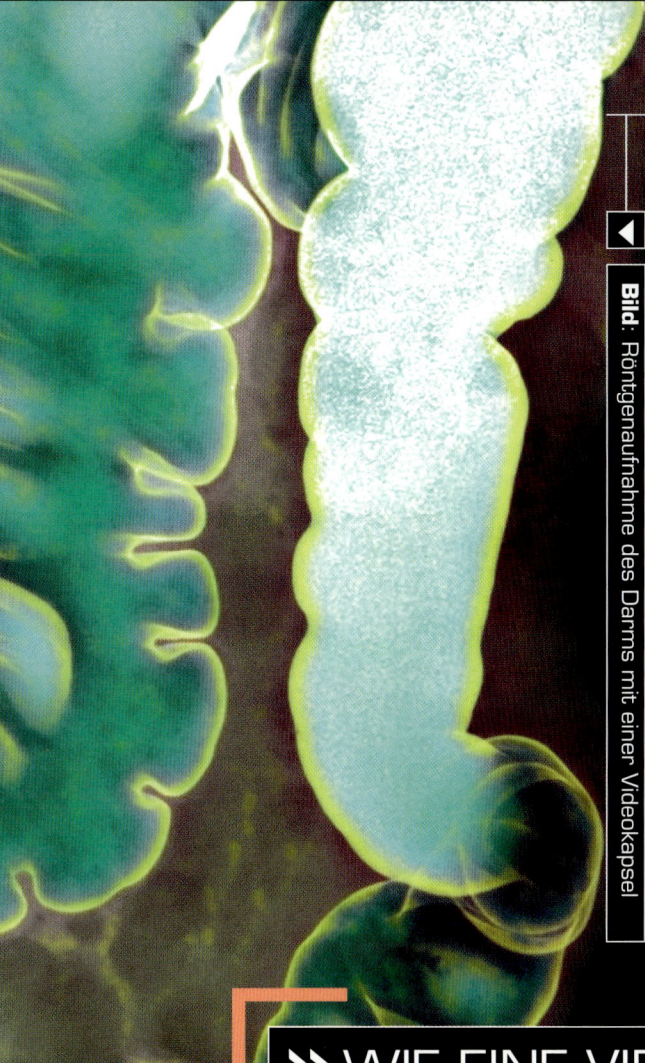

▶Videokapsel

Bild: Röntgenaufnahme des Darms mit einer Videokapsel

⌄ Endoskopie

▶ Das Beobachtungsinstrument, mit dem Internisten den Darm untersuchen, nennt man Endoskop. Für verschiedene Organe wurden unterschiedliche Endoskope entwickelt. Das einfachste Endoskop ist eine starre Röhre mit einer Linse am einen Ende und einer Lichtquelle am anderen. Der Arzt sieht durch ein Endoskop wie durch ein Mikroskop.

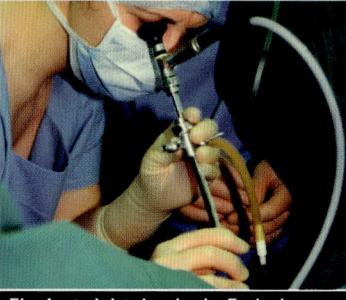

Ein Arzt sieht durch ein Endoskop.

◀ Verbesserte Endoskope haben einen biegsamen Schlauch mit einer Kamera an der Spitze, damit der Arzt den Eingriff am Bildschirm verfolgen kann. Am Endoskop kann man Instrumente anbringen, damit ein Arzt eine Knopflochoperation durchführen kann – eine Operation, die innerhalb des Körpers durch einen kleinen Schnitt erfolgt.

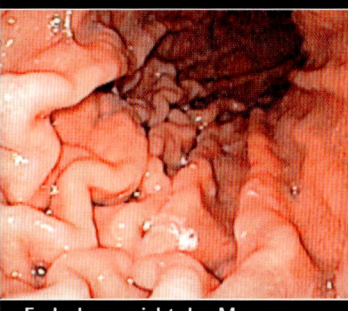

Endoskopansicht des Magens

» WIE EINE VIDEOKAPSEL FUNKTIONIERT

Der Dünndarm zählt zu den Organen, die man nur sehr schwer untersuchen kann. Er ist ungefähr 6 m lang und ein Arzt kann mit einem Endoskop nur etwa ein Drittel untersuchen. Eine Videokapsel dagegen filmt den gesamten Dünndarm. Die Kapsel ist ein technisches Wunder. Sie enthält eine Kamera, eine Lichtquelle und einen Sender und ist doch nicht größer als eine Pille. Sie wandert langsam durch den Dünndarm und nimmt jede Sekunde zwei Bilder auf. Diese werden mit Radiowellen an einen Empfänger gesendet, den der Patient am Gürtel trägt. Der Empfänger ortet auch die Kapsel, damit der Arzt jede Erkrankung sofort lokalisieren kann.

DIE BAUTEILE EINER VIDEOKAPSEL

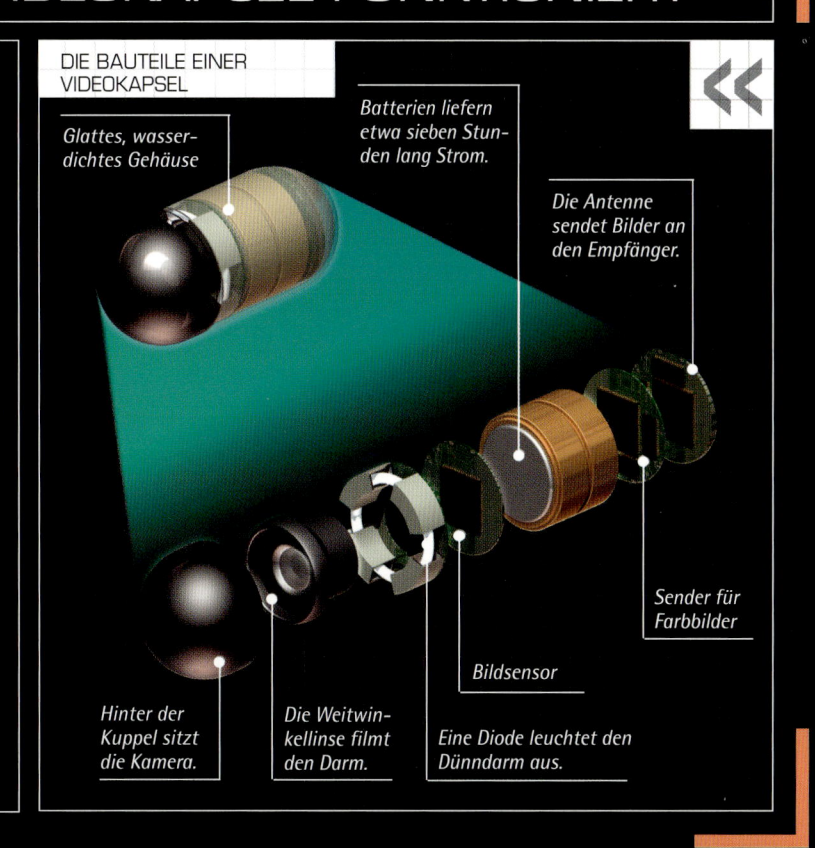

Glattes, wasserdichtes Gehäuse

Batterien liefern etwa sieben Stunden lang Strom.

Die Antenne sendet Bilder an den Empfänger.

Sender für Farbbilder

Bildsensor

Hinter der Kuppel sitzt die Kamera.

Die Weitwinkellinse filmt den Darm.

Eine Diode leuchtet den Dünndarm aus.

▶▶ Siehe auch: Glasfaser S. 243, Kamera S. 62, Operationsroboter S. 208, Radiowellen S. 247

▶ Medizin

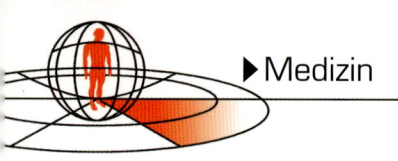

PROTHESEN

▶▶ Eine Prothese ist ein künstlicher Ersatz für einen Körperteil. Mit einer besonderen Sportprothese kann ein Behinderter bei den Paralympics fast so schnell laufen wie ein nichtbehinderter Sportler. ▶▶

❯❯ WIE EINE SPORTPROTHESE FUNKTIONIERT

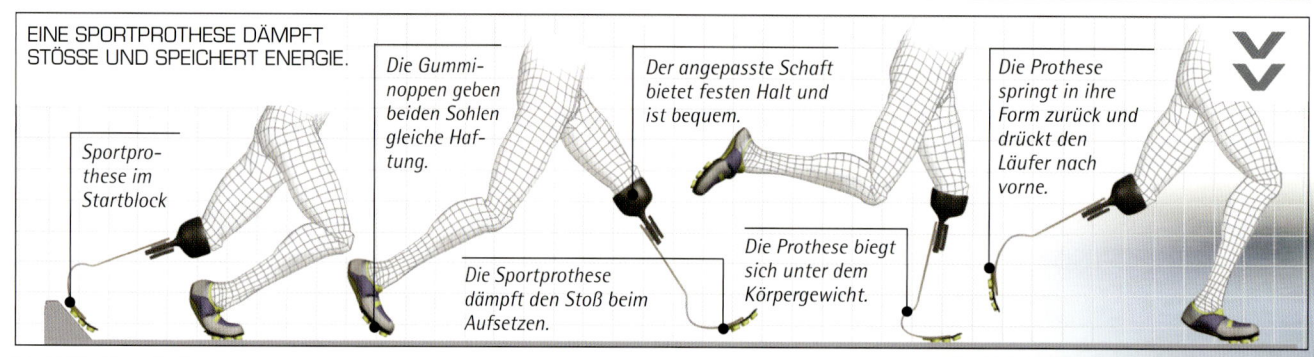

EINE SPORTPROTHESE DÄMPFT STÖSSE UND SPEICHERT ENERGIE.

Sportprothese im Startblock

Die Gumminoppen geben beiden Sohlen gleiche Haftung.

Die Sportprothese dämpft den Stoß beim Aufsetzen.

Der angepasste Schaft bietet festen Halt und ist bequem.

Die Prothese biegt sich unter dem Körpergewicht.

Die Prothese springt in ihre Form zurück und drückt den Läufer nach vorne.

Moderne Sportprothesen bestehen aus Kohlenfaserstoff – ein Verbundwerkstoff aus Kohlenstofffasern und Kunststoff. Das Material rostet nicht, widersteht großen Belastungen, ist sehr hart und trotzdem leicht und biegsam. Durch eine andere Anordnung der Kohlenfasern kann man die Steifigkeit der Prothese verändern.

Der Kohlenfaserfuß, den die Athleten tragen, ahmt die Sprungkraft des menschlichen Beins nach. Er speichert Energie, sobald er zusammengedrückt wird, und setzt sie wieder frei, während er in seine Form zurückspringt. Im Alltag tragen die Athleten Prothesen, die dem natürlichen Fuß gleichen. Manche haben sogar eine künstliche Haut.

Gumminoppen unter der Sohle der Prothese

⌄ Bionische Körper

▶ Der Traum der Bionik sind mechanische Gliedmaßen, die vom Gehirn direkt gesteuert werden wie z.B. eine künstliche Hand, die Objekte mit der gleichen Geschicklichkeit anfasst wie eine natürliche. Prothesen, die auf Muskelbewegungen reagieren, gibt es bereits. Doch Prothesen, die an das Nervensystem „angeschlossen" sind, wurden noch nicht entwickelt.

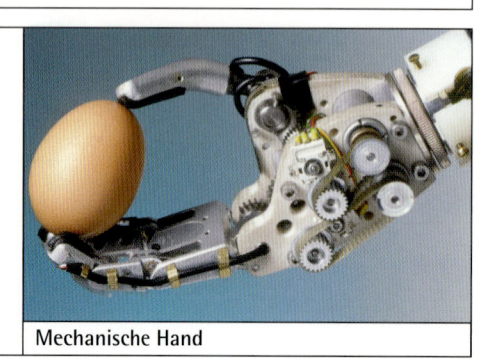

Mechanische Hand

◀◀ RÜCKBLICK
Die ersten Prothesen waren aus Holz und Metall. Seit den beiden Weltkriegen, als viele Soldaten Gliedmaßen verloren, wurden sie weiterentwickelt.

Einige künstliche Körperteile werden in Zukunft überflüssig sein. Forscher entwickeln Methoden, damit Ersatzorgane aus körpereigenen Zellen entstehen.
VORSCHAU ▶▶

▶▶ Siehe auch: Hautersatz S. 216, Kohlenstoff S. 245, Laufschuhe S. 50

▶ Prothesen

Bild: Der Leichtathlet Oscar Pistorius läuft mit einer Prothese.

▶ **Der 17-jährige** Oscar Pistorius aus Südafrika gewann mit seinen Sportprothesen bei den Paralympics 2004 in Athen die Goldmedaille über 200 m. Er lief die Strecke in 21,97 Sekunden und stellte einen neuen Weltrekord für doppelt amputierte Sportler auf. Seine Prothesen, die man Geparden nennt, werden extra für Leichtathletikdisziplinen angefertigt.

▲ **Die amerikanische** Leichtathletin April Holmes gewann bei den Paralympics 2004 in Athen die Bronzemedaille im Weitsprung. Sie erzielte sogar Weltrekorde in ihrer Klasse – die einseitig Unterschenkelamputierten – über 100 m und 200 m.

Der Strumpf verbindet die Haut mit der Sportprothese.

Die gewölbte Prothese springt zurück.

Gumminoppen an der Sohle sorgen für Haftung.

215

▶ Medizin

HAUTERSATZ

Bild: Künstliche Haut, die in Kultur gewachsen ist

Pinzetten heben die dünne Haut aus der Kulturschale.

▼ **Ein Stück** neue Haut wird aus der Kulturschale gehoben. Die Haut ist im Labor gewachsen und enthält nur Hautzellen, die auch die äußere Schicht der menschlichen Haut bilden. Das neue Hautstück wird auf die Brandwunde gepflanzt, wo es auf natürliche Weise anwächst.

Die neue Haut ist nur wenige Millimeter dick.

Die Haut ist durchsichtig und wird hier vor einen blauen Hintergrund gehalten.

Das nährstoffreiche Kulturmedium stimuliert das Wachstum.

Kulturschale mit Medium

▶▶ Moderne Hauttransplantate, die Autotransplantate, können Verbrennungsopfern das Leben retten. Dem Patienten wird ein Hautstück entnommen, das so groß wie eine Briefmarke ist. Nach wenigen Tagen wächst neue Haut heran. ▶▶

›› WIE EIN AUTOTRANSPLANTAT WÄCHST

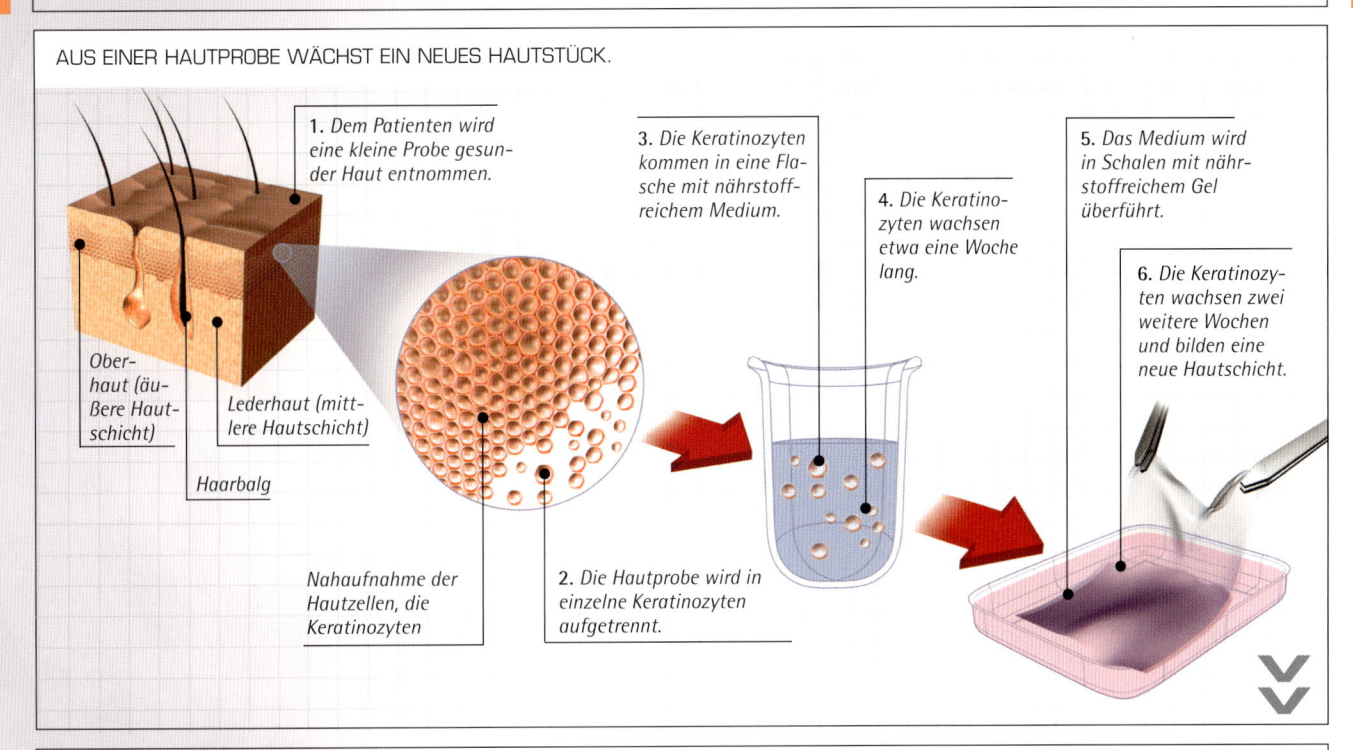

AUS EINER HAUTPROBE WÄCHST EIN NEUES HAUTSTÜCK.

1. Dem Patienten wird eine kleine Probe gesunder Haut entnommen.

Oberhaut (äußere Hautschicht)

Lederhaut (mittlere Hautschicht)

Haarbalg

Nahaufnahme der Hautzellen, die Keratinozyten

2. Die Hautprobe wird in einzelne Keratinozyten aufgetrennt.

3. Die Keratinozyten kommen in eine Flasche mit nährstoffreichem Medium.

4. Die Keratinozyten wachsen etwa eine Woche lang.

5. Das Medium wird in Schalen mit nährstoffreichem Gel überführt.

6. Die Keratinozyten wachsen zwei weitere Wochen und bilden eine neue Hautschicht.

Die Haut ist ein sehr strapazierfähiges Organ. Ihre äußere Schicht, die Epidermis, erneuert sich ständig selbst und kann sich auch selbst heilen. Trotzdem ist ihre Erneuerungskraft begrenzt. Bei schweren Verbrennungen ist auch die Keimschicht unter der Epidermis beschädigt. Diese Verbrennungen werden normalerweise mit Hauttransplantaten behandelt, bei denen gesunde Haut von einem anderen Körperteil auf die Brandwunde verpflanzt wird.

Doch manchmal sind die Verbrennungen so großflächig, dass keine gesunde Haut mehr vorhanden ist. Diese Patienten kann man mit Autotransplantaten heilen. Die neue Haut wird im Labor künstlich aus einer Hautprobe des Patienten gezüchtet. Sie besteht ausschließlich aus körpereigenen Zellen, sodass das Immunsystem die Zellen nicht abstößt. Erhält der Patient dagegen Haut von einer Hautbank, kann das Immunsystem die fremden Hautzellen angreifen.

◂ RÜCKBLICK

Das erste Hauttransplantat wurde vor über 4000 Jahren in Indien verpflanzt. Berichte in Sanskrit beschreiben, wie Haut vom Gesäß auf die Nase verpflanzt wurde.

Die neueste Entwicklung bei Hauttransplantaten ist eine Spray-Kultur, die viel schneller hergestellt ist als eine dünne Hautschicht.

VORSCHAU ▸

⌄ Gewebeforschung

▸ Menschliches Gewebe wie z. B. die Haut wird nicht nur für Transplantate, sondern auch zur Forschung gezüchtet. Normale Zellen eignen sich hierfür nicht so gut, weil sie sich nur wenige Male teilen, bevor sie altern und absterben. Krebszellen teilen sich dagegen endlos, weil sie nicht altern. Viele Zellen stammen aus dem Krebsgewebe einer amerikanischen Frau, Henrietta Lacks, die 1951 starb. Diese Zellen nennt man deshalb HeLa-Zellen.

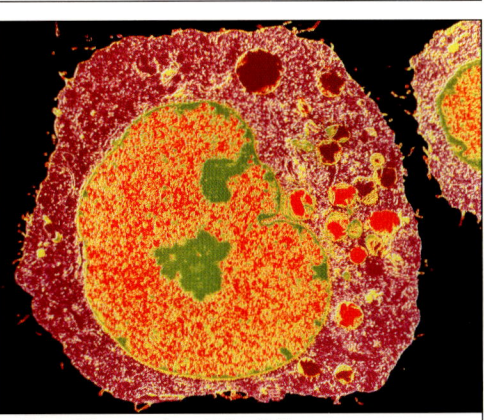

Vergrößerung einer HeLa-Zelle

▸▸ Siehe auch: Schutzanzug S. 190

▶ Medizin

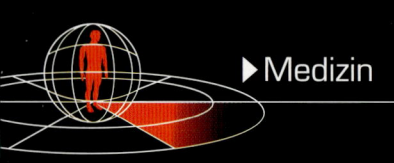

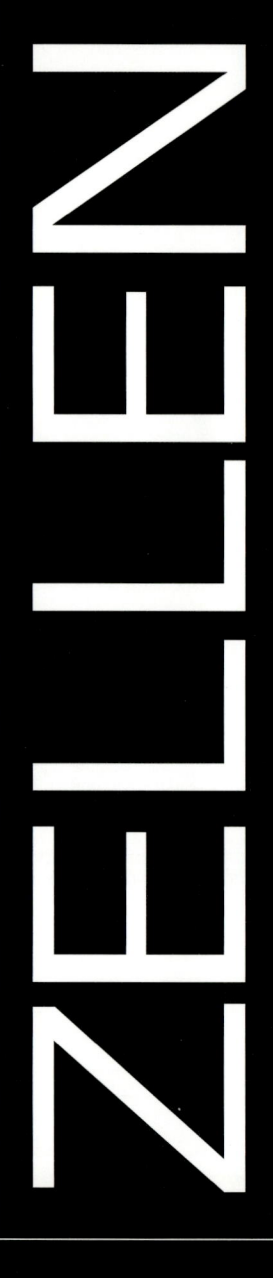

ZELLEN

Den menschlichen Körper bilden mehr als 100 Billionen winzige Zellen, die man mit bloßem Auge nicht sieht. Nur unter einem Mikroskop kann man die faszinierende Mikrowelt erkennen.

❯❯ Innenohr

Die Aufnahme eines Elektronenmikroskops zeigt das Innenohr mit den Rezeptoren oder Sinneszellen des Gehörs, den Haarzellen. In der 1700-fachen Vergrößerung sieht man vier Reihen Haarzellen, deren Schäfte rot gefärbt sind. Winzige Härchen (orangefarben) ragen im Bild rechts oben durch eine Membran. Wenn sich Schallwellen durch die Flüssigkeit im Innenohr ausbreiten, versetzen sie die Härchen in Schwingungen. Diese Bewegungen erzeugen Impulse, die der Hörnerv an das Gehirn weiterleitet.

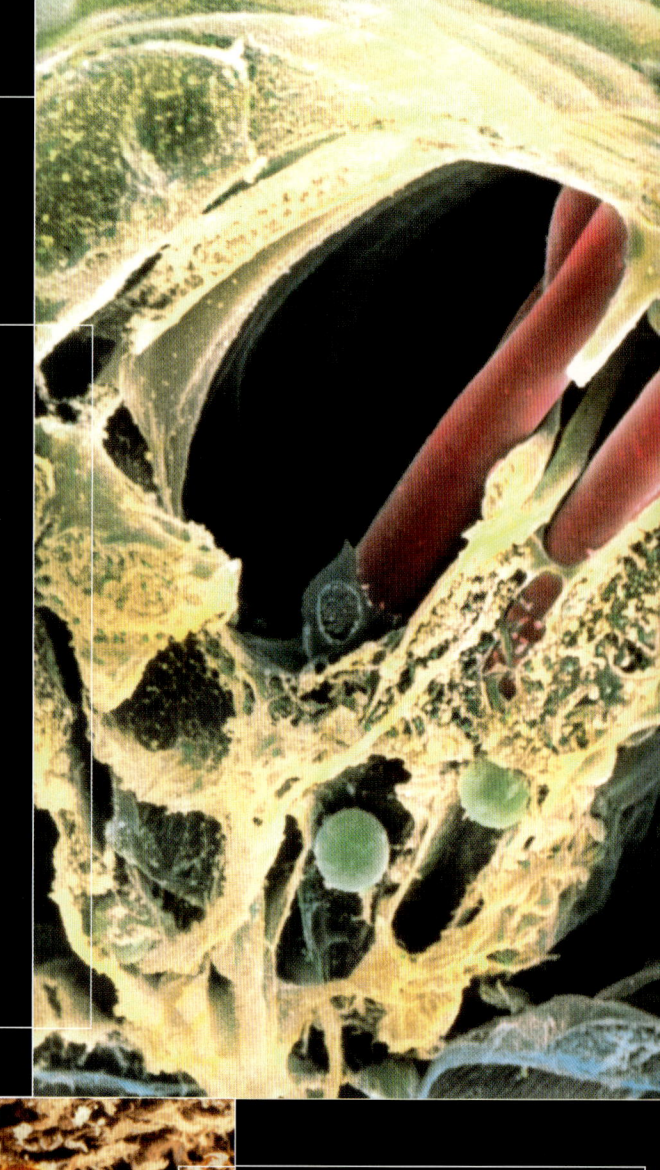

❮❮ Fettzellen

Diese winzigen Bläschen in der Aufnahme eines Elektronenmikroskops sind Fettzellen, die zwischen Fasern aus Bindegewebe liegen. Fettzellen zählen zu den größten Zellen des menschlichen Körpers. Jede Zelle enthält eine einzige Kugel aus Fettsäuren. Fett, das wir essen und unser Körper nicht benötigt, wird als Fettzelle gespeichert. Fettzellen sind Energiespeicher und bilden eine isolierende Wärmeschicht unter der Haut, um die Körperwärme zu erhalten.

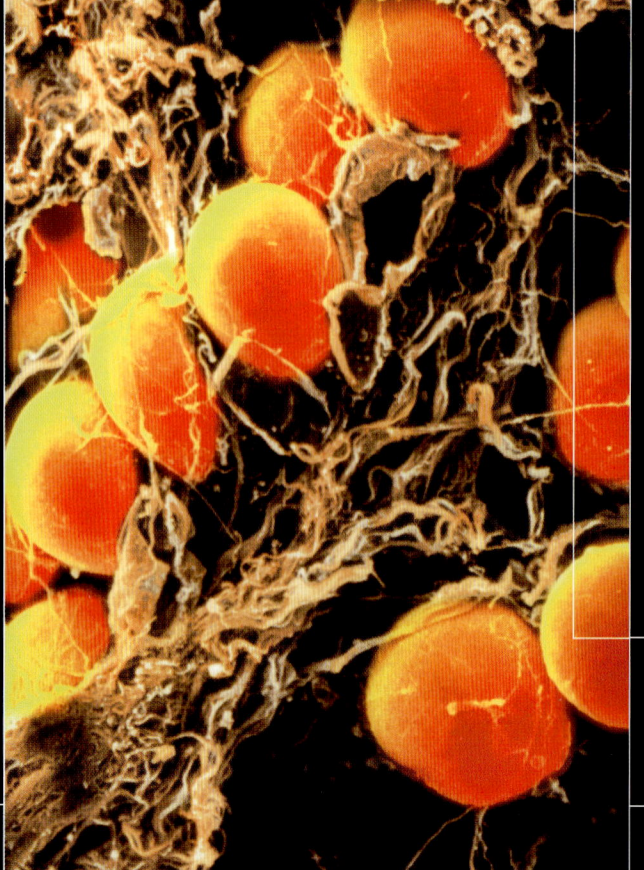

▶Zellen

≫ Haarbalgmilbe
Das menschliche Gesicht ist die natürliche Umgebung für dieses wurmförmige Tier, das in dieser Elektronenmikroskopaufnahme 180-fach vergrößert ist. Die Milben leben in den Haarbälgen insbesonders der Augenwimpern. Vermutlich trägt jeder Mensch diese harmlosen Parasiten mit sich.

⋁ Geschmacksknospen
Dieser Schnitt durch eine menschliche Zunge ist 120-fach vergrößert. Die großen Falten sind Papillen – winzige Erhebungen auf unserer Zunge. In den Spalten dazwischen sitzen Geschmacksknospen. Ihre Rezeptoren erkennen vier Geschmacksrichtungen – süß, sauer, salzig und bitter.

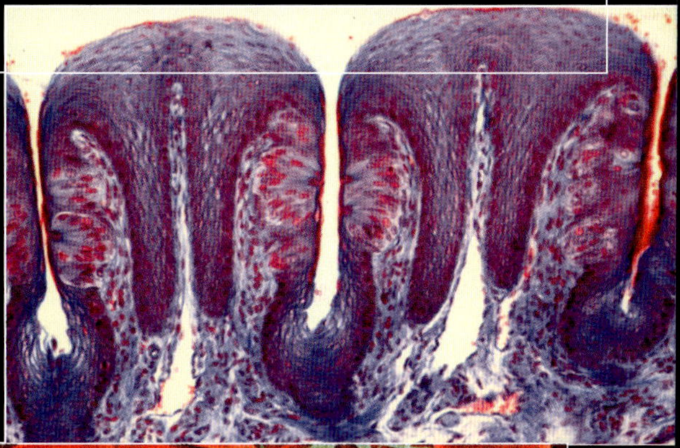

⋁ Blutgerinnsel
Ein Bluttropfen enthält etwa fünf Millionen rote Blutzellen, die Sauerstoff transportieren. Hier haben sie sich in Fibrin verfangen, einem unlöslichen Protein, das sich nach Verletzungen eines Blutgefäßes bildet. Fibrin stoppt den Blutfluss, sodass die Blutzellen verklumpen und die Wunde schließen.

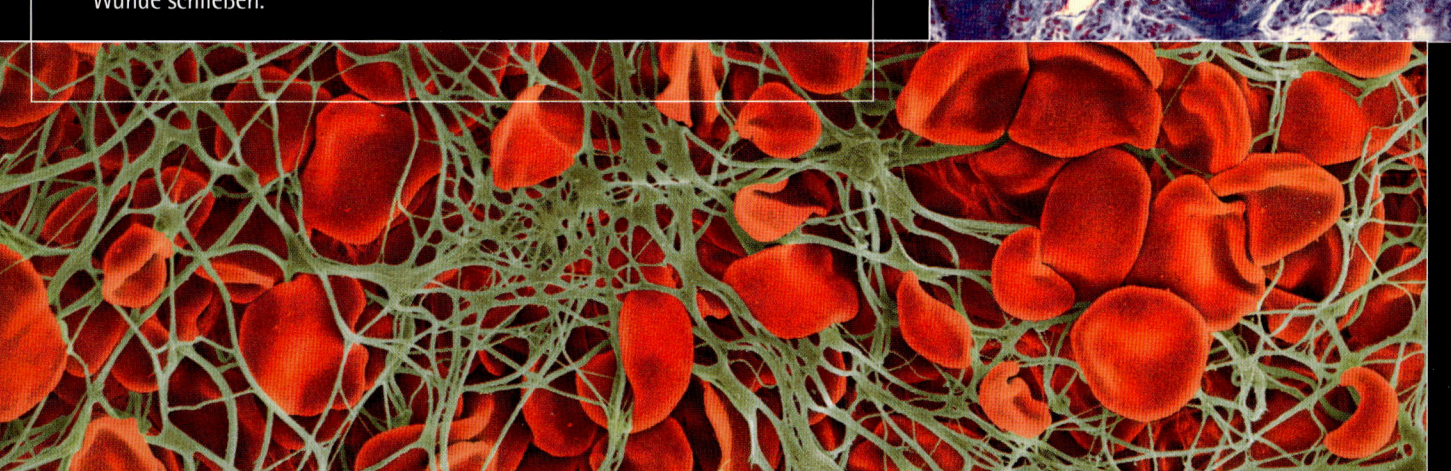

▶▶ Siehe auch: Bildgebende Verfahren S. 8, DNS S. 241, Impfung S. 220

▶ Medizin

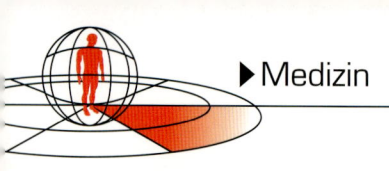

IMPFUNG

▶▶ Eine Impfung schult das Immunsystem darin, Krankheitserreger – parasitäre Mikroorganismen wie z.B. Bakterien und Viren – zu erkennen und zu bekämpfen. Impfstoffe bestehen meistens aus abgetöteten Krankheitserregern. ▶▶

›› WIE EINE IMPFUNG FUNKTIONIERT

IMPFSTOFFE SCHULEN DAS IMMUNSYSTEM, UM ERREGER ZU BEKÄMPFEN.

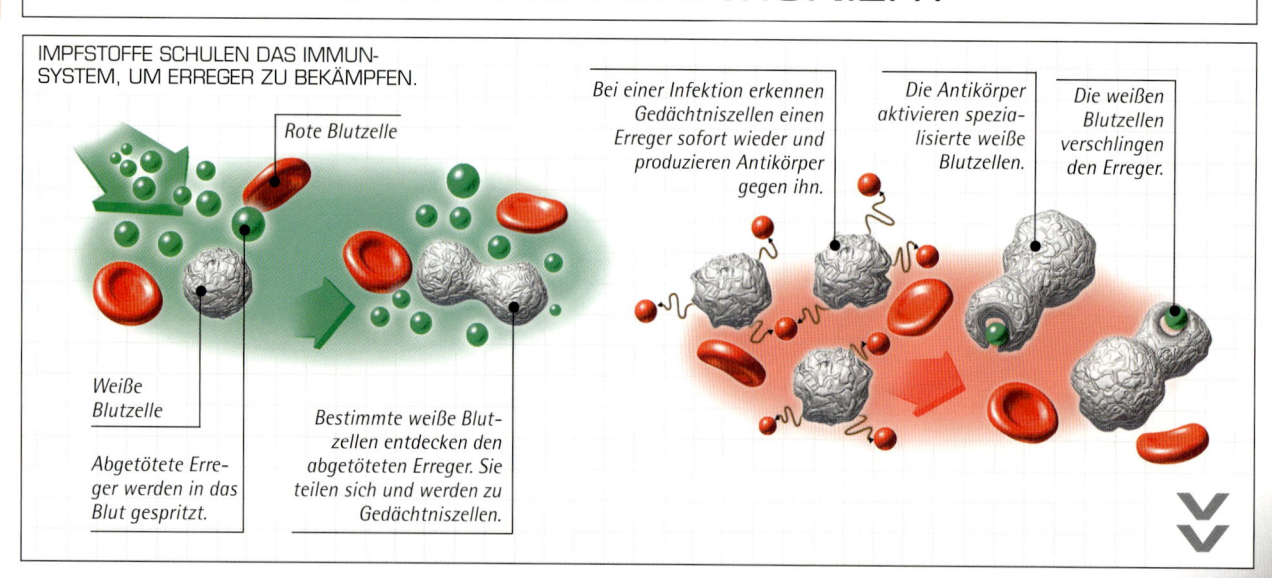

Rote Blutzelle

Bei einer Infektion erkennen Gedächtniszellen einen Erreger sofort wieder und produzieren Antikörper gegen ihn.

Die Antikörper aktivieren spezialisierte weiße Blutzellen.

Die weißen Blutzellen verschlingen den Erreger.

Weiße Blutzelle

Abgetötete Erreger werden in das Blut gespritzt.

Bestimmte weiße Blutzellen entdecken den abgetöteten Erreger. Sie teilen sich und werden zu Gedächtniszellen.

Eine Impfung nutzt die Fähigkeit des Immunsystems, sich an bestimmte Erreger zu erinnern, um sie später schneller zu bekämpfen. Ein neuer Erreger im Blut wird von weißen Blutzellen nur langsam erkannt und bekämpft. Sie produzieren Proteine, die Antikörper, die bestimmte Erreger bekämpfen. Bei der ersten Infektion erfolgt die Antwort mit Antikörpern langsam. Die Erreger haben ausreichend Zeit, sich zu vermehren und die Krankheit auszulösen. Bei weiteren Infektionen antwortet das Immunsystem dagegen schneller, weil Gedächtniszellen – spezialisierte weiße Blutzellen – Antikörper schneller ausschütten. Obwohl die Erreger in dem Impfstoff abgeschwächt sind, bildet das Immunsystem Antikörper und Gedächtniszellen. Nach einer Impfung ist der Körper gegen diese Krankheit immun.

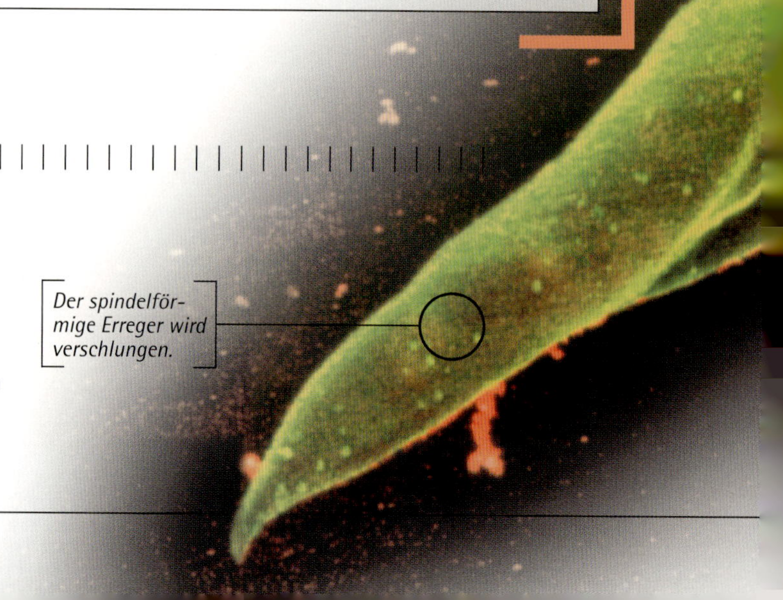

▶ **Diese weiße Blutzelle**, die von einem Elektronenmikroskop 10000–fach vergrößert wurde, bekämpft den Erreger der tropischen Krankheit Leishmaniose. Weiße Blutzellen patrouillieren wie Soldaten durch den Körper, um Erreger aufzuspüren und sie anzugreifen. Die weiße Blutzelle verschlingt den Erreger, um ihn zu vernichten.

Der spindelförmige Erreger wird verschlungen.

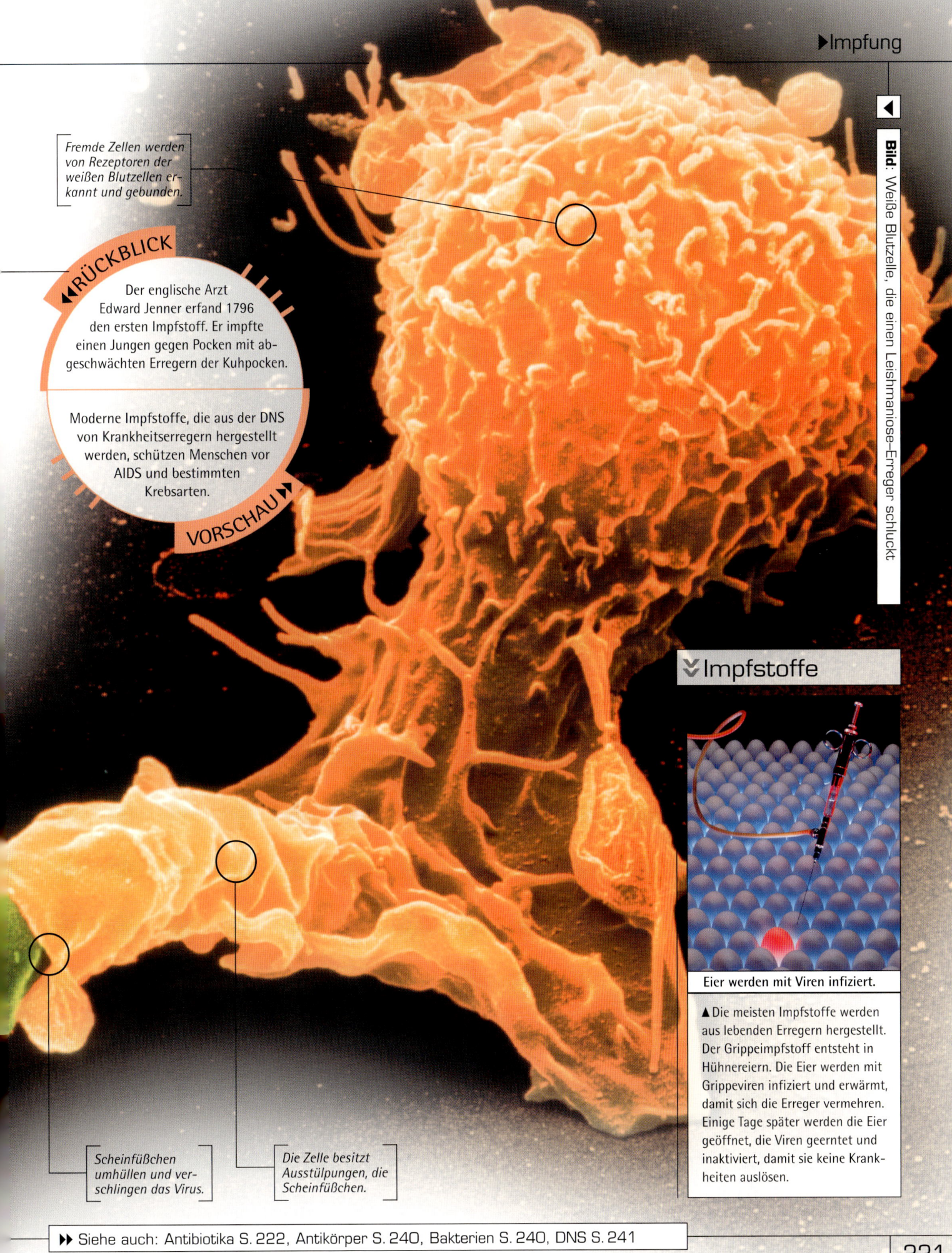

▶ Impfung

Bild: Weiße Blutzelle, die einen Leishmaniose-Erreger schluckt

Fremde Zellen werden von Rezeptoren der weißen Blutzellen erkannt und gebunden.

RÜCKBLICK
Der englische Arzt Edward Jenner erfand 1796 den ersten Impfstoff. Er impfte einen Jungen gegen Pocken mit abgeschwächten Erregern der Kuhpocken.

Moderne Impfstoffe, die aus der DNS von Krankheitserregern hergestellt werden, schützen Menschen vor AIDS und bestimmten Krebsarten.

VORSCHAU

▼ Impfstoffe

Eier werden mit Viren infiziert.

▲ Die meisten Impfstoffe werden aus lebenden Erregern hergestellt. Der Grippeimpfstoff entsteht in Hühnereiern. Die Eier werden mit Grippeviren infiziert und erwärmt, damit sich die Erreger vermehren. Einige Tage später werden die Eier geöffnet, die Viren geerntet und inaktiviert, damit sie keine Krankheiten auslösen.

Scheinfüßchen umhüllen und verschlingen das Virus.

Die Zelle besitzt Ausstülpungen, die Scheinfüßchen.

▶▶ Siehe auch: Antibiotika S. 222, Antikörper S. 240, Bakterien S. 240, DNS S. 241

▶ Medizin

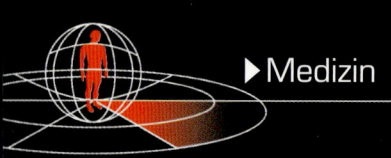

ANTIBIOTIKA

▶▶ Antibiotika sind Medikamente, die Bakterien bekämpfen. Obwohl sie für Bakterien giftig sind, schaden sie uns normalerweise nicht. Viele Antibiotika sind natürliche Substanzen von Mikroorganismen wie z. B. Pilzen. ▶▶

RÜCKBLICK
Der schottische Arzt Alexander Fleming entdeckte 1928 zufällig, dass Bakterien in einer Petrischale mit dem Pilz *Penicillium* abstarben.

Die meisten modernen Antibiotika gewinnt man aus Bakterien und Pilzen. Forscher entwickeln künstliche Antibiotika, um neue Bakterien zu bekämpfen.
VORSCHAU

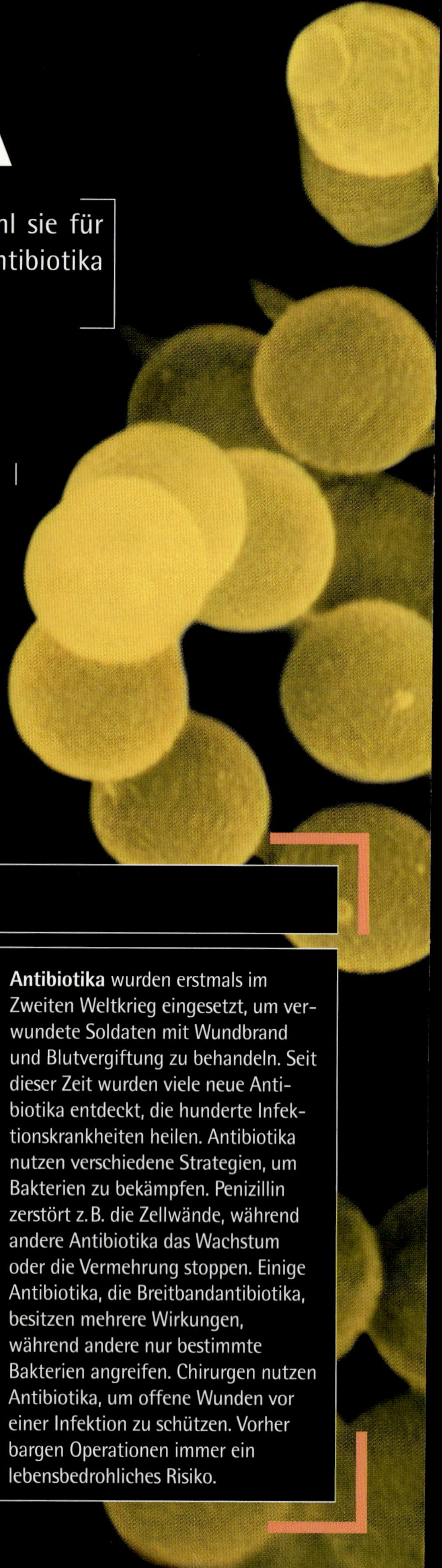

▶ **Das Bild zeigt** den Pilz *Penicillium* 6000-fach vergrößert. *Penicillium* verbreitet sich durch Milliarden mikroskopisch kleiner Sporen. Jede Spore wächst unter geeigneten Bedingungen zu einem neuen Pilz. Aus *Penicillium* wurde das erste Antibiotikum gewonnen: Penizillin. Die meisten Menschen kennen den Pilz, der als blau-grüner Schimmelpilz auf verdorbenen Lebensmitteln wächst.

›› WIE ANTIBIOTIKA WIRKEN

PENIZILLIN ZERSTÖRT DIE ZELLWÄNDE VON BAKTERIEN.

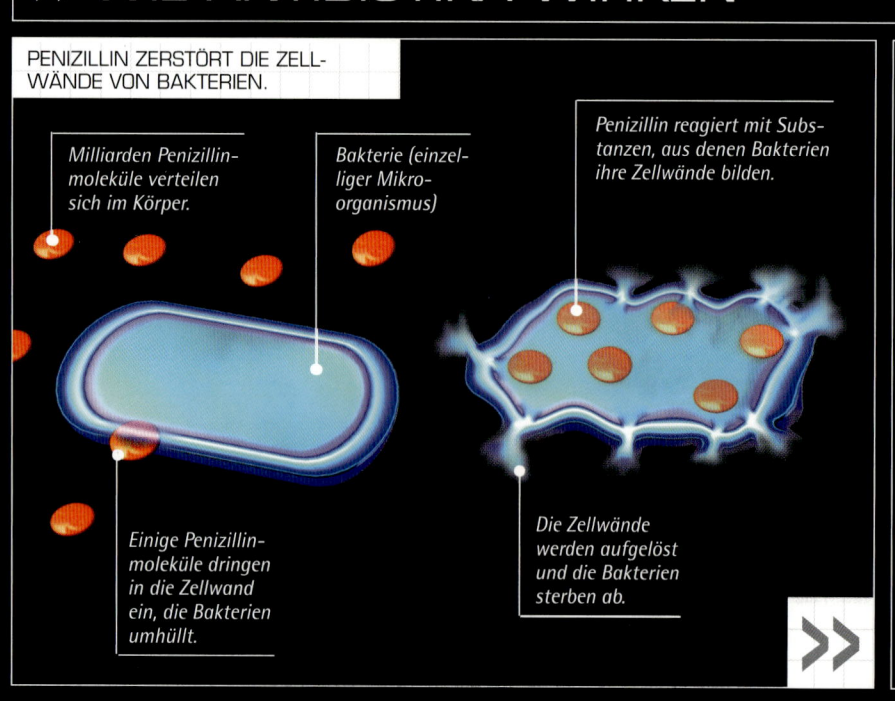

Milliarden Penizillinmoleküle verteilen sich im Körper.

Bakterie (einzelliger Mikroorganismus)

Penizillin reagiert mit Substanzen, aus denen Bakterien ihre Zellwände bilden.

Einige Penizillinmoleküle dringen in die Zellwand ein, die Bakterien umhüllt.

Die Zellwände werden aufgelöst und die Bakterien sterben ab.

Antibiotika wurden erstmals im Zweiten Weltkrieg eingesetzt, um verwundete Soldaten mit Wundbrand und Blutvergiftung zu behandeln. Seit dieser Zeit wurden viele neue Antibiotika entdeckt, die hunderte Infektionskrankheiten heilen. Antibiotika nutzen verschiedene Strategien, um Bakterien zu bekämpfen. Penizillin zerstört z. B. die Zellwände, während andere Antibiotika das Wachstum oder die Vermehrung stoppen. Einige Antibiotika, die Breitbandantibiotika, besitzen mehrere Wirkungen, während andere nur bestimmte Bakterien angreifen. Chirurgen nutzen Antibiotika, um offene Wunden vor einer Infektion zu schützen. Vorher bargen Operationen immer ein lebensbedrohliches Risiko.

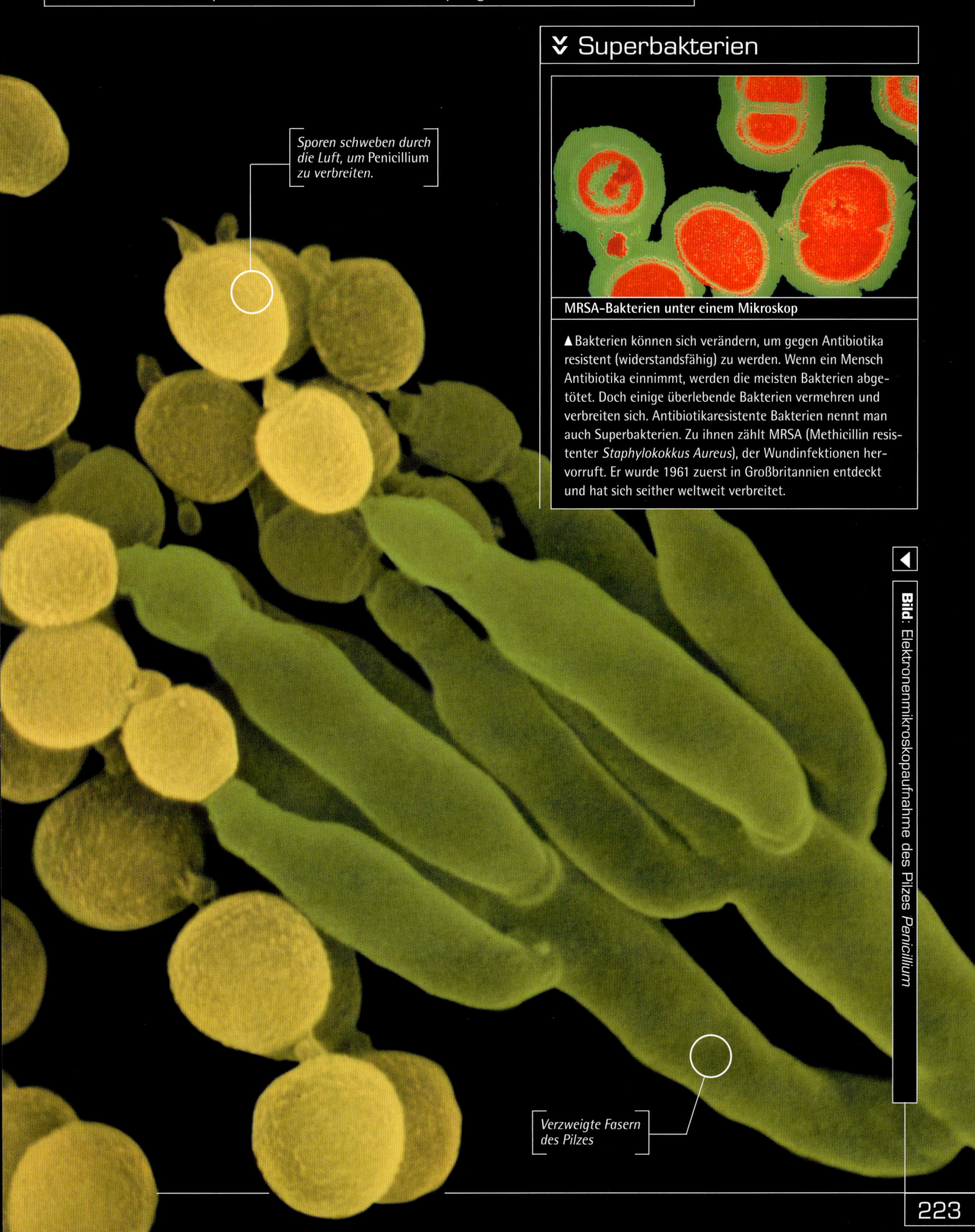

▶ Antibiotika

▶▶ Siehe auch: Antikörper S. 240, Bakterien S. 240, Impfung S. 220

⌄ Superbakterien

MRSA-Bakterien unter einem Mikroskop

▲ Bakterien können sich verändern, um gegen Antibiotika resistent (widerstandsfähig) zu werden. Wenn ein Mensch Antibiotika einnimmt, werden die meisten Bakterien abgetötet. Doch einige überlebende Bakterien vermehren und verbreiten sich. Antibiotikaresistente Bakterien nennt man auch Superbakterien. Zu ihnen zählt MRSA (Methicillin resistenter *Staphylokokkus Aureus*), der Wundinfektionen hervorruft. Er wurde 1961 zuerst in Großbritannien entdeckt und hat sich seither weltweit verbreitet.

Sporen schweben durch die Luft, um Penicillium *zu verbreiten.*

Verzweigte Fasern des Pilzes

◀ **Bild**: Elektronenmikroskopaufnahme des Pilzes *Penicillium*

▶ Medizin

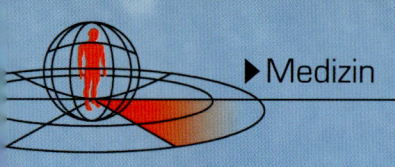

KÜNSTLICHE BEFRUCHTUNG

▶▶ Unfruchtbare Paare können mit der In-Vitro-Fertilisation IVF (Befruchtung im Reagenzglas) Kinder bekommen. Dabei wird eine Eizelle der Frau außerhalb ihres Körpers mit dem Samen des Mannes befruchtet und in die Gebärmutter eingepflanzt. ▶▶

Eine winzige Nadel überträgt Spermien in die Eizelle.

›› WIE DIE IVF FUNKTIONIERT

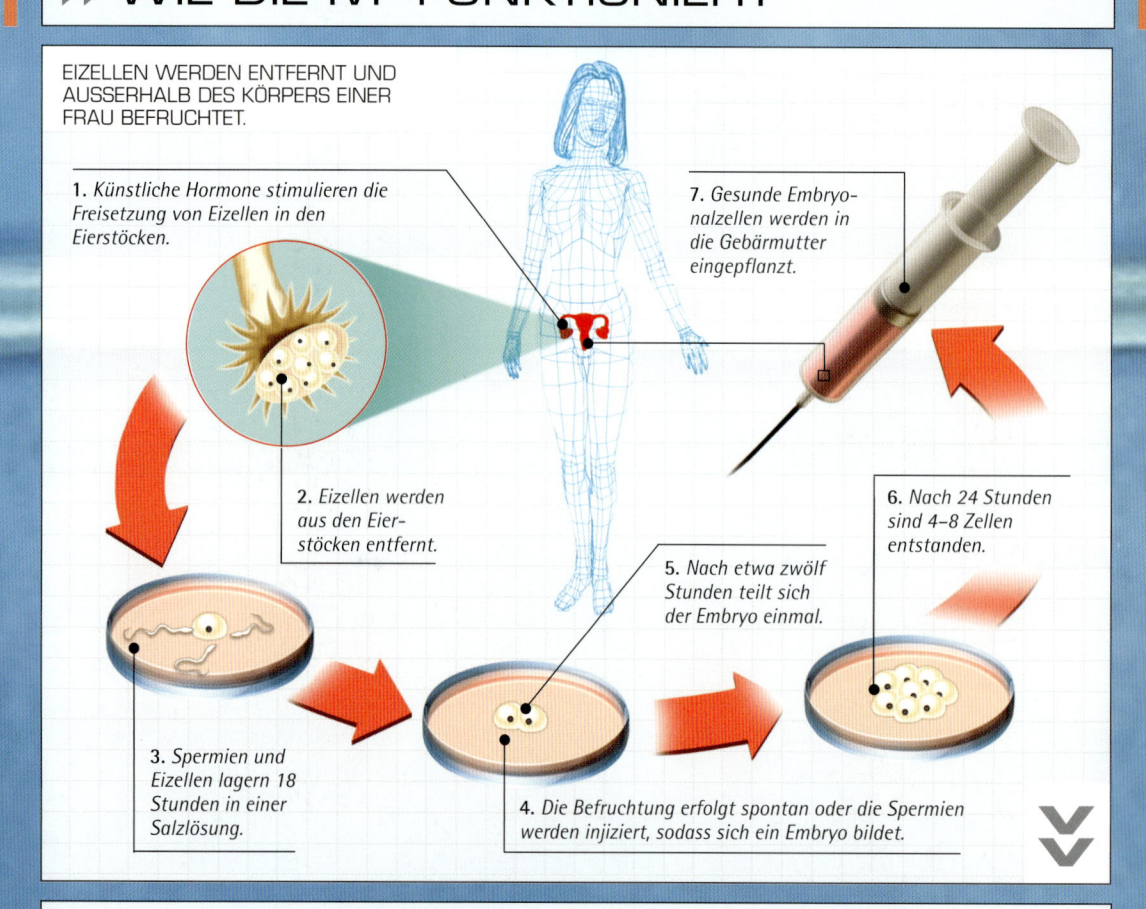

EIZELLEN WERDEN ENTFERNT UND AUSSERHALB DES KÖRPERS EINER FRAU BEFRUCHTET.

1. Künstliche Hormone stimulieren die Freisetzung von Eizellen in den Eierstöcken.

2. Eizellen werden aus den Eierstöcken entfernt.

3. Spermien und Eizellen lagern 18 Stunden in einer Salzlösung.

4. Die Befruchtung erfolgt spontan oder die Spermien werden injiziert, sodass sich ein Embryo bildet.

5. Nach etwa zwölf Stunden teilt sich der Embryo einmal.

6. Nach 24 Stunden sind 4–8 Zellen entstanden.

7. Gesunde Embryonalzellen werden in die Gebärmutter eingepflanzt.

In vitro ist der lateinische Begriff für „im Glas" – bei einem Paar, das keine Kinder bekommen kann, findet die Befruchtung in einem Glasgefäß wie z. B. einer Petrischale statt. Häufigste Ursache für Unfruchtbarkeit sind eine Blockade der weiblichen Eileiter (sie leiten Eizellen von den Eierstöcken in die Gebärmutter) und eine niedrige Spermienproduktion. Nur 20% aller IVF-Versuche sind erfolgreich. Deshalb werden häufig mehrere Embryos verpflanzt, doch das kann zu Mehrlingsschwangerschaften führen. Inzwischen wurde etwa 1% aller amerikanischen Kinder mit IVF gezeugt. Diese Technik hat eine Diskussion ausgelöst, weil dabei menschliche Embryonen gezüchtet werden, die nicht alle überleben.

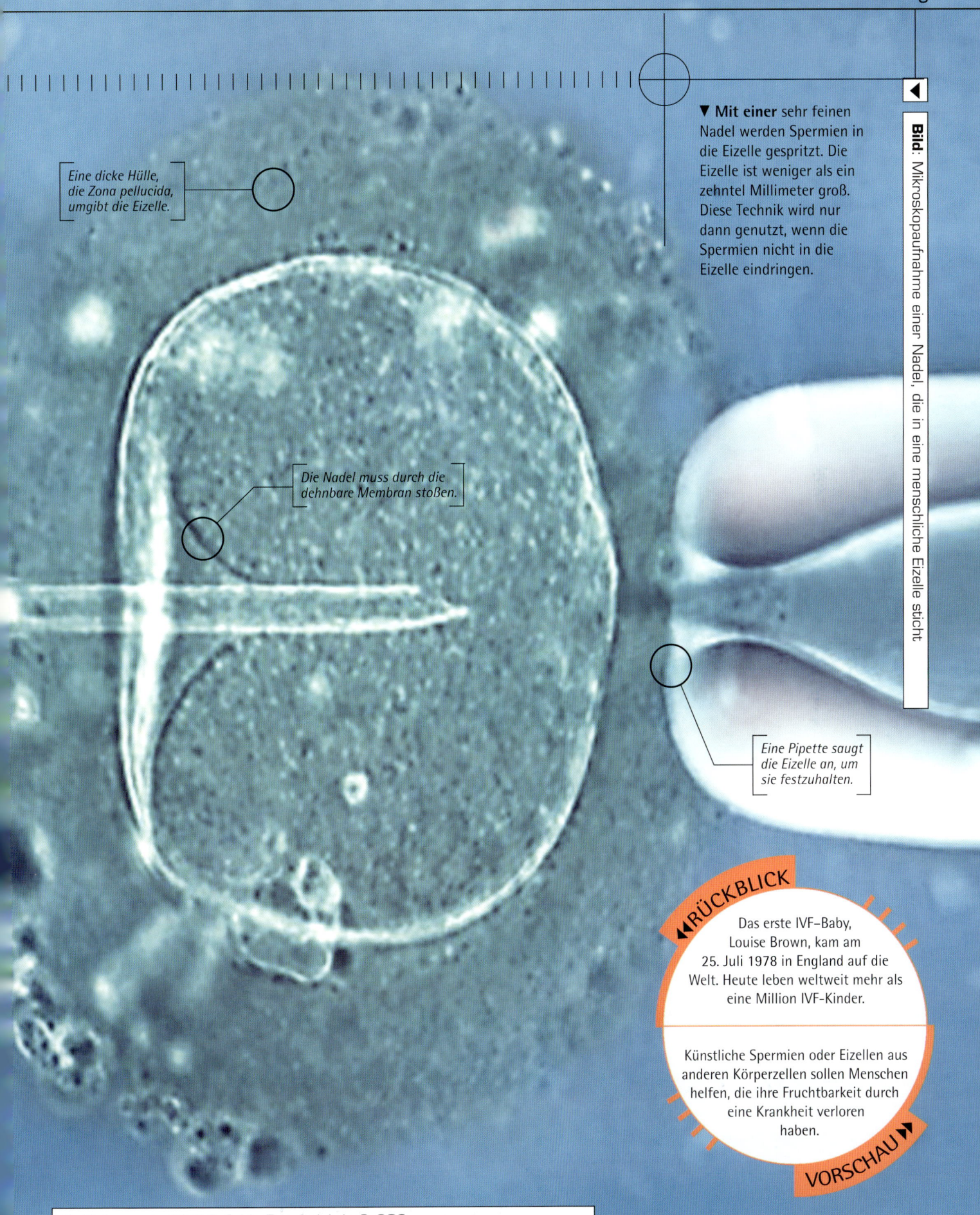

▶ Künstliche Befruchtung

Eine dicke Hülle, die Zona pellucida, umgibt die Eizelle.

Die Nadel muss durch die dehnbare Membran stoßen.

▼ **Mit einer** sehr feinen Nadel werden Spermien in die Eizelle gespritzt. Die Eizelle ist weniger als ein zehntel Millimeter groß. Diese Technik wird nur dann genutzt, wenn die Spermien nicht in die Eizelle eindringen.

Bild: Mikroskopaufnahme einer Nadel, die in eine menschliche Eizelle sticht

Eine Pipette saugt die Eizelle an, um sie festzuhalten.

◀◀ **RÜCKBLICK**
Das erste IVF-Baby, Louise Brown, kam am 25. Juli 1978 in England auf die Welt. Heute leben weltweit mehr als eine Million IVF-Kinder.

Künstliche Spermien oder Eizellen aus anderen Körperzellen sollen Menschen helfen, die ihre Fruchtbarkeit durch eine Krankheit verloren haben.

VORSCHAU ▶▶

▶▶ Siehe auch: DNS S. 241, Durchsichtig S. 202

225

▶ Medizin

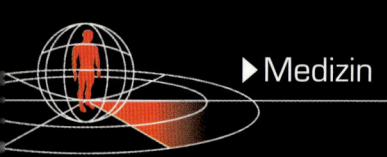

BIOCHIP

▶▶ Mit Biochips kann man tausende biologischer Proben gleichzeitig auf biochemische Substanzen untersuchen. Am häufigsten werden Gene getestet – die vererbte Information, die aus DNS besteht. Forscher wollen mit Biochips herausfinden, welche Gene in lebenden Zellen „eingeschaltet" sind. ▶▶

▼ **Biochips** sind kaum größer als Briefmarken, doch ein einziger Chip kann tausende verschiedener Gene untersuchen. Auf der Oberfläche befinden sich winzige Punkte, die DNS aus unterschiedlichen Genen enthalten. Die meisten Biochips enthalten DNS, die von schnellen, automatischen Robotersystemen in Fabriken auf die winzigen Punkte aufgetragen wird.

Jeder Biochip hat eine hauchdünne Glasplatte.

⌄ Krankheiten bekämpfen

▶ Biochips helfen, ein Mittel gegen Malaria zu entdecken. Im Jahr 2002 haben Forscher einen Biochip hergestellt, der Gene des Parasiten enthält, der Malaria auslöst. Mit diesem Chip identifizierten sie Gene, die an wichtigen Stellen im Stoffwechsel der Parasiten aktiv sind. Nun müssen sie noch Substanzen herstellen, die diese Gene ausschalten.

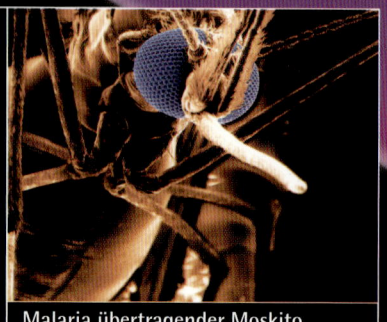

Malaria übertragender Moskito

» WIE EIN BIOCHIP FUNKTIONIERT

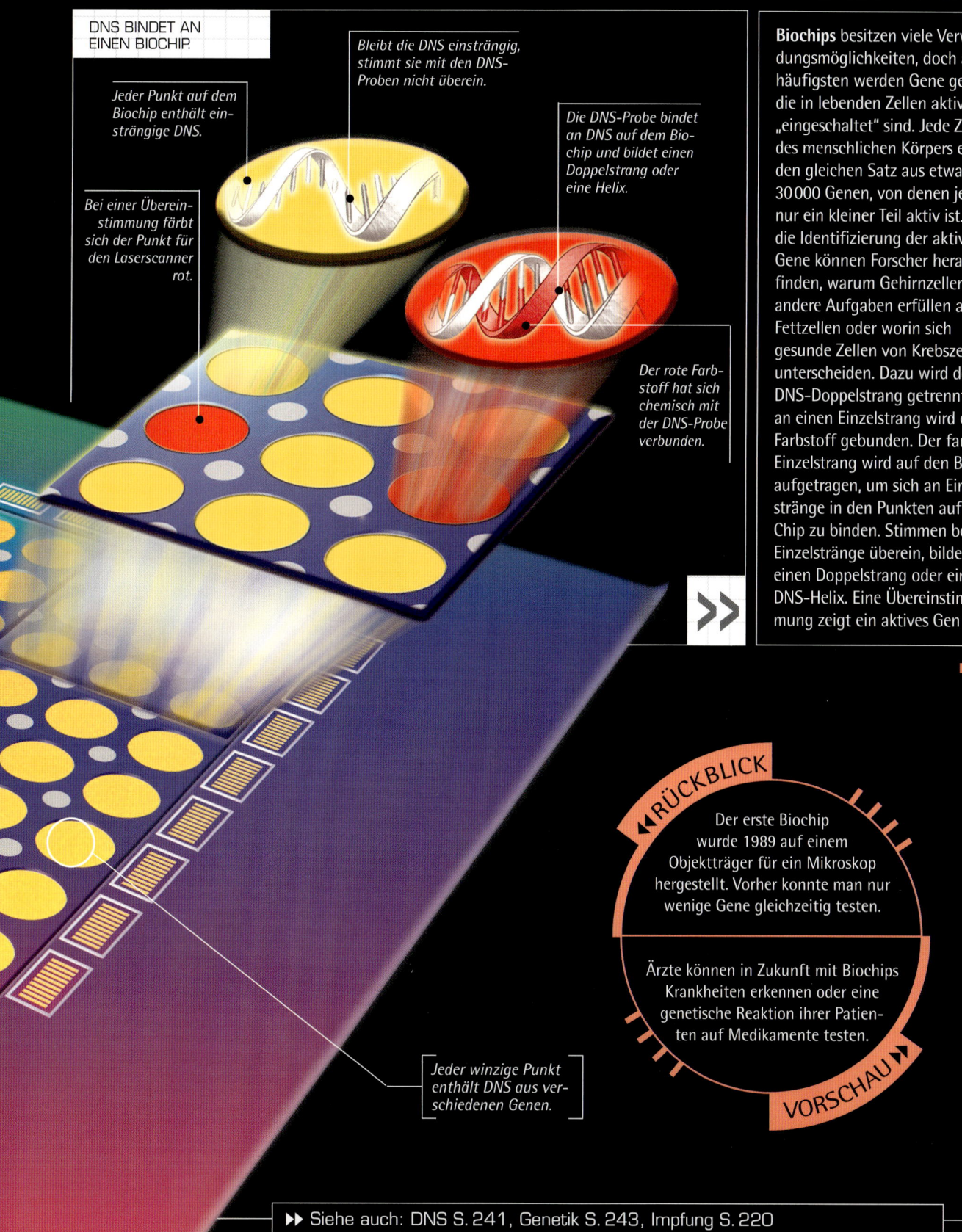

DNS BINDET AN EINEN BIOCHIP.

Jeder Punkt auf dem Biochip enthält einsträngige DNS.

Bei einer Übereinstimmung färbt sich der Punkt für den Laserscanner rot.

Bleibt die DNS einsträngig, stimmt sie mit den DNS-Proben nicht überein.

Die DNS-Probe bindet an DNS auf dem Biochip und bildet einen Doppelstrang oder eine Helix.

Der rote Farbstoff hat sich chemisch mit der DNS-Probe verbunden.

Jeder winzige Punkt enthält DNS aus verschiedenen Genen.

Biochips besitzen viele Verwendungsmöglichkeiten, doch am häufigsten werden Gene getestet, die in lebenden Zellen aktiv oder „eingeschaltet" sind. Jede Zelle des menschlichen Körpers enthält den gleichen Satz aus etwa 30 000 Genen, von denen jedoch nur ein kleiner Teil aktiv ist. Durch die Identifizierung der aktiven Gene können Forscher herausfinden, warum Gehirnzellen andere Aufgaben erfüllen als Fettzellen oder worin sich gesunde Zellen von Krebszellen unterscheiden. Dazu wird der DNS-Doppelstrang getrennt und an einen Einzelstrang wird ein Farbstoff gebunden. Der farbige Einzelstrang wird auf den Biochip aufgetragen, um sich an Einzelstränge in den Punkten auf dem Chip zu binden. Stimmen beide Einzelstränge überein, bilden sie einen Doppelstrang oder eine DNS-Helix. Eine Übereinstimmung zeigt ein aktives Gen an.

«RÜCKBLICK
Der erste Biochip wurde 1989 auf einem Objektträger für ein Mikroskop hergestellt. Vorher konnte man nur wenige Gene gleichzeitig testen.

Ärzte können in Zukunft mit Biochips Krankheiten erkennen oder eine genetische Reaktion ihrer Patienten auf Medikamente testen.
VORSCHAU»

Bild: Computergrafik eines Biochips

»» Siehe auch: DNS S. 241, Genetik S. 243, Impfung S. 220

Der menschliche Körper ist das komplizierteste Gebilde auf unserem Planeten. Er besteht aus Billionen Zellen – mehr Zellen als Sterne im sichtbaren Universum. Neue Technologien verändern unsere Möglichkeiten dramatisch, dieses erstaunliche Gebilde zu überwachen und zu heilen.

Mit der Nanotechnologie, der Lehre und Technologie von der Behandlung von Atomen und Molekülen, können wir Geräte bauen, die man molekulare Maschinen nennt. Diese winzigen Maschinen oder Nanoroboter (ein Nanometer ist eine Million Mal kleiner als ein Satzpunkt) können sich selbst vervielfältigen und Aufgaben erfüllen, die weit über die Möglichkeiten der modernen Medizin hinausreichen. Sie können Krebszellen aufspüren und zerstören, ohne gesundes Gewebe zu schädigen. Sie reparieren beschädigte Zellen und kehren den Alterungsprozess um oder sie entfernen gefährliche Plaques von den Innenwänden der Arterien.

> Eines Tages patrouillieren Nanoroboter durch unseren Körper, um Bakterien und Viren mit Medikamenten zu zerstören.

Mikromaschinen, die mikroelektromechanischen Systeme (MEMS), beeinflussen die Medizin ebenfalls. Sie besitzen winzige Sensoren und Motoren, die auf einem Silikonwafer eingeprägt sind. Sie befinden sich bereits in Airbags, um Bewegungen zu registrieren. Im Jahr 2020 heilen sie vermutlich auch Blutgefäße.

Bestimmten Eidechsen wächst ein verlorener Schwanz oder ein verlorenes Bein nach. Menschen besitzen diese Fähigkeit nicht. Doch mit Zellen, die auf einem Spezialgerüst wachsen, kann man wahrscheinlich kranke Organe wie z. B. die Leber oder das Herz im Labor wiederherstellen. Zum Ende des Jahrhunderts wird man voraussichtlich die meisten Körperteile (außer dem Gehirn) ersetzen können.

Eine weitere Technologie, das Klonen, eröffnet neue Wege für die Gesundheit und die Medizin. Beim Klonen wird genetisches Material aus einer erwachsenen oder embryonalen Zelle mit einer Eizelle verschmolzen, die sich dann entwickelt. Diese Technik nennt man therapeutisches Klonen. Doch viele Menschen lehnen die Verwendung von embryonalen Zellen für medizinische Zwecke ab. Die Techniken werden aber weiter entwickelt und bald schon können ganze Organe aus einer einzigen Zelle gezüchtet oder kranke Zellen durch gesunde ersetzt werden. Durch das Klonen können genetisch veränderte Schweine gezüchtet werden, in denen Organe zur Transplantation für Menschen wachsen – diese Technik wird Xenotransplantation genannt.

Mit der Gentherapie wurden bereits einige Krankheiten erfolgreich behandelt, die durch genetische Defekte ausgelöst wurden. Diese Technologie, die defekte Gene repariert, kann in Zukunft Krebs oder Krankheiten wie z. B. Alzheimer, Arthritis und Herzerkrankungen behandeln oder verhindern.

Die wahrscheinlich wichtigste Entwicklung von allen ist viel einfacher als diese außergewöhnlichen medizinischen Technologien – sauberes Wasser. Jedes Jahr könnten Millionen Leben gerettet werden, wenn jeder Mensch auf unserem Planeten Zugang zu sauberem Trinkwasser hätte. Und welche Technologie kann das leisten? Eine einfache Wasseraufbereitungsanlage.

EIN NANOROBOTER INJIZIERT EIN MEDIKAMENT IN EINE MENSCHLICHE ZELLE.

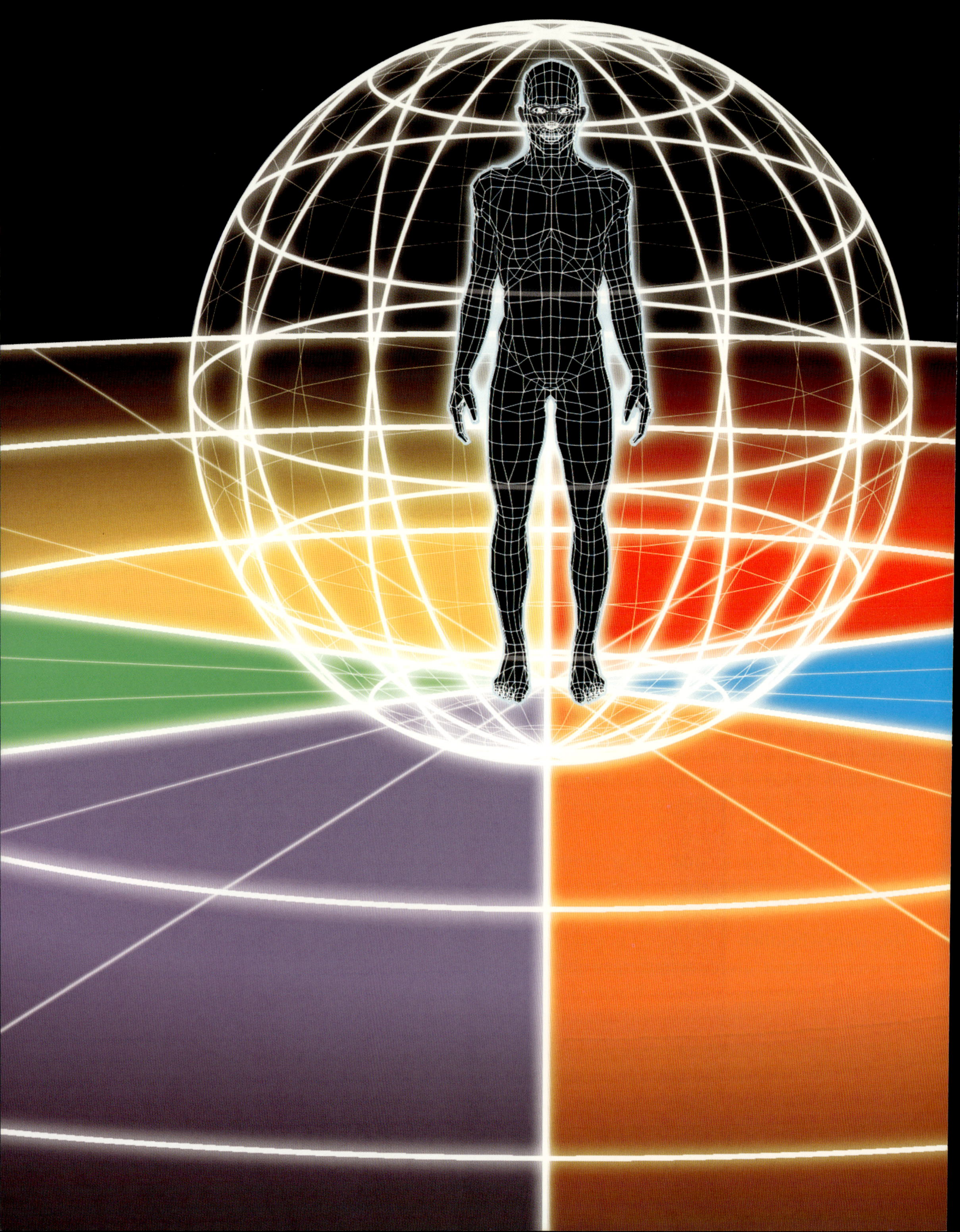

»ANHANG

[Meilensteine » Durchbrüche » Glossar »
Register » Danksagung]

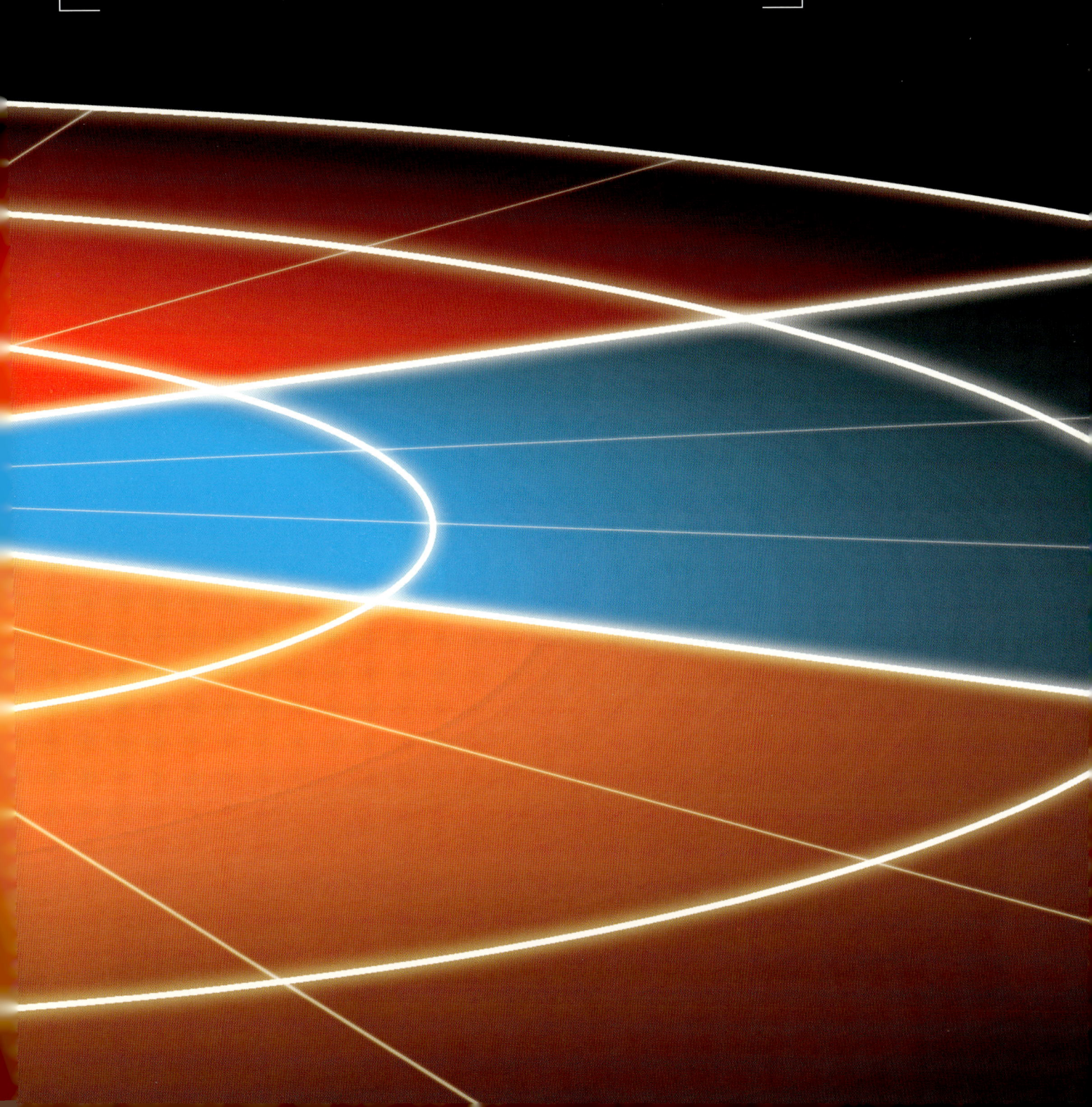

Anhang

Meilensteine

>> **um 3200 v. Chr.**

Das Rad wurde erstmals benutzt. Alte Lehmtafeln zeigen eine mesopotamische Kutsche. Das erste Speichenrad erscheint um 2000 v.Chr. in Ägypten.

>> **um 1350 v. Chr.**

Das Dezimalsystem wurde in China erstmals benutzt. Es erfordert nur zehn Ziffern anstelle vieler Symbole für alle Zahlen.

>> **1450**

Der Deutsche Johannes Gutenberg erfand die Druckpresse mit beweglichen Buchstaben. Bücher werden schneller gedruckt und erreichen ein größeres Publikum.

>> **1642**

Der 19-jährige französische Mathematiker Blaise Pascal entwickelte eine mechanische Rechenmaschine. Sie sollte seinem Vater, einem Kaufmann, beim Rechnen helfen.

>> **1752**

Der Amerikaner Benjamin Franklin entdeckte den Blitzableiter, der den Strom in die Erde ableitet und Gebäude bei Gewitter vor Blitzeinschlägen schützt.

>> **1792**

Der schottische Forscher William Murdoch erfand das Gaslicht. Er gewann Gas aus Kohlenstoff zunächst für Lampen in seinem Haus und produzierte später Gaslaternen.

>> **1800**

Der deutsche Astronom William Herschel entdeckte die Infrarotstrahlen. Er bewies, dass oberhalb des sichtbaren Lichts (Rot) die Temperatur ansteigt.

>> **1803**

Der englische Chemiker John Dalton schlug die moderne Atomtheorie vor. Er erklärte das Konzept der Atome und wie sich Elemente zu Molekülen verbinden.

>> **1835**

Der englische Mathematiker Charles Babbage entwickelte einen mechanischen Computer, der alle Merkmale eines modernen Computers, wie z.B. Programme, besaß.

>> **1852**

Der Amerikaner Elisha Graves Otis erfand den Personenaufzug. Dieser besaß eine Notbremse, die den Aufzug abbremste, wenn das Tragseil riss.

>> **1865**

Der österreichische Mönch Gregor Mendel veröffentlichte seine Gesetze zur genetischen Vererbung sowie die entsprechenden Versuchsergebnisse mit Erbsen.

>> **1876**

Der gebürtige Schotte Alexander Graham Bell erfand das erste Telefon. Seine Erfindung ebnete den Weg für die elektronische Aufzeichnung von Schall.

>> **1885**

Der deutsche Ingenieur Carl Benz baute das erste Auto mit einem Verbrennungsmotor. Das Auto besaß drei Räder und einen offenen Wagen.

>> **1887**

Der deutsche Physiologe Adolf Eugen Fick entwickelte die ersten Kontaktlinsen. Sie bestanden aus schwerem, braunem Glas und wurden zuerst an Tieren getestet.

>> **1895**

Die französischen Brüder Auguste und Louis Lumière erfanden die Cinematographie: eine tragbare Kamera für bewegte Bilder mit Entwicklungseinheit und Projektor.

>> **1895**

Der deutsche Physiker Wilhelm Röntgen entdeckte die Röntgenstrahlen. Eine Woche nach seiner Entdeckung machte er eine Röntgenaufnahme von der Hand seiner Frau.

>> **1910**

Der deutsche Bakteriologe Paul Ehrlich entwickelte das erste künstliche Medikament. Aus 605 verschiedenen Verbindungen fand er eine, die Bakterien abtötete.

>> **1910**

Der französische Ingenieur Georges Claude präsentierte das erste Neonlicht, das durch eine elektrische Entladung in einer versiegelten Röhre mit Neongas entsteht.

> Meilensteine

>> um 1000
Das erste Papiergeld wurde in China gedruckt. Die leichten Scheine wurden auch fliegendes Geld genannt, weil sie einfach aus der Hand geblasen werden konnten.

>> um 1280
Mechanische Uhren wurden in Europa erfunden. Sie laufen mit einem Mechanismus, den man Ankerhemmung nennt. Er schwingt gleichmäßig und treibt Räder an.

>> 1686
Isaac Newton veröffentlichte seine *Mathematischen Prinzipien der Naturlehre*. Sie enthalten die drei Bewegungsgesetze und eine Theorie der Schwerkraft.

>> 1714
Der deutsche Physiker Gabriel Fahrenheit erfand das erste Quecksilberthermometer. Er führte 1724 die Temperaturskala Fahrenheit ein.

>> 1796
Der englische Arzt Edward Jenner führte die erste Impfung durch. Er entwickelte einen Impfstoff gegen Pocken, eine weit verbreitete, tödliche Krankheit.

>> 1799
Der italienische Physiker Alessandro Volta erfand die Batterie. Dünne Kupfer- und Zinkplatten, die durch Papier getrennt waren, bildeten die Voltasche Säule.

>> 1809
Der englische Chemiker Humphrey Davy erfand das elektrische Licht. Er benutzte einen Kohlenfaden, der glühte, sobald ihn Strom aus einer Batterie durchfloss.

>> 1826
Der Franzose Joseph Nicéphore Niépce erfand die Fotografie. Er belichtete eine Hartzinnplatte acht Stunden in der Sonne, um ein Bild aufzunehmen.

>> 1852
Der französische Physiker Jean Bernard Léon Foucault erfand das Gyroskop – ein sich drehendes Rad in einem Rahmen. Man findet es in Navigationsinstrumenten.

>> 1854
Der britische Mathematiker George Boole entwickelte die boolsche Algebra. Mikroprozessoren nutzen die boolsche Algebra, um ihre Rechenschritte auszuführen.

>> 1879
Der Unternehmer Nikolaus August Otto erfand den ersten Viertaktverbrennungsmotor mit Kolben. Seine Erfindung ebnete den Weg für die Entwicklung des Autos.

>> 1879
Der amerikanische Techniker Thomas Alva Edison entwickelte die erste Glühlampe. Diese brannte mit einem Glühfaden aus Kohlenstoff mehr als 1500 Stunden lang.

>> 1888
Der deutsche Physiker Heinrich Hertz bewies mit seinen Versuchen, dass Radiowellen existieren. Seine Entdeckung führte zur Entwicklung des Radios.

>> 1893
Der Amerikaner Whitcomb Judson patentierte den Reißverschluss. Seine Erfindung war jedoch nicht sofort erfolgreich – erst ab 1920 wurde sie bekannt.

>> 1903
Die amerikanischen Brüder Orville und Wilbur Wright bauten das erste funktionierende Flugzeug. Der erste Flug mit dem Flugzeug dauerte zwölf Sekunden.

>> 1907
Der französische Fahrradhersteller Paul Cornu erfand den ersten Hubschrauber, der mit einem Passagier 20 Sekunden lang in 30 cm Höhe über dem Boden flog.

>> 1923
Der amerikanische Unternehmer Clarence Birdseye erfand das Schockgefrieren, um Lebensmittel frisch zu halten. Gefrorenes Gemüse kam ab 1930 in den Handel.

>> 1928
Der schottische Forschungsassistent Alexander Flemming entdeckte zufällig das Penizillin. Er beobachtete, wie ein Schimmelpilz eine Bakterienkultur vernichtete.

▶ Anhang

» 1930
Der englische Ingenieur Frank Whittle und der deutsche Flugzeugbauer Hans von Ohain erfanden gleichzeitig das Düsentriebwerk, das erst ab 1937 gebaut wurde.

» 1933
Der amerikanische Ingenieur Edwin Howard Armstrong erfand das Radio mit Frequenzmodulation (FM). Diese Radios empfingen Sendungen ohne Rauschen.

» 1946
Der amerikanische Forscher Percy Spencer erfand den Mikrowellenherd. Er hatte beobachtet, dass Schokolade neben dem Magnetron eines Radars geschmolzen war.

» 1947
Die Amerikaner John Bardeen, Walter Brattain und William Shockley von den Bell Laboratories, der Forschungsabteilung von AT&T, erfanden den Transistor.

» 1953
Der australische Luftfahrtingenieur David Warren erfand die Blackbox, die Flugdaten und Stimmen aufzeichnete. Sie dient zur Untersuchung von Abstürzen.

» 1955
Der englische Forscher Christopher Cockerell erfand das Hovercraft – ein Luftkissenschiff, das auf einem Luftkissen über das Wasser fährt.

» 1959
Der amerikanische Forscher Wilson Greatbatch erfand den Herzschrittmacher und eine Lithiumbatterie, die nicht rostet und den Schrittmacher mit Strom versorgt.

» 1960
Der amerikanische Physiker Theodore Maiman baute den ersten Laser. Ähnliche Geräte wurden bereits früher entwickelt, doch kein Gerät erzeugte sichtbares Licht.

» 1967
Der südafrikanische Arzt Dr. Christiaan Barnard verpflanzte erfolgreich ein menschliches Herz. Der 55-jährige Patient überlebte die Operation 18 Tage.

» 1968
Der Amerikaner Douglas Engelbert patentierte die Computermaus. Er nannte sein System „X-Y Positionsanzeigegerät für einen Bildschirm".

» 1973
Der Forscher der amerikanischen Firma 3M, Art Fry, erfand Post-it®-Notizzettel. Er ärgerte sich über die Lesezeichen, die aus seinem Gesangbuch fielen.

» 1975
Das Xerox Forschungszentrum in den USA baute den ersten Laserdrucker. Ein Ingenieur entwickelte eine Methode, Laserlicht für einen Fotokopierer zu nutzen.

» 1981
Der erste tragbare Computer, Osborne 1, der Firma Osborne Computer Corporation wurde verkauft. Er besaß zwei Diskettenlaufwerke und einen 13-Zoll-Bildschirm.

» 1984
Der Apple Macintosh Computer kam auf den Markt. Er vereinfachte den Personalcomputer mit einer einfachen grafischen Oberfläche und einer Computermaus.

» 1990
Der britische Forscher Tim Berners-Lee entwickelte das World Wide Web mit dem Internetprotokoll (HTTP) und die Programmiersprache für das Internet, HTML.

» 1995
Der Kanadier James Gosling entwickelte die Computersprache Java, um verschiedene Computersysteme miteinander zu verbinden.

» 2003
Das Humane Genomprojekt, das seit 1990 lief, wurde abgeschlossen. Es war ein internationales Forschungsprojekt, um alle menschlichen Gene zu sequenzieren.

» 2003
Ein Fiebererkennungssystem – das die Firma Singapore Technologies Electronics entwickelte – untersuchte in öffentlichen Gebäuden die Temperatur aller Personen.

▶ Meilensteine

» 1938
Die ungarischen Brüder Ladislaus und Georg Biro erfanden den Kugelschreiber. Sie beobachteten, dass Zeitungstinte schneller trocknete als die eines Füllfederhalters.

» 1945
Der erste digitale Computer, ENIAC 1, wurde hergestellt. Als eine Motte ein Relais kurzschloss, wurde auch der Bug erfunden – der erste Fehler eines Computers.

» 1948
Der Schweizer George de Mestral erfand den Klettverschluss, nachdem auf einem Spaziergang Kletten an seiner Hose hafteten.

» 1953
Der britische Forscher Francis Crick und sein amerikanischer Kollege James Watson entdeckten mithilfe ihrer Assistentin Rosalind Franklin die Helix-Struktur der DNS.

» 1957
Die Sowjetunion (heute Russland) startete den ersten Satelliten, Sputnik 1. Er war der Beginn zum Wettlauf in den Weltraum zwischen den USA und der UdSSR.

» 1958
Die Amerikaner Jack Kilby und Robert Noyce erfanden unabhängig voneinander den Mikrochip. Diese Erfindung revolutionierte die Computertechnik.

» 1962
Die Firma Unimation in den USA erfand den ersten Industrieroboter. Der Roboter wurde in der Automobilfabrik von General Motors in New Jersey eingesetzt.

» 1968
Der Amerikaner Gordon Moore stellte das Mooresche Gesetz auf, nach dem sich die Transistoren auf einem Mikrochip alle 18 Monate verdoppeln – er behielt Recht.

» 1969
Der Amerikaner Don Wetzel entwickelte den Geldautomaten. Die Entwicklung verschlang 5 Millionen Dollar. Der erste Automat wurde in New York aufgestellt.

» 1971
Frederico Faggin, Ted Hoff und Stan Mazor von der Firma Intel erfanden den Mikroprozessorchip. Sie setzten einen Prozessor auf einen kleinen Mikrochip.

» 1979
Der japanische Elektronikkonzern Sony erfand den ersten Walkman®. Er war das erste tragbare Musikabspielgerät und besaß leichte Kopfhörer.

» 1981
Die NASA startete die erste wiederverwendbare Raumfähre, den Spaceshuttle. Die Columbia kehrte zwei Tage nach ihrem Start sicher zur Erde zurück.

» 1985
Die amerikanische Firma Microsoft entwickelte das Betriebssystem Windows® für Personalcomputer, das erst zwei Jahre später auf den Markt kam.

» 1986
Die japanische Firma Fuji führte die Einweg-Kamera ein. Die Kamera, in der sich bereits ein Film befand, wurde komplett zur Entwicklung des Films abgegeben.

» 1995
Alle beteiligten Elektronikkonzerne einigten sich auf ein Standardformat für die DVD (Digital Versatile/Video Disc). Die ersten DVD-Player wurden 1996 verkauft.

» 1998
Der MP3-Player wurde erfunden. Der Kroate Tomislaw Uzelac von der Firma Advanced Multimedia Products entwickelte das AMP MP3-Abspielgerät.

» 2004
Der Bioingenieur Robert Langer von der Firma Sontra Medical Corporation erfand SonoPrep, das Injektionen über Schallwellen statt durch eine Spritze verabreicht.

» 2004
Der ungarische Architekt Aron Losonczi entwickelte den durchsichtigen Beton LiTraCon. Er mischte normalen Beton mit Glasfasern.

▶ Anhang

CHARLES BABBAGE (1791–1871)
Der britische Mathematiker Charles Babbage entwarf 1823 eine Rechenmaschine (Differenzmaschine), die mathematische Tabellen berechnete. Er entwickelte das Konzept einer analytischen Maschine, die mathematische Entscheidungen treffen konnte, während sie rechnete. Diese Maschine wurde nie gebaut, doch ihr Entwurf enthielt viele Elemente, die heute in einem modernen Computer genutzt werden.

ALEXANDER GRAHAM BELL (1847–1922)
Alexander Graham Bell, der in Schottland auf die Welt kam, ist als Erfinder des Telefons bekannt. Zusammen mit seinem Assistenten Thomas A. Watson nutzte er 1876 die Technik der Telegrafie und entwickelte Instrumente, um über Telegrafenleitungen erkennbare Stimmen zu vermitteln.

BELL LABORATORIES
Die Forschungs- und Entwicklungsabteilung der amerikanischen Telefongesellschaft AT&T, die Bell Laboratories, wurde zu einem der führenden Forschungslabore der USA. Der Transistor, der Laser, die Solarzelle und Kommunikationssatelliten sind nur einige der vielen technologischen Fortschritte, die bei Bell entwickelt wurden.

TIM BERNERS-LEE (GEB. 1955)
Der britische Erfinder des World Wide Web, Tim Berners-Lee, vereinigte zwei Techniken – den Hypertext (Darstellungsweise eine Dokumentes mit automatischen Verweisen auf andere Seiten) und das Internet. Im World Wide Web wird der Hypertext mit einem Browser angezeigt, der Seiten von einem Server empfängt. Die erste Website konnte man am 6. August 1991 aufrufen.

LADISLAUS BIRO (1899–1985)
Während seiner Arbeit als Journalist beobachtete Ladislaus Biro, dass Tinte für den Zeitungsdruck schneller trocknete als Tinte aus einem Füller. Er füllte diese Tinte in seinen Füllfederhalter, doch die Tinte floss nicht in die Feder. Zusammen mit seinem Bruder Georg, einem Chemiker, erfand er den Kugelschreiber, der die Tinte aus der Patrone auf dem Papier mit einer Kugel verteilt.

AUGUSTA ADA BYRON KING, GRÄFIN VON LOVELACE (1815–1852)
Die Gräfin Lovelace war sehr an der Arbeit von Charles Babbage interessiert und arbeitete mit ihm zusammen an seinem Entwurf der analytischen Maschine. Sie entwickelte auch ein Programm für seine Maschine, um mathematische Probleme zu lösen – und wurde so zur ersten Programmiererin.

WALLACE CAROTHERS (1896–1937)
Der amerikanische Chemiker Wallace Carothers gilt als Gründer der industriellen Fertigung von Polymeren. Er leitete eine Forschungsabteilung der Chemiefirma DuPont und erfand Neopren, einen künstlichen Kautschuk, sowie Nylon, eine Kunstfaser.

JACQUES ALEXANDRE CESAR CHARLES (1746–1823)
Der französische Physiker Charles formulierte in einem Gasgesetz, dass das Volumen eines Gases bei konstantem Druck immer einer bestimmten Temperatur entspricht (proportional). Das Gesetz ist eine Grundlage des Düsentriebwerks, wenn sich z.B. erwärmte Luft ausdehnt und aus dem Düsentriebwerk strömt.

GEORGES CLAUDE (1870–1960)
Der Franzose Georges Claude zeigte als Erster, dass eine elektrische Entladung in einer versiegelten Glasröhre Neon zum Leuchten bringt.

FRANCIS CRICK (1916–2004) & JAMES WATSON (GEB. 1928)
Der englische Physiker Francis Crick und der amerikanische Forschungsassistent James Watson entdeckten 1953 die molekulare Struktur der DNS. Ein DNS-Molekül besteht aus zwei helikalen (spiralförmigen) Ketten – einer Doppelhelix. Nach ihrer Theorie wird die Erbinformation durch die DNS in den Genen weitergegeben, was später von anderen Wissenschaftlern bestätigt wurde. Am Tag ihrer Entdeckung ging Francis Crick in ein Lokal und sagte: „Wir haben das Geheimnis des Lebens entdeckt."

WILLIAM CROOKES (1832–1919)
Der Engländer Crookes experimentierte mit elektrischem Strom, der durch eine Glasröhre floss, die ein Gas enthielt. Das ionisierte Gas leuchtete – wie in einer Neonröhre.

DOROTHY CROWFOOT HODGKIN (1910–1994)
Die Chemikerin Dorothy Crowfoot, die in Ägypten geboren wurde, entdeckte mit Röntgenstrahlen die Kristallstruktur der Moleküle Penizillin, Vitamin B-12, Vitamin D und Insulin. Durch ihre Arbeit konnten diese Moleküle künstlich hergestellt werden, um viele Krankheiten wie z.B. Diabetes zu behandeln.

GOTTLIEB DAIMLER (1834–1900)
Der deutsche Ingenieur Gottlieb Daimler spielte eine Schlüsselrolle bei der Entwicklung des Autos. Er entwickelte 1885 das erste Motorrad und 1886 das erste vierrädrige Auto.

RUDOLF DIESEL (1858–1913)
Der deutsche Ingenieur Rudolf Diesel erfand einen neuen Verbrennungsmotor, den Dieselmotor. Es war der erste Motor, bei dem sich der hochverdichtete Brennstoff ohne elektrischen Funken entzündete.

JAMES DYSON (GEB. 1947)
Der gebürtige Brite James Dyson entwickelte einen Staubsauger, der keine Staubbeutel braucht – den Zyklonstaubsauger. Er wird seit 1993 hergestellt.

THOMAS EDISON (1847–1931)
Der amerikanische Erfinder Thomas Edison patentierte im späten 19. und im frühen 20. Jahrhundert etwa 1300 Erfindungen. Er entwickelte die erste Glühlampe, erfand den Fonografen

Durchbrüche

und verbesserte zahlreiche andere Erfindungen wie z. B. den Filmprojektor oder die Schreibmaschine. Er sagte einmal: „Das Genie ist 1% Inspiration und 99% Perspiration (Schweiß)."

ALBERT EINSTEIN (1879–1955)

Der gebürtige Deutsche Albert Einstein war einer der größten Wissenschaftler des 20. Jahrhunderts. Er revolutionierte die Konzepte von Raum und Zeit und entwickelte Theorien für Modelle des Universums. Einstein stellte mathematische Formeln zur Bewegung von Molekülen auf und beschrieb den fotoelektrischen Effekt, bei dem Elektronen emittiert werden, wenn Licht auf bestimmte Materialien fällt. Im Jahr 1905 stellte er die spezielle Relativitätstheorie auf, die das Verhalten von bewegten Körpern bei konstanter Geschwindigkeit beschreibt. Diese Theorie enthält die Gleichung $E = mc^2$, welche die Beziehung zwischen Masse und Energie eines Teilchens erklärt. Später entwickelte er die allgemeine Relativitätstheorie, die sich mit der Schwerkraft befasst.

EUROPÄISCHE WELTRAUMAGENTUR

Die Europäische Weltraumagentur ESA (engl.: European Space Agency) vereint die Mittel und das Wissen vieler europäischer Länder, um den Weltraum zu erforschen. Sie entwickelt viele Satellitenprojekte, um mehr über die Erde und die Sonne herauszufinden. Im Februar 2005 startete die ESA die Raumsonde Rosetta, die im Jahr 2014 auf einem Kometen landen soll.

MICHAEL FARADAY (1791–1867)

Der Engländer Michael Faraday entwickelte aus dem Elektromagnetismus den ersten Elektromotor. Er entdeckte auch die elektromagnetische Induktion, die Grundlage der Transformatoren. Sie führte zur elektromagnetischen Lichttheorie von James Clerk Maxwell und zur Entdeckung der Radiowellen von Heinrich Hertz. Faradays bedeutendste Entdeckungen sind die Grundlage von elektrischen Generatoren und Motoren.

ALEXANDER FLEMING (1881–1955)

Der schottische Bakteriologe Alexander Fleming entdeckte 1928 als Forschungsassistent einen Pilz, der in einer Reihe von Petrischalen wuchs. Die Schalen enthielten den Erreger *Staphylokokkus*, der Wundinfektionen hervorruft. Fleming bemerkte, dass der Erreger sich nicht mehr vermehrte, während der Pilz gleichzeitig wuchs. Er nannte den Pilz Penicillin – Fleming hatte das erste Antibiotikum entdeckt.

JEAN FOUCAULT (1819–1896)

Der französische Physiker Jean Foucault bestimmte als Erster die Lichtgeschwindigkeit. Er demonstrierte 1851 mit einem Pendel, dass die Erde sich dreht, und er erfand das Gyroskop – ein Rad, das so aufgehängt ist, dass es sich in alle Richtungen drehen kann, während seine Achse nur in eine Richtung weist.

ROSALIND FRANKLIN (1920–1958)

Die britische Naturwissenschaftlerin Rosalind Franklin untersuchte mit der Röntgenkristallografie (Bestimmung der Lage von Atomen in einem Kristall mit Röntgenstrahlen) DNS. Aus ihren Ergebnissen folgerten Crick und Watson die Struktur der DNS. Leider wurde ihre Arbeit zu ihren Lebenzeiten nicht gewürdigt.

JURI GAGARIN (1934–1968)

Der russische Kosmonaut Juri Gagarin flog am 12. April 1961 als erster Mensch in den Weltraum. Er umkreiste mit *Wostok I* einmal die Erde.

BILL GATES (GEB. 1955)

Bill Gates gründete mit seinem Schulfreund Paul Allen 1975 die Softwarefirma Microsoft. Sie ist heute die weltweit größte Softwarefirma. Ihre Betriebssysteme und Programme werden auf den meisten Computern eingesetzt.

DR. IVAN GETTING (1912–2003)

Der Amerikaner Ivan Getting entwickelte das Satellitennavigationssystem GPS. GPS war ursprünglich nur für militärische Zwecke vorgesehen, doch es wird heute auch zunehmend in Autos, Computern, Flugzeugen, Handys und Schiffen benutzt.

DR. JOHN GORRIE (1803–1855)

Der amerikanische Physiker John Gorrie beschäftigte sich mit Kühlschränken, Klimaanlagen und Eisherstellung. Er baute 1844 den ersten Kühlschrank, der Eis zur Luftkühlung für Patienten mit Gelbfieber lieferte.

WILLIAM GROVE (1811–1896)

Der walisische Rechtsanwalt und Physiker William Grove erfand eine elektrochemische Zelle, die er voltasche Gaszelle nannte. Sie war der Vorläufer der modernen Brennstoffzelle.

HEINRICH HERTZ (1847–1894)

Der deutsche Physiker Heinrich Hertz entdeckte 1888 die Radiowellen, die James Clerk Maxwell bereits 1864 vorhergesagt hatte. Hertz erzeugte elektromagnetische Wellen und bestimmte ihre Wellenlänge. Die Einheit der Frequenz, das Hertz (Hz), ist nach ihm benannt.

DR. MARCIAN EDWARD „TED" HOFF JUN. (GEB. 1937)

Ted Hoff war Ingenieur bei Intel in den USA. Zusammen mit seinen Kollegen Frederico Faggin und Stan Mazor entwickelte er den Mikroprozessor 4004, bei dem alle Elemente wie z. B. der Prozessor und Speicher auf einem Chip integriert waren.

JOHN PHILIP HOLLAND (1841–1914)

Der Ire John Philip Holland baute 1898 das erste Unterseeboot, die *Holland VI*. Das Boot wurde von der amerikanische Marine gekauft und in *USS Holland* umbenannt.

STEVE JOBS (GEB. 1955) & STEVE WOZNIAK (GEB. 1950)

Die Amerikaner Jobs und Wozniak bauten den ersten erfolgreichen Personalcomputer, den Apple I. Ihre ersten Modelle entstanden in einer Garage. Die Firma Apple zählt heute zu den größten Computerherstellern der Welt.

Anhang

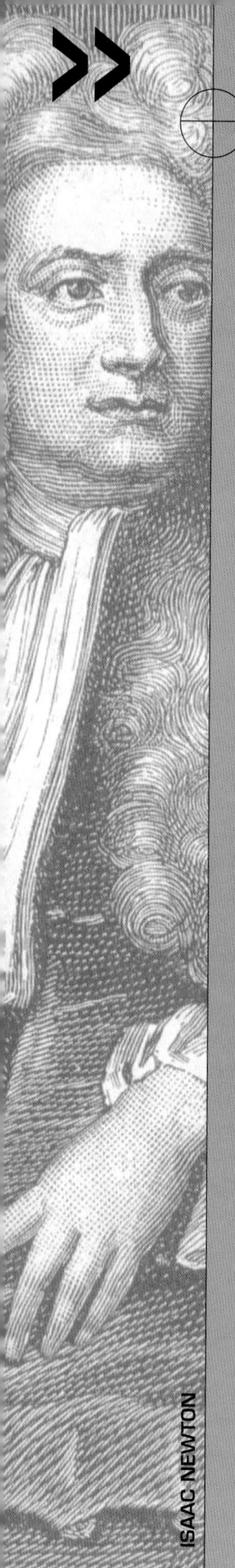

JAMES PRESCOTT JOULE (1818–1889)
Bei Experimenten mit einem Schaufelrad entdeckte der englische Physiker James Prescott Joule das mechanische Äquivalent der Wärme – die erzeugte Wärmemenge entspricht genau der Menge der mechanischen Bewegung. Er demonstrierte auch, dass man verschiedene Formen der Energie ineinander umwandeln kann und dass man Energie niemals schaffen oder vernichten kann. Die Einheit der Energie, das Joule, ist nach ihm benannt.

CHARLES KAO (GEB. 1933)
Der Chinese Kao vermutete bereits um 1960, dass man Glasfasern für die Telekommunikation nutzen kann. Seit 1970 existieren Telefonleitungen aus Glasfasern.

JACK KILBY (1923–2005) & ROBERT NOYCE (1927–1990)
Die beiden Wissenschaftler erfanden unabhängig voneinander zur gleichen Zeit den integrierten Schaltkreis. Der integrierte Schaltkreis vereint Bauteile wie z. B. Transistoren, Widerstände, Kondensatoren und Stromleitungen, die vorher getrennt waren, auf einem einzigen Chip aus einem Halbleitermaterial. Kilby benutzte Germanium und Noyce benutzte Silizium als Halbleitermaterial. Jack Kilby erfand 1967 auch den Taschenrechner. Robert Noyce gründete später Intel, die Firma, die den Mikroprozessor entwickelte.

JOSEPH CARL ROBNETT LICKLIDER (1915–1990)
Licklider war ein amerikanischer Psychologe, der sich für Computerwissenschaften interessierte. In seinem Buch *Die Bibliotheken der Zukunft* beschrieb er seine Vision eines Computersystems, das den Benutzer mit „alltäglichen Informationen aus Wirtschaft, Industrie, Verwaltung und Beruf und eventuell auch mit neuer Unterhaltung und Bildung" versorgt. Seine Ideen beeinflussten die Entwicklung des Internets.

JOSEPH LISTER (1827–1915)
Der britische Physiologe Joseph Lister beobachtete häufige Wundentzündungen nach Operationen, obwohl sich die Krankenhäuser um Sauberkeit bemühten. Er versprühte Karbolsäure auf Instrumente, Wunden und Kleidung. Durch diese erste Desinfektion sank die Zahl der Todesfälle drastisch.

GUGLIELMO MARCONI (1874–1937)
Der italienische Physiker Guglielmo Marconi entwickelte die Radiokommunikation. Nur sieben Jahre nach der Entdeckung der Radiowellen durch Heinrich Hertz übermittelte Marconi eine Radiobotschaft mit Morsezeichen.

JAMES CLERK MAXWELL (1831–1879)
Der schottische Physiker James Clerk Maxwell entdeckte, dass Licht ein Teil des elektromagnetischen Spektrums ist, und entwickelte mathematische Formeln dazu. Seine elektromagnetische Theorie des Lichts führte direkt zur Entdeckung der Radiowellen durch Heinrich Hertz und zu weiteren Fortschritten in Wissenschaft und Technik, welche die moderne Welt formten.

GREGOR MENDEL (1822–1884)
Der österreichische Botaniker Gregor Mendel gilt als Begründer der Genetik. Er experimentierte mit Erbsenpflanzen und beobachtete, dass bestimmte Merkmale der Nachkommen wie z. B. die Wuchshöhe rezessiv oder dominant waren.

GEORGE DE MESTRAL (1907–1990)
Der Schweizer George de Mestral erfand 1948 den Klettverschluss, als er bei einem Spaziergang Kletten an seiner Kleidung entdeckte. Er entwickelte Gewebebänder, die mit Haken und Ösen aneinander hafteten, und ließ seine Idee 1955 patentieren.

NATIONAL AERONAUTICS AND SPACE ADMINISTRATION (NASA)
Die nationale Luft- und Raumfahrtbehörde der USA entstand 1958 als Reaktion auf den Start des sowjetischen Satelliten *Sputnik 1*. Das erste bedeutende Projekt der NASA war das Mercury-Programm, um die bemannte Raumfahrt zu testen. Ihren ersten großen Erfolg verzeichnete die NASA 1969, als die ersten Menschen auf dem Mond landeten. Im Jahr 1981 startete die NASA das Spaceshuttle-Programm, um wiederverwendbare Raumfähren einzusetzen. Die NASA beteiligte sich am Aufbau der internationalen Weltraumstation und hat mit zahlreichen Raumsonden Planeten erforscht. Sie entwickelte viele neue Satelliten und ihre technischen Fortschritte haben das moderne Leben auf der Erde beeinflusst.

JOHN VON NEUMANN (1903–1957)
Die ersten elektronischen Computer mussten für neue Aufgaben stets neu programmiert werden. Der gebürtige Ungar von Neumann schlug als Erster einen Arbeitsspeicher für das Betriebssystem vor, damit der Computer zwischen verschiedenen Aufgaben wechseln kann. Alle modernen Computer laufen heute mit Arbeitsspeicher.

SIR ISAAC NEWTON (1643–1727)
Der englische Physiker und Mathematiker Isaac Newton stellte drei Bewegungsgesetze auf und entdeckte die Gesetze der Schwerkraft. Zu dieser Idee wurde er vermutlich angeregt, als er unter einem Baum lag und ein Apfel herunterfiel. Newton entdeckte die Zusammensetzung des Sonnenlichts und entwickelte für die Mathematik die Analysis.

HANS ØRSTED (1771–1851)
Der dänische Physiker bemerkte 1820 während einer Vorlesung, dass elektrischer Strom eine Kompassnadel ablenkt. Ørsted entdeckte den Zusammenhang zwischen elektrischem Strom und Magnetismus, ohne den kein modernes Elektrogerät funktioniert – den Elektromagnetismus.

HANS JOACHIM PABST VON OHAIN (1911–1998)
Der deutsche Ingenieur Hans Joachim Pabst von Ohain patentierte 1935 ein Düsenstrahltriebwerk, das dem Entwurf von Frank Whittle glich. Mit

▶ Durchbrüche

diesem Triebwerk wurde 1939 das erste Düsenflugzeug gebaut.

ELISHA GRAVES OTIS (1811–1861)
Der Amerikaner Elisha Graves Otis erfand die Sicherheitsbremse für Aufzüge, die den Aufzug abfing, wenn das Hauptseil riss. Otis demonstrierte seine Entwicklung in einem Aufzug, während das Seil mit einer Axt gekappt wurde.

NIKOLAUS AUGUST OTTO (1832–1891)
Der deutsche Ingenieur Nikolaus August Otto entwickelte den Viertaktmotor für Fahrzeuge. Im Jahr 1876 baute er den ersten Motor, den Vorläufer moderner Automotoren.

JOHN R. PIERCE (1910–2002)
John R. Pierce war Forschungsleiter der Bell Laboratories. Er entwickelte zusammen mit der NASA den ersten Kommunikationssatelliten Telstar 1, der 1962 gestartet wurde.

ROY J. PLUNKETT (1910–1994)
Roy Plunkett war Forscher bei der Chemiefirma DuPont. Während er mit Kälte experimentierte, entdeckte er eines des bekanntesten und am häufigsten genutzten Polymere – Teflon®.

LAWRENCE ROBERTS (GEB. 1937)
Der Amerikaner Lawrence Roberts entwickelte mit seinem Team APRANET – den Vorläufer des Internets. Er arbeitete zunächst am Massachusetts Institute of Technology (MIT), wo er das erste Computernetzwerk entwarf. Nach diesem Erfolg wechselte er zu der Forschungsabteilung des Verteidigungsministeriums, APRA, und entwickelte dort APRANET. Die ersten vier Computer wurden 1969 miteinander verbunden und im Jahr 1973 bildeten bereits 23 Computer ein weltweites Netzwerk.

WILHELM RÖNTGEN (1845–1923)
Der deutsche Physiker Wilhelm Röntgen entdeckte 1895 die Röntgenstrahlen. Er beobachtete, dass ein Blatt Papier mit Barium neben einer Kathodenstrahlröhre weiß leuchtete. Diese Röhre sandte Röntgenstrahlen aus, durch die das Barium glühte.

JAMES RUSSELL (GEB. 1931)
Den Amerikaner James Russell ärgerte als Musikliebhaber, dass sich seine Schallplatten aus Vinyl so schnell abnutzten. Er suchte ein System, das Musik ohne physikalischen Kontakt aufnahm und abspielte. Dabei erwies sich Licht als geeignetes Medium. Aus dieser Idee entwickelte er die digitale CD.

ERNEST RUTHERFORD (1871–1937)
Der Physiker Ernest Rutherford aus Neuseeland entwickelte ein Atommodell. Er erkannte, dass Atome einen schweren Kern und Elektronen besitzen, die um den Kern schwirren. Später entdeckte er das Proton, ein positiv geladenes Teilchen des Atomkerns.

JACOB SCHICK (1878–1937)
Der amerikanische Soldat Jacob Schick erfand um 1920 den Elektrorasierer. Er entwickelte seine Idee, als er in der Kälte Alaskas Probleme bei der Nassrasur bekam.

PERCY SPENCER (1894–1970)
Der Amerikaner Percy Spencer erfand 1945 ein Gerät, um Mahlzeiten mit Mikrowellen aufzuwärmen. Während er an einem Forschungsprojekt über Radar arbeitete, beobachtete er, dass eine Tafel Schokolade neben einer Vakuumröhre, dem Magnetron, schmolz. Er baute einen Metallkasten mit einer Strahlenquelle und erfand so den Mikrowellenherd.

JOHN PAUL STAPP (1910–1999)
Während er von 1940 bis 1950 für die amerikanische Luftwaffe Absturzursachen erforschte, übertrug John Paul Stapp seine Forschungsmethoden auf Zusammenstöße mit Autos. Diese Pionierarbeit führte den Crashtest und die Entwicklung von Dummys ein.

WALENTINA TERESCHKOWA (GEB. 1937)
Die frühere Näherin und Hobbyfallschirmspringerin Walentina Tereschkowa war als russische Kosmonautin die erste Frau im Weltraum. Sie flog am 6. Juni 1963 an Bord der Raumkapsel *Wostok 6* in 71 Stunden 48-mal um die Erde.

WILLIAM THOMSON (LORD KELVIN OF LARGS) (1824–1907)
Der britische Physiker William Thomson beschäftigte sich mit Thermodynamik und schuf die absolute Temperaturskala (Kelvinskala). Zusammen mit James Prescott Joule entdeckte er, dass sich Gase abkühlen, wenn sie sich ausdehnen – der Joule-Thomson-Effekt.

ALAN TURING (1912–1954)
Der britische Mathematiker Alan Turing, der auch der Vater der Computerwissenschaft genannt wird, entwickelte die ersten elektronischen Computer während des Zweiten Weltkriegs und schrieb Programme für Computer.

DAVID WARREN (GEB. 1925)
David Warren arbeitete bei den Aeronautical Research Laboratories in Melbourne und erfand 1953 den Flugdatenschreiber, die Blackbox.

FRANK WHITTLE (1907–1996)
Der englische Ingenieur Frank Whittle entwarf 1929 das Düsenstrahltriebwerk und begann seine Idee umzusetzen. Doch das erste Düsenflugzeug flog 1939 in Deutschland. Sein eigenes Triebwerk wurde ab 1941 in Flugzeuge eingebaut und war der Vorläufer der modernen Düsenstrahltriebwerke.

WILBUR WRIGHT (1867–1912) & ORVILLE WRIGHT (1871–1948)
Die amerikanischen Brüder Wilbur und Orville Wright besaßen einen Fahrradladen in Ohio. Sie interessierten sich sehr für das Fliegen und lasen dazu alle Bücher und Fachzeitschriften. Die beiden Brüder bauten einen ersten Windkanal, um Tragflächen zu testen. Am 17. Dezember 1903 unternahmen sie den ersten Flug in einem Motorflugzeug.

▶ Anhang

»AUFBAU EINES ATOMS

Elektronen bewegen sich auf Schalen.

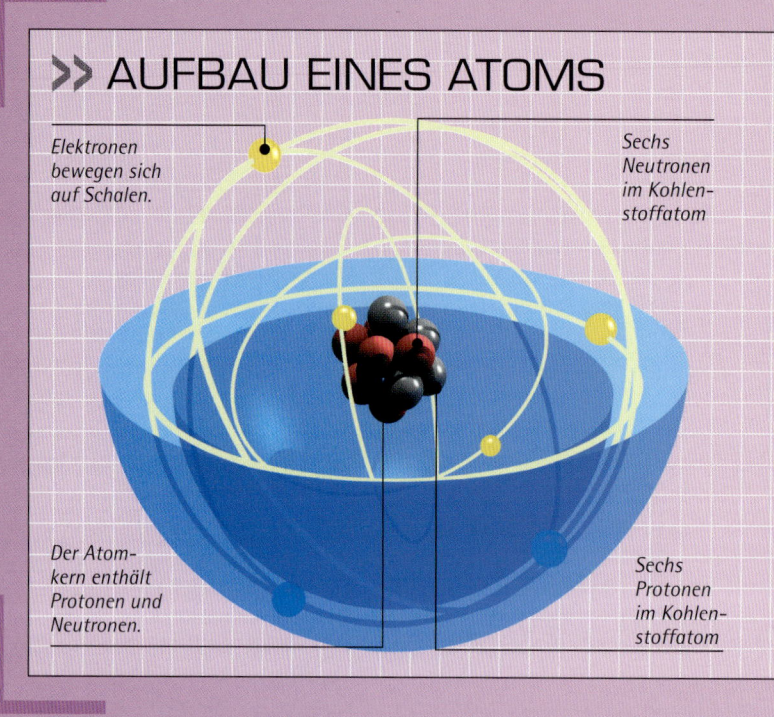

Sechs Neutronen im Kohlenstoffatom

Der Atomkern enthält Protonen und Neutronen.

Sechs Protonen im Kohlenstoffatom

Jedes einzelne Teil, das man sehen, hören, riechen, schmecken oder fühlen kann, besteht aus mikroskopisch kleinen Atomen. Ein Atom selbst ist aus winzigen Teilchen aufgebaut, den subatomaren Teilchen. Jedes Atom besitzt in seinem Zentrum einen dicht gepackten Atomkern, der Neutronen und Protonen enthält. Diese Teilchen bestehen aus den noch kleineren Quarks, die durch Gluonen zusammengehalten werden. Um den Atomkern schwirren die Elektronen. Bisher wurden mehr als 200 weitere subatomare Teilchen entdeckt. Dazu nutzt man einen Teilchenbeschleuniger, in dem die Teilchen zertrümmert werden.

Glossar

A

Absorption
Als Absorption wird die Energieabgabe einer Strahlung bezeichnet, die auf Materie trifft. Dabei wird z.B. Licht in eine andere Energieform wie z.B. Wärme umgewandelt. **Spiegel S. 90**

Aerodynamik
Aerodynamik ist die Lehre von den Bewegungsgesetzen der Gase, insbesondere der Luft, und Objekten wie z.B. Flugzeuge, die durch die Luft fliegen. **Fußball S. 52, Rennrad S. 58, Windkanal S. 148**

Amplitude
Die Höhe eines Wellenbergs wie z.B. einer Meereswelle oder einer Schallwelle nennt man Amplitude. Eine große Amplitude überträgt mehr Energie als eine kleine. Schallwellen mit großer Amplitude sind lauter als solche mit kleiner. **DJ-Pult S. 76, E-Gitarre S. 66, Spracherkennung S. 28**

Analog
Die analoge Technik wurde ursprünglich genutzt, um Schall und Bilder zu senden, aufzunehmen und um Telefonate weiterzuleiten. Sie übertrug Schall als elektrische Signale. **CD S. 68, Digitalradio S. 22, Hauptplatine S. 170, Verspielt S. 26**

Antikörper
Ein Protein, das von bestimmten weißen Blutkörperchen als Antwort auf eine Infektion gebildet wird, nennt man Antikörper. Es erkennt und bekämpft z.B. Bakterien oder Viren. **Antibiotika S. 222, Impfung S. 220**

Atom
Sämtliche Materie besteht aus winzigen Teilchen, den Atomen. Ein Atom ist das kleinste Teil eines Elements, das allein existieren kann. Atome enthalten noch kleinere Teilchen, die subatomaren Teilchen. In der Natur kommen über 100 verschiedene Elemente vor. Jedes Element besitzt eine Atomnummer. Sie zeigt an, wie viele Protonen ein Atomkern enthält. **MRT-Aufnahme S. 204, Neon S. 34**

Auftrieb
Als Auftrieb bezeichnet man die Fähigkeit eines Objekts, auf einer Flüssigkeit oder einem Gas zu schwimmen. Das Gewicht eines Schiffes verdrängt eine Wassermasse mit dem gleichen Gewicht. Dadurch entsteht eine gleichgroße entgegengesetzte Kraft, der Auftrieb. Damit ein Schiff schwimmt, muss seine Dichte (Gewicht pro Volumen) kleiner als die Dichte des Wassers (ca. 1 g/ml) sein. **Tauchboot S. 142**

B

Bakterien
Bakterien sind mikroskopisch kleine Einzeller, die in unserem Körper und unserer Umgebung leben. Einige sind nützlich, doch andere sind schädlich. **Antibiotika S. 222**

Bandbreite
Als Bandbreite bezeichnet man die Datenmenge, die über Kommunikationsleitungen übermittelt werden kann. Die Einheit ist Hertz (Hz). **Satellit S. 42, Videozylinder S. 40**

Beschleunigung
Wenn sich die Geschwindigkeit eines Objektes erhöht, nennt man das Beschleunigung. Sie ist die Änderung der Geschwindigkeit in einem bestimmten Zeitabschnitt. **Crashtest S. 134, Düsentriebwerk S. 146, Motorrad S. 126**

Bildaufnehmer
Bildaufnehmer sind lichtempfindliche Bauteile in Scannern, Digitalkameras

Glossar

und Videokameras, die einfallende Lichtstrahlen aufnehmen und in Bilder umwandeln. **Kamera S. 62, Scanner S. 178**

Binär
Die digitale Technologie wandelt alle Daten, die nicht als Ziffer vorliegen – wie z. B. Buchstaben, Teile eines Bildes oder Musiknoten – in codierte Zahlen um. Der Buchstabe A erhält z. B. die Ziffer 65. Diese codierten Zahlen werden dann in den Binärcode übersetzt wie z. B. 01000001, dem Binärcode für die Zahl 65. Der Binärcode besteht aus den beiden Ziffern 1 und 0. Sie zeigen an, ob Strom fließt (1) oder nicht (0). Die Zahl 13 erhält z. B. den Binärcode ein-ein-aus-ein, weil ihr Code 1101 lautet. Mikrochips in Computer verarbeiten und speichern diese binären Signale. **CD S. 68, Digitalradio S. 22, Flashstick S. 172, Handy S. 18, Hauptplatine S. 170, Mikrochip S. 16**

Bit
Bit ist die Kurzform des Begriffs „Binary Digit" (engl.: Binärzeichen). Es ist die kleinste Speichereinheit eines Computers und besteht aus den beiden Ziffern 1 und 0. Ein Computer arbeitet mit elektrischem Strom, der nur zwei Zustände einnimmt: Er fließt (1) oder er fließt nicht (0). Jeweils acht Bits bilden eine Gruppe, die man Bitgruppe oder Byte nennt. **Flashstick S. 172, Mikrochip S. 16**

Bluetooth®
Bluetooth ist ein Funkstandard für die drahtlose Datenübertragung zwischen verschiedenen Geräten über kurze Entfernungen. **Digitalstift S. 166, Virtuelle Tastatur S. 174**

Byte
Byte ist die Kurzform des Begriffs „Binary Terms" (engl.: binärer Ausdruck). Jedes Byte besteht aus einer Bitgruppe, die acht Bits enthält. Die Speicherkapazität wie z. B. die des Arbeitsspeichers (RAM) oder die einer Festplatte wird in Byte oder einem Mehrfachen angegeben. Dabei sind ein Kilobyte 1024 Bytes, ein Megabyte sind 1 048 576 Bytes und ein Gigabyte sind 1 073 741 824 Bytes. **Chipkarte S. 182,** Mikrochip S. 16, Notebook S. 168

C Chemische Reaktion
Bei einer chemischen Reaktion reagieren Atome oder Substanzen miteinander und bilden neue Substanzen. Die neuen Substanzen enthalten die gleichen Atome, die jedoch anders angeordnet sind und der neuen Substanz häufig andere Eigenschaften geben. Wenn man z. B. einen Kuchen bäckt, wandelt die Hefe oder das Backpulver den Zucker (Kohlenhydrat) in Kohlendioxid und Wasser um. Das Kohlendioxid bildet die Luftbläschen im Kuchen, während das Wasser verdampft. **Batterie S. 94, Brennstoffzelle S. 128, Feuerwerk S. 78, Zündholz S. 86**

D Datenkomprimierung
Diese Technik verschlüsselt Daten so, dass sie weniger Speicherplatz benötigen. **Iris-Scan S. 32, MP3-Player S. 70**

Datenpaket
Ein Datenpaket ist eine kleine Einheit aus Daten, die für die Übertragung in einem Netzwerk wie dem Internet formatiert wurden. Das TCP/IP-Protokoll teilt große Dateien in kleine Pakete. Jedes Paket besitzt eine eigene Nummer und seine Zieladresse. Die einzelnen Pakete einer Datei können den Empfänger auf unterschiedlichen Routen innerhalb des Internets erreichen. Wenn alle Pakete beim Empfänger angekommen sind, werden sie wieder zu einer Datei zusammengesetzt. **Internet S. 38**

Digital
In der Informationstechnologie bezeichnet digital eine Methode, die Daten mit dem Binärsystem verschlüsselt, das nur aus Einsen und Nullen besteht. **CD S. 68, Digitalradio S. 22, Digitalstift S. 166, Flashstick S. 172, Handy S. 18, Iris-Scan S. 32, Kamera S. 62, Scanner S. 178, Tierdolmetscher S. 30, Videozylinder S. 40**

Digitalisierung
Die Methode, um analoge Daten wie z. B. ein Bild in eine digitale Datei umzuwandeln, nennt man Digitalisierung. **Scanner S. 178**

DNS (Desoxyribonukleinsäure)
DNS ist eine chemische Verbindung in den Zellen aller Lebewesen, die Informationen speichert, damit sie wachsen und leben. DNS wird bei der Fortpflanzung von einer Generation auf die nächste vererbt. **Biochip S. 226**

Druck
Der Druck ist eine Kraft, die senkrecht auf eine Fläche wirkt. Man kann z. B. Druck ausüben, wenn man eine Kiste schiebt. Die Stärke des Drucks hängt von der Kraft und von der Größe der Fläche ab. Bei gleich großer Kraft erhöht sich der Druck, wenn die Fläche kleiner wird. Flüssigkeiten und Gase üben Druck auf ihre Behälter und auf Teilchen aus, die in ihnen gelöst sind. Beim Tauchen wird z. B. der Druck durch das Gewicht des Wassers immer höher, je tiefer man taucht. **Aerosol S. 112, Fußball S. 52, Laserdrucker S. 176, Nassschweißen S. 188, Tauchboot S. 142**

Düsentriebwerk
Dieses Antriebsaggregat erzeugt einen Luftstrahl mit sehr hoher Geschwindigkeit. Die meisten Flugzeuge fliegen heute mit Düsentriebwerken. Sie verbrauchen Brennstoff (Kerosin), um mit einem Strahl aus heißer Luft und anderen Gasen den Schub zu erzeugen. Einige Triebwerke besitzen einen Ventilator, der Luft durchleitet, um den Schub zu erhöhen. **Düsentriebwerk S. 146, Spaceshuttle S. 156**

E Edelgase
Die Elemente Helium, Neon, Argon, Krypton, Xenon und Radon sind Edelgase. Sie sind reaktionsträge und bilden fast keine Verbindungen mit anderen Elementen. Man nennt sie deshalb auch Inertgase (inert, lat.: träge). Edelgase bilden etwa 1 % der Luft und werden häufig in Leuchtröhren eingesetzt. **Neon S. 34**

Anhang

Elektrische Energie
Elektrische Energie ist die Energie von Elektronen, die z.B. als Strom durch ein Kabel fließen. Wenn wir Elektrizität benutzen, wird die elektrische Energie in eine andere Energieform wie z.B. Licht in einer Glühlampe oder kinetische Energie in einem Elektromotor umgewandelt. **Glühlampe S. 88, Neon S. 34**

Elektrochemie
Die Elektrochemie ist ein Teilgebiet der Chemie, das sich mit Elektrizität bei chemischen Reaktionen beschäftigt. Die Elektrizität entsteht durch geladene Teilchen der Atome. Eine Batterie nutzt z.B. eine chemische Reaktion, um Strom zu erzeugen. Strom kann auch Verbindungen in seine einzelnen Elemente zerlegen. **Batterie S. 94, Brennstoffzelle S. 128**

Elektrode
Elektroden sind Pole, die elektrischen Strom in einen oder aus einem Stromkreis leiten. Zu den Polen zählen z.B. die Anode (positiver Pol) und die Kathode (negativer Pol) einer Batterie. **Batterie S. 94, Brennstoffzelle S. 128, Glühlampe S. 88**

Elektrolyt
Eine geschmolzene Substanz oder Flüssigkeit, die Strom durch Ionen (Atome oder Atomgruppen mit elektrischer Ladung) weiterleitet, nennt man Elektrolyt. **Batterie S. 94, Brennstoffzelle S. 128**

Elektromagnet
Ein Elektromagnet baut sein Magnetfeld mit Strom auf. Er besitzt eine Spule aus gewickeltem Draht, die einen Eisenstab umschließt. Elektromagneten kann man mit Strom ein- und ausschalten. **Kopfhörer S. 74, Lift S. 140**

Elektromotor
Ein Elektromotor verbraucht elektrischen Strom, um Arbeit zu verrichten. Er enthält eine Spule aus gewickeltem Draht, die zwischen zwei Magneten oder Elektromagneten sitzt. Sobald Strom durch die Spule fließt, erzeugt er ein Magnetfeld um die Spule. Die Spule wird von den beiden Magneten angezogen oder abgestoßen, sodass sie sich dreht und eine Achse antreibt. **Brennstoffzelle S. 128, Lift S. 140, Waschmaschine S. 114**

Elektron
Elektronen sind die negativ geladenen Teilchen eines Atoms, die auf bestimmten Schalen um den Atomkern schwirren. Sie gleichen die positiven Ladungen der Protonen aus, damit das Atom elektrisch neutral ist. Wenn ein Atom ein Elektron abgibt oder aufnimmt, ändert sich seine Ladung und es wird zu einem Ion. **Batterie S. 94, Brennstoffzelle S. 128, Glühlampe S. 88, Neon S. 34, Solarzelle S. 96**

Energie
Energie ist die Fähigkeit, eine Arbeit zu verrichten. Die verschiedenen Formen der Energie wirken immer dann, wenn etwas geschieht und sie sich ineinander umwandeln. Ein Elektromotor wandelt z.B. elektrische Energie in kinetische um – die Energie der Bewegung. **Armbanduhr S. 92, Feuerwerk S. 78, Glühlampe S. 88, Neon S. 34, Tennisschläger S. 54**

Energieerhaltung
Der Erhaltungssatz besagt, dass die gesamte Energie in einem System immer gleichgroß ist. Ein System ist alles, das Energie enthält oder nutzt. Wenn man z.B. eine Taschenlampe einschaltet, ist die Energie des Lichts und der Wärme so groß wie die verbrauchte Energie der Batterien. Energie kann nicht vernichtet oder erzeugt werden. Sie kann nur in andere Formen umgewandelt werden wie z.B. in Kraftwerken, die aus gespeicherter Energie der Brennstoffe Strom gewinnen. **Armbanduhr S. 92, Crashtest S. 134, Glühlampe S. 88**

F

Farbe
Unsere Augen nehmen eine Reihe von Farben wahr – Rot, Orange, Gelb, Grün, Blau und Violett. Jede Farbe besitzt ihre eigene Wellenlänge. Rot hat die längste Wellenlänge und Violett die kürzeste. Einige Objekte wie z.B. eine Verkehrsampel emittieren (aussenden) Licht einer bestimmten Farbe. Andere Objekte erscheinen farbig, weil sie bestimmte Wellenlängen des Lichts absorbieren und andere reflektieren. Grünes Gras reflektiert z.B. nur grünes Licht und absorbiert alle anderen Farben. **Feuerwerk S. 78, LCD-Fernseher S. 24, Neon S. 34**

Fernmessung
Die Fernmessung erfasst Daten von Objekten, ohne diese direkt zu berühren. Zu dieser Methode zählen z.B. Luftaufnahmen, Radarmessungen oder Satellitenbilder. **Dopplerradar S. 194, Verbunden S. 152**

Flaschenzug
Ein Flaschenzug besteht aus einer oder mehreren Rollen, über die ein Seil läuft. Ein Seilende wird an die Last gebunden, während mit dem anderen Ende die Last gehoben wird. Ein Flaschenzug verringert die Leistung (Kraftaufwand), um die Last zu heben. Flaschenzüge mit mehreren Rollen verringern die Leistung stärker als solche mit wenigen. **Lift S. 140**

Fluoreszenz
Einige Moleküle absorbieren Licht einer bestimmten Wellenlänge und geben Licht einer größeren Wellenlänge wieder ab. Fluoreszenzfarbstoffe nehmen Licht verschiedener Farben oder ultraviolettes Licht auf und leuchten nur in einer Farbe. Ihr Licht ist heller als normales, reflektiertes Licht. **Glühlampe S. 88, Sicher S. 180**

Fotozelle
Fotozellen, die man auch Solarzellen nennt, erzeugen aus Sonnenenergie elektrischen Strom. Eine Fotozelle enthält zwei Schichten aus Silizium. Die obere Schicht besitzt zusätzliche Elektronen, während der unteren Elektronen fehlen. Die Elektronen wandern von der oberen Schicht in die untere – und erzeugen elektrische Ladungen. Sobald Licht auf die Fotozelle fällt, werden die Elektronen der unteren Schicht angeregt. Sie wandern in die obere Schicht und erzeugen einen Stromfluss. **Satellit S. 42, Solarzelle S. 96, Zuhause S. 106**

Frequenz
Die Frequenz beschreibt, wie oft ein

▶ Glossar

Vorgang regelmäßig abläuft. Die Frequenz einer Welle entspricht der Zahl ihrer Wellenberge (oder Täler) pro Sekunde. Ihre Einheit ist Hertz (Hz). **Digitalradio S. 22, Dopplerradar S. 194, E-Gitarre S. 66**

Gase
Ein Gas ist Materie ohne feste Form oder bestimmtes Volumen. Die Anziehungskräfte zwischen Gasmolekülen sind zu klein, um sie an einer Stelle festzuhalten, sodass sie sich frei durch den Raum bewegen. Gasmoleküle nehmen deshalb den gesamten Raum ein, der ihnen zur Verfügung steht. **Aerosol S. 112, Düsentriebwerk S. 146, Kühlschrank S. 102, Neon S. 34**

Gel
Ein Gel ist eine zähe Flüssigkeit, die gleichmäßig in einem Feststoff verteilt ist. **Aerogel S. 104**

Genetik
Die Genetik ist die Lehre von der Vererbung der Merkmale bei Lebewesen. **Biochip S. 226, Künstliche Befruchtung S. 224**

Geostationäre Satelliten
Ein Satellit, der so schnell fliegt, wie sich die Erde dreht, und deshalb immer an der gleichen Stelle bleibt. **Satellit S. 42**

Geschwindigkeit
Die Geschwindigkeit ist ein Maß dafür, wie schnell man eine bestimmte Strecke zurücklegt. Beim Gehen erreicht man z.B. eine Geschwindigkeit von etwa 5 km/h, während ein Auto 60 km/h schnell ist. **Brennstoffzelle S. 128, Crashtest S. 134, Düsentriebwerk S. 146, Navigation S. 154, Osprey S. 144, Rennrad S. 58, Snowboard S. 56, Spaceshuttle S. 156**

Getriebe
Ein Getriebe besteht aus zwei oder mehreren Zahnrädern, die Kraft und Bewegung übertragen. Die Zahnräder sind normalerweise unterschiedlich groß, ineinander verzahnt oder über eine Kette miteinander verbunden. Ein großes Zahnrad treibt ein kleines mit wenig Kraft, dafür jedoch schneller an. Ein kleines Zahnrad dreht ein großes mit mehr Kraft, jedoch langsamer. Getriebe können auch die Bewegungsrichtung ändern. **Armbanduhr S. 92, Rennrad S. 58, Schloss S. 108**

GPS (Globales Positionierungssystem)
GPS ist ein Navigations- und Positionierungssystem im Weltraum. Empfänger auf der Erde arbeiten mit geostationären Satelliten zusammen, um ihren Ort zu lokalisieren. **Navigation S. 154**

Glasfaser
Lichtstrahlen können sich in dünnen Glasfasern ausbreiten. Eine äußere Hülle aus einem anderen Glas reflektiert das Licht auf den Kern der Glasfaser und verhindert, dass Licht aus der Glasfaser austritt. Glasfasern übermitteln mit Lasern z.B. Telefonate. Ein Endoskop ist ein biegsames Rohr, um innere Organe des Menschen zu untersuchen. Das Endoskop besitzt auch Glasfasern, um Bilder aus dem Organ an ein Okular oder eine Kamera zu übertragen. **Glasfaser S. 20, Videokapsel S. 212**

Glühfaden
Ein Glühfaden besteht aus einem dünnen Wolframdraht in einer Glühlampe. Der Glühfaden wird mit elektrischem Strom so stark erhitzt, bis er weißlich glüht und Licht abgibt. Die Glühlampe ist mit einem reaktionsträgen (inerten) Gas wie z.B. Argon oder Stickstoff gefüllt, damit der Glühfaden nicht abbrennt. **Glühlampe S. 88, Wärme S. 98**

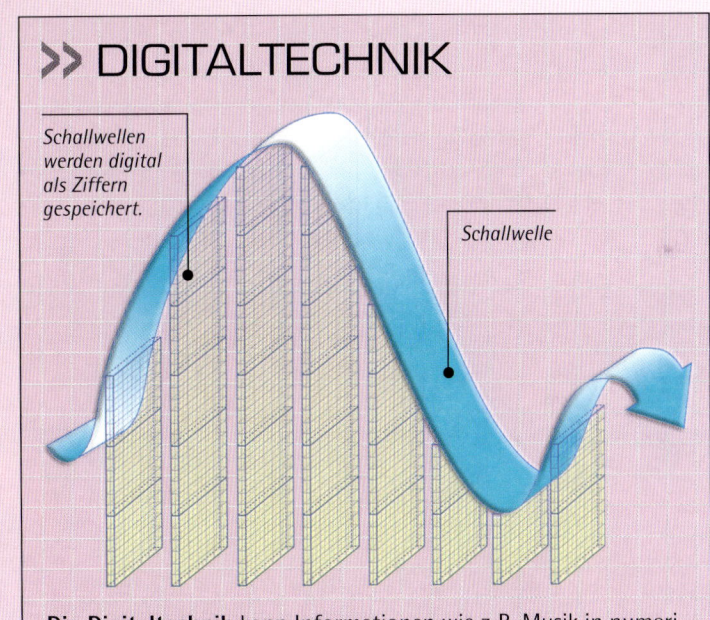

>> DIGITALTECHNIK

Schallwellen werden digital als Ziffern gespeichert.

Schallwelle

Die Digitaltechnik kann Informationen wie z.B. Musik in numerischer Form lesen, schreiben und speichern. Ein Mikrofon wandelt die Töne in elektrische Signale um, die ein Computer misst. Diese Messungen werden als lange Zahlenreihen in Binärcode umgewandelt. Jede Zahl steht für die Höhe der Schallwelle an einem bestimmten Punkt.

Die Digitaltechnik kann Daten elektronisch speichern, verändern, sie zur Sicherheit verschlüsseln oder komprimieren. Die Daten kann man auf verschiedene Geräte übertragen wie z.B. Fotos vom Handy auf ein Notebook, um sie sich dort anzusehen.

▶ Anhang

Gyroskop
Ein Gyroskop oder Kreiselkompass besitzt ein Rad, das in einem Ring aufgehängt ist, sodass seine Achse in alle Richtungen weisen kann. Wenn sich das Rad schnell dreht, zeigt ein Gyroskop immer in die gleiche Richtung. Gyroskope dienen zum Stabilisieren bewegter Objekte wie z.B. Satelliten. **Rollstuhl S. 138, Satellit S. 42, Serviceroboter S. 118**

H Halbleiter
Halbleiter bestehen aus Substanzen, die Strom nicht so gut wie Metalle, jedoch besser als viele Nichtmetalle leiten. Die meisten elektronischen Bauteile wie z.B. Dioden und Transistoren bestehen aus Halbleitern wie z.B. Silizium. Halbleiter ändern ihre Leitfähigkeit, wenn sie erwärmt werden oder wenn eine Spannung angelegt wird. **Mikrochip S. 16**

Hypertext
Hypertext ist eine Textform wie z.B. auf einer Website, die Verknüpfungen zu anderen Dokumenten enthält. Durch Klicken auf Worte, Sätze oder Bilder öffnet sich ein neues Dokument. **Internet S. 38**

I Impfstoff
Ein Impfstoff enthält Antigene eines Krankheitserregers. Er ruft eine Immunantwort (jedoch keine Erkrankung) hervor, die den Körper gegen eine Infektion durch diesen Erreger schützt. **Impfung S. 220**

Impuls
Der Impuls eines Körpers hängt von seiner Masse und seiner Geschwindigkeit ab. Ein schwererer und schnellerer Körper besitzt einen größeren Impuls und ist nur sehr schwer zu stoppen, weil sein Impuls mit der Beschleunigung zunimmt. Ein Körper kann seinen Impuls auf einen anderen Körper übertragen. Wenn z.B. ein bewegter Körper auf einen ruhenden trifft, überträgt der bewegte Körper einen Teil seines Impulses auf den ruhenden. Dabei ändert sich die Größe des Impulses nicht, sondern verteilt sich auf zwei Körper. Das nennt man Impulserhaltung. **Crashtest S. 134**

Infrarotstrahlung
Infrarotstrahlen sind ein Teil des elektromagnetischen Spektrums. Warme Körper geben ihre Wärme mit Infrarotstrahlen ab. Fernbedienungen funktionieren mit schwachen Infrarotstrahlen. Die Thermografie nimmt Infrarotstrahlen auf, um heiße und kalte Stellen mit verschiedenen Farben darzustellen. **Bildgebende Verfahren S. 8, Virtuelle Tastatur S. 174**

Internet
Das Internet ist ein Netzwerk, das Computer über Telefonleitungen miteinander verbindet. Dazu brauchen sie Protokolle, die man TCP/IP (Übertragungsprotokoll/Internetprotokoll) nennt. Über das Internet kann man viele Informationen erhalten. **Internet S. 38, Kühlschrank S. 102, Notebook S. 168, Serviceroboter S. 118, Vernetzt S. 36, Verspielt S. 26**

Ionen
Ein Ion ist ein Atom oder ein Molekül, das eine elektrische Ladung trägt. Wenn Atome Elektronen erhalten, bilden sie Ionen mit negativer Ladung. Diese nennt man Anionen. Verlieren Atome dagegen Elektronen, besitzen sie eine positive Ladung und werden Kationen genannt. Viele Verbindungen enthalten Ionen, die über Ionenbindungen verbunden sind. Die elektrischen Ladungen der Ionen sind sehr stark, sodass Ionenbindungen nur schwer zu brechen sind. **Batterie S. 94, Brennstoffzelle S. 128, Neon S. 34**

Ionisierung
Die Bildung von Ionen nennt man Ionisierung. Um Atome oder Moleküle zu ionisieren, muss man Energie (Ionisierungsenergie) z.B. durch Licht oder Röntgenstrahlen zuführen. **Batterie S. 94, Brennstoffzelle S. 128**

Isoliermittel
Ein Isoliermittel ist ein Material wie z.B. Holz, Kunststoff oder Luft, das Elektrizität oder Wärme schlecht leitet. **Aerogel S. 104, Zuhause S. 106**

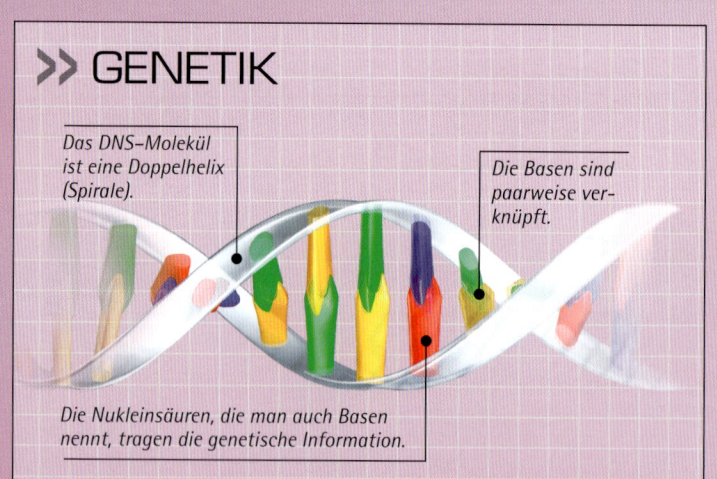

≫ GENETIK

Das DNS-Molekül ist eine Doppelhelix (Spirale).

Die Basen sind paarweise verknüpft.

Die Nukleinsäuren, die man auch Basen nennt, tragen die genetische Information.

Jede Form des Lebens entsteht aus einem chemischen Code. Dieser Code ist in den Molekülen der Desoxyribonukleinsäure (DNS) gespeichert, die alle Lebewesen besitzen. DNS bildet mit ihren zwei Strängen eine Doppelhelix, die durch Basen verbunden sind. Der chemische Code ist sehr kompliziert. Eine menschliche Zelle enthält 50 000 bis 100 000 einzelne Anweisungen, die Gene. Jedes Gen codiert ein bestimmtes Merkmal wie z.B. die Augenfarbe. In den Zellkernen liegen dicht gepackt mehrere DNS-Stränge, die man Chromosomen nennt. Die DNS enthält die Bauanleitung für alle Proteine, die unsere Zellen brauchen, um zu funktionieren.

▸ Glossar

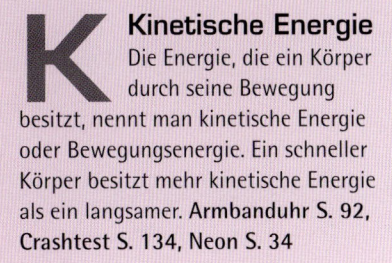

K Kinetische Energie
Die Energie, die ein Körper durch seine Bewegung besitzt, nennt man kinetische Energie oder Bewegungsenergie. Ein schneller Körper besitzt mehr kinetische Energie als ein langsamer. **Armbanduhr S. 92, Crashtest S. 134, Neon S. 34**

Kohlenstoff
Das nichtmetallische Element kommt in verschiedenen Formen vor. Diamanten sind hart (Schmuck, Bohrer), Grafit ist dagegen weich und schwarz (Schmiermittel, Bleistifte). Ruß ist ein feines Pulver (Gummi). Koks ist ein Rückstand der Braunkohleverhüttung. Aus Kohlenstofffasern entstehen harte Materialien. Pflanzen und Tiere bestehen aus einem Kohlenstoffgrundgerüst. **Motorrad S. 126, Prothesen S. 214, Rennrad S. 58, Stark S. 132, Zündholz S. 86**

Kolben
Ein Benzinmotor besitzt mehrere Zylinder, die an einem Ende verschlossen sind. In jedem Zylinder befindet sich ein Kolben, der auf und ab gleitet. Durch ein Ventil am oberen Ende des Zylinders strömen Benzin und Luft in den Zylinderraum oberhalb des Kolbens. Neben dem Ventil sitzt die Zündkerze, die durch eine hohe Spannung einen Funken entzündet. Der Funken entzündet das Benzin-Luft-Gemisch und drückt den Kolben nach unten. **Benzinmotor S. 130**

Kompression
Bei einer Kompression wird eine Substanz zusammengepresst, sodass ihr Volumen abnimmt. Wenn diese Substanz ein Gas ist, steigt sein Druck. Bei einem Feststoff dagegen wirken Kräfte gegen die Kompression und erhöhen seine Festigkeit. **Benzinmotor S. 130, Kühlschrank S. 102, Laufschuhe S. 50**

Kraft
Eine Kraft kann ein Objekt schieben, ziehen, drehen, strecken oder zusammenpressen. Sie kann Objekte beschleunigen oder abbremsen oder ihre Richtung ändern. Wenn entgegengesetzte Kräfte gleich stark auf ein Objekt wirken, befindet es sich im Gleichgewicht. **Crashtest S. 134, Tennisschläger S. 54**

Kristalle
Ein Kristall ist ein Feststoff, dessen Teilchen regelmäßig und symmetrisch angeordnet sind. Einige Elemente wie z. B. Jod bilden Kristalle. Viele Verbindungen bilden Kristalle, wenn sie aus einem Lösungsmittel ausfallen. Wenn man z. B. ein Glas mit Salzwasser stehen lässt, entstehen winzige Salzkristalle, während das Wasser verdunstet. Die meisten geschmolzenen Verbindungen bilden ebenfalls Kristalle, wenn sie erstarren. Die Bildung von Kristallen nennt man Kristallisation. In einem Kristall bilden Atome, Ionen und Moleküle ein Gitter. Während ein Kristall wächst, lagern sich mehr Atome, Ionen oder Moleküle ab. Die Form des Gitters bestimmt das typische Aussehen der Kristalle. **Mikrochip S. 16, Spiegel S. 90**

Künstliche Intelligenz
Die Fähigkeit eines Computers, wie ein Mensch zu denken und zu handeln, nennt man künstliche Intelligenz. Solche Computer können ihre eigene Leistung einschätzen und ihre Handlungen verbessern. Ein normaler Computer ist programmiert, um z.B. Schach zu spielen. Doch ein Computer mit künstlicher Intelligenz lernt aus jedem Spiel, um das nächste Mal besser zu spielen. **Industrieroboter S. 186, Serviceroboter S. 118**

L Ladung
Jedes elektrisch neutrale Atom besitzt die gleiche Anzahl negativ geladener Elektronen und positiv geladener Protonen. Verliert es ein Elektron, wird es zu einem positiv geladenen Ion, das man Kation nennt. Das abgegebene Elektron wird von einem anderen Atom aufgenommen, das dann negativ geladen ist (Anion). **Laserdrucker S. 176**

Laser
Ein Laser erzeugt einen hochenergetischen Lichtstrahl. Laser ist ein Kurzwort und bedeutet „Lichtverstärkung durch stimulierte Strahlungsemissionen" (engl.: Light Amplification of stimulated emission of Radiation). In einem Laser werden Atome durch Strom oder Licht angeregt. Die angeregten Atome geben ihre zusätzliche Energie als Lichtstrahl ab, der weitere Atome anregt. Die Lichtstrahlen werden von Spiegeln reflektiert, um zusätzliche Atome anzuregen. Ein Teil der Lichtstrahlen verlässt den Laser durch einen Spiegel, der teilweise durchlässig ist. Diese Lichtstrahlen sind scharf gebündelt, weil alle Wellen gleich ausgerichtet sind. Laser können Licht im ultravioletten, sichtbaren und infraroten Bereich erzeugen. **CD S. 68, Glasfaser S. 20, Laserchirurgie S. 206, Rasierer S. 110, Sicher S. 180**

LCD (Flüssigkristallanzeige)
Ein LCD-Bildschirm erzeugt mit tausenden winziger roter, grüner und blauer Filter ein Bild. Hinter diesen Filtern befindet sich eine Schicht aus Flüssigkristallen. Sobald Strom durch die Flüssigkristalle fließt, richten sich diese aus und wirken als Verschluss, der nur für bestimmte Lichtstrahlen durchlässig ist. **LCD-Fernseher S. 24, Tierdolmetscher S. 30**

LED (Licht emittierende Diode)
Eine LED (Licht emittierende Diode) ist eine Leuchtdiode. Eine Diode ist ein elektronisches Bauteil, das Strom blockiert oder weiterleitet. Die Leuchtkraft erzeugen Elektronen, die sich in einem Halbleiter bewegen. LEDs werden in vielen Geräten als Kontrollleuchten eingesetzt. Fernbedienungen enthalten auch LEDs, die elektrische Signale in unsichtbare Infrarotstrahlen umwandeln. **Glasfaser S. 20, Serviceroboter S. 118, Virtuelle Tastatur S. 174**

Legierung
Eine Mischung aus verschiedenen Metallen oder aus Metallen und Nichtmetallen nennt man Legierung. Durch diese Mischung entstehen neue Materialien, die andere Eigenschaften als die Ausgangsmaterialien besitzen. Eine Legierung kann härter, stärker oder widerstandsfähiger gegen Korrosion (Rost) sein. Edelstahl ist z.B. eine Legierung. **Armbanduhr S. 92, Motorrad S. 126, Operationsroboter S. 208, Stark S. 132, Staubsauger S. 116**

245

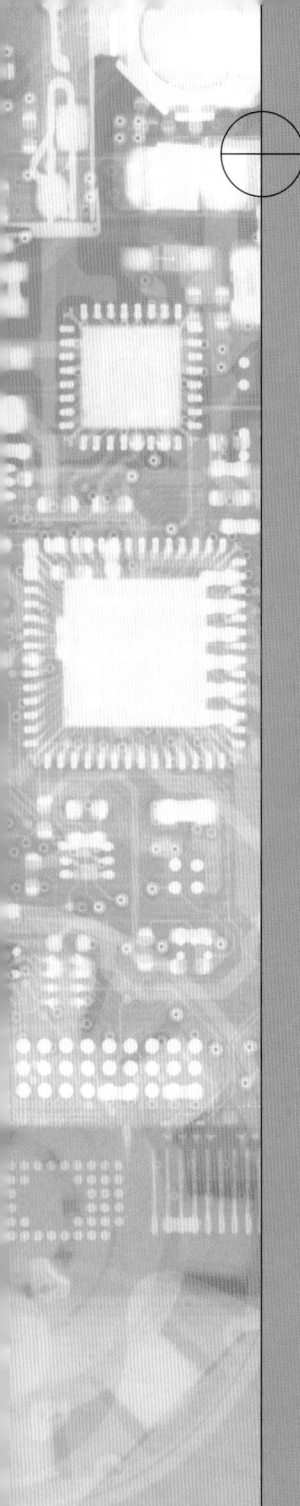

▶ Anhang

Licht
Licht ist eine Energieform, die sich wellenförmig mit der höchsten Geschwindigkeit im Universum ausbreitet. Das Leben auf der Erde kann ohne das Licht der Sonne nicht existieren. Licht ist eine elektromagnetische Strahlung aus verschiedenen Wellenlängen, die wir als Farben von Rot bis zu Violett sehen. Es besitzt gleichzeitig die Eigenschaft von Wellen und von Energieteilchen, den Photonen. **Glühlampe S. 88, Neon S. 34, Solarzelle S. 96, Virtuelle Tastatur S. 174**

Lichtgeschwindigkeit
Die Geschwindigkeit, mit der sich Licht (elektromagnetische Strahlung) ausbreitet, nennt man Lichtgeschwindigkeit. Sie beträgt 299 792 458 Meter pro Sekunde und ist die Geschwindigkeit elektromagnetischer Wellen im freien Raum. Nach Einsteins spezieller Relativitätstheorie bewegt sich nichts schneller als Licht. **Mikrowellenherd S. 100, Satellit S. 42**

Lösungsmittel
Spülmittel und Waschpulver enthalten Lösungsmittel oder Detergenzien, die aus Erdöl gewonnen werden. Die Moleküle der Lösungsmittel besitzen einen fettlöslichen Schwanz und einen wasserlöslichen Kopf. Ihre Schwänze lagern sich um ein fettlösliches Schmutzteilchen, damit dieses wasserlöslich wird. **Waschmaschine S. 114**

Luftwiderstand
Der Luftwiderstand wirkt als Reibung an Objekten, die sich durch die Luft bewegen. **Rennrad S. 58, Windkanal S. 148**

Lumineszenz
Das Leuchten eines Stoffes oder Körpers, das nicht durch Wärme verursacht wird, bezeichnet man als Lumineszenz. Einige Tiere wie z.B. Glühwürmchen wandeln chemische Energie in Licht um (Chemolumineszenz). Manche Bildschirme enthalten lumineszente Materialien, die nach Anregung durch Elektronenstrahlen leuchten (Elektrolumineszenz). **Neon S. 34**

M

Magnet
Ein Magnet erzeugt um sich herum ein Magnetfeld, das andere Magneten anzieht oder abstößt. Jeder Magnet besitzt zwei Pole – einen Nordpol und einen Südpol. An diesen Polen wirkt die magnetische Kraft am stärksten. Doch nur bestimmte Materialien wie z.B. Eisen, Kobalt, Nickel, Stahl und einige Legierungen und Keramikstoffe sind magnetisch. Magneteisenstein ist ein Mineral aus Eisenoxid. Ein Dauermagnet ist immer magnetisch, während ein Elektromagnet ein- und ausgeschaltet werden kann. **E-Gitarre S. 66, Kopfhörer S. 74, MRT-Aufnahme S. 204**

Magnetfeld
Ein Magnet kann magnetische Objekte nur anziehen oder abstoßen, wenn sie sich in seinem Magnetfeld befinden. An jedem Punkt eines Magnetfeldes wirkt die magnetische Kraft in eine bestimmte Richtung. Die Kräfte richten sich an den Magnetfeldlinien aus, die sich von einem Pol zum anderen erstrecken. Ein Stromkabel, durch das Strom fließt, erzeugt auch ein Magnetfeld. **E-Gitarre S. 66, Laufschuhe S. 50, MRT-Aufnahme S. 204**

Mehrkanalübertragung
Bei der Mehrkanalübertragung werden zwei oder mehrere Signale aus zwei oder mehreren Kanälen gleichzeitig übertragen. Ein Digitalempfänger kann z.B. mehrere Fernsehprogramme gleichzeitig empfangen. **Glasfaser S. 20**

Mikrochip
Ein Mikrochip ist ein integrierter Schaltkreis – ein vollständiger Satz elektronischer Bauteile in einer Einheit. Er enthält eine Halbleiterplatte aus Silizium, die viele tausend Bauteile wie z.B. Dioden und Transistoren miteinander verbindet. Ein Mikrochip kann sehr viele komplizierte Arbeiten ausführen – alle Schaltungen eines Computers sind mit dem Chip verbunden. **Chip-Etikett S. 184, Chipkarte S. 182, Digitalstift S. 166, Handy S. 18, Hauptplatine S. 170, Mikrochip S. 16, Tennisschläger S. 54**

Mikroprozessor
Mikroprozessoren sind vollständige Computer, die sich auf einem winzigen Siliziumchip befinden. Sie sind die kompliziertesten Mikrochips. Alle Computer besitzen einen Prozessor oder CPU, der einen oder mehrere Mikroprozessoren enthält. Der Prozessor ist das wichtigste Bauteil eines Computers. Er steuert den Computer und führt Aufgaben und Berechnungen durch. Er verarbeitet Daten der Programme und zeigt die Ergebnisse auf einem Bildschirm an. **Chipkarte S. 182, Hauptplatine S. 170, Laufschuhe S. 50, Notebook S. 168, Spielkonsolen S. 64**

Mikrowellen
Elektromagnetische Wellen mit kurzer Wellenlänge nennt man Mikrowellen. Sie werden für die Übertragung von Fernseh- und Radiosignalen genutzt. Ein Mikrowellenherd erwärmt mit Mikrowellen Mahlzeiten. Dabei dringen Mikrowellen in die Nahrung ein und erhitzen die Wassermoleküle. **Mikrowellenherd S. 100, Satellit S. 42, Vernetzt S. 36**

Molekül
Moleküle sind Verbindungen aus zwei oder mehreren Atomen. Eine Verbindung kann Atome von verschiedenen Elementen oder auch nur von demselben Element besitzen. Luftsauerstoff (O_2) besteht z.B. aus zwei Atomen Sauerstoff. Dagegen besteht Wasser (H_2O) aus einem Atom Sauerstoff, das mit zwei Atomen Wasserstoff verbunden ist. Moleküle können sich aus nur wenigen Atomen bilden wie z.B. Zucker oder auch komplizierte Verbindungen aus vielen tausend Atomen sein wie z.B. ein Protein oder DNS. Die meisten Verbindungen sind winzig klein. Ein Tropfen Wasser enthält z.B. mehr Moleküle als es Sandkörner an einem Sandstrand gibt. **Antibiotika S. 222, Flexibel S. 60, Mikrowellenherd S. 100**

O

Optik
Die Optik ist die Lehre von den Lichtstrahlen des elektromagnetischen Spektrums. Dazu

Glossar

» AUFBAU EINES COMPUTERS

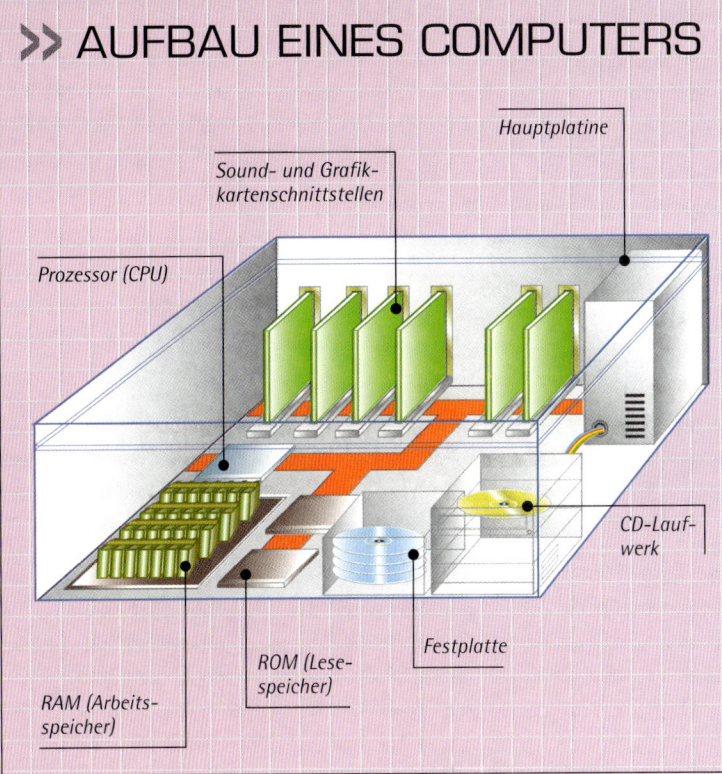

Hauptplatine
Sound- und Grafikkartenschnittstellen
Prozessor (CPU)
CD-Laufwerk
Festplatte
ROM (Lesespeicher)
RAM (Arbeitsspeicher)

Alle Aufgaben des Computers werden vom Prozessor (CPU) überwacht. Daten werden zwischenzeitlich oder ständig gespeichert. Der Arbeitsspeicher RAM (Random Access Memory, engl.: Speicher mit wahlfreiem Zugriff) speichert nur vorübergehend Daten, um einen schnellen Zugriff zu gewährleisten. Dagegen können die Daten des Lesespeichers ROM (engl.: Read only Memory) nur gelesen werden. Sie bleiben im Gegensatz zu den Daten im RAM dauerhaft gespeichert. Daten wie z.B. Texte oder Bilder und Programme sind auf der Festplatte gespeichert. Das Betriebssystem verwaltet die Hardware und andere Programme. Auf der Hauptplatine sitzen der Prozessor und der Speicher. Die Soundkarte steuert den Schall, während die Grafikkarte Signale umwandelt, um sie auf dem Bildschirm zu zeigen.

zählt auch die Refraktion (Brechung) durch Linsen und die Reflexion (Spiegelung) durch Spiegel. **Kamera S. 62, Spiegel S. 90**

P Phosphoreszenz

Bei dieser Art der Lumineszenz nehmen bestimmte Stoffe Energie auf und leuchten erst später. Phosphoreszierende Farben wie z.B. die Leuchtziffern einer Uhr speichern die Energie des Tageslichts und leuchten nachts. **Neon S. 34**

Photonen

Elektromagnetische Strahlen wie z.B. das sichtbare Licht übertragen ihre Energie wellenförmig oder als Teilchen, die man Lichtquanten oder Photonen nennt. Solarzellen wandeln die Photonen des Lichts in Elektrizität um. **Neon S. 34, Solarzelle S. 96**

Piezoelektrizität

Diese Art der Elektrizität entsteht in bestimmten Kristallen, wenn diese zusammengepresst oder in Schwingungen versetzt werden (piezein, griech.: drücken). Viele Uhren besitzen z.B. einen Quarzkristall, der gleichmäßig schwingt und dadurch regelmäßige Signale erzeugt. **Tennisschläger S. 54**

Pixel

Pixel ist ein Kunstwort aus „Picture Element" (engl.: Bildelement). Ein Pixel ist die kleinste grafische Einheit, aus der Texte und Bilder am Bildschirm dargestellt werden. Jedes Pixel ist ein einfarbiges Element. Sie sind normalerweise so klein und zahlreich, dass sie auf Papier oder auf dem Bildschirm scheinbar ineinander übergehen und das Bild glätten. Ein Bild besteht meistens aus vielen tausend Pixeln. **Handy S. 18, Kamera S. 62, LCD-Fernseher S. 24**

Prisma

Ein Prisma ist ein durchsichtiger Glaskörper, der weißes Licht in sein Spektrum aus verschiedenen Farben (Rot, Orange, Gelb, Grün, Blau, Indigoblau und Violett) aufteilt. Das Prisma bricht jede Wellenlänge in einem anderen Winkel, wenn Licht aus einem Glas in die Luft oder aus der Luft in ein Glas übergeht. **CD S. 68**

R Radiowellen

Radiowellen sind die kürzesten elektromagnetischen Wellen, die im Funkverkehr für die Übertragung von Radio- und Fernsehsendungen eingesetzt werden. Wenn ein Sender elektrische Signale mit einer bestimmten Frequenz erhält, erzeugt er daraus Radiowellen mit einer anderen Frequenz. Radiostationen nutzen kürzere Wellen als Fernsehsender. **Chip-Etikett S. 184, Digitalradio S. 22, Dopplerradar S. 194, Handy S. 18, Mikrowellenherd S. 100, MRT-Aufnahme S. 204, Satellit S. 42, Vernetzt S. 36, Videokapsel S. 212**

RAM (Arbeitsspeicher)

Der Arbeitsspeicher speichert nur vorübergehend Daten. Sobald man den

▶ Anhang

Computer ausschaltet, wird der Speicher entleert. Er besteht aus Mikrochips mit integrierten Schaltkreisen. Diese Chips speichern Daten und Programme, die sie von Diskette, Festplatte oder über die Tastatur erhalten. Die Daten werden ständig durch neue ersetzt, wenn man z. B. ein Programm beendet und ein neues startet. RAM (Random Access Memory) erlaubt schnelle Zugriffe in beliebiger Reihenfolge auf die Daten. **Hauptplatine S. 170**

Reaktion (Mechanik)
Kräfte wirken immer paarweise mit Aktion und Reaktion (Wirkung und Gegenwirkung). Beim Gehen drücken die Füße auf den Boden (Aktion). Die entgegengesetzte Kraft (Reaktion) drückt dann die Füße vom Boden ab. Das ist das dritte Bewegungsgesetz von Newton. **Düsentriebwerk S. 146**

Reflexion
Die Reflexion oder Spiegelung beschreibt, wie Licht oder Teilchen von einer Oberfläche zurückgeworfen werden. Man sieht Objekte, weil sie Lichtstrahlen reflektieren. Helle Objekte reflektieren mehr Licht als dunkle. Wenn parallele Lichtstrahlen auf eine glatte Oberfläche fallen, werden sie alle im gleichen Winkel reflektiert. Ist die Oberfläche dagegen uneben, werden sie in alle Richtungen gestreut. Lichtstrahlen, die in ein dichtes Material wie z. B. Glas eindringen, können von der inneren Fläche in das Material reflektiert werden. Das nennt man eine innere Totalreflexion. **CD S. 68, Glasfaser S. 20, Spiegel S. 90, Spielkonsolen S. 64**

Refraktion
Die Refraktion oder Brechung beschreibt, wie Lichtstrahlen beim Übergang von einem Medium in ein anderes gebrochen werden. Dabei ändern Lichtstrahlen ihre Geschwindigkeit. In einem dichteren Medium wie z.B. Glas werden sie langsamer und ändern in einem bestimmten Winkel auch ihre Richtung (Brechungswinkel). Verlassen sie dieses Medium, werden sie wieder schneller. Eine Linse kann Lichtstrahlen so brechen, dass sie sich in einem Punkt sammeln, den man Brennpunkt nennt. **Kamera S. 62**

Reibung
Die Reibung hemmt die Bewegung von zwei Körpern, die sich berühren. Sie wirkt immer gegen die Richtung der Bewegung und erzeugt Wärme. Die Größe der Reibung hängt von der Beschaffenheit der Oberflächen und der Kraft ab, mit der die Objekte gegeneinander gepresst werden. Raue Oberflächen erzeugen die größte Reibung. **Spaceshuttle S. 156, Zündholz S. 86**

ROM (Lesespeicher)
Der Lesespeicher ROM (engl.: Read only Memory) enthält dauerhafte Daten und speichert sie, auch wenn der Computer ausgeschaltet ist. Die Daten im Lesespeicher können nur gelesen werden, man kann sie nicht löschen oder verändern. Der Datensatz wird in diesem Chip normalerweise bei der Herstellung des Computers gespeichert. Im Personalcomputer enthält der Lesespeicher wichtige Informationen über die Hardware und notwendige Daten. Der Lesespeicher wird in Zukunft durch Flash-Memory ersetzt. **Hauptplatine S. 170**

Röntgenstrahlen
Diese elektromagnetische Strahlung mit sehr kurzer Wellenlänge wird in einer Röntgenröhre erzeugt. Ein Elektronenstrahl trifft auf ein Metall,

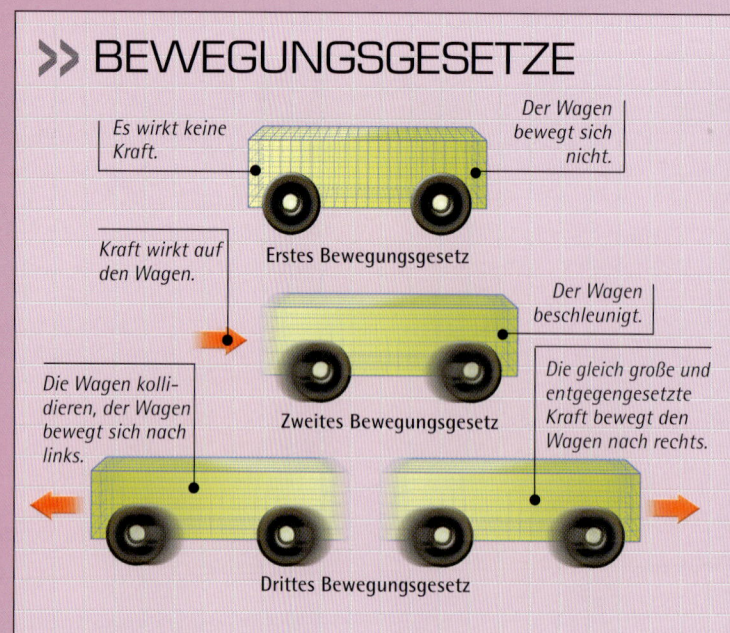

≫ BEWEGUNGSGESETZE

Es wirkt keine Kraft. — *Der Wagen bewegt sich nicht.*
Erstes Bewegungsgesetz

Kraft wirkt auf den Wagen. — *Der Wagen beschleunigt.*
Zweites Bewegungsgesetz

Die Wagen kollidieren, der Wagen bewegt sich nach links. — *Die gleich große und entgegengesetzte Kraft bewegt den Wagen nach rechts.*
Drittes Bewegungsgesetz

Der englische Forscher Sir Isaac Newton veröffentlichte 1687 seine *Mathematischen Prinzipien der Naturlehre*, die drei Gesetze der Mechanik enthielten (Bewegungsgesetze). Nach dem ersten Gesetz bleibt ein Körper so lange in Ruhestellung oder in gleichförmiger Bewegung, bis eine Kraft angreift. Nach dem zweiten Gesetz verursacht eine Kraft, die auf einen Körper wirkt, dass dieser sich bewegt, beschleunigt, langsamer wird oder seine Richtung ändert. Nach dem dritten Gesetz erzeugt eine Kraft immer auch eine gleich große Kraft, die in entgegengesetzter Richtung wirkt (Aktion = Reaktion). Ein Düsentriebwerk arbeitet nach diesem Prinzip.

> Glossar

das Röntgenstrahlen ermittiert. In Röntgenaufnahmen kann man Knochen sehen, weil sie Röntgenstrahlen blockieren. **Bildgebende Verfahren S. 8**

Schallwellen
Schallwellen breiten sich durch Schwingungen in einem Medium wie z. B. Luft aus. Man hört Personen reden oder singen, wenn die Schallwellen das Ohr erreichen. Die Schallquelle schwingt vor und zurück und versetzt die Luft in Schwingungen. Diese Schwingungen verteilen sich in der Luft als regelmäßige Änderungen des Luftdrucks. Die Schallgeschwindigkeit beträgt ungefähr 340 Meter pro Sekunde. Eine Schallwelle besteht aus Abschnitten mit hohem Luftdruck, den Kompressionen. Ihnen folgen Abschnitte mit niedrigem Luftdruck. Den Schall hört man, wenn die Druckänderungen das Ohr erreichen. **Dopplerradar S. 194, E-Gitarre S. 66, Kopfhörer S. 74, MP3-Player S. 70, Tierdolmetscher S. 30**

Schubkraft
Diese Kraft, die nach vorne wirkt, treibt Flugzeuge an. Düsentriebwerke oder Propeller erzeugen die Schubkraft, damit Flugzeuge fliegen. Bei einem Hubschrauber erzeugen die Rotorblätter die Schubkraft. **Düsentriebwerk S. 146, Osprey S. 144, Raumsonde S. 158**

Schwerkraft
Die Schwerkraft wirkt als Anziehungskraft zwischen allen Objekten mit Masse. Die Schwerkraft ist jedoch nur stark, wenn das Objekt eine große Masse besitzt wie z. B. Planeten, Monde oder Sterne. Die Schwerkraft wird schwächer, wenn sich die Körper voneinander entfernen. **Raumsonde S. 158**

Schwerpunkt
Als Schwerpunkt eines Körpers bezeichnet man den Punkt, an dem alle äußeren Kräfte wie z. B. die Schwerkraft angreifen. Wenn man einen Körper wie z. B. ein Tablett mit Gläsern im Gleichgewicht halten will, muss man ihn direkt unter dem Schwerpunkt stützen. **Rollstuhl S. 138**

Schwingung
Eine Schwingung ist eine zeitliche Änderung um einen Mittelwert wie z. B. die Bewegung eines Pendels um seinen Ruhepunkt, die sich gleichmäßig wiederholt. Die Schwerkraft zieht das Pendel von einer Seite in den Ausgangspunkt zurück und bremst es beim nächsten Ausschlag ab. Eine Schwingung befindet sich auch zwischen kleinstem und größtem Wert wie z. B. die Spannung des Wechselstroms. Schwingungen, die sich im Raum ausbreiten, nennt man Wellen wie z. B. die des Lichts. Sehr schnelle Schwingungen wie z. B. bei einer Gitarrensaite nennt man auch Vibrationen. Die Dauer einer Schwingung – von einem größten Wert zum nächsten – nennt man Periode. Die Anzahl der Schwingungen in einer bestimmten Zeit nennt man Frequenz (Einheit: Hertz). **Armbanduhr S. 92, E-Gitarre S. 66, Kopfhörer S. 74, Spracherkennung S. 28**

Sensoren
Sensoren entdecken oder messen Bewegung, Druck, Geschwindigkeit, Magnetfelder, Rauch, Schwingungen und Wärme. Die meisten Sensoren senden elektrische Signale an ein Kontrollsystem oder ein Warnsystem. **CD S. 68, Crashtest S. 134, Kamera S. 62, MRT-Aufnahme S. 204, Notebook S. 168, Serviceroboter S. 118**

Server
Ein Server ist ein besonderer Computer, der in einem Netzwerk spezielle Aufgaben übernimmt. Ein Daten-Server besitzt z. B. riesige Kapazitäten, um Dateien sicher zu speichern. Ein Druck-Server steuert einen oder mehrere Drucker. **Chip-Etikett S. 184, Internet S. 38, Vernetzt S. 36**

Spannung
Die Spannung ist eine Kraft, die Elektronen in einem elektrischen Strom antreibt. Sie kann z. B. durch eine Batterie erzeugt werden. **Batterie S. 94**

Spektrum
Ein Spektrum ist ein Bereich aus vielen ähnlichen Werten wie z. B. Farben. Weißes Licht ist ein Teil des elektromagnetischen Spektrums, das ein Prisma in seine verschiedenen Wellenlängen zerlegt: von Rot, das die längste Wellenlänge besitzt, über Orange, Gelb, Grün, Blau bis zu Violett, das die kürzeste Wellenlänge hat. Ein Prisma beugt die einzelnen Wellenlängen mit unterschiedlichen Winkeln. Die Aufteilung des weißen Lichts durch ein Prisma nennt man auch Zerstreuung oder Dispersion. Bei einem Regenbogen wird das Sonnenlicht durch die einzelnen Regentropfen gebeugt. **CD S. 68, LCD-Fernseher S. 24**

Strom
Den Fluss elektrischer Ladungen durch eine Substanz nennt man Strom. Eine elektrische Ladung fließt nur durch solche Substanzen, die wie z. B. Kupferkabel elektrisch leitfähig sind. Strom kann nur dann fließen, wenn eine elektromotorische Kraft, die Spannung, Elektronen antreibt. Elektronen sind negativ geladen und stoßen andere Elektronen ab, sodass diese auf andere Atome überspringen. Während Elektronen von einem Atom zu einem anderen springen, wird die Ladung durch das Kabel geleitet und Strom fließt. **Batterie S. 94, Brennstoffzelle S. 128, Nassschweißen S. 188**

TCP/IP (Übertragungsprotokoll/Internetprotokoll)
Das Protokoll regelt die Verbindung zwischen verschiedenen Computern im Internet. **Internet S. 38**

Telemetrie
Die Telemetrie wandelt Messwerte oder Bilder in digitale Signale um, um sie über große Entfernungen zu übertragen. **Navigation S. 154**

Trägheit
Jeder Körper reagiert auf eine Wirkung nur verzögert. Ein bewegter Körper versucht deshalb, seine Bewegung fortzusetzen, während ein ruhender an seinem Ort verharrt. Wenn man in

▶ Anhang

einem Auto sitzt, das plötzlich stoppt, schleudert einen die Trägheit seines Körpers nach vorne. Die Trägheit eines Körpers hängt von seiner Masse ab – ein Körper mit viel Masse besitzt eine große Trägheit. **Crashtest S. 134**

Tragfläche
Tragflächen haben eine besondere Form, um Auftrieb zu erzeugen. Die Oberseiten sind gewölbt, während die Unterseiten flach sind. Dadurch strömt die Luft über der Tragfläche schneller als die auf der Unterseite und senkt den Druck. Diesen Vorgang beschreibt die Bernoulli-Gleichung. Weil der Luftdruck oberhalb der Tragfläche geringer ist als unterhalb, entsteht der Auftrieb. Der Luftstrom erzeugt auch einen geringen Luftwiderstand.
Osprey S. 144, Tauchboot S. 142

Transistor
Transistor ist eine Kurzform von „Transfer Resistor" (engl.: Übertragungswiderstand). Das elektronische Bauteil schaltet Strom ein oder verstärkt ihn. Transistoren sind wichtige Elemente in Computern und Verstärkern, die aus Halbleitern hergestellt werden. Sie besitzen drei Anschlüsse: Die Trennschicht oder Basis liegt zwischen dem Kollektor und dem Emitter. Wenn Strom durch den Transistor fließt, erreicht ein kleiner Steuerstrom die Basis. Dieser Steuerstrom sendet Elektronen in die Basis oder entzieht ihr Elektronen. Der Elektronenfluss beeinflusst den Stromfluss durch den Transistor. **Hauptplatine S. 170, Mikrochip S. 16**

Transponder
Die Kurzform aus „Transmitter" und „Responder" (engl.: Sender/Empfänger) ist ein Gerät, das Signale empfängt und weiterleitet.
Satellit S. 42

U Übertragungsprotokoll
Übertragungsprotokolle regeln die Kommunikation zwischen verschiedenen Computern in einem Computernetzwerk wie dem Internet. Das HTTP-Protokoll legt das Format für die Kommunikation zwischen Browsern und Servern fest. Protokolle teilen die Daten auf, um sie schneller zu übertragen, und setzen sie anschließend wieder zusammen.
Internet S. 38

Ultraviolette Strahlen
Diese elektromagnetischen Strahlen haben eine kürzere Wellenlänge als sichtbares Licht. Die Sonne ist die größte Quelle für ultraviolettes (UV) Licht, das auch künstlich erzeugt wird. UV-Licht wird in Industrie und Medizin eingesetzt, um z. B. Fluoreszenz zu erzeugen oder Bakterien zu zerstören. **Digitalstift S. 166, Laserchirurgie S. 206, Solarzelle S. 96**

URL (Einheitliche Internetadresse)
Jede Internetseite im World Wide Web besitzt eine eigene Adresse. **Internet S. 38**

V Verbindung
Eine Verbindung besteht aus Atomen von zwei oder mehreren Elementen. Sie enthält Elemente in festen Verhältnissen, die sich zu Molekülen oder größeren Strukturen aus mehreren Molekülen zusammenlagern. Der chemische Name zeigt an, welche Elemente sie enthält. Salz hat z. B. den chemischen Namen Natriumchlorid, weil es aus Natrium und Chlor besteht. Die Eigenschaften von Verbindungen unterscheiden sich häufig von denen der Elemente. Natrium ist z. B. ein weiches Metall und Chlor ist ein giftiges Gas. Obwohl man beide Elemente einzeln nicht essen sollte, ist Salz als Verbindung beider ein wichtiges Lebensmittel. **Brennstoffzelle S. 128**

Verbrennung
Eine Verbrennung ist eine chemische Reaktion zwischen dem Brennstoff und Sauerstoff, die Wärme und Licht erzeugt. Ein Material, das verbrennt (Feuer fängt oder sich entzündet), nennt man entflammbar. Dazu muss es bis zur Zündtemperatur erwärmt werden. Erst dann setzt

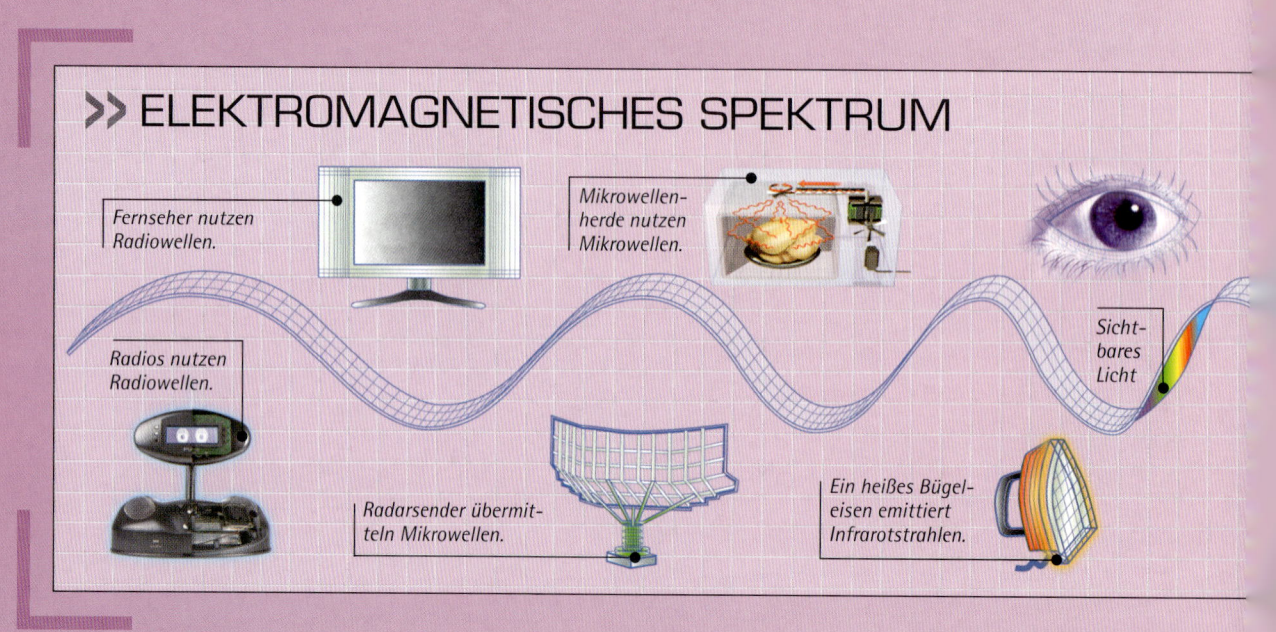

›› ELEKTROMAGNETISCHES SPEKTRUM

Fernseher nutzen Radiowellen.

Mikrowellenherde nutzen Mikrowellen.

Radios nutzen Radiowellen.

Radarsender übermitteln Mikrowellen.

Sichtbares Licht

Ein heißes Bügeleisen emittiert Infrarotstrahlen.

> Glossar

die chemische Reaktion zwischen Brennstoff und Sauerstoff ein. Dabei entsteht Wärme, die den Brennstoff erhitzt, bis der gesamte Brennstoff verbraucht ist. **Benzinmotor S. 130, Düsentriebwerk S. 146, Feuerwerk S. 78, Zündholz S. 86**

Verbrennungsmotor
Ein Verbrennungsmotor ist eine Wärmemaschine, die Brennstoff in einer Kammer verbrennt, um Arbeit zu verrichten. Dazu wird ein Gas erwärmt, das sich ausdehnt und Teile im Motor bewegt. Dabei wird Wärmeenergie in kinetische Energie umgewandelt. **Benzinmotor S. 130, Düsentriebwerk S. 146**

W

Wärme
Wärme ist eine Energieform, die Objekte erhitzt oder abkühlt. Alle Objekte besitzen unabhängig von ihrer tatsächlichen Temperatur Wärme, weil sich ihre Teilchen (Atome und Moleküle) bewegen. Erhält ein Objekt zusätzliche Wärme, wird es heißer und seine Teilchen bewegen sich schneller. Wenn es dagegen Wärme abgibt, kühlt es ab und seine Teilchen werden langsamer. Die Wärmeenergie wird immer von einem heißeren auf ein kälteres Objekt abgegeben. Wärme kann man auf unterschiedliche Art erzeugen wie z.B. durch Reibung, Verbrennung oder durch Elektrizität. **Aerogel S. 104, Benzinmotor S. 130, Kühlschrank S. 102, Laserdrucker S. 176, Nassschweißen S. 188, Zuhause S. 106, Zündholz S. 86**

Wärmeleitung
In Flüssigkeiten und Feststoffen wird Wärme durch Wärmeleitung übertragen. Wenn man z.B. einen Metallstab erhitzt, stoßen in dem Stab energiereiche (warme) Teilchen mit energiearmen zusammen und übertragen einen Teil ihrer Energie. Ein Wärmeleiter wie z.B. eine Herdplatte überträgt auf diese Weise Wärme. Die Leitfähigkeit eines Materials ist ein Maß dafür, wie viel Wärme es weiterleitet. Metalle sind z.B. gute Wärmeleiter. **Heiß S. 98**

Weißglut
Feste Körper senden bei sehr hohen Temperaturen weißes Licht aus, das man auch Weißglut nennt. Die Farbe des Lichts zeigt die Temperatur eines Körpers an. Ab 525°C leuchten Körper zunächst rötlich, ab 1000°C gelblich und ab 1200°C glühen sie weißlich. Die meisten normalen Glühlampen im Haushalt enthalten einen Glühfaden aus Wolfram. Wenn der Glühfaden mit Strom erhitzt wird, wird er so heiß, dass er helles, weißes Licht abgibt. **Glühlampe S. 88**

Widerstand
Der Widerstand, den ein Flugzeug in der Luft oder ein Boot im Wasser erfährt, entsteht durch Reibung mit Luft- oder Wassermolekülen. Er wächst, je schneller sich ein Objekt bewegt. Eine stromlinienförmige Gestalt verringert den Widerstand. **Düsentriebwerk S. 146, Flexibel S. 60, Rennrad S. 58, Tauchboot S. 142, Windkanal S. 148**

Wirkungsgrad (Effizienz)
Der Wirkungsgrad beschreibt, wie viel Energie eine Maschine in nützliche Arbeit umsetzen kann. Eine Energiesparlampe wandelt z.B. mehr Strom in Licht um als eine normale Glühlampe. **Glühlampe S. 88, Waschmaschine S. 114**

World Wide Web
Dieses System besteht aus zahlreichen Internetservern, die Dokumente in der Programmiersprache HTML (engl.: Hyper Text Markup Language) speichern. **Internet S. 38**

Z

Zentrifugalkraft
Eine Zentrifuge dreht mit hoher Geschwindigkeit ein oder mehrere Röhrchen, die eine Lösung mit gelösten Teilchen enthalten. Dadurch wirkt eine starke Kraft auf die Lösung, sodass die gelösten Teilchen getrennt werden. Dabei bewegen sich die schwereren Teilchen weiter nach außen. Diese Kraft nennt man Zentrifugalkraft. **Lift S. 140, Staubsauger S. 116**

Ultraviolettes Licht erreicht die Erde von der Sonne.

Kernreaktionen erzeugen Gammastrahlen.

Röntgenstrahlen nehmen Bilder von unseren Knochen auf.

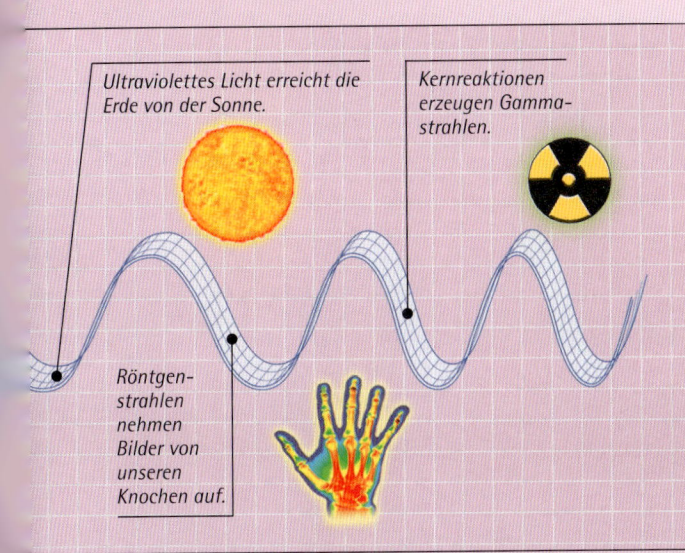

Elektromagnetische Wellen – wie sichtbares Licht, Radiowellen, Mikrowellen, Röntgen-, Infrarot-, Gamma- und Ultraviolettstrahlung – breiten sich durch Raum und Materie aus. Jede Strahlung besitzt eine andere Wellenlänge und Energie. Den gesamten Bereich der elektromagnetischen Wellen nennt man elektromagnetisches Spektrum. Die Regenbogenfarben – das sichtbare Licht – bilden nur einen Teil dieses Spektrums. Radiowellen, Mikrowellen und Infrarotstrahlen haben längere Wellenlängen, sie besitzen jedoch nicht so viel Energie wie sichtbares Licht. Ultraviolett-, Röntgen- und Gammastrahlen haben dagegen kürzere Wellenlängen und sind energiereicher. Obwohl uns einige Strahlen schädigen, sind doch alle Strahlen nützlich.

▶ Anhang

Halbfette Seitenzahlen verweisen auf Haupteinträge, *kursive* Seitenzahlen verweisen auf den Anhang.

A

Absorption *240*
Aerodynamik *240*
Bälle 53
Rennrad **58-59**
Windkanal **148-149**
Aerogel **104-105**
Ameisen 208
Amplitude *240*
Analogtechnik 22, *240*
Angiogramm, Gehirn 203
Antibiotika **222-223**
Antikörper 220, *240*
Ariane-Trägerrakete 158
Aramide, Fasern 191
Arbeitsspeicher (RAM) 171, *247*
Armbanduhr **92-93**
Astronauten 156, 157
Athleten, Prothesen **214-215**
Atmosphäre, Ozonschicht 112
atmungsaktive Gewebe 60
Atome *240*, *241*
   chemische Reaktionen *241*
   Ionen *245*
   Ladung *241*
   Moleküle *247*
   Verbindungen *242*
Auftrieb *241*
Aufzug **140-141**
Augen: Iris-Scan **32-33**
   Laserchirurgie **206-207**
Augenhornhaut, Laserchirurgie **206-207**
Autos: Autoturm **136-137**
   Brennstoffzelle **128-129**
   Crashtest **134-135**
   Industrieroboter 186
   Motor **130-131**
   Satellitennavigation 155

B

Babbage, Charles *236*
Bakterien *240*
   Antibiotika **222-223**
   Impfung **220-221**
Ball, Fußball **52-53**
Bandbreite *240*
Barcode 181
Batterie **94-95**
Baumaterialien, Recycling **106-107**
Befruchtung, künstliche **224-225**
Bell, Alexander Graham *236*
Bell-Laboratorien *236*
Berners-Lee, Sir Tim *236*
Beschleunigung *240*
Beton 193
Bewegung, Gesetze der *248*
Bildaufnehmer *240*
Bildschirm, Computer 171
Binärcode 69, *241*
Biochips **226-227**
Biolumineszenz 35
biometrische Identifikation 32
Biro, Ladislaus *236*
Bit *241*
Blackbox, Flugzeuge **150-151**
Bluetooth® 19, *241*
Blutgefäße 203
Blutgerinnsel 219
Brände 191, **216-217**
Brennstoffzelle 95, **128-129**
Bug (Digitalradio) **22-23**
Byte *241*

C

Carothers, Wallace *236*
CD **68-69**
Charles, Jacques Alexandre César *236*
chemische Reaktion *241*
Chip und PIN 183
Chip-Etikett **184-185**
Chipkarte **182-183**
Chirurgie: Laserchirurgie **206-207**
   Operationsroboter **208-209**
Claude, Georges *236*
Computer *247*
   Arbeitsspeicher (RAM) *247*
   computergesteuertes Design 59
   Digitalstift **166-167**
   Flashstick **172-173**
   Hauptplatine **170-171**, *247*
   Internet **38-39**
   künstliche Intelligenz *241*
   Laptop **168-169**
   Laserdrucker **176-177**
   Lesespeicher (ROM) *248*
   Mikrochip **16-17**, *246*
   Minicomputer 170
   Netzwerke **36-37**
   PDA (personal digital assistant) 27
   Scanner **178-179**
   Server *249*
   Spiele **64-65**, 175
   virtuelle Tastatur **174-175**
   Webcam 26
   WLAN-Karte 26
Computertomografie
   Aufnahmen 203
Crashtest **134-135**
Crick, Francis *236*
Crookes, William *236*

D

Dach, Rasen 107
Daimler, Gottlieb *236*
Darm, Videokapsel **212-213**
Daten *siehe* Informationen
Deep Flight Aviator **142-143**
Design, computergesteuertes 59
Diesel, Rudolf *236*
Digitalisierung *241*
Digitaltechnologie *242*, *243*
   Aufnahmen 69
   Fernsehen 27
   Kamera **62-63**
   Stift **166-167**
   DJ-Pult **76-77**
DNS *242*, *243*
   Biochips **226-267**
   Impfstoffe 221
Dopplerradar **194-195**
drahtloses Internet (WLAN) 26, 169
Druck *241*
Drucker, Laser **176-177**
Dummy, Crashtest **134-135**
Dusche 98
Düsentriebwerk 133, **146-147**, *241*
DVD, Sicherheitschip 181
Dyson, James *236*

E

Edelgase *241*
Edison, Thomas ***236-237***
Einstein, Albert *237*
Eisgebäude 106
Eizellen, IVF (in-vitro-Fertilisation) **224-225**
Elektrizität: Batterie **94-95**
   Brennstoffzelle 95, **128-129**
   elektrische Energie *243*
   Glühlampe **88-89**
   Fotozelle *242*
   Halbleiter *244*
   Motoren *242*
   Nassschweißen **188-189**
   Piezoelektrizität 55, *247*
   Schrittmacher 211
   Solarzelle **96-97**, 107, 131
   Spannung *249*
   Strom *249*
   Wärmeenergie 99
Elektrochemie *242*
Elektrode *242*
Elektroenzephalogramm (EEG) 175
Elektrolyt *242*
Elektromagnete *242*
elektromagnetisches Spektrum **250-251**
Elektromotor *242*
Elektron *240*, *242*
Elemente, Verbindung 250
Endoskopie 213
Energie *242*
   Autounfälle 135
   Batterie **94-95**
   elektrische *242*
   elektromagnetisches Spektrum **250-251**
   Erhaltung *242*
   Fotozelle *242*
   kinetische *245*
   Licht *246*
   Motor **130-131**
   Solarzelle **96-97**, 107, 131
   Speicherung 93
   Wärme **98-99**, *251*
   Wirkungsgrad *251*
Energieerhaltung *242*

▶ Register

Europäische Weltraumagentur 237
Explosionen, Feuerwerk **78–79**

F
Faraday, Michael 237
Farbe 242
    LCD-Fernseher 25
    Prisma 247
    Spektrum 249
Fasern, synthetische 132
Fernmessung 242
Fernsehen **24–25**, 27, 36, 37
Festplatte, Laptop 168
Fettzellen 218
Feuer: Schutzanzug **190–191**
    Zündhölzer **86–87**
Feuerwerk **78–79**
Filme, MP4-Player 27
Fingerabdruck 32, 180
Fische, Schwimmblase 143
Flaschenzug 242
Flashstick **172–173**
Fleece 61
Fleming, Alexander 222, 237
Flughafen 153
Flugsicherung 153
Flugzeuge: Aerogel 104
    Blackbox **150–151**
    Düsentriebwerk **146–147**
    Flugsicherung 153
    Materialien 132
    Osprey **144–145**
    Windkanal **148–149**
Fluoreszenz 88, 89, 181, 242
Fön 99
Fotografie **62–63**, 79
Fotozelle 96, 242
Foucault, Jean 237
Franklin, Rosalind 237
Frequenz 242
Fußball **52–53**
Füße, Prothesen 214

G
Gagarin, Juri 237
Gase 243, 241
Gates, Bill 237
Gebäude, Aufzug **140–141**
Gebrüder Wright 239
Gegengewicht 141
Gehirn: Angiogramm 203
    Computerspiele 175
    MRT-Aufnahme **204–205**
    neuronales Netzwerk 31
Gel 243
Genetik **226–227**, 243, 244
geostationäre Satelliten 243
Gerinnsel, Blut 219
Geschmacksknospen 219
Geschwindigkeit 243
Getriebe 243
Getting, Ivan 237
Gewebe **60–61**
Gewicht (Masse) 139, 141

Gitarre **66–67**
Glasfaser **20–21**, **40–41**, 243
Glasfasermaterial 133
Glasfaserstoff 133
Gleichgewicht, Motorräder 127
Gleise 153
Glühbirne **88–89**, 243
Glühfäden, Glühbirnen 243
Golf, künstliches Grün 72
Gorrie, John 237
GPS (Globales Positionierungssystem)
    154–155, 243
Grove, William 237
Gyroskop 127, 245

H
Haarbalgmilben 219
Haare **110–111**, 219
Haie 143
Halbleiter 244
Handy **18–19**, 175
Hardware, Computer 171
Hauptplatine **170–171**, 247
Haus 99, **106–107**
Hauttransplantat **216–217**
Hawkes, Graham 143
Heftpflaster 193
Herd, Mikrowellen **100–101**
Hertz, Heinrich 237
Herzschrittmacher **210–211**
Hodgkin, Dorothy Crowfoot 236
Hoff, Marcian Edward „Ted" Jr. 237
Holland, John Philip 237
Holmes, April 215
Hologramm 180
Hubschrauber **144–145**
Hypertext 244

I
iBOT™ Rollstuhl **138–139**
Immunsystem, Impfung **220–221**
Impfung **220–221**, 244
Impuls 244
Industrieroboter **186–187**
Informationen: Datenkompression
    70, 241
    Chipkarte **182–183**
    Digitalstift **166–167**
    Flashstick **172–173**
    Glasfaser **20–21**
Infrarotstrahlen 244
    Thermogramm 98, 99
    virtuelle Tastatur 175
Intelligenz, künstliche 245
Internet **38–39**, 244
    drahtloses Internet (WLAN) 26, 169
    Hypertext 244
    Protokolle 249
    URL 250
    World Wide Web 39, 251
Ionen 244
Ionisierung 244
Iris-Scan **32–33**
Isoliermittel 244

Isolierung **104–105**, 106, 107
IVF (in-vitro-Fertilisation) **224–225**

J
Jobs, Steve 237
Joule, James Prescott 238

K
Kabel, Telefon 37
Kamera **62–63**
    Videokapsel **212–213**
    Webcam 26
Kao, Charles 238
Keratin 110
Kevlar® 132
Kilby, Jack 238
kinetische Energie 245
Kistler, Steven 105
Klebstoffe **192–193**
Klebstoffe **192–193**
Kleidung: Aerogel 104
    Gewebe **60–61**
    Schutzanzug **190–191**
    Waschmaschine **114–115**
Kletterwand 73
Klettverschluss 192
Knochen, Röntgenaufnahmen 202
Kochen, Mirkowellenherd **100–101**
Kochtopf 98
Kohlenfaserstoff 214
Kohlenstoff 245
Kohlenstofffaser 132
Kolben 245
Kombinationsschlösser **108–109**
Kometen, Raumsonde **158–159**
Kommunikation: Digitalradio **22–23**
    Glasfaser **20–21**
    Handy **18–19**
    Internet **38–39**
    LCD-Fernseher **24–25**
    Satelliten 37, **42–43**
    Tierdolmetscher **30–31**
    Vernetzt **36–37**
    Videozylinder **40–41**
Kompression 245
Kontaktkleber 193
Kopfhörer **74–75**
Körper *siehe* menschlicher Körper
Kräfte 245
    Druck 241
    Reaktion (Mechanik) 248
    Schwerkraft 249
    Schub 249
    Zentrifugal 117, 127, 251
Kräne 141
Krankheit: Biochips 226
    Impfstoff **220–221**, 244
Kristalle 245
    LCD (Flüssigkristallanzeige) 245
    Piezoelektrizität 247
Kugelstoßpendel 93
Kühlmittel, Kühlschrank **102–103**

▶ Anhang

Kühlschrank 102–103
künstliche Befruchtung 224–225
künstliche Intelligenz 245
künstliches Grün 72

L
Ladung 245
Laptop 168–169
Laser 207, 245
   CD 68–69
   Chirurgie 206–207
Hologramm 180
Laserdrucker 176–177
Laufschuhe 50–51
LCD (Flüssigkristallanzeige) 24–25, 245
LED (Licht emittierende Dioden) 88, 245
Legierungen 245
Licht 246
   Biolumineszenz 35
   Fluoreszenz 88, 89, 181, 242
   Geschwindigkeit 246
   Glasfaser 21, 243
   LED 88, 245
   Lumineszenz 246
   Neonlicht 34–35
   Optik 246–247
   Phosphoreszenz 179, 247
   Photonen 90, 247
   Prisma 247
   Reflexion 248
   Refraktion 248
   Rotverschiebung 194
   Scanner 178–179
   Solarzelle 96–97
   Spektrum 249
   Spiegel 90
   virtuelle Tastatur 174–175
   Weißglut 88, 89, 251
   siehe auch Laser
Licklider, Joseph Carl Robnett 238
Lister, Joseph 238
Lithium 94, 95
Lösungsmittel 246
Lovelace, Gräfin von 236
Luftverschmutzung 129
Luftwiderstand 246
Lumineszenz 246
Lycra® 61

M
Magneten 243, 246
Magnetfelder 246
Malaria 226
Marconi, Guglielmo 23, 238
Materialien: Recycling 106–107
   Autobestandteile 132–133
Maxwell, James Clerk 238
Medikamente, Antibiotika 222–223
Medizin
   Antibiotika 222–223
   Aufnahmen 202–203

Chip-Etikett 184
Hauttransplantat 216–217
IVF (in-vitro-Fertilisation) 224–225
Laserchirurgie 206–207
MRT-Aufnahme 204–205
Operationsroboter 208–209
Schrittmacher 210–211
Videokapsel 212–213
Mehrkanalübertragung 246
Mendel, Gregor 238
menschlicher Körper: Prothesen 214–215
   Aufnahmen 202–205
   Impfung 220–221
   Zellen 218–219
Mestral, George de 192, 238
Metalle: Legierungen 245
   Nassschweißen 188–189
Mikrochip 16–17, 171, 246
   Chip-Etikett 184–185
   Chipkarte 182–183
   in Tennisschlägern 55
Mikromechanismen 109
Mikroprozessor 16, 64, 171, 246, 247
Mikrowellen 37, 100–101, 246
Milben, Haarbalg 219
Molekül 246
Mond 207
Motor: Benzinmotor 130–131, 251
   Düsentriebwerk 133, 146–147, 241
   Kolben 245
   Motorräder 127
   Spaceshuttle 156
Motorräder 126–127
MP3-Player 70–71
MP4-Player 27
MRSA 223
MRT (Magnetresonanztomografie) 202, 204–205
Musik: DJ-Pult 76–77
   Gitarre 66–67
   Kopfhörer 74–75

N
Nadel-, Matrixdrucker 177
Nahrung: Kühlschrank 102–103
   Mikrowellenherd 100–101
Nanoroboter 186
NASA 133, 238
Nassschweißen 188–189
Navigation 27, 154–155
Neonlicht 34–35
Netzwerk: Kommunikation 36–37
   Internet 38–39
   natürliche Netzwerke 39
   neuronale Netzwerke 31
   Server 249
   Transport 152–153
Neumann, John von 238
neuronale Netzwerke 31
Newton, Sir Isaac 238, 248
Noyce, Robert 238

O
Ohain, Hans Joachim Pabst von 238
Ohren 74, 218–219
Ölpipeline 104
Optik 246–247
Ørsted, Hans 238
Osprey 144–145
Otis, Elisha Graves 141, 239
Otto, Nikolaus August 131, 239
Ozeane 142–143, 153
Ozonschicht 112

P
Pakete, Daten 241
Parasiten 219, 220
PDA (personal digital assistant) 27, 174–175
Penizillin 222
Phosphoreszenz 179, 247
Photonen 90, 247
Pierce, John R. 239
Piezoelektrizität 55, 247
Pistorius, Oscar 215
Pixel 24–25, 247
Planeten, Schwerkraft 159
Plunkett, Roy J. 239
Polymere 132
Post-it® Notizzettel 192
Postleitzahl 179
Prisma 247
Prothesen 214–215
Prozessor (CPU) 168, 171

R
Radar 153, 194–195
Radfahren, Velodrom 73
Radiowellen 101, 247
   Digitalradio 22–23
   Dopplerradar 195
   MRT-Aufnahme 205
   Satellitennavigation 154
   Sicherheitschips 181
   WLAN-Karte 26
Raketen 78–79, 156, 158
RAM 171, 247–248
Rasendach 107
Rasierer 110–111
Rasierklinge 110, 111
Raumsonde 104, 158–159
Reaktion (Mechanik) 248
Recycling, Baumaterialien 106–107
Reflexion 248
Refraktion 248
Reibung 86–87, 248
Reifen, Motorräder 127
Reisepass 181
Rennrad 58–59
RFID-Chip 184–185
Roberts, Lawrence 239
Roboter: Serviceroboter 118–119
   Industrieroboter 186–187
   Chirurgie 208–209
   Nassschweißen 189

▶ Glossar

die chemische Reaktion zwischen Brennstoff und Sauerstoff ein. Dabei entsteht Wärme, die den Brennstoff erhitzt, bis der gesamte Brennstoff verbraucht ist. **Benzinmotor S. 130, Düsentriebwerk S. 146, Feuerwerk S. 78, Zündholz S. 86**

Verbrennungsmotor

Ein Verbrennungsmotor ist eine Wärmemaschine, die Brennstoff in einer Kammer verbrennt, um Arbeit zu verrichten. Dazu wird ein Gas erwärmt, das sich ausdehnt und Teile im Motor bewegt. Dabei wird Wärmeenergie in kinetische Energie umgewandelt. **Benzinmotor S. 130, Düsentriebwerk S. 146**

W Wärme

Wärme ist eine Energieform, die Objekte erhitzt oder abkühlt. Alle Objekte besitzen unabhängig von ihrer tatsächlichen Temperatur Wärme, weil sich ihre Teilchen (Atome und Moleküle) bewegen. Erhält ein Objekt zusätzliche Wärme, wird es heißer und seine Teilchen bewegen sich schneller. Wenn es dagegen Wärme abgibt, kühlt es ab und seine Teilchen werden langsamer. Die Wärmeenergie wird immer von einem heißeren auf ein kälteres Objekt abgegeben. Wärme kann man auf unterschiedliche Art erzeugen wie z.B. durch Reibung, Verbrennung oder durch Elektrizität. **Aerogel S. 104, Benzinmotor S. 130, Kühlschrank S. 102, Laserdrucker S. 176, Nassschweißen S. 188, Zuhause S. 106, Zündholz S. 86**

Wärmeleitung

In Flüssigkeiten und Feststoffen wird Wärme durch Wärmeleitung übertragen. Wenn man z.B. einen Metallstab erhitzt, stoßen in dem Stab energiereiche (warme) Teilchen mit energiearmen zusammen und übertragen einen Teil ihrer Energie. Ein Wärmeleiter wie z.B. eine Herdplatte überträgt auf diese Weise Wärme. Die Leitfähigkeit eines Materials ist ein Maß dafür, wie viel Wärme es weiterleitet. Metalle sind z.B. gute Wärmeleiter. **Heiß S. 98**

Weißglut

Feste Körper senden bei sehr hohen Temperaturen weißes Licht aus, das man auch Weißglut nennt. Die Farbe des Lichts zeigt die Temperatur eines Körpers an. Ab 525°C leuchten Körper zunächst rötlich, ab 1000°C gelblich und ab 1200°C glühen sie weißlich. Die meisten normalen Glühlampen im Haushalt enthalten einen Glühfaden aus Wolfram. Wenn der Glühfaden mit Strom erhitzt wird, wird er so heiß, dass er helles, weißes Licht abgibt. **Glühlampe S. 88**

Widerstand

Der Widerstand, den ein Flugzeug in der Luft oder ein Boot im Wasser erfährt, entsteht durch Reibung mit Luft- oder Wassermolekülen. Er wächst, je schneller sich ein Objekt bewegt. Eine stromlinienförmige Gestalt verringert den Widerstand. **Düsentriebwerk S. 146, Flexibel S. 60, Rennrad S. 58, Tauchboot S. 142, Windkanal S. 148**

Wirkungsgrad (Effizienz)

Der Wirkungsgrad beschreibt, wie viel Energie eine Maschine in nützliche Arbeit umsetzen kann. Eine Energiesparlampe wandelt z.B. mehr Strom in Licht um als eine normale Glühlampe. **Glühlampe S. 88, Waschmaschine S. 114**

World Wide Web

Dieses System besteht aus zahlreichen Internetservern, die Dokumente in der Programmiersprache HTML (engl.: Hyper Text Markup Language) speichern. **Internet S. 38**

Z Zentrifugalkraft

Eine Zentrifuge dreht mit hoher Geschwindigkeit ein oder mehrere Röhrchen, die eine Lösung mit gelösten Teilchen enthalten. Dadurch wirkt eine starke Kraft auf die Lösung, sodass die gelösten Teilchen getrennt werden. Dabei bewegen sich die schwereren Teilchen weiter nach außen. Diese Kraft nennt man Zentrifugalkraft. **Lift S. 140, Staubsauger S. 116**

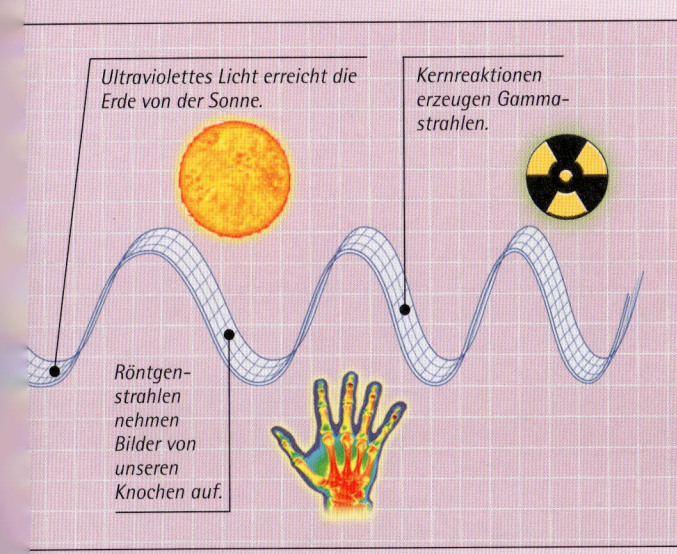

Ultraviolettes Licht erreicht die Erde von der Sonne.

Kernreaktionen erzeugen Gammastrahlen.

Röntgenstrahlen nehmen Bilder von unseren Knochen auf.

Elektromagnetische Wellen – wie sichtbares Licht, Radiowellen, Mikrowellen, Röntgen-, Infrarot-, Gamma- und Ultraviolettstrahlung – breiten sich durch Raum und Materie aus. Jede Strahlung besitzt eine andere Wellenlänge und Energie. Den gesamten Bereich der elektromagnetischen Wellen nennt man elektromagnetisches Spektrum. Die Regenbogenfarben – das sichtbare Licht – bilden nur einen Teil dieses Spektrums. Radiowellen, Mikrowellen und Infrarotstrahlen haben längere Wellenlängen, sie besitzen jedoch nicht so viel Energie wie sichtbares Licht. Ultraviolett-, Röntgen- und Gammastrahlen haben dagegen kürzere Wellenlängen und sind energiereicher. Obwohl uns einige Strahlen schädigen, sind doch alle Strahlen nützlich.

▶ Anhang

Halbfette Seitenzahlen verweisen auf Haupteinträge, *kursive* Seitenzahlen verweisen auf den Anhang.

A

Absorption *240*
Aerodynamik *240*
    Bälle 53
    Rennrad **58–59**
    Windkanal **148–149**
Aerogel **104–105**
Ameisen 208
Amplitude *240*
Analogtechnik 22, *240*
Angiogramm, Gehirn 203
Antibiotika **222–223**
Antikörper 220, *240*
Ariane-Trägerrakete 158
Aramide, Fasern 191
Arbeitsspeicher (RAM) 171, *247*
Armbanduhr **92–93**
Astronauten 156, 157
Athleten, Prothesen **214–215**
Atmosphäre, Ozonschicht 112
atmungsaktive Gewebe 60
Atome *240*, *241*
    chemische Reaktionen *241*
    Ionen *245*
    Ladung *241*
    Moleküle *247*
    Verbindungen *242*
Auftrieb *241*
Aufzug **140–141**
Augen: Iris-Scan **32–33**
    Laserchirurgie **206–207**
Augenhornhaut, Laserchirurgie **206–207**
Autos: Autoturm **136–137**
    Brennstoffzelle **128–129**
    Crashtest **134–135**
    Industrieroboter 186
    Motor **130–131**
    Satellitennavigation 155

B

Babbage, Charles *236*
Bakterien *240*
    Antibiotika **222–223**
    Impfung **220–221**
Ball, Fußball **52–53**
Bandbreite *240*
Barcode 181
Batterie **94–95**
Baumaterialien, Recycling **106–107**
Befruchtung, künstliche **224–225**
Bell, Alexander Graham *236*
Bell-Laboratorien *236*
Berners-Lee, Sir Tim *236*
Beschleunigung *240*
Beton 193
Bewegung, Gesetze der *248*
Bildaufnehmer *240*
Bildschirm, Computer 171
Binärcode 69, *241*
Biochips **226–227**

Biolumineszenz 35
biometrische Identifikation 32
Biro, Ladislaus *236*
Bit *241*
Blackbox, Flugzeuge **150–151**
Bluetooth® 19, *241*
Blutgefäße 203
Blutgerinnsel 219
Brände 191, **216–217**
Brennstoffzelle 95, **128–129**
Bug (Digitalradio) **22–23**
Byte *241*

C

Carothers, Wallace *236*
CD **68–69**
Charles, Jacques Alexandre César *236*
chemische Reaktion *241*
Chip und PIN 183
Chip-Etikett **184–185**
Chipkarte **182–183**
Chirurgie: Laserchirurgie **206–207**
    Operationsroboter **208–209**
Claude, Georges *236*
Computer *247*
    Arbeitsspeicher (RAM) *247*
    computergesteuertes Design 59
    Digitalstift **166–167**
    Flashstick **172–173**
    Hauptplatine **170–171**, *247*
    Internet **38–39**
    künstliche Intelligenz *241*
    Laptop **168–169**
    Laserdrucker **176–177**
    Lesespeicher (ROM) *248*
    Mikrochip **16–17**, *246*
    Minicomputer 170
    Netzwerke **36–37**
    PDA (personal digital assistant) 27
    Scanner **178–179**
    Server *249*
    Spiele **64–65**, 175
    virtuelle Tastatur **174–175**
    Webcam 26
    WLAN-Karte 26
Computertomografie
    Aufnahmen 203
Crashtest **134–135**
Crick, Francis *236*
Crookes, William *236*

D

Dach, Rasen 107
Daimler, Gottlieb *236*
Darm, Videokapsel **212–213**
Daten *siehe* Informationen
Deep Flight Aviator **142–143**
Design, computergesteuertes 59
Diesel, Rudolf *236*
Digitalisierung *241*
Digitaltechnologie *242*, *243*
    Aufnahmen 69
    Fernsehen 27

    Kamera **62–63**
    Stift **166–167**
DJ-Pult **76–77**
DNS *242*, *243*
    Biochips **226–267**
    Impfstoffe 221
Dopplerradar **194–195**
drahtloses Internet (WLAN) 26, 169
Druck *241*
Drucker, Laser **176–177**
Dummy, Crashtest **134–135**
Dusche 98
Düsentriebwerk 133, **146–147**, *241*
DVD, Sicherheitschip 181
Dyson, James *236*

E

Edelgase *241*
Edison, Thomas *236–237*
Einstein, Albert *237*
Eisgebäude 106
Eizellen, IVF (in-vitro-Fertilisation) **224–225**
Elektrizität: Batterie **94–95**
    Brennstoffzelle 95, **128–129**
    elektrische Energie *243*
    Fotozelle *242*
    Glühlampe **88–89**
    Halbleiter *244*
    Motoren *242*
    Nassschweißen **188–189**
    Piezoelektrizität 55, *247*
    Schrittmacher 211
    Solarzelle **96–97**, 107, 131
    Spannung *249*
    Strom *249*
    Wärmeenergie 99
Elektrochemie *242*
Elektrode *242*
Elektroenzephalogramm (EEG) 175
Elektrolyt *242*
Elektromagnete *242*
elektromagnetisches Spektrum *250–251*
Elektromotor *242*
Elektron *240*, *242*
Elemente, Verbindung *250*
Endoskopie 213
Energie *242*
    Autounfälle 135
    Batterie **94–95**
    elektrische *242*
    elektromagnetisches Spektrum *250–251*
    Erhaltung *242*
    Fotozelle *242*
    kinetische *245*
    Licht *246*
    Motor **130–131**
    Solarzelle **96–97**, 107, 131
    Speicherung 93
    Wärme **98–99**, *251*
    Wirkungsgrad *251*
Energieerhaltung *242*

▶ Register

Europäische Weltraumagentur 237
Explosionen, Feuerwerk 78–79

F
Faraday, Michael 237
Farbe 242
    LCD-Fernseher 25
    Prisma 247
    Spektrum 249
Fasern, synthetische 132
Fernmessung 242
Fernsehen 24–25, 27, 36, 37
Festplatte, Laptop 168
Fettzellen 218
Feuer: Schutzanzug 190–191
    Zündhölzer 86–87
Feuerwerk 78–79
Filme, MP4-Player 27
Fingerabdruck 32, 180
Fische, Schwimmblase 143
Flaschenzug 242
Flashstick 172–173
Fleece 61
Fleming, Alexander 222, 237
Flughafen 153
Flugsicherung 153
Flugzeuge: Aerogel 104
    Blackbox 150–151
    Düsentriebwerk 146–147
    Flugsicherung 153
    Materialien 132
    Osprey 144–145
    Windkanal 148–149
Fluoreszenz 88, 89, 181, 242
Fön 99
Fotografie 62–63, 79
Fotozelle 96, 242
Foucault, Jean 237
Franklin, Rosalind 237
Frequenz 242
Fußball 52–53
Füße, Prothesen 214

G
Gagarin, Juri 237
Gase 243, 241
Gates, Bill 237
Gebäude, Aufzug 140–141
Gebrüder Wright 239
Gegengewicht 141
Gehirn: Angiogramm 203
    Computerspiele 175
    MRT-Aufnahme 204–205
    neuronales Netzwerk 31
Gel 243
Genetik 226–227, 243, 244
geostationäre Satelliten 243
Gerinnsel, Blut 219
Geschmacksknospen 219
Geschwindigkeit 243
Getriebe 243
Getting, Ivan 237
Gewebe 60–61
Gewicht (Masse) 139, 141

Gitarre 66–67
Glasfaser 20–21, 40–41, 243
Glasfasermaterial 133
Glasfaserstoff 133
Gleichgewicht, Motorräder 127
Gleise 153
Glühbirne 88–89, 243
Glühfäden, Glühbirnen 243
Golf, künstliches Grün 72
Gorrie, John 237
GPS (Globales Positionierungssystem) 154–155, 243
Grove, William 237
Gyroskop 127, 245

H
Haarbalgmilben 219
Haare 110–111, 219
Haie 143
Halbleiter 244
Handy 18–19, 175
Hardware, Computer 171
Hauptplatine 170–171, 247
Haus 99, 106–107
Hauttransplantat 216–217
Hawkes, Graham 143
Heftpflaster 193
Herd, Mikrowellen 100–101
Hertz, Heinrich 237
Herzschrittmacher 210–211
Hodgkin, Dorothy Crowfoot 236
Hoff, Marcian Edward „Ted" Jr. 237
Holland, John Philip 237
Holmes, April 215
Hologramm 180
Hubschrauber 144–145
Hypertext 244

I
iBOT™ Rollstuhl 138–139
Immunsystem, Impfung 220–221
Impfung 220–221, 244
Impuls 244
Industrieroboter 186–187
Informationen: Datenkompression 70, 241
    Chipkarte 182–183
    Digitalstift 166–167
    Flashstick 172–173
    Glasfaser 20–21
Infrarotstrahlen 244
    Thermogramm 98, 99
    virtuelle Tastatur 175
Intelligenz, künstliche 245
Internet 38–39, 244
    drahtloses Internet (WLAN) 26, 169
    Hypertext 244
    Protokolle 249
    URL 250
    World Wide Web 39, 251
Ionen 244
Ionisierung 244
Iris-Scan 32–33
Isoliermittel 244

Isolierung 104–105, 106, 107
IVF (in-vitro-Fertilisation) 224–225

J
Jobs, Steve 237
Joule, James Prescott 238

K
Kabel, Telefon 37
Kamera 62–63
    Videokapsel 212–213
    Webcam 26
Kao, Charles 238
Keratin 110
Kevlar® 132
Kilby, Jack 238
kinetische Energie 245
Kistler, Steven 105
Klebstoffe 192–193
Klebstoffe 192–193
Kleidung: Aerogel 104
    Gewebe 60–61
    Schutzanzug 190–191
    Waschmaschine 114–115
Kletterwand 73
Klettverschluss 192
Knochen, Röntgenaufnahmen 202
Kochen, Mirkowellenherd 100–101
Kochtopf 98
Kohlenfaserstoff 214
Kohlenstoff 245
Kohlenstofffaser 132
Kolben 245
Kombinationsschlösser 108–109
Kometen, Raumsonde 158–159
Kommunikation: Digitalradio 22–23
    Glasfaser 20–21
    Handy 18–19
    Internet 38–39
    LCD-Fernseher 24–25
    Satelliten 37, 42–43
    Tierdolmetscher 30–31
    Vernetzt 36–37
    Videozylinder 40–41
Kompression 245
Kontaktkleber 193
Kopfhörer 74–75
Körper siehe menschlicher Körper
Kräfte 245
    Druck 241
    Reaktion (Mechanik) 248
    Schwerkraft 249
    Schub 249
    Zentrifugal 117, 127, 251
Kräne 141
Krankheit: Biochips 226
    Impfstoff 220–221, 244
Kristalle 245
    LCD (Flüssigkristallanzeige) 245
    Piezoelektrizität 247
Kugelstoßpendel 93
Kühlmittel, Kühlschrank 102–103

253

▶ Anhang

Kühlschrank 102–103
künstliche Befruchtung 224–225
künstliche Intelligenz 245
künstliches Grün 72

L

Ladung 245
Laptop 168–169
Laser 207, 245
   CD 68–69
   Chirurgie 206–207
Hologramm 180
Laserdrucker 176–177
Laufschuhe 50–51
LCD (Flüssigkristallanzeige) 24–25, 245
LED (Licht emittierende Dioden) 88, 245
Legierungen 245
Licht 246
   Biolumineszenz 35
   Fluoreszenz 88, 89, 181, 242
   Geschwindigkeit 246
   Glasfaser 21, 243
   LED 88, 245
   Lumineszenz 246
   Neonlicht 34–35
   Optik 246–247
   Phosphoreszenz 179, 247
   Photonen 90, 247
   Prisma 247
   Reflexion 248
   Refraktion 248
   Rotverschiebung 194
   Scanner 178–179
   Solarzelle 96–97
   Spektrum 249
   Spiegel 90
   virtuelle Tastatur 174–175
   Weißglut 88, 89, 251
   siehe auch Laser
Licklider, Joseph Carl Robnett 238
Lister, Joseph 238
Lithium 94, 95
Lösungsmittel 246
Lovelace, Gräfin von 236
Luftverschmutzung 129
Luftwiderstand 246
Lumineszenz 246
Lycra® 61

M

Magneten 243, 246
Magnetfelder 246
Malaria 226
Marconi, Guglielmo 23, 238
Materialien: Recycling 106–107
   Autobestandteile 132–133
Maxwell, James Clerk 238
Medikamente, Antibiotika 222–223
Medizin
   Antibiotika 222–223
   Aufnahmen 202–203

Chip-Etikett 184
Hauttransplantat 216–217
IVF (in-vitro-Fertilisation) 224–225
Laserchirurgie 206–207
MRT-Aufnahme 204–205
Operationsroboter 208–209
Schrittmacher 210–211
Videokapsel 212–213
Mehrkanalübertragung 246
Mendel, Gregor 238
menschlicher Körper: Prothesen 214–215
   Aufnahmen 202–205
   Impfung 220–221
   Zellen 218–219
Mestral, George de 192, 238
Metalle: Legierungen 245
   Nassschweißen 188–189
Mikrochip 16–17, 171, 246
   Chip-Etikett 184–185
   Chipkarte 182–183
   in Tennisschlägern 55
Mikromechanismen 109
Mikroprozessor 16, 64, 171, 246, 247
Mikrowellen 37, 100–101, 246
Milben, Haarbalg 219
Molekül 246
Mond 207
Motor: Benzinmotor 130–131, 251
   Düsentriebwerk 133, 146–147, 241
   Kolben 245
   Motorräder 127
   Spaceshuttle 156
Motorräder 126–127
MP3-Player 70–71
MP4-Player 27
MRSA 223
MRT (Magnetresonanztomografie) 202, 204–205
Musik: DJ-Pult 76–77
   Gitarre 66–67
   Kopfhörer 74–75

N

Nadel-, Matrixdrucker 177
Nahrung: Kühlschrank 102–103
   Mikrowellenherd 100–101
Nanoroboter 186
NASA 133, 238
Nassschweißen 188–189
Navigation 27, 154–155
Neonlicht 34–35
Netzwerk: Kommunikation 36–37
   Internet 38–39
   natürliche Netzwerke 39
   neuronale Netzwerke 31
   Server 249
   Transport 152–153
Neumann, John von 238
neuronale Netzwerke 31
Newton, Sir Isaac 238, 248
Noyce, Robert 238

O

Ohain, Hans Joachim Pabst von 238
Ohren 74, 218–219
Ölpipeline 104
Optik 246–247
Ørsted, Hans 238
Osprey 144–145
Otis, Elisha Graves 141, 239
Otto, Nikolaus August 131, 239
Ozeane 142–143, 153
Ozonschicht 112

P

Pakete, Daten 241
Parasiten 219, 220
PDA (personal digital assistant) 27, 174–175
Penizillin 222
Phosphoreszenz 179, 247
Photonen 90, 247
Pierce, John R. 239
Piezoelektrizität 55, 247
Pistorius, Oscar 215
Pixel 24–25, 247
Planeten, Schwerkraft 159
Plunkett, Roy J. 239
Polymere 132
Post-it® Notizzettel 192
Postleitzahl 179
Prisma 247
Prothesen 214–215
Prozessor (CPU) 168, 171

R

Radar 153, 194–195
Radfahren, Velodrom 73
Radiowellen 101, 247
   Digitalradio 22–23
   Dopplerradar 195
   MRT-Aufnahme 205
   Satellitennavigation 154
   Sicherheitschips 181
   WLAN-Karte 26
Raketen 78–79, 156, 158
RAM 171, 247–248
Rasendach 107
Rasierer 110–111
Rasierklinge 110, 111
Raumsonde 104, 158–159
Reaktion (Mechanik) 248
Recycling, Baumaterialien 106–107
Reflexion 248
Refraktion 248
Reibung 86–87, 248
Reifen, Motorräder 127
Reisepass 181
Rennrad 58–59
RFID-Chip 184–185
Roberts, Lawrence 239
Roboter: Serviceroboter 118–119
   Industrieroboter 186–187
   Chirurgie 208–209
   Nassschweißen 189

► Register

Rollstuhl 138–139
Rolltreppe 152–153
ROM (Lesespeicher) 249
Röntgen, Wilhelm 239
Röntgenstrahlen 202–203, 248–249
Rosetta, Raumsonde 158–159
rote Blutzellen 219
Rotverschiebung 194
Routen, Transport 152–153
Russell, James 239
Rutherford, Ernest 239

S
Satelliten 37, 42–43
   geostationäre 243
   Navigation 27, 154–155
   Transponder 250
Scanner 178–179
   Fingerabdruck 180
   Iris-Scan 32–33
   medizinische Aufnahmen 202–203
   MRT (Magnetresonanztomografie) 204–205
Schallwellen 249
   Amplitude 240
   CD 68–69
   DJ-Pult 76–77
   E-Gitarre 66
   Kopfhörer 74–75
Schick, Jacob 239
Schießpulver, Feuerwerk 78–79
Schiffsrouten 153
Schläger, Tennis 54–55
Schlierenverfahren 11, 79
Schlösser 108–109
Schneehalle 72–73
Schrittmacher 210–211
Schubkraft 249
Schuhe, Lauf- 50–51
schweißaufsaugendes Gewebe 61
Schweizer Armeemesser 172–173
Schwerkraft 159, 249
Schwerpunkt 139, 249
Schwimmanzug 60
Schwimmblase, Fische 143
Schwingungen 66–67, 249
Sensoren 249
   Bildaufnehmer 240–241
   Crashtest-Puppe (Dummy) 134
   Digitalkamera 63
   Fernmessung 242
   in Laufschuhen 51
   Roboter 119
Server 249
Sicher 180–181
   Iris-Scan 32–33
Sicherheitschips 181
Silber, Spiegel 91
Siliziumchips 17
Skateboard 57
Skifahren, Schneehalle 72–73
Snowboard 56–57
Software, Computer 171

Sonnenenergie 96–97, 107, 131, 159, 247
Sonnenlicht, Solarzelle 96–97
Spaceshuttle 42, 133, 156–157
Spannung 249
Speicher: Computer 247–248
   Digitalkamera 63
   Flashstick 172–173
Spektrum 249
   elektromagnetisches 250–251
Spencer, Percy 239
Spermien, IVF (In-Vitro-Fertilisation) 224–225
Spiegel 90–91
Spiele, Computer 64–65, 175
Sport: Sportlich 72–73
   Fußball 52–53
   Rennrad 58–59
   Snowboard 56–57
   Tennisschläger 54–55
Sportstätten 72–73
Spracherkennung 28–29, 174
Spraydose 112–113
Stapp, John Paul 239
Staubsauger 116–117
Stift, digital 166–167
Stimmbänder 29
Stimmmuster 28–29, 30–31
Stoßdämpfer 51, 127
Straßenüberführung 152
Strichcode 181
Stroh, Isoliermittel 106
Strom 249
Superbakterien 223
Surfer 57, 72
synthetische Fasern 132

T
Tastatur 171, 174–175
Tauchboot 142–143, 188–189
TCP/IP (Übertragungsprotokoll /Internetprotokoll) 249
Teilchen, subatomare 240
Telefon: Kabel 37
   Handy 18–19, 175
   Satelliten 37
Telemetrie 249
Teleskop 91
Tennisschläger 54–55
Tereschkowa, Walentina 239
Termitenhügel 137
Thermogramm 98, 99
Tholos Videozylinder 40–41
Thomson, William 239
Tiere: Biolumineszenz 35
   Chip-Etikett 184
   Netzwerke 39
   Tierdolmetscher 30–31
Tinte, unsichtbare 167
Tintenfisch 146
Tinterstrahldrucker 177
Titanium 133
Toaster 99
Toner, Laserdrucker 177

Tragflächen 250
Trägheit 249
Transistoren 16, 17, 250
Transplantat, Haut 216–217
Transponder 250
Transport: Flugzeuge 144–151
   Aufzug 140–141
   Auto 128–131
   Fahrzeugteile 132–133
   Motorräder 126–127
   Netzwerk 152–153
Turing, Alan 239
Turm, Auto 136–137

U
Übertragungsprotokoll 249, 250
Ultraschallaufnahmen 203
ultraviolette Strahlen 112, 250
Umsetzer 250
umweltfreundliche Häuser 106–107
URL 250

V
Velodrom 73
Verbindung 250
Verbrennung 216–217, 242
Verbrennungsmotor 130–131, 251
Verbundwerkstoff 132
Videozylinder 40–41
Viren, Impfung 220
virtuelle Tastatur 174–175

W
Wärme 98–99, 242, 245
Wärmeleitung 98, 242
Warren, David 239
Waschmaschine 114–115
Watson, James 236
Webcam 26
weiße Blutzellen 220–221
Weißglut 88, 89, 245
Wellensimulator 72
Wetterworhersage 194–195
Whittle, Frank 146, 239
Widerstand 58–59, 251
Windkanal 59, 148–149
Wirbelsturm 194–195
Wirkungsgrad 251
World Wide Web 39, 251
Wozniak, Steve 237

Z
Zellen 217, 218–219
Zement 193
Zentrifugalkraft 117, 127, 251
Zündhölzer 86–87
Zunge, Geschmacksknospen 219
Zyklonstaubsauger 116–117

▶ Anhang

Dank

Dorling Kindersley dankt Kate Scarborough und Clive Wilson, Fergus Day und Carey Scott für redaktionelle Hilfe; Lynn Bresler und Polly Boyd für Korrekturen; Hilary Bird für den Index; Tim Ridley für Fotografien; Robin Hunter für Grafikhilfe; Spencer Holbrook für Designassistenz.

H. R. (Bart) Everett, Robotics Group, SPAWAR Systems Center für Ratschläge zu den Robotern; Hagen Diesterbeck, Adidas-Salomon AG, Intelligent Projects für Ratschläge zu Laufschuhen; Colin Crawford und Kollegen, PURE Digital für das Bug Radio und für Ratschläge zu Digitalradios; Emma Halcox, Independence Technology UK für Ratschläge zu Rollstühlen; Karen Hawkes, Graham Hawkes und Adam George Wright von Deep Flight für Bilder und Ratschläge; Nicholas Batten, Autostadt für Bilder und Ratschläge zu dem Autoturm; The Master Locksmiths Association für Ratschläge zu Schlössern; Henrietta Pinkham und Kollegen, LVMH für Bilder und Ratschläge zu Uhren.

Der Verlag dankt folgenden Personen und Insitutionen für ihre Erlaubnis, Bilder abzudrucken.

Abkürzungen:
l = links; r = rechts; go = ganz oben; gu = ganz unten; m = Mitte; o = oben ; u = unten.

Alamy = Alamy Images; DK = DK Images; Getty = Getty Images; Rex = Rex Features; SPL = Science Photo Library
M.f.G. = mit freundlicher Genehmigung

1 M.f.G. von Apple Computer, Inc.: Röntgenaufnahme von Gusto. 2–3 Alamy: Stockshot (2); M.f.G. von Apple Computer, Inc.: Röntgenaufnahme von Gusto (Hintergrund); M.f.G. von NEC Corporation, Japan (www.incx.nec.co.jp/robot/): (3); SPL: Du Cane Medical Imaging Ltd. (6); Gusto (4); Pasieka (1), (5). 8–9 DK: ml; SPL: GE Medical Systems gomr; Gusto m; NOAA gul; Tom Barrick, Chris Clark, SGHMS gur. 10–11 M.f.G. von Adidas. Adidas, das Adidas–Logo und die 3–Streifen sind eingetragene Warenzeichen der Adidas–Solomon–Gruppe, genehmigter Nachdruck. Das 1–Logo und das Interface–Logo sind eingetragene Warenzeichen der Adidas–Solomon–Gruppe, genehmigter Nachdruck: gom; DK: gum; SPL: Alfred Pasieka ml; Andrew Syred gol; Dr. Gary Settles gur. 12–13 © The Boeing Company: (6); Corbis: Lawrence Manning (3); Richard Cummins (5); DK: (2); Pure Digital, eine Abteilung von Imagination Technologies: (1); SPL: Pasieka (4). 14–15 Corbis: George B. Diebold. 16–17 Corbis: Charles O'Rear gur; Royalty–Free gur (Vergrößerung), mr; National Geographic Image Collection: Bruce Dale l; SPL: Andrew Syred mro, goml; Dick Luria gumr. 18–19 M.f.G. von Motorola: Fotografie von Kate Bradshaw, Phil Letsu, Louise Thomas; SPL: Cordelia Molloy gum. 20–21 Corbis: Lawrence Manning l; SPL: Ed Young gumr; Maximilian Stock Ltd. mr. 22–23 Pure Digital, eine Abteilung von Imagination Technologies. 24–25 DK: l; Dave King, M.f.G. von The Science Museum, London gur. 26–27 Alamy: worldthroughthelens gomr; M.f.G. von Archos: gul; Corbis: Steve Chenn gol; M.f.G. von Garmin (Europa) Ltd.: gur; SPL: D. Roberts m. 28–29 DK: Andy Crawford gor; SPL: CNRI gomr (geschlossen), goml (offen); Hank Morgan l. 30–31 Rex: gor; SPL: Mehau Kulyk gomr; M.f.G. von Takara Co., Ltd.: l; M.f.G. von Japan Acoustic Laboratory r. 32–33 SPL: Mark Maio ml; Mehau Kulyk guml; Pasieka r. 34–35 Alamy: Phil Degginger mru; Corbis: Richard Cummins l; National Geographic Image Collection: Bill Curtsinger gumr. 36–37 Corbis: Royalty–Free gomr; SPL: gur; John Greim mr; Mike Miller goml; NCSA, Universität von Illinois gum. 38–39 Alamy: The Garden Picture Library mu; DK: Will Long und Richard Davies von Oxford Scientific Films gur. 40–41 M.f.G. von Tholos Systems Communication GmbH. 42–43 © The Boeing Company: go; NASA: (STS41D–36–034) guml. 44–45 Alamy: IMAGINA The Image Maker. 46–47 M.f.G. von Adidas. Adidas, das Adidas–Logo und die 3–Streifen sind eingetragen Warenzeichen der Adidas–Solomon–Gruppe, genehmigter Nachdruck. Das 1–Logo und das Interface–Logo sind eingetragene Warenzeichen der Adidas–Solomon–Gruppe, genehmigter Nachdruck: (1); M.f.G. von Apple Computer, Inc.: Röntgenaufnahme von Gusto (6); M.f.G. von HEAD: (2); M.f.G. von Microsoft: (3); SPL: Dr. Jeremy Burgess (5); Gusto (4). 48–49 SPL: Andrew Syred. 50–51 M.f.G. von von Adidas. Adidas, das Adidas–Logo und die 3–Streifen sind eingetragen Warenzeichen der Adidas–Solomon–Gruppe, genehmigter Nachdruck. Das 1–Logo und das Interface–Logo sind eingetragene Warenzeichen der Adidas–Solomon–Gruppe, genehmigter Nachdruck. 52–53 Getty: Adam Pretty l; SPL: Gusto gur. 54–55 M.f.G. von HEAD; SPL: Lawrence Lawry gumr. 56–57 Alamy: plainpicture gomr; StockShot l; Corbis: David Stoecklein gomrr; Getty: Donald Miralle gor. 58–59 Corbis: Duomo gomr; Mike King mro; Tim de Waele mr; Getty: Stone / Nicholas Pinturas l; M.f.G. von der Universität von Sheffield, Sports Engineering Research Group: gur. 60–61 SPL: Dr. Jeremy Burgess gum, gur; Eye of Science mr, gomr; M.f.G. von TYR Sport Inc.: gol. 62–63 M.f.G. von Fuji. 64–65 The Advertising Archive: goml; M.f.G. von Microsoft: m. 66–67 Alamy: Angie Sharp gomr; SPL: Gusto r. 68–69 SPL: Dr. Jeremy Burgess l; Philippe Plailly gur. 70–71 M.f.G. von Apple Computer, Inc.: gul; Röntgenaufnahme von Gusto r. 72–73 Corbis: Bo Zaunders ml; Pierre Merimee guml; Getty: Image Bank gur; Image Bank/Frans Jansen gomr; Photographer's Choice/Rhydian Lewis gol. 74–75 SPL: Hugh Turvey r. 76–77 Alamy: Redferns Music Picture Library gul; Simon Belcher mu; Getty: Taxi/Mel Yates mlu; SPL: Dr. Jeremy Burgess mru; Gusto go. 78–79 Corbis: Images.com m; SPL: Dr. Gary Settles r. 80–81 SPL: Andrew Syred. 82–83 M.f.G. von Dyson: (5); M.f.G. von NEC Corporation, Japan (www.incx.nec.co.jp/robot/): (6); SPL: Andrew Syred (3); Gusto (4); Hugh Turvey (2); M.f.G. von TAG Heuer: (1). 84–85 Corbis: Richard Hamilton Smith. 86–87 DK: Steve Gorton und Gary Ombler mr; SPL: l; Andrew Syred mro, gor; Scott Camazine/K. Visscher mru; Susumu Nishinaga mor, mo. 88–89 SPL: Hugh Turvey go; Lawrence Lawry guml, mlu. 90–91 Alamy: Kim Karpeles gor; SPL: Andrew Syred gur. 92–93 SPL: Martyn F. Chillmaid gor; M.f.G. von TAG Heuer. 94–95 Alamy: f1 online gur; SPL: Clive Freeman, The Royal Institution l. 96–97 Corbis: Ecoscene/Chinch Gryniewicz gul; SPL: Bruce Frisch r. 98–99 SPL: Alfred Pasieka mr; Dr. Arthur Tucker gol; Gusto gur; Hugh Turvey gor; Tony McConnell guml. 100–101 SPL: Gusto l; M.f.G. von NASA/WMAP Science Team: gur. 102–103 SPL: Gusto. 104–105 Alamy: Ace Stock Limited mul; Douglas Armand guml; Design: Corpo Nove und Mauro Taliani; Development: Grado Zero Espace: gul; M.f.G. von Dassault Aviation: mo; Getty: Stone/Greg Pease gur; M.f.G. von NASA/JPL–Caltech: mlo, gor. 106–107 Alamy: Marco Regalia gol; Corbis: Morton Beebe gomr; Wolfgang Kaehler mr; SPL: Alan Sirulnikoff ml; Still Pictures: Martha Cooper gur. 108–109 Getty: Stone/David Arky m; SPL: Sandia National Laboratories gur. 110–111 Alamy: f1 online/Andy Ridder mlu; SPL: Andrew Syred gu; Eye of Science gomr. 112–113 NASA: Goddard Space Flight Center (GL–2002–002528) guml; SPL: Dr. Gary Settles m. 114–115 Corbis: Brownie Harris guml; SPL: Gusto r. 116–117 M.f.G. von Dyson. 118–119 Corbis: Reuters/Eriko Sugita gur; M.f.G. von NEC Corporation, Japan (www.incx.nec.co.jp/robot/): m. 120–121 SPL: US Department of Energy. 122–123 Europäische Weltraumagentur: AOES Medialab (6); M.f.G. von NASA/JPL–Caltech: (PIA82679) (1); M.f.G. von Rolls–Royce Group plc: (5); SPL: Dr. Gary Settles (3); Gusto (4); M.f.G. von Toyota (GB) PLC: (2). 124–125 Corbis: William Whitehurst. 126–127 Alamy: Steven May gur; DK: Andy Crawford mru; M.f.G. von Ducati: mro, gor; SPL: Gusto l. 128–129 Corbis: Ecoscene/Amanda Gazidis gor; M.f.G. von Toyota (GB) PLC: m. 130–131 Jaguar Daimler Heritage Trust. 132–133 NASA: Langley Research Center (EL–1994–00681) guml; SPL: Bruce Frisch gol; Eye of Science gomr; James King–Holmes gur; Sinclair Stammers ml. 134–135 DK: © Mercedes Benz gur; Getty: Image Bank/Romilly Lockyer gor; SPL: James King–Holmes guml. 136–137 M.f.G. der Autostadt GmbH, Wolfsburg, Deutschland: gul, m; SPL: Pascal Goetgheluck gor. 138–139 M.f.G. von Independence Technology (UK). 140–141 Alamy: Kevin Foy m; Getty: Lonely Planet Images/Jean–Bernard Carillet gor. 142–143 Alamy: Stephen Frink Collection gomr; © 2005 Jay Wade, jaywade.com: M.f.G. von Deep Flight Submersibles gu. 144–145 © Mark Wagner/aviation–images.com: gumr, gumrr, gur, go; Corbis: D. Robert & Lorri Franz gor. 146–147 Corbis: Stuart Westmorland guml; M.f.G. von Rolls–Royce Group plc: m. 148–149 Corbis: gur; SPL: Dr. Gary Settles l; NASA gumr. 150–151 Corbis: Reuters/Molly Riley gumr; Sygma/Photopress Washington mru; M.f.G. von L–3 Communications, Aviation Recorders: l. 152–153 Alamy: Ace Stock Limited gom; ImageState guml; Wesley Hitt gomr; Corbis: Sygma/Alain Nogues gur; Getty: Stone/Matthew McVay mr. 154–155 Corbis: Sygma/Durand Patrick mru; Getty: Stone/Adrian Neal mro; M.f.G. von NASA/JPL–Caltech: (PIA02679) m; SPL: Planetary Visions Ltd. ml. 156–157 NASA: JSC (STS071–741–004). 158–159 Europäische Weltraumagentur: AOES Medialab ml, r; CNES/ARIANESPACE–Service Optique CSG, 2004 gul. 160–161 Getty: Stone/Louise Bencze. 162–163 Corbis: Roger Ressmeyer (6); DK: (2); SPL: Andrew Syred (1); NOAA (5); Pasieka (3); M.f.G. von Victorinox, Schweiz: (4). 164–165 SPL: Tek Image. 166–167 Corbis: Bettmann gumr; SPL: Andrew Syred l. 168–169 M.f.G. von Apple Computer, Inc. 170–171 Getty: Junko Kimura gol; SPL: Pasieka m. 172–173 DK: Geoff Dann, M.f.G. von Lorraine Electronics Surveillance gor; M.f.G. von Victorinox, Schweiz: l. 174–175 M.f.G. von Fraunhofer–Gesellschaft, Deutschland: gur; Rex: l. 176–177 SPL: Susumu Nishinaga l; M.f.G. von Xerox. Xerox ist ein eingetragenes Warenzeichen: gor. 178–179 Corbis: George B. Diebold l; SPL: James Holmes gur. 180–181 Corbis: David Pollack gor; Pascal Goetgheluck (www.goetgheluck.com): guml; SPL: Gusto m; James King–Holmes gul; Mauro Fermariello gur. 182–183 DK: l; Rex: Andrew Dunsmore gur. 184–185 Rex: Sipa Press. 186–187 Alamy: Robert Harding Picture Library mlo; Bild m.f.G. von Space and Naval Warfare Systems Center, San Diego. 188–189 Corbis: Roger Ressmeyer m; SPL: Colin Cuthbert gul. 190–191 Corbis: George Hall. 192–193 SPL: Astrid & Hanns–Frieder Michler mr; Eye of Science gum, gomr; Pascal Goetgheluck gur; Volker Steger goc. 194–195 SPL: Chris Butler ml; NOAA m. 196–197 SPL: Geoff Tompkinson. 198–199 Rex: (5); SPL: Alfred Pasieka (1); Du Cane Medical Imaging Ltd. (2), (3); Tom Barrick, Chris Clark, SGHMS (4); Zephyr (6). 200–201 SPL: A. B. Dowsett. 202–203 SPL: ml, mr; CNRI gomr; GE Medical Systems gumr; Simon Fraser m. 204–205 SPL: Sovereign, ISM gul; Tom Barrick, Chris Clark, SGHMS m. 206–207 Corbis: Roger Ressmeyer mor; SPL: Alfred Pasieka l; NASA gomr. 208–209 Corbis: Anthony Bannister; Gallo Images gulo; M.f.G. von Intuitive Surgical, Inc.: mul, ml; Rex: r; SPL: Peter Menzel guml. 210–211 M.f.G. von Abiomed/Jewish Hospital/Universität von Louisville: gur; SPL: Du Cane Medical Imaging Ltd.: l. 212–213 SPL: Antonia Reeve gor; David M. Martin, M. D. mr; Du Cane Medical Imaging Ltd.: l. 214–215 Empics Ltd.: European Pres Agency r; Getty: Ker Robertson ml; Phil Cole mr; SPL: James King–Holmes gul. 216–217 SPL: Dr. Gopal Murti gur; Mauro Fermariello l. 218–219 SPL: Andrew Syred gor; Astrid & Hanns–Frieder Michler mru; Dr. Goran Bredberg gom; Steve Gschmeissner gul, gur. 220–221 SPL: gor; R. Maisonneuve, Publiphoto Diffusion mru. 222–223 SPL: Dr. Jeremy Burgess m; Dr. Kari Lounatmaa gor. 224–225 SPL: Zephyr. 226–227 SPL: Alfred Pasieka m; Mona Lisa Production guml. 228–229 SPL: Roger Harris. 236–237 Corbis: Leonard de Selva l; SPL: Novosti r. 238–239 Corbis: Bettmann r; Rex: 239 l. 240–241 SPL: Volker Steger l, r. 242–243 SPL: Dr. Jeremy Burgess l, r. 244–245 SPL: Alfred Pasieka l, r, mul. 246–247 M.f.G. von Apple Computer, Inc.: Röntgenaufnahme von Gusto l, r. 248–249 SPL: John Greim l, r. 250–251 M.f.G. von Apple Computer, Inc.: Röntgenaufnahme von Gusto l, r. Getty: Taxi/Lester Lefkowitz gumr; Pure Digital, eine Abteilung von Imagination Technologies: gul. 252–253 DK: l, r. 254–255 DK: l, r. 256 DK. Vorsatzblatt: M.f.G. von Apple Computer, Inc.: Röntgenaufnahme von Gusto. Schutzumschlag: M.f.G. von Apple Computer, Inc.: Röntgenaufnahme von Gusto.

FireWire, iPod, und PowerBook sind eingetragene Warenzeichen der Apple Computer, Inc., registriert in den USA und anderen Ländern.

Cover: M.f.G. von Apple Computer, Inc.

Faszination High Tech ist eine unabhängige Veröffentlichung und wurde von keinen anderen Firmen als den oben erwähnten bevollmächtigt, gesponsort oder unterstützt.

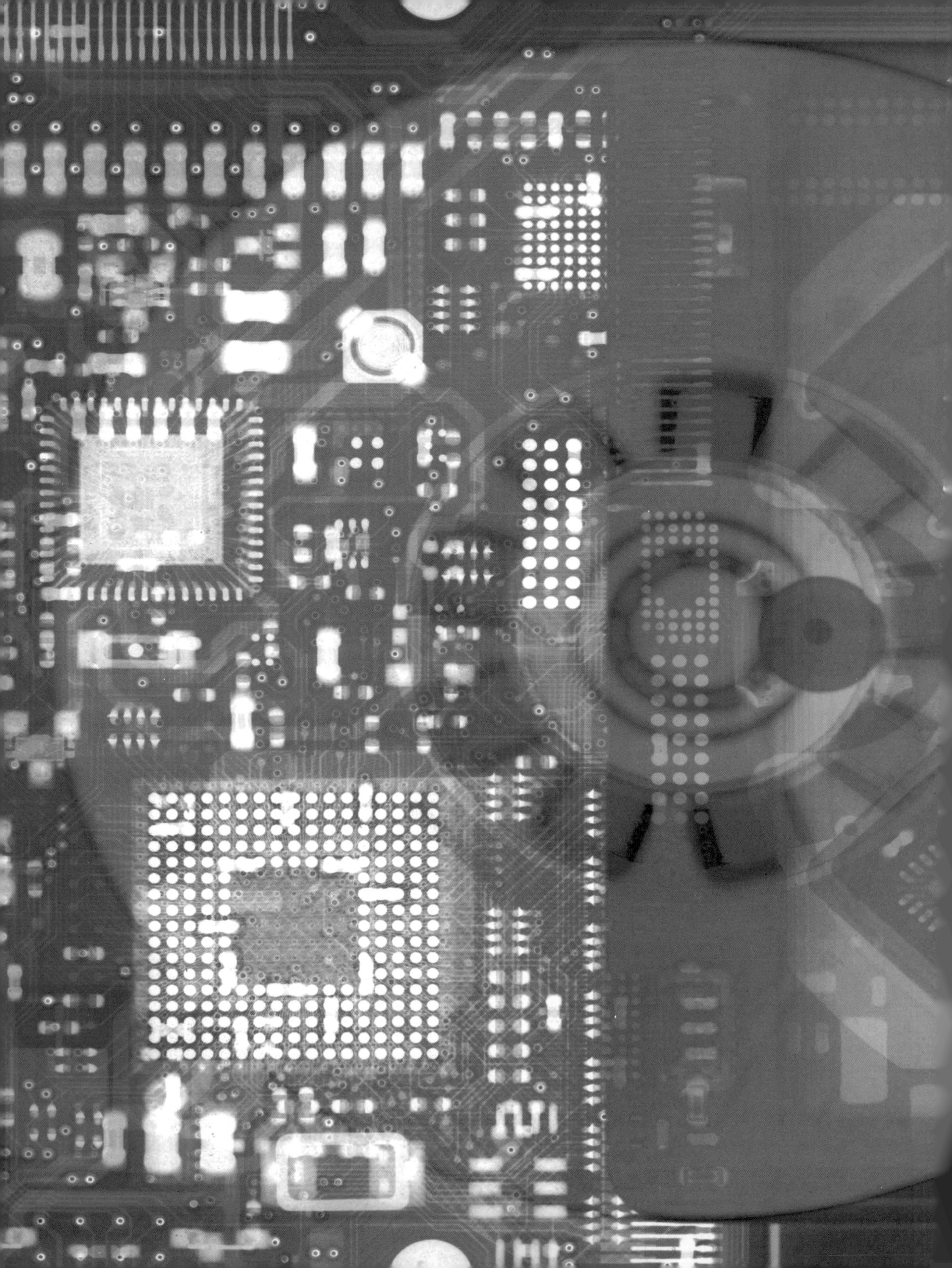